High Value Patent Cultivation and Valuation

高价值专利培育与评估

主　编　马天旗

副主编　马新明　赵　星　赵佑斌　陈　亮　王　慧
曹小明　王亚利　张世国　桂　佳

总策划　马天旗　丁　坚

知识产权出版社
全国百佳图书出版单位

图书在版编目（CIP）数据

高价值专利培育与评估/马天旗主编. —北京：知识产权出版社，2018.4（2023.4重印）
ISBN 978-7-5130-5487-4

Ⅰ.①高… Ⅱ.①马… Ⅲ.①专利—评估方法 Ⅳ.①G306.3

中国版本图书馆 CIP 数据核字（2018）第 055442 号

内容提要

本书分为高价值专利培育、评估两篇。培育篇首先对高价值专利的培育路径进行了概述；其次，分别从技术价值维度、法律价值维度和市场价值维度的培育入手，详细梳理培育方法和培育路径；再次，针对专利战略价值维度的培育，主要围绕高价值专利组合的构建模式、优化和维护方法进行归纳；最后，阐述了围绕基于运营视角的专利高价值实现途径。评估篇首先介绍了我国专利价值评估的准则现状以及常用的评估方法；其次，针对专利的主要经济活动形式，诸如专利质押融资、专利作价入股、专利交易等进行展开，主要梳理了相关法律法规和政策，归纳了评估要点，并结合案例进行深入讲解；最后，详细分析了专利侵权赔偿中专利评估的重要性和主要适用方法。

读者对象：专利管理人员、专利工程师、专利律师、专利运营师、专利分析师、研发人员、专利代理人、专利咨询师、相关政府机构工作人员、相关专业大学生。

责任编辑：黄清明　　**责任校对**：潘凤越
封面设计：张　冀　　**责任出版**：刘译文

高价值专利培育与评估

主　编　马天旗

副主编　马新明　赵星　赵佑斌　陈亮　王慧　曹小明　王亚利　张世国　桂佳

出版发行：知识产权出版社有限责任公司　　**网　　址**：http：//www.ipph.cn
社　　址：北京市海淀区气象路 50 号院　　**邮　　编**：100081
责编电话：010-82000860 转 8117　　**责编邮箱**：hqm@cnipr.com
发行电话：010-82000860 转 8101/8102　　**发行传真**：010-82000893/82005070/82000270
印　　刷：三河市国英印务有限公司　　**经　　销**：各大网上书店、新华书店及相关专业书店
开　　本：787mm×1092mm　1/16　　**印　　张**：21.5
版　　次：2018 年 4 月第 1 版　　**印　　次**：2023 年 4 月第 4 次印刷
字　　数：484 千字　　**印　　数**：7001~8000 册
定　　价：88.00 元

ISBN 978-7-5130-5487-4

本书编委会

序　言

在20世纪末，当我国年发明专利申请受理量只有1万多件时，尚未出现专利质量、高价值专利这一概念，那时我国要解决的是“有”的问题。进入新世纪，当我国年发明专利申请量步入快车道，迅速从30万件、50万件达到100多万件的时候，专利质量问题很自然地被提上日程，成为关注点和工作重点。

毋庸置疑，没有一个庞大的数量作基础和支撑，就不会有我国今天知识产权强国建设的良好基础，更不会有我国今天的知识产权国际影响力和国际地位。但是，知识产权强国必要特征之一——创造能力强的主要表现是掌握足够数量的高价值核心专利。因此，培育高价值专利、提升专利质量等，这是现实语境下的新课题，应当属于中国特色知识产权强国建设的重要组成部分，也是当前和今后较长一个时期的工作重点。

究竟何为高价值专利？我认为，至少应当具备以下条件：一是有一个高水平、高技术含量的技术方案或是实用性较强的技术方案；二是由高水平专业人员撰写的高质量专利申请文件，对发明创造做出了充分保护的描述；三是依法严格审查，符合专利的授权条件，权利有较好的稳定性；四是有良好的国内外市场前景，产品市场占有率高，或者有很好的市场控制力，有的可能还没有转化成实实在在的产品，但对于当前或者未来而言能够增强其市场竞争力。究竟如何评判，事实上，任何评估评价标准都是相对的，都需要在发展中去不断完善。

如何培育高价值专利？既然高价值专利需要具备多方面条件，那就应当从多个方面入手去提升、去培育。一是要高质量创造。在技术研发之初和研发过程中，都要高度重视运用专利信息，从而找准研发的起点、重点和方向，避免低水平研究和创新资源的浪费。高质量创造是提升专利质量、培育高价值专利的源头和基础。二是要高质量申请。对于一些重大技术或者具有重大国际国内市场价值的专利申请，一定要认真研究，由高水平的专利代理人与研发人员充分沟通后撰写申请文件，保证申请质量。三是要高标准授权。审查人员要按照法律规定高水平审查，严把授权关，使授予的每一项权利具有较高的稳定性。四是要精准长远布局。由于专利的地域性特点，一件高质量的专利要成为高价值专利，必须从市场和战略布局层面做好国内外的专利布局，在有市场前景的所有国家和地区做好专利布局，使其价值最大化。只有如此，才有可能为市场竞争力最大化奠定一个好的基础，这是高价值专利培育的目标。五是要在政策扶持上精准发力。明确政策导向，制定或调整现有政策，使所有法律法规和政策向着高质量、高价值专利共同发力。专利是市场的产物，任何政策的支持都要向着市场规律、市场轨道和市场方向发力。否则，就会走偏，严重者就会误入歧途。

通过高价值专利的运营实现专利权资本化，让专利资源成为资本，使专利资产在流动中实现保值和价值增值，使市场配置资源的速度更快、效率更高、成本更低。通过高价值专利的运营获得资金反哺新一轮的技术创造，形成高价值专利培育的良性循环。这无疑是当下主要发达国家或跨国公司的一种重要政策和战略选择。

本书培育篇比较好地回答了上述问题。首先，抓住我国专利中存在的技术含量比较低、保护不到位、市场前景不明朗等亟须解决的关键问题作为突破口，分别从技术价值、法律价值和市场价值等维度的培育入手，详细梳理了培育方法和培育路径。其次，针对高价值专利的组合布局，围绕高价值专利组合的构建模式、优化和维护方法进行了归纳和阐述。最后，总结了高价值专利价值实现的运营途径。只有体现出高价值专利的价值，才能让科技智慧变成资本充分涌动和回流，形成高价值专利培育的良性循环，最终达到营造良好的营商环境和创新环境的根本目的。

高价值专利培育工作还需要高水平遴选和评估。专利价值评估是判定和衡量专利价值的重要手段。研究确立高价值专利评估标准和评估方法，为高价值专利的运营和管理提供客观公正的价值判断，可使高价值专利的培育工作更加精准和富有成效。为此，本书在评估篇里重点介绍了我国专利价值评估的准则现状、三种基本专利评估方法和两种国际上常用的评估方法，并针对专利的主要经济活动形式，诸如专利质押融资、专利作价入股、专利交易、专利诉讼维权等进行展开，梳理了相关法律法规和政策，结合实际案例进行深入讲解，归纳出了评估要点，这大大增强了本书的实用价值和可读性。

当下，大力提升专利质量，大力培育高价值专利，已经成为我国知识产权强国建设、支撑创新驱动发展的重大课题，也是当务之急。我希望并相信本书的出版，能够为我国政府有关部门、创新主体、社会服务机构研究制定培育高价值专利的政策、策略，寻求更加有效的路径，提供有益的参考和借鉴。

国家知识产权局知识产权发展研究中心主任

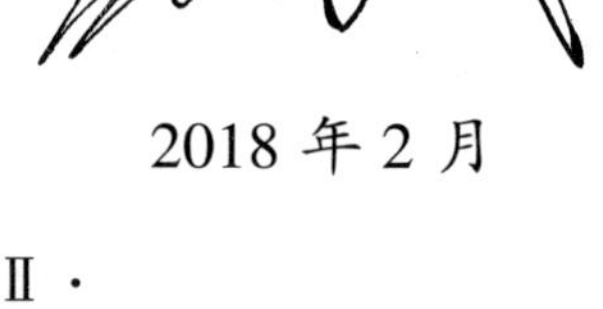

2018 年 2 月

前　言

“创新是引领发展的第一动力。”在深入实施创新驱动发展战略、推进供给侧结构性改革的新时期，拥有更高水平的创新能力、创造更多的高价值专利，是支撑创新发展的重要标志。没有高价值核心专利和原始专利作支撑，知识产权强国建设就会成为无源之水、无本之木。

“临渊羡鱼，不如退而结网。”对于高价值专利的培育，我们应当摸清高价值专利产出的规律，拿出“干在实处、走在前列、勇立潮头”的勇气，迎难而上，围绕提升知识产权对实体经济的技术供给水平，大力培育高价值核心专利。通过大力培育高价值专利，努力形成既有宽度又有厚度、既有高原又有高峰的新型专利结构，推动专利创造由大到强、由多到优的转变。唯有如此，我们自己动手培育的“高价值专利”才能作为驱动发展的根本引擎，引领我国重点产业迈向中高端水平。

在国家大力促进创新驱动发展战略的背景下，基于专利的经济活动，诸如专利质押融资、专利作价入股、专利交易、专利侵权索赔等，必将大大增加。在上述企业活动中，利用专利价值评估的量化工具进行决策，将有助于高价值专利的“高价值”在微观层面以货币化的形式实现。此外，在企业间、产业内和产业间，基于专利技术的横向、纵向合作是未来科技发展的必然趋势，专利联盟、专利池等或将是产业内专利运营的重要形式，在期间如何进行利益分配、成本和风险分摊，也是需要运用专利评估工具解决的重大难题。

本书的作者们在开始编写此书时并不是成竹在胸、下笔成文的，而是砥砺前行，艰难探索，从实际案例的不断碰撞和讨论中摸索出心得体会。“志之所趋，无远勿届，穷山距海，不能限也。志之所向，无坚不入，锐兵精甲，不能御也。”编者们抱着众志成城和坚韧不悔的信念，誓透其理，终究其矩，力争为我国高价值专利培育方和评估方的从业人员提供一套可参考的理论体系和实务经验。

本书分为培育篇和评估篇。培育篇布局如下：首先，对高价值专利的培育路径进行概述。百丈高楼平地起，培育高价值专利不是一蹴而就的，需要系统思考高价值专利培育的系统组成和受制因素，包括对高价值专利的培育环境、参与人员、培育方法和所需资源等进行梳理。通过产品、技术标准、专利战略等高价值专利培育的主要“视角”，对高价值专利的培育方法和路径进行梳理和案例解析。其次，抓住我国专利中存在的技术含量比较低、保护不到位、市场前景不明朗等亟须解决的关键问题作为突破口，分别从技术价值维度的培育、法律价值维度的培育和市场价值维度的培育入手，详细梳理培育方法和培育路径。再次，针对专利战略价值维度的培育，主要围绕高价值专利组合的构建模式、优化和维护方法进行归纳，使得读者能够逐渐掌握这一能够实现专利战略特定目的的策略性工具。最后，围绕基于运营视角的专利高价值实现让科技原创的智慧资本充分涌动和回流，形成高价值专利培育的良性闭环，达到营造良好的营商环境和创新环境的根本目的。

评估篇布局如下：首先，介绍了我国专利价值评估的准则现状、三种基本专利评估方法和两种国际上常用的评估方法，并对专利组合的价值评估进行了初步探讨。其次，针对专利的主要经济活动形式，诸如专利质押融资、专利作价入股、专利交易等进行展开，主要梳理了相关法律法规和政策，归纳了评估要点，并结合案例进行深入讲解。最后，详细分析了专利侵权赔偿中专利评估的重要性和主要适用方法。

本书编者中马天旗主要承担框架设计、统稿、审稿及修订工作，执笔绪论、第一章、第五章，参与全书其他各章节的撰写；马新明主要执笔第八章、第九章、第十章，参与修订第七章、第十一章，参与撰写绪论；赵星主要执笔第一章、第三章，参与撰写绪论；赵佑斌主要执笔第二章、第四章；陈亮主要执笔第六章；王慧主要执笔第十一章；曹小明主要执笔第七章；王亚利主要参与撰写第二章；张世国主要参与撰写第四章；桂佳主要参与撰写第六章。

在本书的编撰过程中得到了诸多领导、业界专家和同事的帮助和支持，在此一并致谢。感谢国家知识产权局知识产权发展研究中心主任韩秀成为本书作序。感谢北京中金浩资产评估有限公司董事长丁坚参与书籍的策划和指导工作。感谢东鹏资产评估事务所所长史煜杰、江苏省创新协会会长朱宇（江苏省知识产权局原局长）、广州视源电子科技股份有限公司知识产权负责人庄喆、美的集团知识产权总监孙明岩、奇瑞汽车股份有限公司法务总监李永杰、金风科技集团知识产权总监时良艳、中兴通讯股份有限公司知识产权总监陈尧、中国知识产权发展联盟秘书长周砚（北京市知识产权局原副局长）、奥的斯亚太区知识产权顾问夏心骏、中国科学院知识产权运营管理中心副主任崔勇等提供专家指导意见并参与审稿工作。

感谢巴特对第七章内容提供了无私的帮助。

感谢北京中知律师事务所主任律师雷东在高价值专利侵权案例方面提供的帮助。

感谢中国知识产权报社陈景秋、中国专利保护协会副秘书长马鸿雅、原国家知识产权运营公共服务平台总经理胡军建提供的大力支持和友情帮助。

感谢知识产权出版社黄清明编审为本书的出版倾尽心力。

“明者因时而变，知者随事而制。”本书虽然系统总结和归纳了高价值专利培育与评估的方法和案例，但高价值专利培育与评估是系统和复杂的工作，读者应当审时度势，灵活运用，不建议机械地照抄照搬。

本书虽倾尽编者们的智慧和心血，然仍难免有所疏漏和差错，望广大读者批评指正。

马天旗

2018年1月

目　　录

评　估　篇

绪　论

一、高价值专利的定义

1. 高价值专利的分析维度

每一件专利都包含了能够解决技术问题的技术方案，但不是每一种技术方案都有实际应用价值，当更好的可替代性技术出现时，该专利技术就很容易被淘汰或直接抛弃。同时，技术先进性较高的专利不都是高价值专利，比如有些技术先进性很高的专利技术，由于缺乏配套技术等很难具体实施，这些专利很难称得上是高价值专利。此外，高价值专利也不都代表技术复杂程度很高的专利，有些容易被普遍采用的技术所形成的较为简单的专利也可能成为高价值专利。虽然专利价值的高低并不完全取决于技术方案的先进性、技术难度或者是技术复杂程度，但是高价值专利应当达到最基本技术含量的门槛，至少应当满足专利法意义上的新颖性、创造性和实用性。

专利权的核心在于专利的排他性，专利权人通过拥有一定时间一定地域的排他性权利，取得垄断性收益，实现专利的价值。专利权是法律意义上的一种私权，失去法律保护外衣的专利如无壳之蛋、无土之木。因此，对专利权利的坚实法律保护是一件专利技术实现其真正价值的保障。

具有市场价值的技术有很多，有市场价值的专利技术一定是同时具备技术价值和法律价值的专利技术，而具备高市场价值的专利技术应当是能在市场上应用并因此获得主导地位、竞争优势或巨额收益的专利，这才是真正现实意义上的高市场价值专利。当然，市场价值又可分为未来市场价值和现有市场价值，预期在未来市场中很可能用到的专利属于潜在高市场价值专利。

专利权人在申请专利时，未必都赋予其明确的战略考量，大多数是研发过程的惯性使然，大量的专利申请只是对研发项目中细微创新点的一般性保护，有些专利申请甚至只是为了提升专利权人的自身影响力而已，这些专利的战略价值一般。真正具备技术意义上的价值基础和法律意义上的价值保障的高战略价值专利，主要是某领域的基本专利和核心专利，或者是为了应对竞争对手而在核心专利周围布置的具备组合价值或战略价值的钳制专利。对于企业而言，这些专利要么能较强地攻击和威胁竞争对手，要么能构筑牢固的技术壁垒，要么能作为重要的谈判筹码，或者兼而有之。这也是国内外一些知名企业知识产权管理人员的共识。[1][2] 不具备技术价值和法律价值的专利也可能具有一定的战略价值，但高战略价值的专利一定是同时具备技术价值和法律价值的专利。

而在专利的现有市场价值中，直接变成的现金流就是该专利可以直接衡量的经济价值。高经济价值的专利首先包括了高市场价值的大部分专利（有些具备高市场价值的专利之所以没有体现出其高经济价值，是因为专利权人的不作为或者法律环境造成的），其次还包括专利交易和运营过程中（如专利质押、作价入股、转让等）体现出高价格的其他专利，如着眼未来市场的储备性核心专利等。

2. 高价值专利的充分必要条件

高价值专利应当具备一些必要条件，比如高技术含量、高撰写水平、高权利稳定性等。如果再加上市场应用前景好、产品市场占有率高、当前或未来市场控制力和竞争力强等，就有可能组成高价值专利的充分条件了。但是，反过来讲，高价值专利并不必然是满足上述所有条件的专利。

能实际带来较高经济价值的专利一定是高价值专利，反过来高价值专利则不一定必然直接带来较高的经济价值。因此，高经济价值的专利是高价值专利的充分条件，但不是必要条件。

3. 广义和狭义的高价值专利

狭义上讲，高价值专利是指具备高经济价值的专利。

很多情况下，具有高市场价值或潜在高市场价值的专利之所以没有体现出高经济价值，可能是由于一些客观或主管因素造成的迟滞，比如战略时机上的考虑。因此，从高价值专利的筛选上讲，广义地将高（潜在）市场价值专利和高战略价值专利的并集视为高价值专利是可取的一种方式。

本书在描述高价值专利筛选的相关内容上，如无特别说明，高价值专利是指广义的概念，即高（潜在）市场价值专利和高战略价值专利的并集（见图 0-1）。

---

[1] 如华为的一些知识产权管理者们认为高价值专利的目标有 3 个方向：（1）防御竞争者的侵权主张或诉讼，以维护公司的现有业务，通过交叉许可实现业务自由；（2）保护研发投资产生的发明，防止竞争者抄袭产品特征或蚕食市场份额；（3）通过产生高利润的知识产权收益为公司创造财富。Tao Zhang，Dian Fu，Wenyu Zhou. Building a high-quality patent portfolio in China and the United States［J］. Intellectual Asset Management，68.

[2] M Mariani，B Verspagen，A Gambardella. Study on Evaluating the Knowledge Economy-What are Patents Actually Worth?［R］. The Value of Patents for Today's Economy and Society Tender N° Markt/2004/09/E，Final Report for Lot 1，2005-05-09.

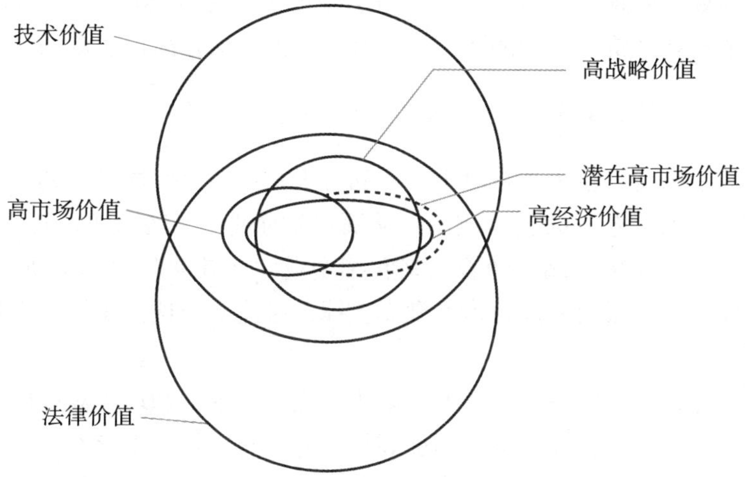

图 0-1　高价值专利的价值维度

二、高价值专利培育的意义

1. 我国当前发展的现实需求

在国际层面，发达国家创新性经济发展步伐加快，专利质量及保护水平不断提升，为发展中国家带来新的挑战。在国内层面我国经济发展进入速度变化、结构优化、动力转换的新常态，改革进入深水区，供给侧结构性改革任务艰巨，对创新水平和专利质量提出了更高的要求。此外，当前我国高价值专利数量不足、运用不够，大量发明专利的价值有待挖掘，影响专利价值的体现。因此，努力培育高价值专利，是应对国内外挑战、推进供给侧结构性改革、解决发展中的各种难题的有效路径，实现专利创造质量的不断增强，形成支撑创新发展的运行机制，有利于更好地保障大众创业、万众创新❶。

2. 专利制度的本质要求

专利制度的本质是通过对创新主体提出的创新技术方案赋予一定期限的垄断权，以激发创新，从而促进全社会的科技创新和社会进步。在不同的主体眼中，其本质又有所不同，对于发明创造者而言，是一种保护和激励机制；对于企业而言，在保护的同时，还是一种经济效益促进机制；对于社会而言，是一种科技进步激励机制❷。企业所关心的经济效益即专利经济价值的体现，一方面体现为由专利的实施和许可带来的直接经济价值，另一方面则是政府对于专利申请奖励带来的经济效益以及高新技术企业所得税的优惠税率返还，也有人称其为间接经济价值。而在近年来的专利制度的实践中，一方面，虽然专利数量激增，但是出现了过于追求间接经济价值现象，导致部分专利偏离专

❶ 李顺德. 努力培育高价值专利正当时［N］. 中国知识产权报，2017-06-30（001）.

❷ 赵大勇. 论专利制度的本质［J］. 苏州教育学院学报，2014，31（03）：77-79.

利制度本质要求的现象；另一方面，为了让更多的专利能够为企业带来直接经济价值，发挥专利制度在经济发展中的作用，也有必要大力培育高价值专利。

3. 企业/高校创新的必由之路

对于企业来说，在未来竞争中，专利对于企业的重要性将会越来越突出。高质量的专利能够全面保护企业的创新成果，从而保护企业在市场上的创新产品，赢得市场优势，为企业带来高额利润。随着未来我国企业“走出去”步伐的加快，知识产权作为国际通行法则，如果没有高价值专利做支撑，必然会遭遇大量知识产权壁垒，阻碍企业的国际化。

对于高校来说，其作为重要的创新主体之一，挖掘和培育高校的高价值专利，将有力支撑我国经济实现创新发展。当前高校的专利与市场需求存在一定程度的脱节，虽然专利体量较大，但是能产生市场效益的高价值专利数量仍然有限，对高校发明人激励不足。可见，对于企业和高校两类主要的创新主体来说，实施高价值专利培育都是势在必行。

三、高价值专利培育的难点和挑战

1. 高价值专利培育结果的不可预期性

对于高价值专利能否通过定向培育来获得这个问题，目前尚存争议。采用预定的高价值专利培育路径培育出的专利，未来是否一定能够实现高价值，这在很大程度上是个未知数。高价值专利培育是一个系统工程，通过采用一定的高价值专利培育方法，并制定相应的培育路径，在统计意义上无疑能够极大提升高价值专利产生的概率，未来能够产生更多的高价值专利的组合。但是对于单个专利来说，其价值实现受到多种因素的影响，有时还具有一定的偶然性，有可能进行了大量的投入，但是却未能达到预期效果。因此，高价值专利培育结果具有一定的不可预期性。

2. 高价值专利培育的高投入与持续性

在高价值专利培育的过程中，为了保证培育的质量，需要提升企业研发部门的发明创造水平，在企业内部建立完善高效的管理体系，以及在培育过程中引入优质的外部知识产权服务资源等。此外，一件专利从产生到授权、到最终的价值实现需要相对较长的周期，因此高价值专利培育是一个相对长期的过程，必须有一定的持续性，在这个过程中也需要持续性高投入，这也是高价值专利培育的难点。

四、高价值专利评估的意义

在我国当前形势下，高价值专利评估可从两个层面论述其重要意义。

1. 微观层面

在国家大力促进创新驱动发展战略的背景下，基于知识产权尤其是专利的经济活动，诸如专利质押融资、专利作价入股、专利交易、专利侵权索赔等，必将大大增加，在上述企业活动尤其是企业内部专利筛选、培育活动中，利用专利价值评估的量化工具进行法定或非法定的决策，将有助于高价值专利的“高价值”在微观层面以货币化的形式实现。

2. 宏观层面

在企业之间、行业内部和产业之间，基于知识产权尤其是技术、专利的横向及纵向合作是将来科技发展的必然趋势。在不远的未来，专利联盟、专利池等或将是产业内专利运营的重要形式，在其间如何进行利益分配、成本和风险分摊将是需要运用评估工具解决的重大难题。

五、高价值专利评估的难点和挑战

高价值专利评估不同于一般专利的评估，在高价值专利评估中，决策者面临着新的难点和挑战，主要体现在以下几个方面。

（1）高价值专利在企业经营中的重要地位决定了在评估中应更严格贯彻独立、客观、公正原则。

高价值专利无疑在企业经营中占据重要的核心战略地位。在运用专利工具时，比如进行专利质押、专利作价入股、专利交易等经济行为中法定或非法定的价值评估时，评估人员应清晰认识到经济行为各方的平等地位，在上述事项中的法律风险在独立、客观、公正执业方面给评估人员带来了更严峻的挑战。

（2）高价值专利的复杂性决定了评估操作的复杂性。

高价值专利具有技术、法律、市场、战略、经济等多重属性，如何在评估中综合考虑上述属性，做到在各种属性间独立判断和协调判断相结合，如何有效处理各种属性之间独立或关联关系，成为评估人员在高价值专利评估中的一大操作难点。评估人员只有全面掌握技术、法律、市场、战略、经济等各类专业知识，才能做到恰当判断、不重不漏。

（3）高价值专利运营的多面性决定了评估操作的灵活性。

在各种高价值专利运营活动中，因运营程序的不同，对评估操作的要求亦有所不同，评估人员如何灵活掌握评估操作的繁简程度是一大难点。例如，在专利作价入股、专利质押等法定或准法定评估中，应重点关注对评估操作独立性、参数取值客观性的把控；在专利转让、许可等行为中，除涉及国有资产转让外，一般是由交易双方谈判确定交易价格，那么在评估时更应关注交易双方各自的偏好；而在企业专利筛选、培育等内部决策中，对评估操作和参数的选取应基于企业内部状况和外部环境，并考虑评估操作需付出的成本确定繁简程度。

培育篇

第一章　高价值专利培育路径

本章概述

本章通过对高价值专利培育的系统进行思考，对高价值专利培育的系统组成和受制因素进行分析，包括高价值专利培育环境、培育人员、培育资源等方面。随后，分别从技术价值、法律价值、市场价值、战略价值和经济价值多种维度对高价值专利培育的受制因素和培育方法进行了概述。最后，结合高价值专利运用层面，分别从产品视角、技术标准视角和专利战略视角对高价值专利进行了解析，并进行了相应的案例分析。

本章知识脉络

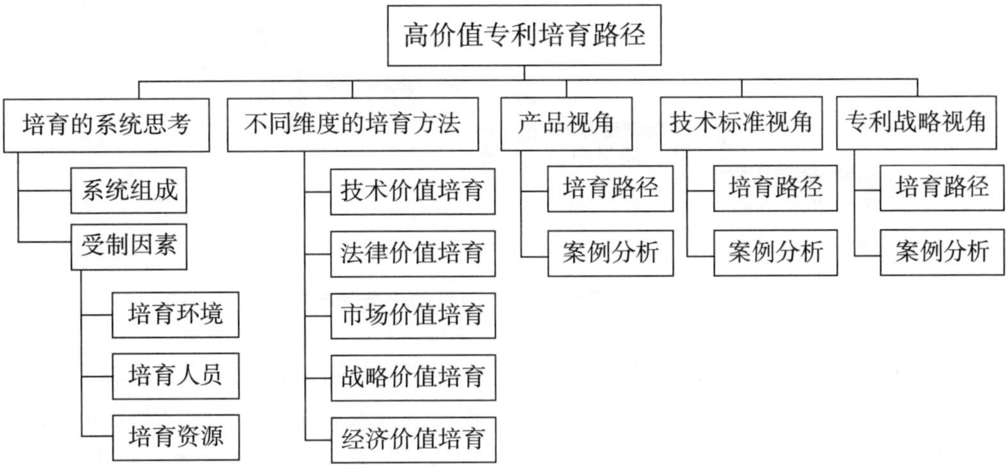

第一节　高价值专利培育的系统思考

一、高价值专利培育的系统组成

高价值专利培育是一个系统工程，通过采用一定的高价值专利培育方法，并制定相应的培育路径，从统计意义上无疑能够极大提升高价值专利产生的概率，未来能够产生更多的高价值专利组合。同时，对于高价值专利的追求，需要更加理性地对待由专利制度衍生出来而产生一定偏离的价值，继而回归到专利制度本身追求的价值，更好地发挥专利制度对于促进社会创新的本来作用。

高价值专利培育的过程包括了高价值创造、高质量申请、高标准授权、精准长远布局、政策精准扶持以及高水平遴选和评估几个关键环节❶，如图 1-1 所示。对于创造环节，在技术研发之初和研发过程中，要高度重视运用专利信息，从而找准研发的起点、重点和方向，避免低水平研究和创新资源的浪费。在专利申请环节，由高水平的专利代理人与研发人员充分沟通后撰写申请文件，保证申请质量。在审查环节，需要审查人员要按照法律规定高水平审查，严把授权关，使授予的每一项权利具有较高的稳定性。在专利布局环节，需要从市场和战略布局层面做好国内外的专利布局，在有市场前景的所有国家和地区做好专利布局，使其价值最大化，才有可能为市场竞争力最大化奠定基础，这是高价值专利培育的目标。在政策制定环节，通过制定或调整现有政策，使所有法律法规和政策向着高质量、高价值专利共同发力。在专利遴选和评估环节，需要研究确立客观评估评价标准，在高质量、高价值专利培育过程中认真负责地做好评估评价，使培育工作更加精准和富有成效。

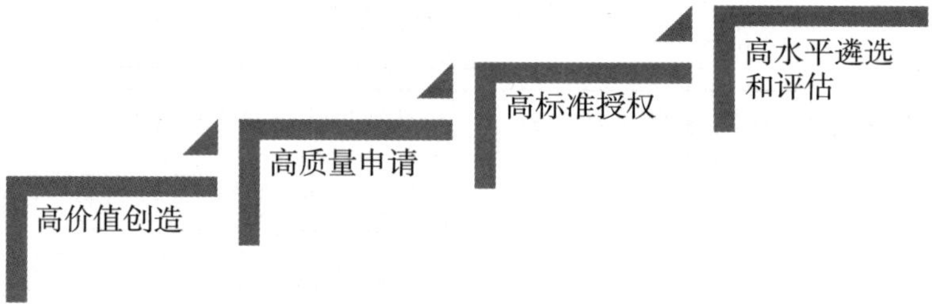

图1-1　高价值专利培育的主要路径

从高价值专利培育的流程来看，高价值专利培育系统由政策端、创新端、申请端、审查端、评估运营端组成（如图 1-2 所示）。政策端涉及政府对于高价值专利申请的激励政策及相关培育政策等；创新端主要涉及企业或科研机构等创新主体，侧重于高价值专利技术价值的培育；申请端主要涉及企业知识产权管理部门或专利代理机构，侧重于专利法律文本的形成；审查端主要涉及专利局或专利复审委员会，侧重于权利要求保护范围和权利要求稳定性的确定；评估运营端主要是对高价值专利进行评估和运用。以下分别从高价值专利的政策端、创新端、申请端、审查端和评估运营端来分别对高价值专利培育系统组成进行介绍。

---

❶　韩秀成. 如何培育高价值专利［N］. 中国知识产权报，2017-06-16（001）.

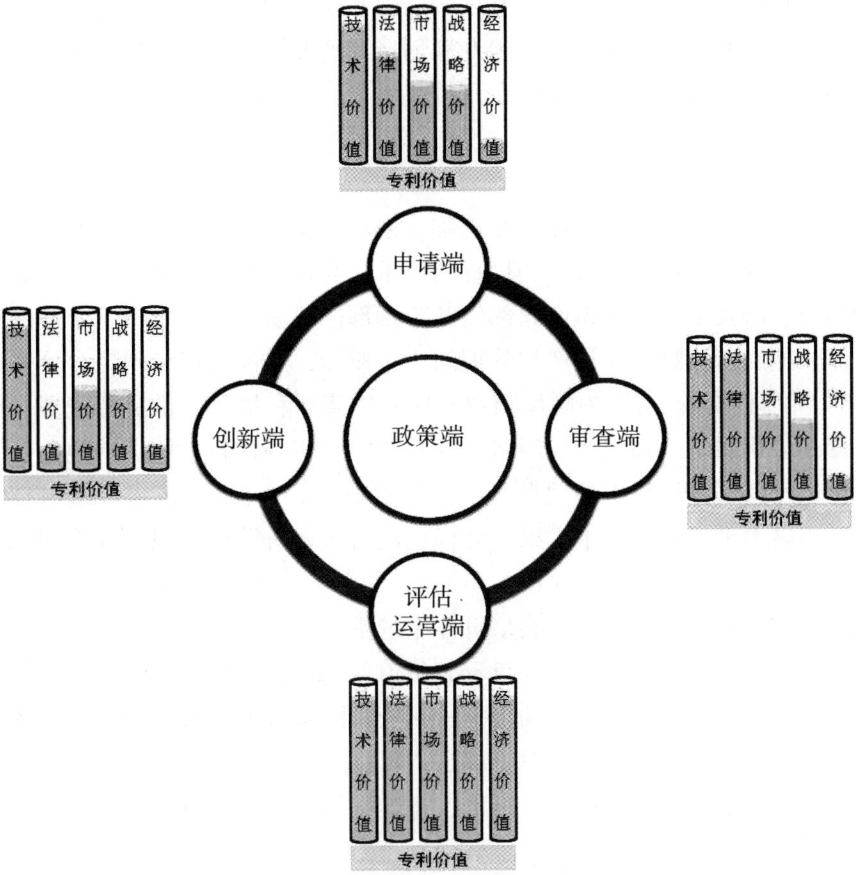

图1-2　培育高价值专利的系统组成

1. 政策端

政策端是发力端，是导航端，是高价值专利培育的土壤和环境。高价值专利培育从提出到实施都具有很强的政策背景。“高价值专利”的概念最早于 2013 年在江苏大学“三江知识产权论坛”首次提出，2014 年 1 月，江苏省知识产权局局长会议上正式提出了培育高价值专利的任务。随后，2015 年 2 月，江苏省委省政府出台加快知识产权强省的意见，在全国首次提出实施高价值专利培育计划。2015 年 4 月 15 日，江苏省知识产权局出台《江苏省高价值专利培育计划组织实施方案（试行）》，计划到 2020 年，在江苏省建设 100 个高价值专利培育示范中心，在主要产业领域培育一批支撑产业发展、具有国际竞争力的高价值专利。

在政策端，政府主要发挥引导作用，不断完善制度环境、搭建知识产权公共服务平台，加强监督指导，为高价值专利的培育提供土壤和环境。在前期通过资金扶持的方式，对大企业、高校/科研院所、知识产权服务机构等资源进行整合，使得各方资源进行优势互补，建立示范性高价值专利培育平台。通过逐步引导，同时积极发挥市场配置资源的决定性作用，通过市场机制，进一步加强知识产权管理、服务规范化，面向重点产业发展需求深入开展研发活动，实现专利创造和产业需求紧密对接，让高价值专利与产业发展相融合，从而更好地发挥出专利价值。

2. 创新端

创新端是高价值专利培育的源头和基础。创新端主要涉及企业、高校和科研院所等创新主体。为保障创新端高价值专利培育的质量，高价值专利的培育需要创新主体中的管理决策部门、研发部门、知识产权部门及市场部门等多方通力协作。管理决策部门肩负创新主体长期经营战略和知识产权管理的决策职能，是高价值专利培育体系长期运作的“大脑”和“心脏”，需要为确保顺利开展高价值专利培育提供资源配置，包括高价值专利培育的战略制定、知识产权经费的预算保障、协调创新主体中其他角色等。研发部门是高价值专利培育体系中的“龙头”，负责制订研究开发、技术改造与技术创新计划，力争形成高水平的创新技术成果，并根据项目研发阶段与知识产权管理部门保持良好的沟通，对创新成果及时进行保护与布局。

知识产权管理部门是高价值专利培育体系的重要枢纽，需要与管理部门、研发部门以及市场部门进行全方位的沟通，并负责高价值专利培育计划的具体落实，包括对项目费用的整体预算、项目周期和节点的把控、对资源配备方面的需求进行整理和管控、对质量的管控、对风险因素的把控、对管理层的汇报等。同时知识产权管理部门还承担了专利实施运营环节中的审查、谈价、判价、批准实施和监督，以及专利运营相关知识的宣传和培训等工作。

3. 申请端

申请端是专利权获取、专利布局和未来专利实施的支撑，是法律价值形成的基础阶段。高价值专利的申请端主要涉及企业的知识产权管理部门或专利代理机构，申请端的核心在于保障专利申请文本撰写质量，同时需要对专利申请的种类、时机等进行全面的分析与掌控。企业专利人员或专利代理人需要通过与创新端的技术研发人员保持持续深入的沟通，确定合适的专利申请撰写方案，确定合理的权利要求保护范围；同时在专利申请过程中，积极与专利局进行沟通配合进行审查答复，保障高质量专利文本的形成。

4. 审查端

审查端负责对高价值专利培育过程进行修正、裁判，是法律价值的决定端。高价值专利的审查端主要涉及专利局及专利复审委员会，其主要职责是按照专利法的规定进行高水平审查，严把授权关，使授予的每一项权利具有较高的稳定性。在发明专利实审阶段，审查员需要对专利申请文本进行全面审查，其中核心在于对技术方案新颖性、创造性和实用性“三性”进行审查，通过充分检索获取与专利申请相关的现有技术，从而做出新颖性和创造性客观评价，并以意见通知书的形式反馈到申请人。在审查端，审查员的责任心和专利审查水平，以及申请人与审查员的交流沟通对高价值专利的培育具有关键作用。

5. 评估运营端

培育高价值专利是否具有成效，需要对培育过程和结果均进行科学客观的评估。高价值专利培育周期一般相对较长，尤其是在多方同时参与的情况下，必须对评估过程进行管理和控制，例如创新端的技术创新质量的评估、申请端专利申请质量的评估、审查端专利审查质量的评估，以及最终产生的高价值专利的价值评估等。在评估运营端中一方面需要研究确定各环节质量评估指标和体系，另一方面也需要培育若干业务精、信誉好的专门知识产权服务机构，专门负责高质量、高价值专利的遴选和推荐，从而能够让高价值专利培育更加有效。

通过运营释放高价值专利的商业价值，可以使高价值专利培育工作形成良性循环的闭环。

上述 5 个模块是一个有机的整体，环环相扣，对于高价值专利的培育来说不可缺失任何一个环节。以企业为例，企业根据国家知识产权局开展的宏观专利导航工作，明确自身定位、发展方向和发展路径，进一步开展专利信息分析、专利布局和挖掘工作，接下来进行聚焦“订单式”的技术研发，产出高价值专利后与国内同行创建产业知识产权联盟，打通高价值专利培育的全链条（见图 1-3）。

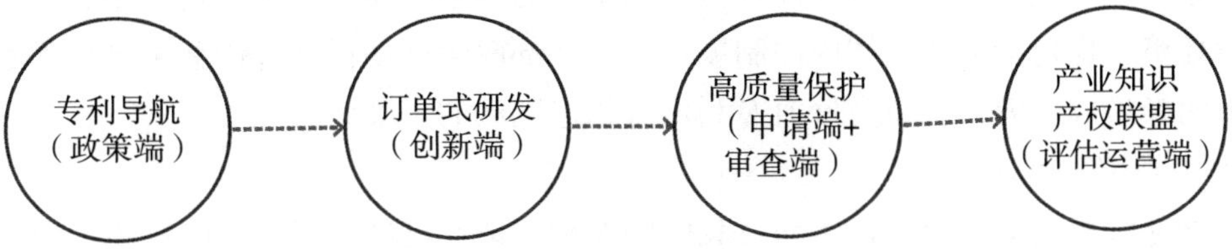

图1-3　高价值专利培育模式全链条

二、培育高价值专利的受制因素

高价值专利培育过程是一个非常复杂的过程，受到多种因素的综合作用，主要可分为培育环境、培育人员、培育资源 3 个维度（见图 1-4）。培育环境包括创新主体的外部政策环境以及内部环境；培育人员包括研发人员、知识产权管理人员、专利咨询人员、专利代理人以及专利审查员；培育资源包括资金投入、情报资源、信息化平台等。以下进一步对上述受制因素进行详细分析，以全面揭示高价值专利培育的影响因素。

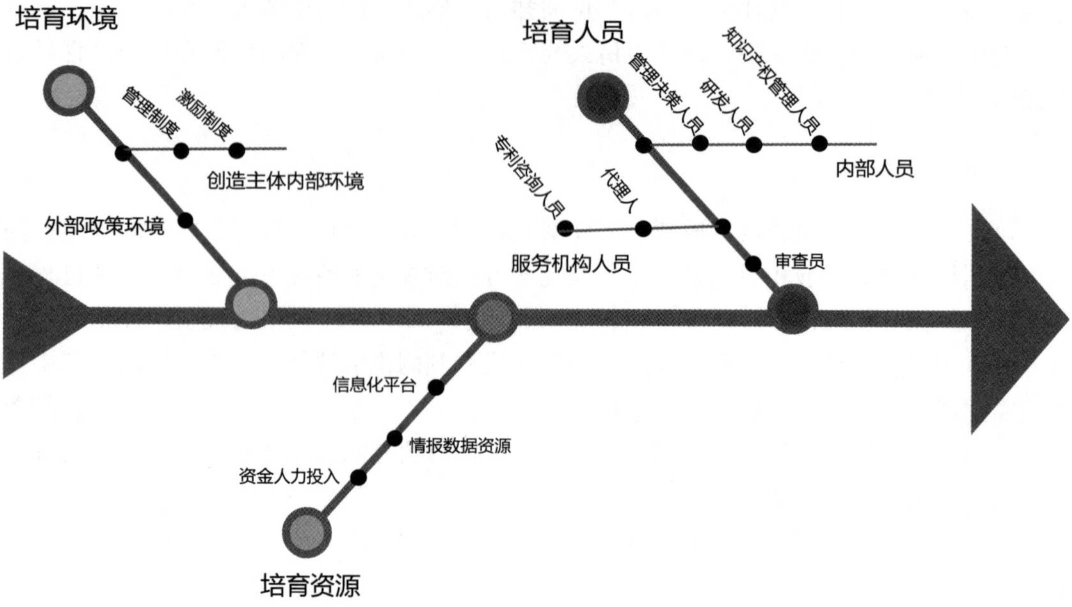

图1-4　高价值专利培育因素

1. 培育环境

如果将高价值专利培育工作类比为一个生态环境，则在这个生态环境中包括诸多要素，生态环境的优劣直接影响到高价值专利培育的结果。在这个生态环境中，既包括外部政策环境，也包括创新主体内部制度环境，外部政策推动再结合创新主体内部良好的制度，两者形成合力，将为高价值专利培育创造肥沃的土壤。

（1）外部政策环境

从外部政策环境上看，近年来，我国的专利申请量已经有了长足的进步，但是“大而不强、多而不优”的问题仍然制约着知识产权对创新型经济发展的支撑作用的发挥。国家层面对于专利质量越来越重视，先后制定了一系列有针对性的措施，提升专利质量，倡导培育高价值专利。在各地方层面，也先后出台了各种开展高价值专利培育工作的政策。江苏省是全国率先提出高价值专利培育计划的省份。江苏省委、省政府2015年初在印发的《关于加快建设知识产权强省的意见》中，提出要实施高价值专利培育计划[1]。随后，江苏省发布了《江苏省高价值专利培育计划组织实施方案（试行）》，该方案提出，“主动适应和引领经济发展新常态，以加快转变经济发展方式为主线，以市场为导向，以提升专利价值为目标，以战略性新兴产业和特色优势产业为重点，整合各类创新资源，着力推动深化产学研协同创新，建成一批集企业、高校科研院所、知识产权服务机构三位一体的高价值专利培育示范中心，培育一批国际竞争力强、具有较强

[1] 赵建国．培育高价值专利：助推产业转型的新探索［N］．中国知识产权报，2016-06-24（002）．

前瞻性、能够引领产业发展的高价值专利。”

同时，其他各省份也密切关注高价值专利培育。例如，广东省出台了《关于知识产权服务创新驱动发展的若干意见》《广东省建设引领型知识产权强省试点省实施方案》两份文件，随后又印发了《广东省知识产权事业发展“十三五”规划》。这一系列文件中均提出要实施专利提质增量及高价值专利培育工程等要求，明确了工作导向，希望通过采用产学研结合式的高价值专利培育，围绕产业链统筹研发资源构建创新链，围绕创新链创新发展方向部署专利链，依托省内知名高校、科研院所、龙头企业和知识产权服务机构，建设了6家“广东省产学研专利育成转化中心”❶。2016年4月，广西知识产权局发布了《关于开展高价值专利培育示范中心申报的通知》，计划建设一批高价值专利培育示范中心，从而进一步提升广西专利质量，更好地发挥专利对经济转型和产业升级的支撑作用。可见，从当前的政策环境上来看，政府出台了一系列的政策并设置配套资金来进行推动高价值专利培育示范中心的建设，政策环境相对比较优越。

（2）创新主体内部制度环境

外部的政策环境是高价值专利培育工作中相对宏观的影响因素，创新主体内部知识产权管理制度以及激励制度是否健全有效也是高价值专利培育成功与否的关键受制因素。尤其对于企业类创新主体来说，创新是企业生存和发展的灵魂，企业创新的原动力来自企业竞争力的提升、生产管理手段的改进❷，企业高价值专利培育必须围绕企业创新来进行，只有建立比较完善的知识产权管理制度才能保障企业创新机制的正常运行，才能为高价值专利培育提供制度基础。企业的知识产权管理包括宏观和微观两个层面，前者体现为综合性的管理制度，主要包括作为公司战略重要组成部分的企业知识产权管理规划和知识产权管理总体制度；后者体现为专项的规范企业知识产权行为的管理制度❸。除了通常的管理制度以外，激励制度也是高价值专利培育的另一影响因素。虽然专利制度本身就具有促进和激励创新的目的，但是这是相对于全社会整体而言，对于企业微观层面，有时候这种专利制度的激励创新机制并不能很好地发挥作用，而需要一定程度上借助于企业内部的激励措施。企业自身设立激励制度可以更好地激发出研发人员的技术创新热情，而这也是高价值专利培育的源头。

2. 培育人员

从专利权的生命周期上来看，专利权的产生主要经历创造、申请、审查、权利维持、专利实施/许可等几个主要阶段，就如同植物培育一样，需要经过播种、除草、施肥、浇水等一系列环节，通过在各个环节的精细照顾，最终获得理想的成果，而在这每一个环节都离不开培育人员的悉心照料。一份高质量专利的最终成型需要发明人、专利代理人及专利审查员各自付出相应的努力，发明人或申请人、专利代理人和专利审查员

---

❶ 赵建国. 广东：高价值专利激活创新“一池春水”［N］. 中国知识产权报，2017-08-09（004）.

❷ 魏先林，周小金. 试论企业知识产权制度在创新中的作用［J］. 特区经济，2006（12）：296-298.

❸ 冯晓青. 企业知识产权管理制度与激励机制建构［J］. 南都学坛，2016，36（05）：65-72.

看似“敌对”的工作所形成的博弈效应才能够使得专利的质量获得提升❶。从发明人提出有创新的技术方案，在企业知识产权人员或知识产权咨询人员辅助下进行专利挖掘与布局，继而交由专利代理人进行高质量的专利申请文件的撰写，审查员对申请文件进行高质量审查，而整个过程就是一场高价值专利培育的接力，每一个环节都与参与人员的专业水平和职业素养息息相关。

（1）发明人

发明人能否提出有价值的技术方案，是高价值专利培育的源头，这是至关重要的。对于发明人而言，首先是要选题正确，培育出有市场前景的技术，而后才能利用专利制度取得该技术的商品溢价性收入。为了获取技术价值较高的技术方案，发明人应该充分调研市场需求、了解技术的发展现状及历史脉络、梳理其所在技术领域中亟须解决的技术问题或需要克服的技术障碍，并做出能够促进技术进步的新的技术方案。其次，发明人也应加强学习，一方面要学习各种发明技法，例如 TRIZ 理论、头脑风暴法等。在发明理论的指导下，发明会更有针对性，创造力能够得到更好的发挥。另一方面，发明人要具备一定的知识产权基础知识，掌握专利的新颖性和创造性的授权标准，以便在后续审查中间过程中能够与代理人有效沟通❷。

（2）知识产权服务人员

由于发明人通常为研发人员，受岗位职责所限，其更加侧重于针对具体技术问题进行技术研发、提出技术上的解决方案，往往没有更多精力关注专利层面的事务，在专利挖掘与专利布局上更多的需要企业知识产权人员的协助和指导。随着当前知识产权服务的进一步细分，将有更多专业的知识产权服务机构介入，利用更加专业的专利挖掘和专利布局方法帮助发明人提供系统而完善的专利布局，通过对本领域的专利进行整体分析，识别本领域的技术热点，并且对未来的技术发展进行预见，围绕重点竞争对手进行针对性布局，协同形成竞争优势，同时在专利布局上形成有纵深、有层次的全方位、立体、多维度的布局方案❸。

发明人或申请人在提出创新的技术方案后，提交到专利代理人手中的通常是原始的技术方案，发明人更多的是关注技术方案本身，技术交底书离一份合格的专利申请文件还有一定距离，代理人需要在此基础上进行提炼，运用法律思维将技术交底书撰写成一份高质量的专利申请文件。此外，发明人和专利代理人所处的职业不同，导致两者的职业习惯和思维模式也会存在较大差异，发明人更加关心解决技术问题的终极技术手段，并且聚焦到具体的实施例上，而代理人需要对具体实施例进行抽象提炼，从特定的应用场景中抽象出普遍性场景，从特定技术方案抽象出一般性问题，从而形成保护范围最大

❶ 韩福桂，佟振霞. 高质量专利的成长之路——源于发明人、专利代理人和审查部门的多方合力［J］. 中国发明与专利，2016（03）：59-62.

❷ 蒋亚飞. 发明人独自申请专利如何提高专利质量的对策［J］. 中国发明与专利，2017（04）：49-53.

❸ 李慧，吴孟秋. 浅谈知识产权服务机构如何协助企业做好专利布局［J］. 中国发明与专利，2014（11）：57-60.

的权利要求❶。在专利代理人的工作中必须意识到这种思维差异，勤与发明人进行沟通，共同形成高质量的专利申请文件。

（3）专利审查员

在专利申请文件递交到专利局之后，后续更多的工作则在专利代理人和专利审查员之间完成。专利审查员通过对专利申请保护范围与公众利益之间进行平衡，审查专利权利要求保护范围是否清楚、适度，是否具备新颖性、创造性和实用性等一系列专利法规定的授权条件。而对于审查员来说，首要重要的就是要具备端正的审查态度，具备高度的责任心，对每一份申请都要认真对待、一丝不苟，严格按照专利法和相关法律法规进行审查。在审查过程中，审查员需要准确理解技术方案，进行充分全面的专利检索，确保专利审查客观、公正，同时也需要具备换位思考的能力，能够从发明人和申请人的角度理解问题，进行充分的交流和沟通，从而能够与专利代理人一道培育出高质量的专利权❷。

3. 培育资源

从培育资源来看，在高价值专利培育中需要投入必要的资金、建设知识产权信息化平台及情报资源等。对于中小型企业，由于受到规模、技术方面的限制，在知识产权管理方面通常存在着粗放、管理架构不完善、知识产权质量不高等一系列问题，通过知识产权信息化平台，能够规范化知识产权管理，从而提升知识产权管理质量，发挥出知识产权的重要价值❸。另一方面，专利信息作为一种重要的企业竞争情报资源，在高价值专利培育中也起到重要作用。在企业研发选题时，通过专利信息了解当前技术现状以及技术发展方向，避免企业重复研究。在专利申请前，通过专利检索对新申请专利进行预评估，能够极大提升专利申请质量。

专利的价值有多种实现方式，例如有学者认为专利价值包括直接经济价值和间接经济价值，直接经济价值则包括了专利的使用价值、专利的交易价值、专利的担保价值，而间接经济价值则又包括了专利的战略价值❹。基于不同的价值目标，其实现的路径不尽相同，本书分别从产品视角、技术标准视角、专利运营视角以及专利战略视角等多种不同的视角来阐述高价值专利培育的路径。

---

❶ 王艳，黄熊. 发明人与专利代理人的思维差异及融合之道［J］. 电子知识产权，2014（01）：95-96.

❷ 段丽斌. 从审查员角度谈“如何确保审查质量”［G］//中华全国专利代理人协会. 2013年中华全国专利代理人协会年会暨第四届知识产权论坛论文汇编第二部分. 北京：知识产权出版社，2013：7.

❸ 董莎，陈汉君. 科技型中小企业知识产权信息管理平台构建研究［J］. 电子知识产权，2017（05）：69-74.

❹ 万小丽. 专利价值的分类与评估思路［J］. 知识产权，2015（06）：78-83.

第二节　高价值专利不同维度的培育方法

专利价值具有技术价值、法律价值、市场价值、战略价值和经济价值5个维度，不同维度的培育所采用的方法也不尽相同。下面分别从上述5个维度来分析价值培育过程中关键的受制因素、如何创造必要条件突破受制因素从而最终提升专利价值的思路。此处仅做通用性概述，后续将会分章节进行展开。

一、技术价值培育

专利技术价值是培育高价值专利的基石，主要涵盖了技术先进性、技术成熟度、技术独立性、技术不可替代性以及技术应用前景和广度等方面。以下分别从技术价值的受制因素和培育方法对技术价值培育思路进行简要概述，详细内容请重点参见培育篇第二章的内容。

1. 受制因素

从技术价值的受制因素来看，在培育人员方面，主要涉及研发人员；在培育资源方面，主要涉及情报平台；在外部环境上，企业内部的激励制度起着很重要的作用。围绕上述受制因素，在技术价值的培育过程中，首先要为研发人员提供在研发中可利用的情报资源，建立技术情报监测体系，并通过一定的理论（例如TIRZ理论），充分调动研发人员的创造性；同时，通过研究国内外相关领域专利布局情况，寻求产业发展技术空白点，选择符合未来发展规律的技术路线，从而体现出技术的前瞻性。

2. 培育方法

具体而言，技术价值的培育方法可以从技术价值的培育目标着手。专利技术价值的培育过程与技术研发息息相关，最终体现在对整个行业的技术发展路径的“占领”上以及对竞争对手专利布局的应对效果上。技术先进性的培育可以从技术性能和时间占位两个维度，通过绘制和研究技术发展路线图，把握技术应用范围和技术进化的方向，从而准确确定当前研发技术的先进程度；技术成熟度的培育需要首先结合技术应用目标，根据当前的技术开发所处的阶段制定相应的培育措施；技术独立性培育需要考虑产品整体模块组成，对整个产品所涉及的技术进行系统分析，明确产品的创新点，对核心创新点专利布局要尽量排除侵犯第三方专利的可能性；技术不可替代性培育中通过检索与解决问题类似的技术方案，寻找整体的可替代方案，作为专利布局的方向；技术应用前景与广度的培育中需要通过行业研究确定所研发技术的市场前景和趋势，对该专利申请趋势进行分析，从而结合具体研发和商业策略来进行专利培育。

二、法律价值培育

法律价值是专利价值实现的基本保障，是专利价值的一票否决性因素，主要涵盖了权利要求稳定性、保护强度、不可规避性和侵权可判定性等方面。以下分别从法律价值的受制因素和培育方法对法律价值培育思路进行简要概述，详细内容请重点参见培育篇第三章的内容。

1. 受制因素

专利法律价值的培育，是一项从专利挖掘开始到专利权维护的系统工程，贯穿了专利的整个生命周期，具体包括专利挖掘、专利撰写、专利审查、专利的效力维护等环节。从法律价值受制因素上来看，其涉及的环节和因素较多，但最重要的在于参与培育的人员方面，通常会涉及知识产权管理人员、专利代理人、专利审查员以及专利咨询人员。而在培育资源以及培育外部环境方面，对法律价值的培育影响相对较弱。上述培育人员的专业水平和责任心直接关系到法律价值的形成质量，只有研发人员提交高质量的技术交底书、咨询人员提供高质量的专利布局或进行高质量的可专利性评估、专利代理人进行高质量的专利申请文件撰写、专利审查员进行高水平的专利审查，才能最终形成具有保护范围合理、权利要求稳定性强以及具有侵权可判性的高法律价值专利，从而完成法律价值的培育。

2. 培育方法

法律价值的培育目标是形成权利要求稳定、保护强度高、不可规避性强和侵权可判定性的专利权。而上述目标的实现不是一蹴而就的，它贯穿于专利法律文本形成的全过程，包括申请文本撰写、专利审查跟踪以及专利效力维护等关键环节。在申请文本撰写阶段，包括了说明书如何保证充分公开与技术秘密保留的平衡、权利要求的高质量撰写以及申请文本的预审等，以提升专利权利要求的不可规避性以及侵权可判定性；专利审查跟踪则包括审查意见通知书的答复、专利文本的修改以及专利复审应对等，重点提升专利的权利要求稳定性；专利效力的维护包括制定专利维持策略以及专利无效应对等，也是保障专利权的权利稳定性。

三、市场价值培育

专利市场价值是高价值专利实现最直接、最核心的体现。专利市场价值涉及市场情况、竞争情况以及政治环境情况。以下分别从市场价值的受制因素和培育方法对市场价值培育思路进行简要概述，详细内容请重点参见培育篇第四章的内容。

1. 受制因素

从受制因素上看，在培育人员方面主要涉及创新主体、知识产权管理人员以及专利咨询人员，在培育资源方面主要涉及情报资源，在外部资源方面则主要包括外部政策。可见市场价值的培育重点在于基于情报资源对当前技术的应用情况和竞争情况进行剖析，从而能够对市场未来进行预测；此外，还需要结合与技术相关的外部政策环境来进行综合决策。

2. 培育方法

市场价值的培育方法可以区分为基于市场环境、基于竞争环境和基于政策环境三个方面。在基于市场环境的培育方法上，首先是确定市场需求，通过发现市场痛点，对市场进行跟踪反馈和潜在市场的预见；其次是进行技术方案设计，主要方法包括技术功效矩阵、TRIZ 理论以及头脑风暴法；最后根据市场需求和所述所设计的技术方案进行专利布局方案的规划。在基于竞争环境的培育方法上，重点在于对竞争对手的产品和专利情况进行系统分析，并针对性地进行相应的专利布局。在基于政策环境的培育方法上，由于国家政策对产业发展方向具有重要的导向作用，首先要及时研究相关的产业政策，包括基金补贴、税收优惠刺激以及相关对技术政策等。政策引导通常会培育出未来市场，通过结合政策提前进行专利布局，无疑也是高价值专利培育的重要途径。

四、战略价值培育

从战略价值上看，战略价值包括专利的进攻价值、专利的防御价值以及专利的影响力三方面，而专利组合是实现专利战略特定目的的有力工具。以下分别从战略价值的受制因素和培育方法，对通过高价值专利组合来实现专利战略价值的培育思路进行简要概述，详细内容请重点参见培育篇第五章的内容。

1. 受制因素

从参与培育人员上看，战略价值的培育主要涉及管理决策人员、知识产权管理人员，管理决策人员需要把握专利战略目标与企业或科研院所的整体发展战略目标相匹配。在专利战略价值培育时，更重要的在于知识产权管理人员基于企业当前所处的竞争环境，通过竞争性情报分析，同时借助信息化平台对专利进行评估和管理，并与企业或科研院所的总体战略目标相匹配，从而在企业竞争中灵活运用专利，实现专利的战略价值。

2. 培育方法

战略价值的培育主要通过高价值专利组合的构建来实现，专利组合不仅能够打破单件专利的局限性，还能从各个价值维度提升整体价值。高价值专利组合的构建包括了战略制定、专利获取、专利功能和用途分类、专利组合构建以及专利组合的维护等步骤。专利组合策略的制定可以结合应用场景来进行，包括类型组合、技术主题组合、技术构成组合、产品结构组合、产业链组合等多种组合策略。通过上述各种形态的专利组合来使专利资源得到最优化利用，打造最好的防御之盾和进攻之剑，从而实现专利的战略价值。

五、经济价值培育

专利经济价值是高价值专利培育的落脚点。经济价值包括了大部分高市场价值以及专利交易和运营中体现出高价格的其他专利，经济价值与市场价值的区别在于是否直接变成现金流。以下分别对经济价值培育的受制因素和培育方法进行简要概述，详细内容请重点参见培育篇第六章的内容。

1. 受制因素

从培育人员上看，经济价值不仅涉及研发人员、知识产权管理人员、专利代理人、专利咨询人员等常规人员，还需要配备专利律师、专利经纪人、专利投资人、专利评估师等多种角色。而这类专业人才目前仍比较缺乏，人才的专业水平及全面性直接影响经济价值的实现效果。从培育资源上看，构建知识产权评估平台和运营信息化平台将有利于对专利进行管理和运营。从培育环境上看，政府提供引导性运营基金也将对专利运营起到重要的促进作用。

2. 培育方法

专利经济价值实现可以运用多种运营手段，包括专利诉讼、专利转让、专利许可以及专利金融等。在专利诉讼手段运用上，可通过专利诉讼维护自身专利利益，获得专利侵权赔偿，也可以专利诉讼作为坚强后盾，来促进高价值专利运营。在专利转让手段运用上，大企业可以从科研机构、中小企业或个体发明人手中获取专利，从而来实施专利技术产业规模最大化。在专利许可手段运用上，需要考虑许可费率、许可时空和许可流向等方面。在专利金融手段运用上，主要包括专利质押融资和专利入股两种方式，具体可根据实际情况进行灵活运用，从而实现专利的经济价值。

接下来，本章主要按照企业高价值专利主要服务的 3 个主要对象或场景：产品、标准、战略来描述高价值专利的培育路径（针对具体价值维度的培育路径请参见本书第二至第六章的内容）。

第三节 基于产品视角的高价值专利培育路径

一、培育路径

产品是企业所有创新成果的集成者，也是企业实现商业利润的载体，对于企业的发展有着至关重要的作用。产品创新是通过增加产品的差异化程度以降低产品的可替代性❶，对技术上有变化的产品进行商业化，一种是产品用途及其应用原理有显著变化的产品创新，一种是指在技术原理上没有重大变化的情况下，基于市场需求对现有产品所做的功能上的扩展和技术上的改进❷。根据产品创新程度不同，也可分为低度产品创新、中度产品创新和高度产品创新❸，如图1-5所示。低度产品创新是指企业在现有的产品技术与产品市场基础上，开发拥有企业识别度的新产品，这种创新可称为模范创新。低度创新主要是基于产品外观设计和功能的创新，是一种渐进性的创新行为。中度创新是企业基于现有的产品市场，通过自身技术、设计研发、开发新产品，或者是企业为其产品开发出新市场。而高度创新则是通过开发出新产品或新技术来追求新市场，从而发现市场“蓝海”。

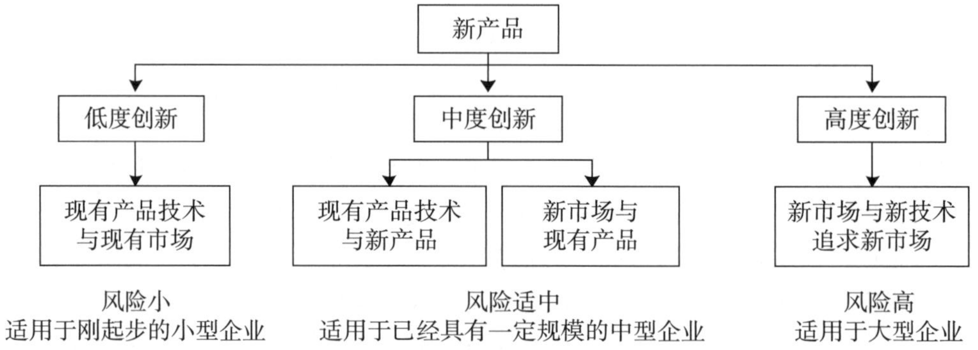

图1-5 产品创新的形式分类❹

产品创新往往来源于市场需求的驱动，市场痛点的准确发现是产品创新的关键。所谓痛点是用户在使用产品的过程中，对产品的期望没有得到满足而造成的心理落差或不

---

❶ Lin P, Saggi K. Product differentiation, process R&D, and the nature of market competition [J]. European Economic Review, 2002, 46 (1): 201-211.

❷ 林晓言，王红梅. 技术经济学教程 [M]. 北京：经济管理出版社，2005：71-72.

❸ 马克·第亚尼. 非物质社会 [M]. 滕守尧，译. 成都：四川人民出版社，1999：29-40.

❹ 张亦婧. 适应中小型企业发展的产品设计策略研究 [D]. 南京：南京航空航天大学，2010.

满，通过产品创新解决这些痛点的过程实际上就蕴含着商业价值。围绕解决痛点而采用的创新技术手段，通过对该技术手段进行专利布局，从而获取专利独占权，就能为企业带来基于解决该市场痛点而带来的市场利润，这也是高价值专利培育的先决条件。但是如果需要进一步形成高价值专利，帮助企业继续获得独占权而获得垄断利润，则还需要围绕产品创新点进行专利挖掘，并进行完善的专利布局。

专利挖掘是指在技术研发或产品开发中，对所取得的技术成果从技术和法律层面进行剖析、整理、拆分和筛选，从而确定用以申请专利的技术创新点和技术方案。简言之，专利挖掘就是从创新成果中提炼出具有专利申请和保护价值的技术创新点和方案。在产品创新过程中，专利挖掘是从产品创新中来提炼出可以用于申请专利的创新点，让产品创新点得到充分保护，从而将创新技术方案以专利权的形式固化下来，成为企业的无形资产，帮助企业进一步巩固产品在市场上的竞争力。如果说产品创新主要基于企业市场人员或研发人员完成，那专利挖掘则需要企业知识产权管理人员或外部知识产权咨询人员以及企业研发人员的共同参与，对产品创新技术进行深入理解，从法律层面对技术方案进行确定，从而赋予技术以法律价值，形成高价值专利。

对于产品创新点较多的产品，单个专利往往并不能对产品进行全面保护，而需要多个专利组合形成一道密不透风的专利防护网。而采用何种专利布局策略则成为重中之重。对于高度创新型产品，其原创度较高，企业需要在其各个创新点上进行密集的专利部署，构建完整的专利保护圈，强化其保护性专利布局；通过强大的专利组合来保证其对同类设计的专利控制权，防止其他企业的模仿和规避设计，增加跟随者的进入门槛和成本。对于中度或低度创新的产品而言，企业可以着重于围绕已有的基础专利布局外围专利，并侧重在其具备一定技术优势的改进点进行密集部署，形成一定的专利抗衡实力。产品角度的高价值专利培育路径如图 1-6 所示。

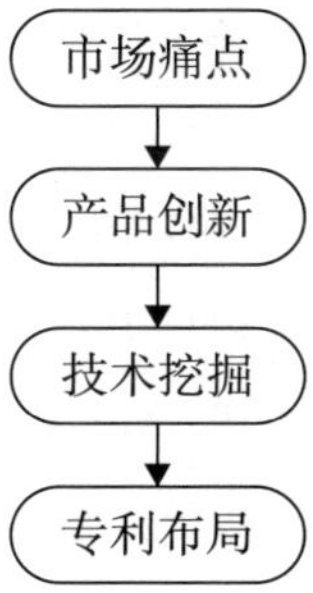

图1-6　产品角度的高价值专利培育路径

二、案例分析

【案例1-1】SEB 公司围绕市场痛点的高价值专利培育路径

1. 市场痛点发现

在使用传统炒锅时，经常面临的问题是，油温过高，油脂中的维生素会遭到破坏，还容易产生大量油烟，容易引起鼻炎、咽喉炎等呼吸道疾病。对于是否能达到油温可控，一直是炒锅使用者的一个痛点。对于炒锅来说，已经存在现有的市场和产品，属于风险小的低度创新产品，而一旦针对该市场痛点推出新产品，将具有非常大的潜在市场价值。

2. 定向技术研发

针对所发现的市场痛点，法国 SEB 公司（实质上为其子公司 Tefal 公司）早在 1998 年就开始进行技术研发。将耐受温度至少为 200℃ 的热稳定树脂涂覆在锅体表面，这种热稳定性树脂可以以可逆的方式随温度改变颜色，这样在锅内油温达到 200℃ 时，由于颜色的变化就可以提醒使用者及时开始烹饪菜肴。

3. 专利挖掘布局

针对所研发的技术成果，法国 SEB 公司进行了全球的专利布局，布局国家包括中国、法国、德国、日本、澳大利亚和欧洲其他多个国家和地区（如表 1-1 所示），而且目前均处于有效状态。其中在中国的专利为 ZL99812078.2（一种具有由可变色装饰层覆盖的表面的加热体）。

表1-1　红点炒锅全球专利布局

公开号	申请日期	专利布局国家/地区
US6551693B1	2000/7/7	US
AT394656T	1999/10/7	AT
AU5990899A	1999/10/7	AU
BR9914412B1	1999/10/7	BR
CN1153957C	1999/10/7	CN
CN1323388A	1999/10/7	CN
DE69938665D1	1999/10/7	DE
EP1121576B1	1999/10/7	EP
FR2784459B1	1998/10/13	FR
HK1040281A1	2002/3/14	HK

续表

公开号	申请日期	专利布局国家/地区
JP3779156B2	1999/10/7	JP
NO339780B1	2001/4/6	NO
TR200101078T2	1999/10/7	TR
WO0022395A1	1999/10/7	WO

4. 高市场价值实现

由于获得了解决市场痛点的关键专利，这种油温可控的炒锅一经面世就大受欢迎。在海外市场上，SEB 集团另一品牌 T-fal 炒锅凭借其独有的专利技术所向披靡。在国内市场上，苏泊尔（后来为 SEB 集团的控股公司）于 2009 年 6 月推出红点煎锅后，当年即获得销售 50 万口的好成绩。随后市场销量一路领先，2009 年此产品帮助苏泊尔公司占据炒锅市场份额达到 32%，同比上升 5.3 个百分点，占据煎锅市场份额则达到 43.6%，同比上升 5.6 个百分点。虽然该专利预计于 2019 年到期，但是苏泊尔利用该专利独占市场近 10 年，从该市场上已经赚得盆满钵满。

在本案例中，基于产品创新的高价值专利培育的路径为：首先，对当前产品面对的市场进行分析，发现在炒锅领域的市场痛点，即由于传统炒锅油温不可控而导致产生大量油烟，并且容易破坏油脂中的维生素。针对该市场痛点，研发人员对产品进行创新，并通过在炒锅表面涂覆一种可变色的装饰层来随油温进行颜色显示，从而解决了当前市场上存在的市场痛点。为了在市场上保持技术垄断优势，随后即对全球主要市场进行了专利布局覆盖。在后续的市场竞争中，SEB 集团通过这件专利形成自身的优势，并实现了其商业利润，而这件专利无疑就是高价值专利。其高价值专利培育过程如图 1-7 所示。

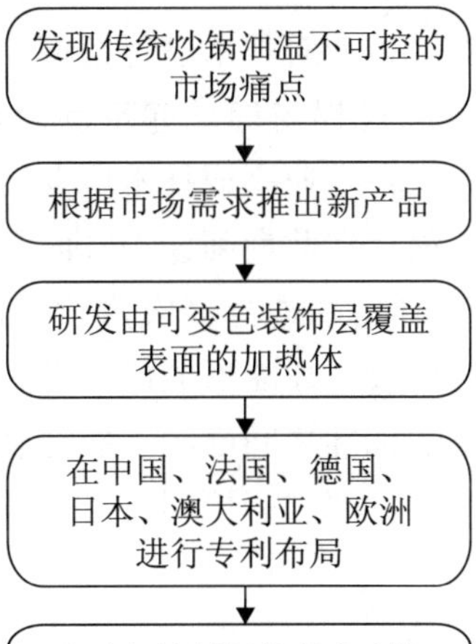

图1-7　炒锅产品创新中的高价值专利培育过程

第四节 基于技术标准视角的高价值专利培育路径

一、培育路径

根据国际标准化组织的定义，技术标准是指相关产品或服务达到一定的安全要求或市场准入要求的技术具体实施方式或细节性技术方案的规定文件，技术标准中的规定可以通过技术指导辅助实施，具有一定的强制性和指导性功能。技术标准的制定者是希望通过技术标准的制定，来提高社会的生产效率，从而提供更好的技术产品或服务质量，因此，技术标准具有普适性和公益性，促进公共利益是制定技术标准的最终要求。而专利权是一种排他性的私有权利，因此在技术标准的推广实施过程中势必要取得专利权人的许可授权后，技术标准的实施者在实施技术标准的过程中才不会出现侵犯他人专利权的情况❶。

专利标准化是指将专利与技术标准紧密结合起来，将专利纳入技术标准的一种战略模式。专利标准化是以专利技术为后盾，立足于技术标准而制定的旨在使企业获得有利市场竞争地位的总体性谋划，也是企业从国内外竞争形势和自身条件出发，谋求在市场竞争中占据主动，有效排除竞争对手的重要手段❷。一旦专利纳入了技术标准，专利权人掌握了技术制高点，竞争对手难以在短时间内复制，专利权人在激烈的市场中具有巨大优势。此外，由于标准的广谱特性，竞争者必须满足标准才能参与市场竞争，将迫使竞争对手放弃原有技术路线的研发，造成其研发浪费❸。可见，进入标准中的专利对于专利权人拥有巨大的竞争优势，无疑是属于高价值专利的范畴。

对于标准必要专利的培育，要经历技术专利化、专利标准化以及标准许可化 3 个阶段。首先，基于企业的技术研发，企业对技术进行挖掘并形成专利申请，完成技术专利化的过程。随后，需要将专利申请过程与标准起草制定过程同步进行，并进行紧密配合，从而完成专利标准化的过程。在企业完成技术研发后提出专利申请，同时向标准化组织提交含有专利技术方案的文稿。在此期间，一方面专利申请经过实质审查，可能会根据专利审查员的审查意见对申请文本进行多次修改，最终获得专利授权。而与此同时，标准草案也需要反复地讨论修改，才能形成最终发布的标准。因此，最初专利申请的权利要求保护范围和最后形成的标准之间已经不能完全匹配，需要将最终的专利授权文本的权利要求与最终发布的标准之间进行权利要求比对分析，自行判断专利是否包括

---

❶ 王玮. 技术标准中必要专利的认定［D］. 武汉：华中科技大学，2012.

❷ 申文英，王习红. 企业技术创新的标准化工作研究［C］. 第四届中国标准化论坛论文集，2006.

❸ 李洪江. 标准起草人如何将自己拥有的专利纳入标准［EB/OL］.（2016-07-07）［2017-10-07］. http://blog.sina.com.cn/s/blog_542ce8570102wdbp.html.

在标准中。标准必要专利的产生流程如图 1-8 所示❶。

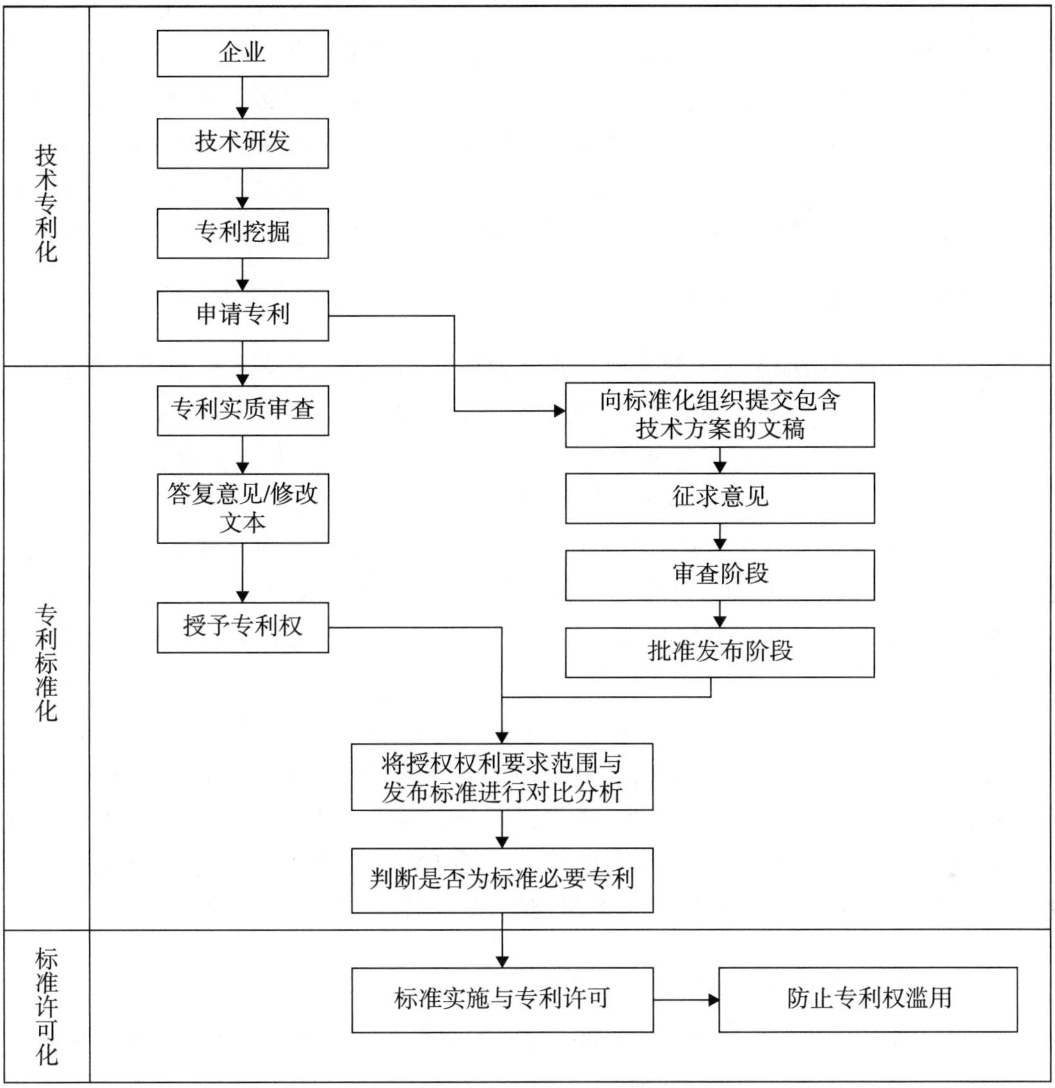

图1-8　标准必要专利产生流程

二、案例分析

【案例1-2】TD-SCDMA 标准必要专利培育路径❷

在第一代和第二代移动通信系统中，欧美企业处于技术和市场的垄断地位，从我国

❶ 姚玉凤. 标准必要专利的产生流程及实践中的若干问题 [J]. 电信科学，2016，32 (06)：163-166.

❷ 马艳珍. 技术专利对技术标准创立的作用机制研究 [D]. 大连：大连理工大学，2010.

获取了巨额的专利技术许可费和垄断利润，压制了我国通信产业的发展。1999年，国际电信联盟（ITU）指定CDMA为无线系统的行业标准，之后又认定以CDMA为核心的日本的WCDMA、美国的CDMA2000以及中国的TD-SCDMA为第三代移动通信待选的国际标准。为了在第三代移动通信技术系统中占据一席之地，我国必须推动具有自主知识产权的TD-SCDMA成为国际标准。TD-SCDMA是我国在移动通信领域首个被国际认可的技术标准，对于我国技术标准的推进具有重要意义。以下通过深入研究该技术标准的创立过程，从技术标准的角度来了解高价值专利的培育路径。

1. TD-SCDMA技术专利化

我国关于TD-SCDMA技术最早的专利为ZL97104039.7，发明名称为“具有智能天线的时分双工同步码分多址无线通信系统及其通信方法”，该专利也是我国拥有自主知识产权的标志。该专利由北京信威通信技术有限公司于1997年4月提出申请，并于2000年6月获得授权。该专利涉及一种为增加无线通信系统容量与质量、同时使用空间和码分集、具有时分双工智能天线的同步码分多址无线通信系统及其通信方法，通过时分双工解决了上下行链路的对称性，实现上下行天线波束赋形，加上同步CDMA技术，使系统性能得以保证。空间特性的算法同时解决了DOA的计算、波束赋形及多径等问题。

上述专利仅仅是TD-SCDMA中的代表性专利。据统计，在中国与TD-SCDMA相关的专利总计为214件[1]，包括TDD专利和SCDMA专利两部分。其中以TDD为主题的专利有148件，专利分布为西门子21.6%、诺基亚4.1%、摩托罗拉2.7%、高通6.1%、大唐12.2%、中兴7.4%、华为10.1%、其他35.8%。以SCDMA为主题的专利总计为66件，专利分布为西门子21.2%、大唐15.2%、中兴24.2%、华为12.1%、其他27.3%。

2. TD-SCDMA专利标准化

在ZL97104039.7专利标准化的过程中同样也经历了比较漫长的过程。1998年6月，北京信威通信技术有限公司向ITU提出了TD-SCDMA标准，开始启动专利标准化进程，此后专利审查与技术标准审查同时进行。2000年，该专利获得授权，而TD-SCDMA也通过了ITU的批准而正式发布。ZL97104039.7经过评估成为TD-SCDMA标准必要专利，在专利权有效期间经历了多次的质押登记，并一直维持20年有效期届满，而这无疑是具备极高价值的专利。

3. TD-SCDMA标准许可化

虽然大唐所拥有的专利数量并不是特别突出，但是大唐拥有TD-SCDMA的核心专

---

[1] 殷星. TD-SCDMA核心专利格局曝光 大唐未占绝对优势［EB/OL］.（2007-10-17）［2017-10-07］. http://it.sohu.com/20061017/n245837575.shtml.

利，也就是说任何没有获得大唐的专利许可，都将构成对大唐的专利侵权，其专利的“含金量”是非常高的，大唐通过 TD-SCDMA 核心专利的授权也获得了市场的认可❶。可见，TD-SCDMA 技术标准的创立对于我国技术标准化工作的推进具有重要意义，同时对高价值专利培育也具有一定的启示。

从技术标准的视角来看，在技术研发之初就谋划好整体的培育路径，将技术专利化，随后将专利与标准融合，通过标准来进行专利的许可，将会大大增强企业的核心竞争力。

TD-SCDMA 标准培育流程如图 1-9 所示。

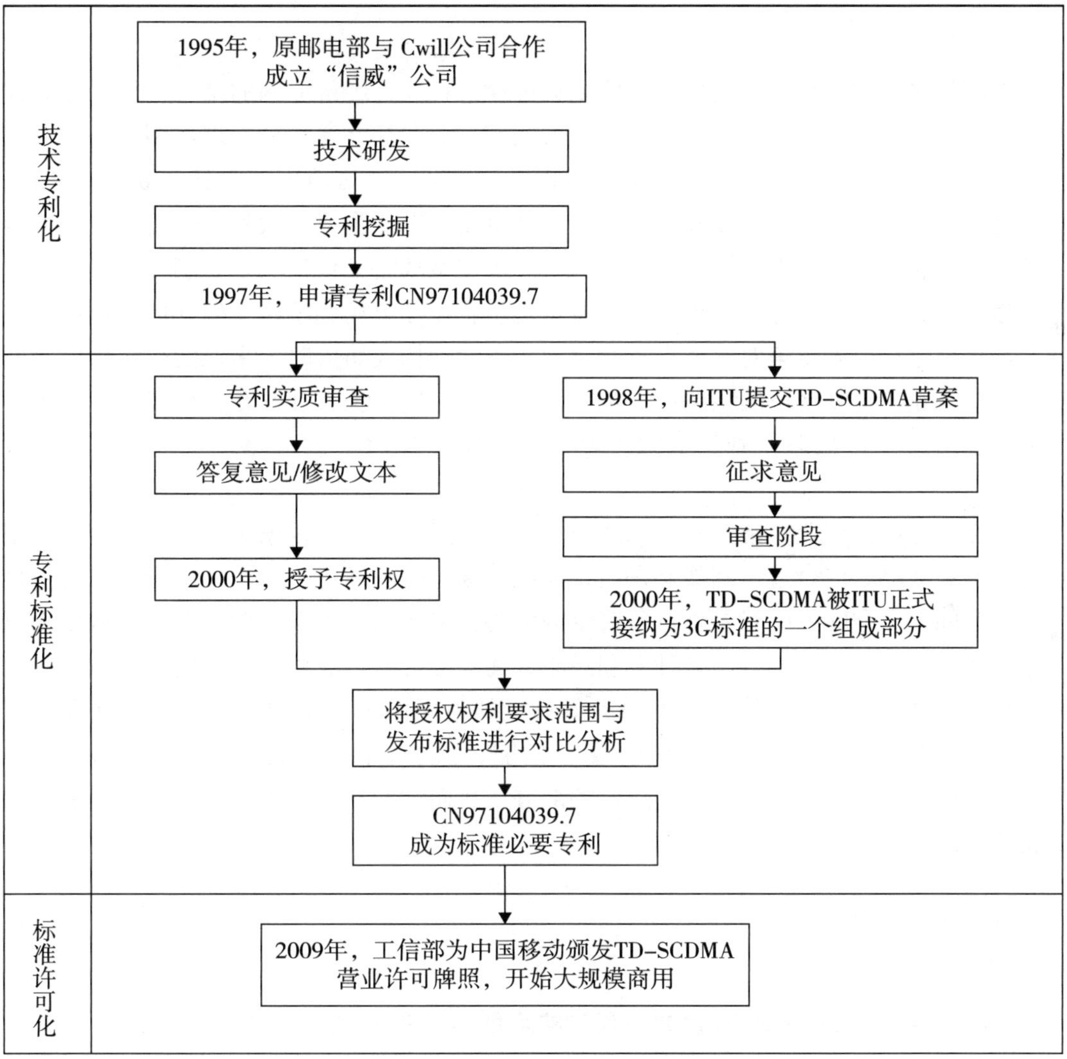

图1-9　TD-SCDMA 标准培育流程

❶ 连骏. 中国 3G 技术标准 TD-SCDMA 的知识产权战略［D］. 重庆：西南政法大学，2008.

第五节　基于专利战略视角的高价值专利培育路径

基于专利战略价值培育的执行层面，比如高价值专利组合的构建，请参见本书培育篇第五章的内容。

一、培育路径

专利战略本质上是通过与专利相联系的法律、科技、经济原则的结合，用于指导在经济、科技领域的竞争，以谋求企业的最大利益。专利战略通常分为进攻型战略、防御型战略以及混合性战略。进攻型战略是指积极、主动、及时地申请专利并取得专利权，在专利权保护的基础上，利用专利抢占和垄断市场，以使企业在激烈的市场竞争中取得主动权，为企业争得更大的经济利益的战略。进攻型战略又包括基本专利战略、外围专利策略、专利转让策略等。防御型专利战略是指企业在市场竞争中受到其他企业或单位的专利战略进攻或者竞争对手的专利对企业经营活动构成妨碍时，采取的打破市场垄断格局、改善竞争被动地位的策略❶。防御型专利战略包括取消对方专利权战略、文献公开战略、交叉许可战略、利用失效专利战略、绕过障碍专利战略、专利诉讼应对战略等。

而在实际中，企业通常并不会采用单一的专利战略，而会根据市场情况的变化采用混合型专利战略。混合型专利战略是指企业在市场竞争的环境、在产品市场运作过程之中，在时间上和空间上应对各种竞争对手的威胁，采取的进攻和防御相结合的战略手段的策略。混合型战略是集合了各种专利战略方案的综合专利战略，在实施专利战略过程中，根据不断变化的市场信息、不同竞争对手的不同情况以及同一竞争对手情况的变化，及时调整专利战略，形成“强者攻、中者守、弱者跟进”的灵活战略。高价值专利的培育也必须紧贴企业整体专利战略的部署，从而对专利战略提供支撑，高价值专利的价值才能充分发挥。

二、案例分析

【案例1-3】旭化成集团防御专利战略中的高价值专利培育路径

旭化成集团是日本一家著名的化工企业，善于综合运用知识产权战略为企业整体战略服务，尤其是侧重于通过情报调查来进行知识产权的管理，并将“全面的专利检索”(Thorough Patent Searching) 明确地作为集团知识产权战略的重要一环。以下通过“测

---

❶ 冯晓青. 企业防御型专利战略研究 [J]. 河南大学学报：社会科学版，2007 (05)：33-39.

定方法案件”对在知识产权防御战略中的高价值战略培育历程进行揭示。

1. 立项中的风险识别

旭化成集团非常重视在研发和开发部门与知识产权部门的相互配合，研发和开发部门必须在知识产权的评估和指导下进行，在这种模式下涌现了许多成功案例，比较典型的是“测定方法案件”❶。旭化成集团的研究和开发部门计划开发高抗冲聚苯乙烯（HIPS）的项目，该产品广泛用于家用视听设备和其他设备。知识产权部门通过对现有技术进行检索，发现美国FG公司（FG Hemisphere Associates）拥有关于HIPS产品的专利，可能阻碍该公司所计划开发技术的商业化。FG专利的权利要求书的要点是在聚丁二烯（PB）存在下的苯乙烯聚合反应，PB的微观结构是顺式含量25%~90%，乙烯含量10%或更少。

2. 规避设计与专利布局

知识产权部门经过对该专利的评估得到两个重要发现。一方面是，在该专利文件的记载中，FG公司强调限制乙烯含量是专利的根本内容和重要内容。另一方面，FG专利没有说明对该含量如何进行测定的方法。因此，知识产权部门向研究和开发部门建议：如果打算继续开发HIPS产品，那么必须设计出乙烯含量大于10%的聚丁二烯。该建议被研究和开发部门接受，该课题组开发出了乙烯含量大于13%的聚丁二烯（用Morero测量方法），并对其加以利用（申请专利JPS5344188B2）。对FG递交的专利申请形成外围专利，这是最常用的方法。旭化成推断目前FG的专利不能阻碍新型HIPS产品的开发和商业化。

3. 专利防御战略成功实现

3年后，FG提起对旭化成的侵权诉讼。在该诉讼中，FG声称在旭化成的HIPS中所使用的聚丁二烯具有乙烯含量小于10%，是用不同于Morero的方法测得的。诉讼的焦点变成测量丁二烯含量的方法。在该案的判决中，日本东京地方法院注意到在FG的专利中没有对测量方法进行描述，裁定乙烯含量的测定方法应该将专利申请时最公知的方法作为准确的和可靠的方法来使用，而不使用FG对抗旭化成时声称采用的方法。后来，东京高等法院维持了该裁定，9年的诉讼以旭化成的胜诉告终。

在该案中，旭化成集团有效地实施防御性知识产权战略，在企业研发战略中通过对专利情报进行深入的分析，对研发进行了有效的指引并对竞争对手的核心专利进行规避，挖掘并培育出高价值的外围专利，从而能够在面对竞争对手的诉讼进攻时，成功地进行防御。其高价值专利培育路径如图1-10所示。

---

❶ 那英，闻雷. 日本的知识产权战略——对我国知识产权战略的启示（上）[J]. 知识产权，2004（03）：60-63.

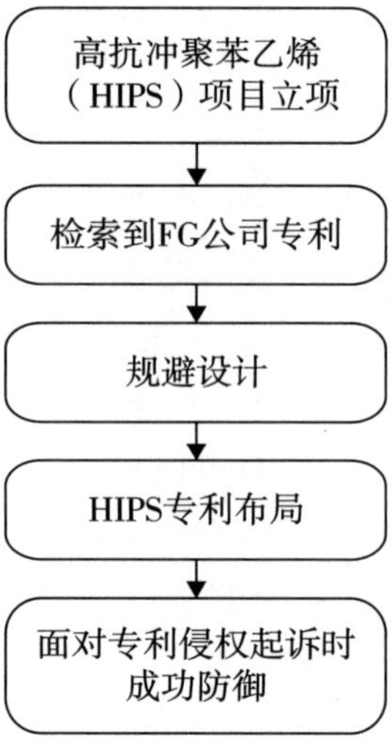

图1-10　旭化成防御性高价值专利培育路径

第二章　高价值专利技术价值培育

本章概述

专利技术价值是高价值专利的必要条件、专利壁垒形成的重要基础、专利产业化的推动力。本章内容通过结合具体案例从技术先进程度、技术成熟度、技术独立性、技术不可替代性、技术应用前景与广度几个维度阐述专利技术价值的培育方法，并梳理高价值专利的技术价值培育路径。

本章知识脉络

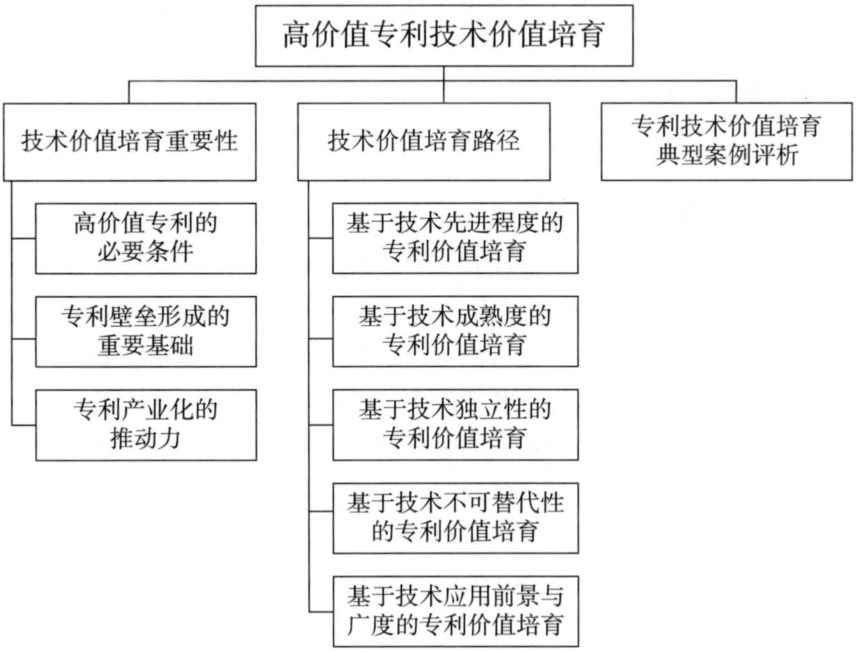

第一节　专利技术价值培育的重要性

一、高价值专利的必要条件

专利的价值可以从法律、市场、技术等多个维度进行评判。从技术维度来看，高价值专利可能是基础性的技术入口专利，也可能是承接性的关键节点专利，还可能是前沿性的技术制高点专利。[1]这些高价值专利的共同特点是技术方案本身举足轻重，或先进程度高，站在行业的顶端，代表技术发展的方向；或成熟度高，切合生产实际，对标市场一线的产品；或独立性强，不依赖于他人的专利，可以单独实施；或不可替代性强，执行业之牛耳，成为竞争对手绕不过去的技术关隘；或应用前景广阔，跨越多个领域，市场规模巨大。技术价值也是专利的实际意义所在，若一件专利的技术方案站不住脚，例如像永动机一样违反自然定律，其市场前景也必然会变成无源之水，经不住实践的检验。所以说高价值专利首先在技术上要达到一定高度，这种技术必须能够解决与人们生活密切相关的问题，产生实实在在的经济效益，因此，专利的技术价值是专利价值实现的必要条件。

二、专利壁垒形成的重要基础

专利权的本质是一种排他权，是权利人用以阻挡竞争对手进入相关市场的“法律墙或法律壁垒”。企业能够利用专利的排他权在技术上“跑马圈地”，排除竞争对手，然后占领市场，利用专利权获得市场竞争优势也是现代企业的重要竞争手段，专利因此成为企业核心竞争力的重要标志。但专利能成为技术壁垒的前提是在技术上必须具有竞争优势，技术方案能够解决实际的问题，同时又不可替代，否则竞争优势也无从谈起。这一点在医药行业表现最为明显，很多医药巨头利用手中的专利甚至能控制整个市场。例如抗癌药格列卫由瑞士诺华公司生产，是国际上公认的治疗慢性髓性白血病和胃肠基质肿瘤的一线药物，该药已经在超过 110 个国家和地区获准上市，每年的销售额多达上百亿美元。[2]该药物之所以能产生如此之高的经济效益，背后的专利权功不可没，诺华公司利用该专利技术方案的不可替代性成功将竞争对手拒之门外，至今尚无其他药企能够从技术上找到很好的替代品。但是一旦相关的专利失效或技术上出现了更好的方案，积累的竞争优势也就迅速消失，所以说专利的技术价值是专利技术壁垒形成的重要基础。

---

[1] 何炼红. 多维度看待高价值专利 [EB/OL]. (2017-06-02) [2018-01-23]. http://www.sipo.gov.cn/ztzl/zxhd/jjgjzzl/gjzzldjt/201706/t20170602_1311269.html.

[2] 天价抗癌药专利被无效？[EB/OL]. (2016-12-13) [2018-01-25]. http://www.sohu.com/a/121392543_372144.

三、专利产业化的推动力

专利产业化是指专利创新成果转化为实际生产力的过程，但专利能够转化，前提是在技术上能够促进产业的发展，在技术的先进程度、成熟度、独立性、不可替代性、技术应用前景与广度方面能站得住脚。

第一，技术方案先进，在技术效果上能够提高生产效率、节约成本、保护环境等，自然能在行业引起更多关注，被越来越多的企业采用，逐渐淘汰落后的技术。例如，数码相机问世以后迅速取代传统的胶卷相机就是先进技术推进产业化的经典案例。

第二，技术方案成熟，生产配套技术完善，是产业化的基础，若技术还在概念和原理的探索阶段，技术方案还不够成熟和稳定，生产困难，难以直接应用到大规模的生产实践中，其价值也必然大打折扣。例如，液晶显示器在 20 世纪 60 年代初期就已经诞生，相对于传统的显像管显示器更加轻薄，显示质量明显提高，但如此先进的技术直到 40 多年后在本世纪初才正式得到推广应用，其重要原因就是在液晶显示器产生的初期，半导体薄膜制造工艺还不够成熟，导致无法大规模生产，可见技术成熟度对产业化的影响之深远。

第三，技术独立，实施时不依赖于第三方的技术，避免在生产销售过程中受到第三方专利的限制，能减少产业化的风险。

第四，技术的不可替代性是产业化利润的保证，技术不可替代性高，相关的产品在市场上“独此一家，别无分店”，自然能够掌控定价权，利润空间大。

第五，技术的应用前景与广度决定着技术的应用范围，直接影响市场的潜在规模，技术应用范围广泛的技术往往能覆盖到多个产业链。例如，锂电池相关技术涉及新能源汽车、电子产品、电网储能等领域，其产业化的动力必然增强。由此可见，专利的技术价值是产业化的直接推动力，技术价值高的专利吸引资本与投资的能力强，能加速专利产业化。

第二节　专利技术价值培育路径

一、基于技术先进程度的专利价值培育路径

技术先进程度也称技术先进性，是指技术的创新程度。一项专利的创新程度越高，与相关现有技术相比区别特征越显著、越进步，说明其专利技术越先进，其获利能力也越强、价值也越大。

技术的先进程度可以从技术的性能和技术的时间占位两个维度进行评判。从技术性

能的维度来看，技术先进表明在技术的应用效率上相对其他现有技术具有优势，例如3D打印技术相对于传统的制造技术能提高效率，实现传统技术无法实现的功能。先进的技术一般都是从现有技术逐步发展起来的，有学者对申请专利的技术在申请时刻的技术水平进行了分类，共分为10个等级，包括已有技术、微变技术、新增附加技术、显变技术、对已知技术的修改技术、改进技术、新颖技术、新颖/创新技术、创新技术、重大创新/技术突破，第一级代表最低水平的技术，第十级代表真正革命性的技术。[1]

从技术的时间占位维度看，技术总是随着时间不断向前发展的，先进技术在时间上都是相对的，过去先进的技术在未来不一定先进。每项技术都有其生命周期，从技术引进期、增长期、成熟期到下降期。在技术的引进时期新产品和技术刚进入市场，有时仅有一两个公司进入市场，竞争有限；在技术增长时期产品已经获得市场广泛认同，越来越多的企业进入该行业，产品市场快速扩大；在技术成熟时期产品的市场表现稳定，众多的企业已经进入该行业，市场基本上达到饱和状态[2]。先进技术一般处于行业的引进期和上升期阶段，这个时期也是高价值专利产生的重要时期，申请的专利更多是涉及开创性、原理性的基础专利，在技术成熟期申请的专利很多都是建立在这些专利的基础上，甚至直接引用这些专利。因此，先进的技术在时间上一般是在现有技术之后产生，在技术性能上相对于现有技术创新程度更高。

技术的先进性也是决定专利价值的重要因素，从技术性能的维度上，专利技术的先进性主要表现为专利解决技术问题的技术方案和技术效果相对于现有技术先进。值得一提的是，专利获得授权的前提是技术方案必须具备创造性，根据我国专利法的规定，发明专利获得授权必须相对于现有技术具有实质性特点和显著的进步，从这个角度上说，专利在技术性能上的先进也是专利授权的必要条件。

从时间占位的维度看，专利技术先进一般处于技术引进期与上升期，这个时期的相关现有技术数量少，相关的专利多是行业的基础性专利。判断专利技术是否具有先进性，首先从技术性能的维度出发，包括效率、可靠性、效果等指标参数，例如相对现有技术是否能够节约成本、改善结构、提高质量、提高生产率、降低污染等。其次，从技术的时间占位看，专利技术的先进性还表现为前瞻性与基础性，该专利技术处于技术引进期和上升期，相关的专利数量少，属于基础性专利，专利技术的创新性程度高。

专利技术先进性可以在技术性能和时间占位两个维度上进行培育，通过绘制相关领域的技术发展路线图，从解决技术问题的技术方案的性能和技术发展的时间两个方向出发，可以清晰地把握技术进化的方向。技术的发展总是从低级到高级逐渐进步，一项新技术产生后，在具体的实践应用中总会出现各种问题，如效率低下、成本高、安全性有待改善等。后续的研究人员对在先技术进行研究，发现其中的技术问题，寻求解决方案，从而产生了新的技术，这些改进的技术方案随着时间的推移又会被新的技术方案所

---

[1] 章乐. 国内外主要专利价值指标及其发展历程［EB/OL］.（2013-12-23）［2018-01-23］. https://wenku.baidu.com/view/315297df856a561252d36fae.html.

[2] Technology Benchmarking［EB/OL］. http://www.urenio.org/newventuretools/cba/methodology3.html.

替代。技术路线图可以基于专利文献信息分析描绘某技术领域的主要技术发展路径和关键技术节点❶。通过技术路线图，能够识别该产业具有高潜力的技术点，以及当前技术方案与目标之间的差异。可以根据技术路线图中的技术发展时间维度调整专利申请的时机，利用技术路线图中技术先进性的维度为改善现有技术方案提供支撑，从而促进相关专利的培育。

基于技术先进程度的专利价值培育路径主要是通过绘制技术路线图，确定目前研发的技术方案在技术路线图中的位置，从时间占位和技术性能两个维度上判断目前技术方案的先进性，把握技术发展的方向，了解当前技术效果最好的方案，为下一步的研发和专利布局提供技术启示。培育的路径主要包括如下步骤（如图 2-1 所示）。

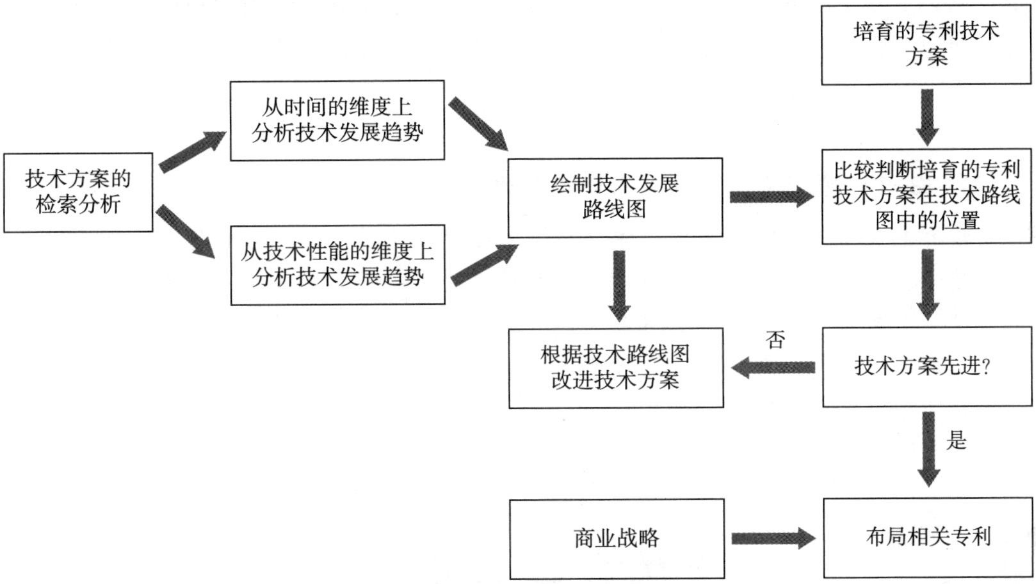

图2-1　基于技术先进程度的专利价值培育路径

首先，检索分析该技术领域的所有相关专利技术方案。

根据要研发的技术方向，检索相关的现有专利，理解相关专利的内容，对专利数据进行清理和分类。

其次，从时间占位和技术性能的维度理清技术发展脉络。

按照专利申请时间的顺序确定技术发展的方向，从时间占位的维度上分析技术发展趋势，一般情况下，最佳技术方案的专利申请时间相对靠后；此外，从专利技术方案的技术效果出发，从技术性能的维度分析技术发展趋势，按照顺序确定技术性能的发展脉络。

再次，绘制技术路线图。

以时间为横坐标，技术性能为纵坐标，绘制技术发展的路线图。技术路线图从时间

❶ Holmes C, Ferrill M. The application of Operation and Technology Roadmapping to aid Singaporean SMEs identify and select emerging technologies [J]. Technological Forecasting & Social Change, 2005, 72 (3): 349-357.

占位和技术性能两个维度揭示了当前的技术发展路线。

最后，判断当前技术方案在技术路线图中的位置，培育相关专利。

从时间占位和技术性能的两个维度出发，判断将要申请专利的技术方案在技术路线图中的位置。若待申请专利的技术方案相对先进，则进一步布局相关的专利；若待申请专利的技术方案在时间维度上相对落后，技术性能的维度不高，则进一步参考技术路线图中较为先进的技术方案，为后续的研发提供知识参考，结合当前商业战略，培育专利申请。

在上述技术先进性培育路径中，技术性能主要表现为解决技术问题的技术方案及其技术效果，技术效果是判断技术先进性的最重要依据，技术效果主要体现在效率提高、可靠性增强、成本改善等具体指标中。此外，基于技术先进程度的专利技术价值培育与企业的研发工作和商业战略密不可分，在很多情况下，专利的技术先进性的培育工作需要研发人员、市场人员、专利工作人员共同参与。

【案例2-1】疏浚装置专利技术先进性培育❶

用于专利技术先进性培育的技术路线图主要包括从时间占位的维度上分析的技术路线和从技术性能的维度上分析的技术路线两种。图2-2所示的技术路线是基于从时间占位的维度上分析得出的，而图2-3所示的技术路线则是基于从技术性能亦即技术先进性的维度上分析得出的。两种技术路线图从不同的角度出发，为专利技术价值培育提供技术方案的启示和技术发展方向的指导。

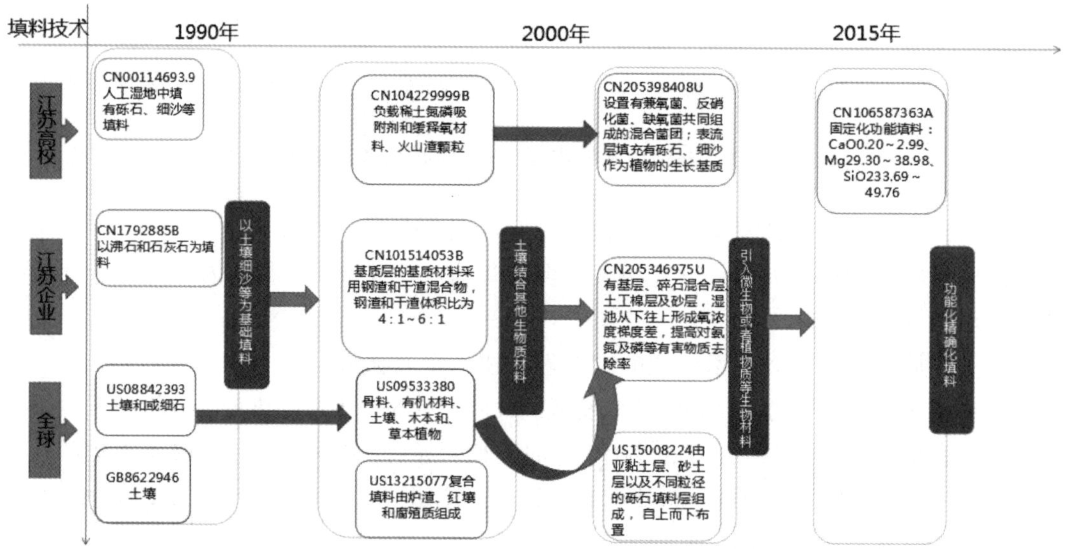

图2-2 人工湿地填料技术的技术路线

❶ 改编自江苏省专利信息服务中心承担的《2016年度江苏省水体污染防治专利预警分析报告》。

（1）从时间占位维度的技术路线分析

首先，确定专利技术的类型与层次。

如图 2-2，人工湿地技术中的填料专利技术主要分为 4 个层次：第一是土壤材料领域的基础专利技术；第二是在上述基础专利上对土壤材料中混合其他材料的技术；第三是在传统的基质材料中引入微生物或者植物等生物材料的技术；第四是将其他学科中所涉及的新材料与现有的基质进行联合使用的技术。

其次，确定相关专利技术出现的时间顺序。

如上图所示，第一层次的土壤材料领域的基础专利技术主要出现在 1990 年，第二层次的对土壤进行混合其他材料的技术与第三层次的在传统的基质材料中引入微生物或者植物等生物材料的技术主要出现在 2000 年前后，而第四层次的将其他学科中所涉及的新材料与现有的基质进行联合使用的技术主要出现在 2015 年前后。

最后，按照时间的脉络对不同层次的技术进行排序。

按照不同技术层次集中出现的时间 1990 年、2000 年、2015 年分别给不同层次的技术排序形成技术路线。从时间占位的技术路线可以看出，目前本领域的技术热点和专利申请大多集中于第三个层次以及第四个层次，建立在机理研究、基础科学基础之上的功能化、精确化填料技术是未来的发展趋势，是高价值专利培育的重点领域。

（2）从技术性能维度的技术路线分析

另外一种技术路线则是从解决问题的方案的性能入手，如图 2-3 的疏浚装置技术路线。分析不同专利解决本领域技术难题、理清其引导的技术发展方向，有助于研发者整合技术动态和最新趋势，也有助于研发者分析典型技术和产品的特色，进而促进相关领域的专利申请。

图2-3　疏浚装置技术路线

首先，确定相关领域的主要技术方向。

在疏浚装置的技术领域，近期的研发重点主要集中在疏浚装置的精确化、多功能化，以及装置的定位、结构优化等，技术主要聚焦于污染底泥精确疏浚和高浓度疏浚设备的研制。

其次，确定相关技术方向的技术性能情况。

目前较为先进的环保型疏浚方法是采用铰吸式挖泥船，直接由管道在泥泵的作用下吸起表层沉积物并远距离输送到陆地上堆积。高精度的卫星数字化全球定位系统和水下摄像等技术正在疏浚领域中逐步得到广泛应用。环保疏浚行业需要加强精确定位技术、现场监控和显示系统在疏浚工程中的应用，探索采用“数字化疏浚”实现污染底泥清除的全过程控制。

最后，确定当前最先进的技术方案。

相对于传统的铰刀，环保铰刀性能优良。环保铰刀装配有导泥挡板、铰刀密封罩、铰刀水平调节器等装置，无论清淤深度如何变化，通过铰刀水平调节器，使铰刀始终保持水平状态，清淤时铰刀外罩底边平贴河床，铰刀密封罩将铰刀扰动范围控制在密封罩内，确保环保铰刀挖掘范围内的淤泥被泥泵充分吸入。与常规的敞开式铰刀相比，环保铰刀有效防止了因铰刀扰动使底泥颗粒向罩外水体扩散，避免施工过程中因挖掘造成二次污染。若培育疏浚装置领域的专利，精确化、多功能化，以及装置的定位、结构优化等是技术的发展方向，环保铰刀是技术性能优良的方案，可以为这一领域的进一步研发提供参考。

因此，从基于技术性能维度的技术路线，可以看到解决当前技术问题的最先进的技术方案，这些解决方案给企业进一步的研发提供了大量有价值的参考和技术启示；从基于技术占位维度的技术路线，可以看到目前研发的技术方案所在的技术发展阶段，判决专利布局的时机是否合适。

【案例2-2】机器学习基于技术先进性的专利价值培育

人工智能是研究、开发用于模拟、延伸和扩展人的智能的理论、方法、技术及应用系统的一门新的技术。人工智能是计算机科学的一个分支，它企图了解智能的实质，并生产出一种新的能以人类智能相似的方式做出反应的智能机器，该领域的研究包括机器人、语音识别、图像处理、自然语言处理和专家系统等。[1] 基于机器学习的人工智能技术在图像处理方面有广泛的应用，包括图像识别、医疗信息处理等方面，在这些领域人工智能技术发挥着重要的作用，与之相关的无人超市和医疗机器人已经投入实践应用当中，跨国公司已经布局了大量的相关专利。

作为后来者，若要基于技术先进性在该领域培育相关的高技术价值的专利，主要的步骤包括：

---

[1] https://zhidao.baidu.com/question/1049341717629716579.html.

首先，绘制相关领域的技术发展路线图。

从技术性能和时间两个维度确定技术的发展脉络。图 2-4 是根据公开的专利数据绘制的技术路线图，通过对相关领域的技术进行解读，从专利技术披露的技术问题、技术方案、技术效果和专利申请时间的两个维度确定基于机器学习的医疗图像处理的技术发展脉络。

如图 2-4 所示，在基于机器学习的医疗图像处理的技术路线图中，从时间维度上看，在 2007 年至 2009 年，决策树、贝叶斯网络、支持向量机的统计类算法占据优势，从 2012 年开始深度学习，特别是从 2013 年以来卷积神经网络、循环神经网络算法快速发展，逐渐占据上风，在 2016 以后出现效果更好的增强学习和迁移学习相关的算法应用。从专利技术披露的技术问题、技术方案、技术效果分析，深度学习特别是卷积神经网络、循环神经网络算法效果优于传统的决策树、贝叶斯分类以及支持向量机模型。

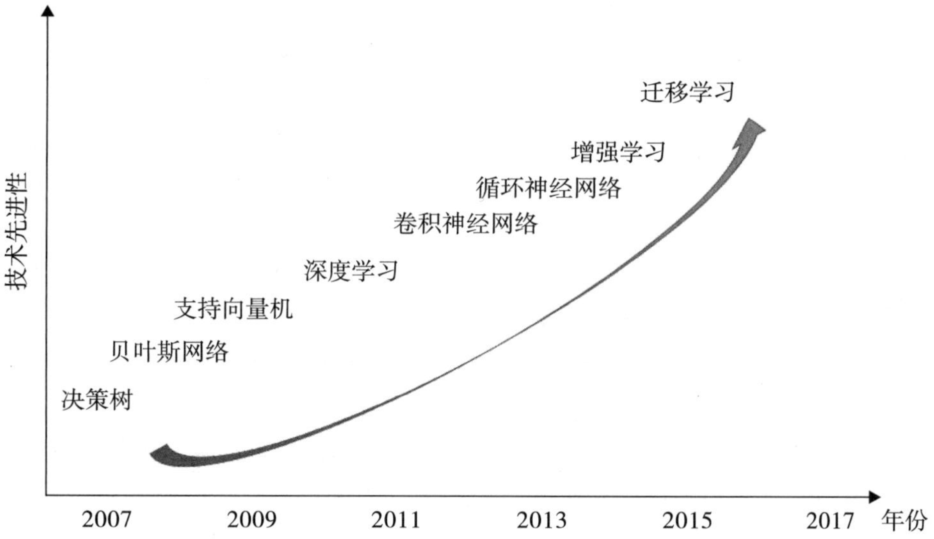

图2-4　基于机器学习的医疗图像处理的技术路线图

其次，分析本公司的技术方案所处的位置，对标企业技术的先进程度。

以联影医疗公司为例，该公司目前的主要方案致力于深度神经网络在图像处理方面的研究（如表 2-1 所示）。

表2-1　联影医疗公司基于机器学习的图像处理专利

申请号	申请日	专利名称	主要发明点
CN201210071683.0	20120316	基于神经网络的自动窗宽窗位提取方法	基于神经网络的自动窗宽窗位的提取方法，使用自适应 K 聚类方法对 MR 图像进行分类，使在线训练能够自动实现
CN201710508431.2	20170628	一种伪影校正方法及系统	基于神经网络深度学习的方法，利用大数据的训练，提高校正的精确性，获得较好的环状伪影校正效果

续表

申请号	申请日	专利名称	主要发明点
CN201710524197. 2	20170630	对 CT 扫描数据进行校正的方法及 CT 扫描系统	获取经训练的神经网络模型；以及将所述特征值输入所述经训练的神经网络模型中，得到所述第一扫描参数对应的校正系数
CN201710508324. X	20170628	一种数据降噪方法及系统	采用训练好的神经网络模型避免了人工提取降噪参数的时间和成本，降低了分析难度、提高了降噪处理效率
CN201611149728. 6	20161213	图像搜索系统及方法	基于卷积神经网络算法，提高了图像搜索时的速度、稳定性或准确性的至少一种
CN201611079074. 4	20161130	血管识别方法和装置	基于机器学习算法、已知的血管的种类和所对应的血管中心线的特征建立的血管识别模型，识别所述待识别血管的种类
CN201710296579. 4	20170428	医学图像处理方法及设备	基于非监督深度学习的配准基于肺部区域包含多个血管的特点，提取肺部中的血管微细结构，解决了现有技术中现有医学图像配准中精度较低、鲁棒性差的问题
CN201710296578. X	20170428	医学图像处理方法、装置及设备	利用非监督深度学习的配准将指定目标中的微细结构对齐，减少了伪影，因此提高了配准结果的精度

从联影公司申请专利的技术问题、技术方案、技术效果等维度分析，目前联影医疗公司在图像处理方面的机器学习算法主要集中在深度神经网络，包括卷积神经网络，申请年份主要在 2016 年、2017 年（见图 2-5）。

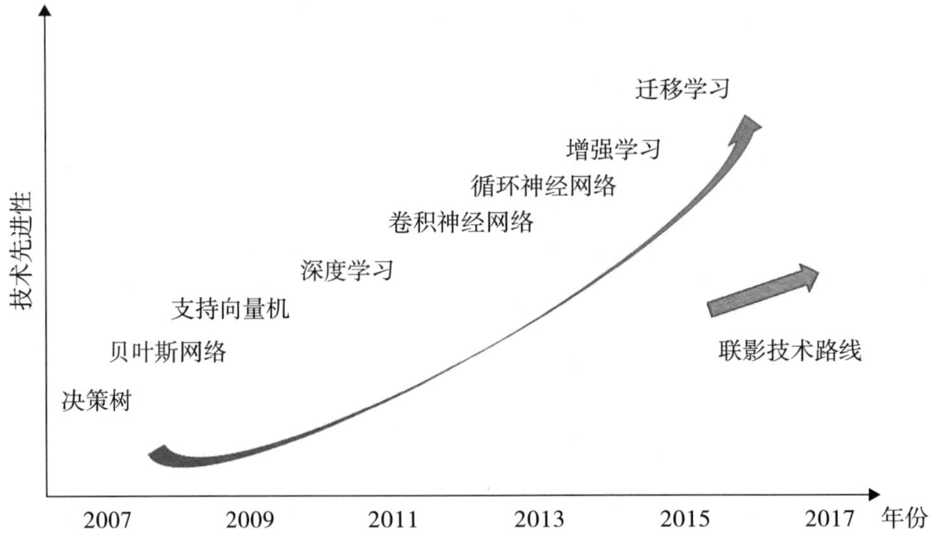

图2-5　联影公司的技术方案在技术路线图中的位置

最后，寻找专利技术先进性的培育方法。

企业根据自身的技术位置和商业战略，结合行业的技术发展路线图，从技术发展的时间占位和技术方案的性能两个维度进行专利技术先进性的培育，可以明确专利布局方向。例如加强在卷积神经网络、循环神经网络方向的专利布局，这是该领域近年的发展方向，在技术性能上也优于一般的深度学习算法。同时也可以关注增强学习和迁移学习的相关技术发展动向，为将来的进一步研发提供参考和技术启示，当前也是卷积神经网络、循环神经网络、增强学习、迁移学习方向的专利布局重要时机。

技术路线图是专利技术价值培育的重要支撑，企业在专利布局前可以通过技术进化路线了解技术方案在行业的位置，具体的专利布局方向需要根据进一步的研发和商业战略确定。在技术路线图中，技术性能的维度主要是根据披露的技术方案的技术效果绘制的，详细的布局需要更细致的技术与专利分析。例如，企业重点研究卷积神经网络在图像处理中的应用，则需要对该领域的技术方案、技术效果做进一步的详细规划。基于技术先进性的专利技术价值培育重点在于技术方案本身，只有了解目前的技术方案在技术发展方向中的位置，结合企业的经营战略才能为进一步的专利技术价值培育提供重要的参考。

二、基于技术成熟度的专利价值培育路径

专利技术的成熟度是指技术所处的发展阶段与产业化的距离。技术成熟度是衡量技术状态满足其应用目标程度的尺度。一般来说，成熟的技术是指经过应用和相应的运行环境试验，技术状态满足应用目标要求。技术成熟度具有一个非常重要的特性，即针对性，同一技术针对不同的应用目标，其成熟度可能是不同的。如航电系统技术，针对三代机来说是成熟的，但针对四代机来说就不一定是成熟的，因为其应用目标不同。[1] 对于甲方来说成熟的技术，对于乙方来说可能与其应用尚有较大的距离。

根据国家标准《科学技术研究项目评价通则》（GB/T22900—2009），大多数技术的发展过程依次经历如下阶段：报告级、方案级、功能级、仿真级、初样级、正样级、环境级、产品级、系统级、产业级。报告级表示该技术目前的基本原理已经被观察到，并已报告，这时仅仅处于纸面理论研究，甚至没有提出具体技术问题；方案级表示根据上一级别发现的原理提出问题以及相应的解决方案，这时也是处于纸面研究；功能级表示通过了关键功能或特性的理论和实验分析，完成了概念证明；仿真级表示完成了实验室环境下的元部件和/或实验样品的验证；初样级表示完成了模拟应用条件下元部件和/或实验样品的验证；正样级表示完成了近似应用条件下元部件和/或实验样品的验证；环境级表示完成了该技术在真实的应用环境下的演示；产品级表示完成了产品的定型，具备大规模生产的能力；系统级表示完成该技术的产品与其他相关产品组合的验证；产业级是技术发展的最高阶段，该技术发展为一个产业，具备执行该技术的成熟配套工艺、部件和产品。

---

[1] 许晓冰. 基于延迟期权的专利价值评估方法研究［D］. 上海：同济大学，2008.

美国国防部（DOD）对于技术成熟度（Technology Readiness Levels，TRLs）的定义如表 2-2 所示。表 2-2 中的定义可用于计算机领域、生物医学领域以及制造业等领域。

表2-2 美国国防部对技术成熟度的定义

技术成熟度等级		特　征
TRL1	发现或报道的基本原理	技术成熟度的最低等级。科学研究开始转向军事应用研究。局限于书面研究
TRL2	技术概念和/或应用模型	创新活动开始。通过基本原理，提出实际应用设想，但没有证据或者详细的分析来支持这一应用设想。仍然局限于书面研究
TRL3	通过实验验证的关键功能模块或概念	通过分析和实验室研究，对应用设想进行物理验证
TRL4	实验室环境下验证的部件或分系统	进行了基本部件集成。与最终系统相比，这不是真正的集成
TRL5	模拟环境下验证的部件或分系统	分系统的可用性显著提高。部件集成已考虑到现实因素，在模拟环境中得到验证
TRL6	模拟环境下验证的系统模型或原型	比 TRL5 更加完善的典型系统模型或原型，通过模拟环境测试
TRL7	实际运行环境下验证的系统原型	系统原型接近实际系统，在实际运行环境下进行实际系统原型的演示验证
TRL8	完全通过测试和验证的实际系统	实际系统在实际运行环境中得到实验验证
TRL9	通过实际应用的系统	实际系统在实际应用环境中得到应用验证

技术成熟度是决定专利能否用于实践的关键因素，实际上很多专利技术在申请时都处于构思阶段，随着申请人对技术的测试和实践，不断完善技术方案，让该技术趋于成熟并走向市场。

判断专利申请的提交时机需要参考相关技术方案的成熟度。在 TRL1 阶段，技术成熟度最低，科学研究仅限于理论与原理阶段，这个时候没有具体的技术方案，还不适合申请相关的专利。

在 TRL2 阶段，已经提出一定的技术概念和相应的模型。在这一阶段，可以进行相应的文献检索，与专利工作人员进行沟通。这一阶段是产生基础专利的重要阶段，但在该阶段的技术尚未成熟，有许多需要进一步研究和完善的空间。值得一提的是，很多美国的临时专利申请都是在这一个阶段提出的，根据已经取得的一些研究成果，先提交美国临时申请，然后继续研究补充数据，在一年内提出转为正式申请或者要求该临时申请的优先权。这样做的好处是能抢在竞争对手之前申请相关领域的基础专利，这个阶段的技术鲜有类似的现有技术，可专利性较强，容易获得授权。但同时这时候申请专利也有潜在的风险，可能由于技术方案过于超前，在产业化高峰来临之前专利已经过期。另外，在 TRL2 阶段技术方案稳定性不高，后续可能会有较大变化，过早地公布方案也容易被竞争对手抢先申请有价值的外围专利，因此必须结合具体的商业策略灵活把握。

在 TRL3 阶段，技术方案通过实验室验证。在该阶段已经进行真正的产品开发，收集消费者和市场的需求，根据反馈改善技术方案，这个时候的技术方案更加成熟，可以进一步对具体的技术细节申请专利。

在 TRL4 阶段，进行系统部件的集成。这个阶段已经考虑制造和供应商的问题，进行相应的关键零部件和制造工艺的专利布局。

在 TRL5、TRL6 阶段，开始生产产品原型，收集实验使用的反馈，进一步改善系统。这个时候已经基本完成专利的布局。

在 TRL7、TRL8、TRL9 阶段，相应的产品基本成型，这个时候专利申请已经公开了完整的优选的实施方式，对产品性能和生产工艺的优化可以进行外围专利申请。当然，每个行业和产品的生命周期不同，企业可以根据自己的商业策略调整专利申请时间，以避免专利过早公开导致其他商业上的不利影响。

一项技术与产业化的距离代表着技术的成熟度。不同的技术成熟度对专利受让方的开发周期、投资规模和投资风险的影响有很大区别，成熟度越高则获得收益的可预见性越高。

基于技术成熟度的专利价值培育路径需要根据企业研发的流程，在不同的研发阶段和技术成熟度等级进行相应的专利布局，基于技术成熟度的专利价值培育路径主要包括如下步骤（如图 2-6 所示）：

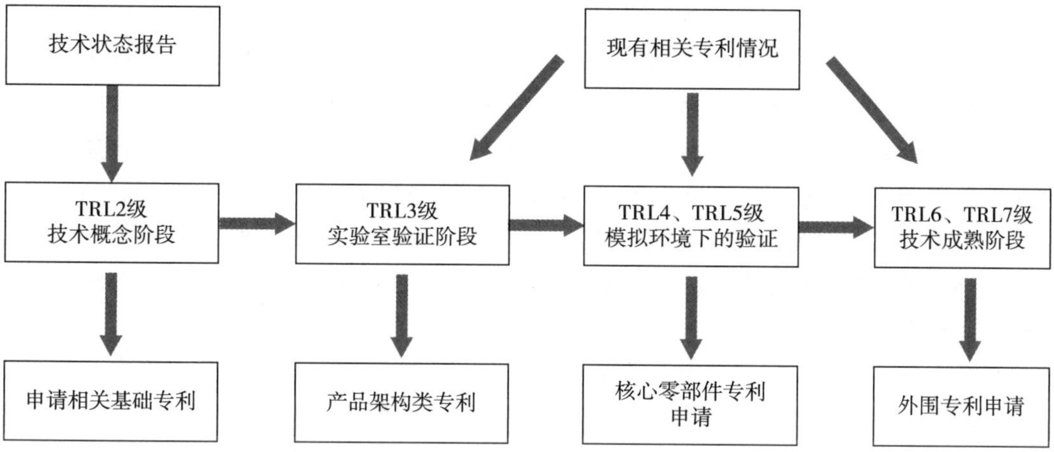

图2-6　基于技术成熟度的专利价值培育路径

首先，确定申请基础专利的时机。

在 TRL1 级，技术状态处于探索的原理性阶段，这时候不适合进行专利申请。在

TRL2 级，已经有新技术的应用设想，形成了技术概念，虽然研究工作还在书面阶段，但在这个阶段已经可以进行相关的基础专利申请，可以向研究人员提供相关的现有技术状态的报告，研发人员结合现有技术的状态提出概念性的构想，若这些构想具有实用性，可以考虑申请专利。

其次，确定申请整体架构和核心零部件专利的时机。

在 TRL3 级，研发部门开始对相应的技术进行整体可行性验证，在该阶段可以申请产品架构类的专利；在 TRL4 级、TRL5 级，在模拟环境下对核心系统与关键部件进行验证，这个时期可以考虑核心零部件专利的布局。

最后，确定申请相关外围专利的时机。

在 TRL6、TRL7 级，技术状态趋于成熟，这个阶段也是产品原型产生的阶段，根据产品在实际运行环境下的反馈产生的技术问题，针对性地提出解决方案，这些技术方案可以用来申请相关的外围技术专利。在 TRL8 级以后，技术方案基本完全确定，这个时期一般专利布局已经完成，可以密切关注行业的发展，为后续专利的培育提供参考。

【案例2-3】谷歌头戴式眼镜基于技术成熟度的专利价值培育❶

Google（谷歌）公司头戴式显示器以眼镜的形式呈现，触控界面可能包含触控盘、键盘或按键，并被安在镜架上等使用者看不到的地方，但可在显示器上直接展示界面的视觉画面或是以符号或颜色来代表使用者所执行的动作。谷歌在推出其眼镜过程中进行了大量的技术研发，布局了大量的核心与外围专利。谷歌公司基于技术成熟度配型的专利技术价值培育的主要方法包括：

首先，判断相关技术的成熟度，决定是否申请专利。

谷歌围绕磁场感应、线性加速、重力传感等虚拟物体和场景增强的传感器进行了系列研发，在正式解决了头戴式设备的传感器问题之后，技术相对成熟时，申请了相关传感器的基础专利。在 2010 年 HMD 传感器的技术上，2011 年谷歌公司围绕多模式输入、手势识别、光路反射器、鼻梁感应器和手势识别、眼球跟踪和眼镜的光路设计等智能眼镜必备的关键技术进行了突破，并且申请了谷歌眼镜的原型专利 US201113191873。2012 年，谷歌公司解决了眼镜的量产问题，申请了纤维束制造工艺的专利。2013 年谷歌公司对眼镜的续航能力和用户界面做了修正，加强了谷歌眼镜的实用性，并申请了相关专利（如图 2-7 所示）。

其次，专利申请的顺序按照技术成熟度的等级依次进行，把握专利申请的时机。

2012 年 4 月 4 日，谷歌在其社交网络 Google+上公布了命名为“Project Glass”的电子眼镜产品计划；2013 年 4 月 10 日，美国科技博客 Gizmodo 发布了一张图片，揭示了谷歌智能眼镜的工作原理。从谷歌眼镜研发到产品发布的时间差可以看到，谷歌眼镜在

❶ 改编自江苏省专利信息服务中心承担的《2015 年度江苏省智能穿戴设备专利导航报告》。

发布前两年就已经进行了基础专利HMD的布局，在发布前的一年进行产品级的专利布局，包括多模式输入、手势识别、光路反射器、障碍物检测、光路闭合识别目标、骨传导、鼻梁感应器、眼球跟踪、头戴式设备、头部角度出发动作、多设备交互、用户界面、眼球跟踪应用、集成显示模块。

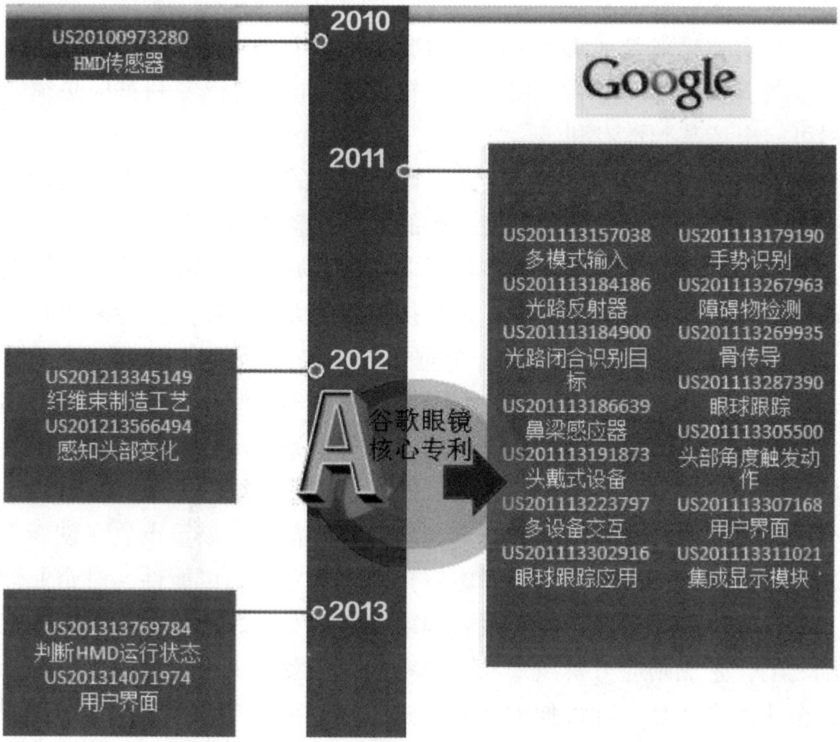

图2-7　Google 眼镜在不同时期的专利布局

谷歌公司在相关技术成熟时就会立即申请专利，在2011年申请产品级的基础专利，在TRL3阶段谷歌的专利已经初步包括产品架构设计，在TRL4阶段产品已经具备满足用户需求的功能，在TRL6阶段，专利披露的技术已经满足生产的条件。由此可见，谷歌公司对谷歌眼镜的专利布局充分考虑了技术成熟度和产品的开发流程。

三、基于技术独立性的专利价值培育路径

专利技术的独立性就是指该专利的实施是否依赖于现有专利的许可，以及本专利是否作为后续专利申请的基础。技术独立性强，在对技术方案进行侵权分析时，一般不会侵犯第三方专利，在实施时也不会涉及过多的配套技术。技术独立性强的专利通常也会被大量其他专利引用，是很多专利的基础。

技术独立性直接影响专利价值的实现，专利权的核心在于专利的排他性，高度依赖

于排他权为权利人带来的排他利益，排他权涉及范围和形式都可能对专利价值产生影响❶。若技术方案的实施缺乏独立性，涉及侵权第三方专利，应用就会受到很多限制，价值自然大打折扣。专利按照其独立性的强弱可以分为基础性专利和附属专利。若专利实施起来不需要获得其他专利的许可，而且在本专利之后还衍生出许多第三方申请的专利，这些衍生专利的实施都需要本专利的许可，则说明本专利是基础专利，技术价值较高。若一项专利实施起来受到诸多掣肘，需要获得多个在先专利的许可才可实施，则专利的独立性较弱，属于附属专利，技术价值较低。❷ 企业进行专利布局必须考虑专利的独立性，尽可能申请基础性专利。

在进行专利技术独立性培育时，企业应该对产品的功能和结构进行全面的分析。在对产品进行专利布局时，专利的独立性考虑的是产品整体的专利组合，由于专利需要具备单一性，而具体产品的结构和功能涉及很多技术领域，比如智能手表，涉及微型显示器、数据通信、数据处理等众多模块，这些技术显然无法只用一件专利进行保护。在进行专利独立性的培育项目中，坚持的一个重要原则是专利的实施不依赖于第三方的专利，特别是不依赖于竞争对手的专利，而不是追求在一篇专利中包括所有的功能。在基于技术独立性的专利价值培育中，首先要理清整个产品涉及的几大模块，以及这些模块包括的功能和结构；其次，对整个产品涉及的技术进行系统的分析，要清楚该产品的创新点，区分产品采用的现有技术与创新点，高价值的布局应该重点放在创新点部分；最后，对创新点进行专利布局的时候要考虑侵犯第三方专利的可能性，对企业创新的部分进行专利布局，并不能保证该产品不侵犯到第三方的专利。如果创新点是建立在第三方专利的基础之上，企业则应分析该专利，研究替代方案或规避设计方案以提升专利价值度。例如，企业的产品是一种可伸缩套管，这种可伸缩套管需要采用可伸缩纤维制作，而可伸缩纤维是第三方的专利技术，那么企业在实施该技术时必然会用到第三方的专利，这样专利价值必然受到影响。

技术独立性主要表现在技术实施不依赖第三方的有效专利，在进行专利的技术独立性培育时，要尽量避开直接第三方专利的权利要求范围，避免技术方案实施时受到第三方专利的限制。基于技术独立性的专利价值培育路径的主要步骤如下（如图 2-8 所示）：

首先，对相关的技术方案进行特征分解。

产品或技术整体可能包括多个技术特征，并非每个特征都适合专利申请，例如属于公知常识的技术没有新颖性，不需要考虑申请专利，专利价值培育的技术方案需要针对新的特征点。

---

❶ Bessen J. Patent Thickets: Strategic Patenting of Complex Technologies [J]. Ssrn Electronic Journal, 2002.

❷ 许晓冰. 基于延迟期权的专利价值评估方法研究 [D]. 上海：同济大学，2008.

其次，针对新的特征点进行专利检索分析。

找出与新的特征点相关的专利，对于特征点相关的专利权利要求进行分析比对，若技术方案是建立在第三方有效专利的基础上，则需要进行技术方案的规避，避免技术方案在实施时受到限制。

最后，进行相关专利培育。

将不以第三方有效专利为基础的新技术方案作为高价值培育的重点，申请相关的核心专利与外围专利。

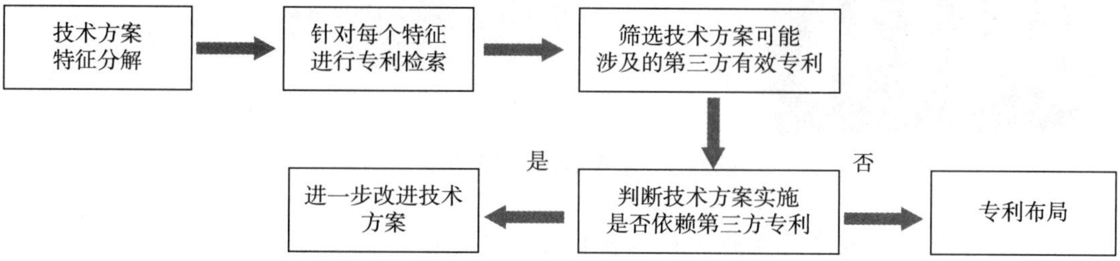

图2-8　基于技术独立性的专利价值培育路径

【案例2-4】iWatch 基于技术独立性分析的专利价值培育❶

苹果公司 2014 年 10 月推出其可穿戴设备 iWatch。苹果公司为了其技术的独立性培育可谓大费周章，花费 8 年时间用尽谋略对其产品进行系列创新，并对创新成果进行一揽子保护。

首先，对相关的产品的每个技术模块进行专利保护。

早在 2007 年苹果公司就申请了涉及设备连接和触摸屏的专利。在 2008 年、2009 年和 2012 年分别完成了心率、计步和健康传感器等人体生理指标测试技术的研发并申请了一系列专利。并且在 2011 年首次申请了 iWatch 的原型专利 US2013044215，同时解决了增大屏幕内部空间的问题，正式完成了苹果公司 iWatch 的专利布局。

如图 2-9 所示苹果在智能可穿戴设备中的专利布局，其在产品的每一个模块和功能上都进行专利申请，从可穿戴设备与其他智能设备的连接、微型触摸屏、数据采集传感器、电池、语音功能、整体机械结构等领域全面布局了专利，做到每一个模块都有自己的核心专利。

❶ 改编自江苏省专利信息服务中心承担的《2015 年度江苏省智能穿戴设备专利导航报告》。

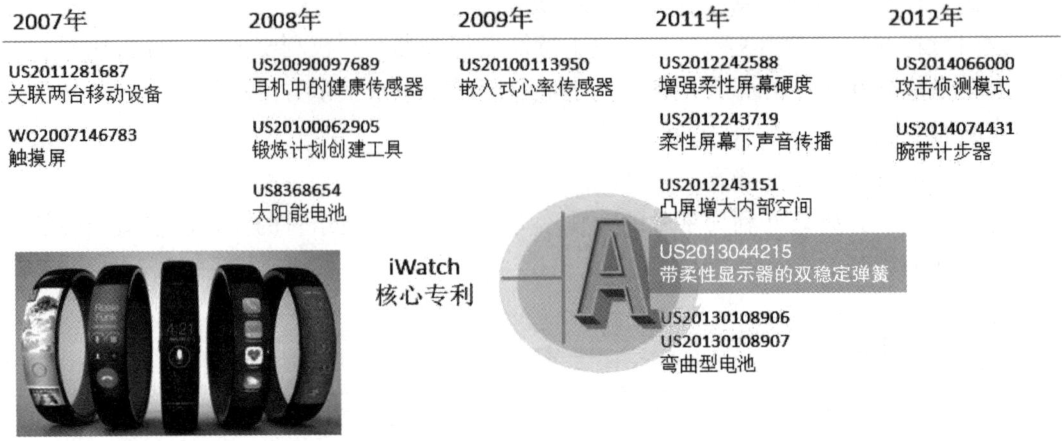

图2-9　苹果 iWatch 专利布局

其次，对相关的技术方案进行侵权分析与引用分析。

iWatch 在每个技术模块上都有自己的创新，不依赖于第三方的有效专利，充分考虑专利技术的独立性。苹果公司在专利布局时都尽量避开第三方有效专利，新申请的专利大多引用已经过期的专利技术或自身的专利，多数不涉及第三方有效专利，通过对引用的几件第三方有效专利的权利要求进行分析，其内容也与苹果的 iWatch 技术无关（如表 2-3 所示），因此苹果公司在实施这些专利时不需要依赖第三方的许可。

表2-3　iWatch 引用专利

公 开 号	申 请 日	题　目
US5488204A	1996/1/30	Paintbrush stylus for capacitive touch sensor pad
JP2002342033A	2002/11/29	Non-contact type user input device
WO2008085719A2	2008/7/17	Simultaneous sensing arrangement
US20060026521A1	2006/2/2	Gestures for touch sensitive input devices
US20050110768A1	2005/5/26	Touch pad for handheld device
US6967700B2	2005/11/22	Sequential full color display and photocell device
US7206044B2	2007/4/17	Display and solar cell device
EP967511A1	1999/12/29	Display device with solar cells
WO2008085418A2	2008/7/17	Proximity and multi-touchsensor detection and demodulation
US20040017524A1	2004/1/29	Color display and solar cell device

四、基于技术不可替代性的专利价值培育路径

专利技术的不可替代性是指一项专利技术在当前的时间点是否不存在解决相同或类

似问题的替代技术方案，不可替代性高的技术通常会为产品的品质和性能带来很大程度的提升，几乎找不到其他能实现同等功能或效果的替代技术方案。由于科技在不断地进步，随着时间的推移，许多技术都会出现替代技术和延伸技术。替代技术的出现会使得其他企业绕过该专利生产相似产品，在市场中形成竞争；延伸技术的出现，会使得专利迅速贬值。这两者的共同作用结果使专利在有效期内就失去了经济价值，即继续生产专利产品不仅不能够再给企业带来收益，还会使得企业亏损❶。因此，替代技术和延伸技术出现的可能性越高，专利的价值也就越低。

专利的可替代性主要分为两种情况：技术方案的完全可替代和部分技术特征的替代。技术方案完全替代主要包括利用在先技术或者新技术完全替代过去的方案，例如用手势输入替代触摸屏输入；而部分技术特征的替代则是通过对现有的技术方案进行技术特征的省略、替代完成。这两种技术替代性策略都是专利技术价值培育的重要方向。

在一项发明的概念完成后进行技术的不可替代性培育时，通常需要根据发明解决的技术问题、技术方案、技术效果寻找整体的替代方案，这种替代方案是竞争对手的重要规避方向，需要根据企业自身的商业战略加强保护。在整体替代方案的专利布局后，再考虑部分特征替代或省略的替代方案的专利布局。基于部分技术特征的替代主要是指要素省略或替换的发明创造，如果发明省去或替换一项或多项要素后其功能也相应地消失，则该发明不具备创造性，不能成为有价值的专利。如果发明与现有技术相比，发明省去或替换一项或多项要素，例如，一项产品发明省去或替换了一个或多个零部件，依然保持原有的全部功能，或者带来预料不到的技术效果，则具有突出的实质性特点和显著的进步，该发明具有创造性，具备成为高价值专利的前景，这些因为替换或省略特征产生的新技术方案都是专利布局的方向。在进行专利布局时，基于整体方案替代与基于部分特征替代的方法都是技术不可替代性培育的重要方法。

不可替代性是指该技术不存在合适的替代方案，一项专利技术被其他技术替代的程度越低、替代速率越慢，竞争性则越强，价值也就越高。在技术已被他人申请的情况下，在整体和局部寻求替代性方案是规避潜在专利风险的一种有效手段，可以规避的方案越多，专利的技术价值也就越低，因此，优秀的技术方案一般很难有替代方案存在，他人也就很难利用替代方案来进行规避。基于技术不可替代性的专利价值培育路径的主要包括如下步骤（如图 2-10 所示）。

---

❶ Lou Y, Zhang S, Huang L, et al. Identification of Alternative Technology Based on Patent Analysis [J]. Journal of Intelligence, 2014.

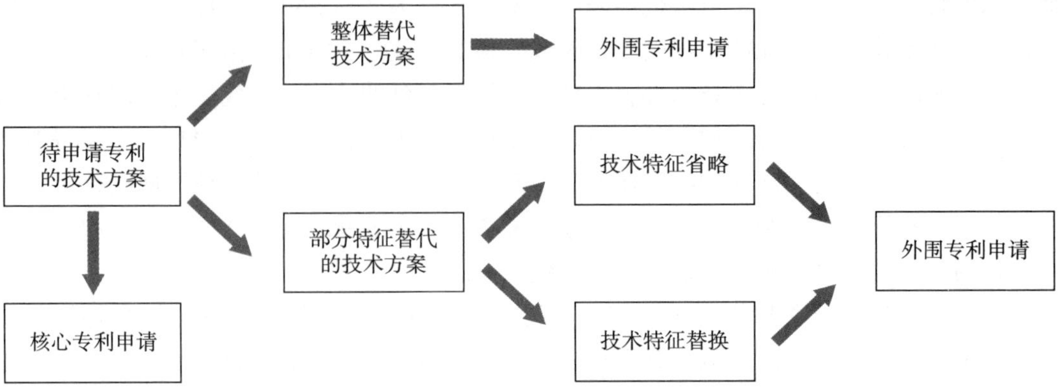

图2-10　基于技术不可替代性的专利价值培育路径

首先，将待申请专利的技术方案作为核心专利申请进行布局。

待申请专利的技术方案一般是核心技术方案，或者是产品直接采用的技术方案，通常也是实践中的最佳技术方案，是专利申请的重点。

其次，进行整体替代技术方案分析。

对技术方案进行整体分析，从技术方案解决的技术问题和技术效果出发，寻找解决类似问题同时技术效果差别不大但技术手段完全不同的方案，这些整体替代方案可以作为外围专利申请。

最后，进行特征替代的技术方案分析。

对待申请专利的技术方案进行部分技术特征的替代和部分技术特征的省略，技术特征替代主要指技术方案包含多个技术特征，省略或替换一个或多个技术特征依然能够解决技术问题，这些替代特征的技术方案也可以申请相关的外围专利。

【案例2-5】滑动解锁基于技术方案不可替代性的专利价值培育

首先，确定主要技术方案。

手机滑动解锁的技术方案为一种用于具有触敏显示器的电子设备的信息处理方法，包括：当所述设备处于用户界面锁定状态时，检测与所述触敏显示器的接触；根据所述接触，沿所述触敏显示器上的预定显示路径移动解锁图像，其中所述解锁图像是用户与之交互以解锁所述设备的图形交互式用户界面对象；如果检测到的接触与预定手势相对应，将所述设备转换到用户界面解锁状态；以及如果检测到的接触不与所述预定手势相对应，将所述设备保持在所述用户界面锁定状态（如图2-11所示）。可以看出，该专利独立权利要求的技术特征“沿所述触敏显示器上的预定显示路径移动解锁图像”限定了一个较为具体的保护范围。

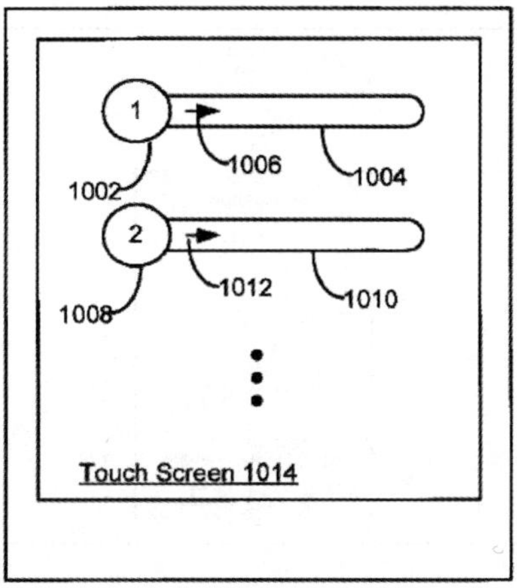

图2-11　滑动解锁技术方案专利附图

其次，确定可替代的技术方案。

若只对该单一技术方案进行保护，竞争对手很容易通过整体方案替代或部分特征替代进行规避，因此在申请专利时需要进行技术的不可替代性培育，将可能的替代方案申请为相关的专利，相关的替代方案如表2-4所示。

表2-4　滑动解锁替代技术方案分析

替代方案	附　　图	说　　明
两段式解锁方案以及通过点击不同相关区域完成解锁	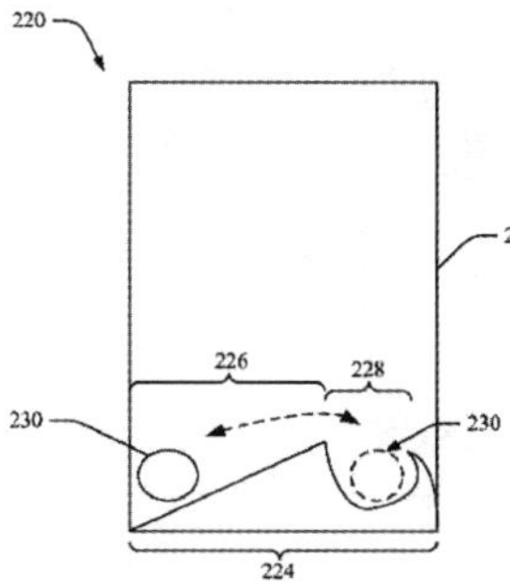	特征替代和省略
设计解锁图标解锁，点击相应解锁和锁屏图标完成解锁	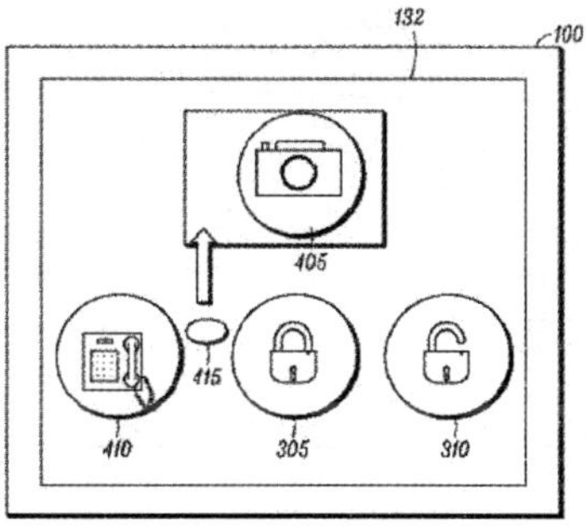	特征替代

续表

替代方案	附　　图	说　　明
声音输入解锁方案，通过输入预定的语音完成解锁和锁屏	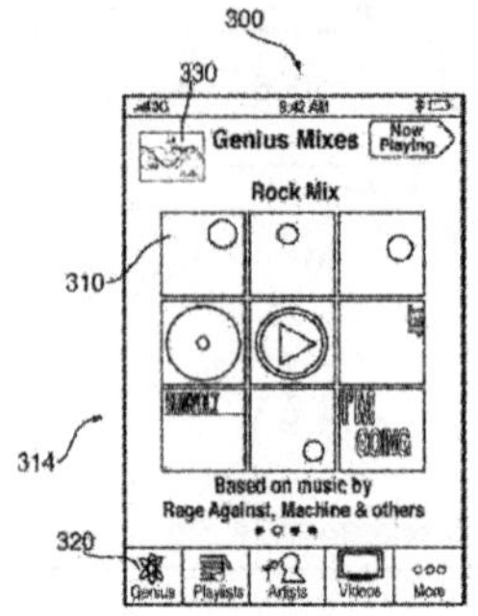	整体方案替代
数字密码输入方式，根据设置的密码锁屏和解锁	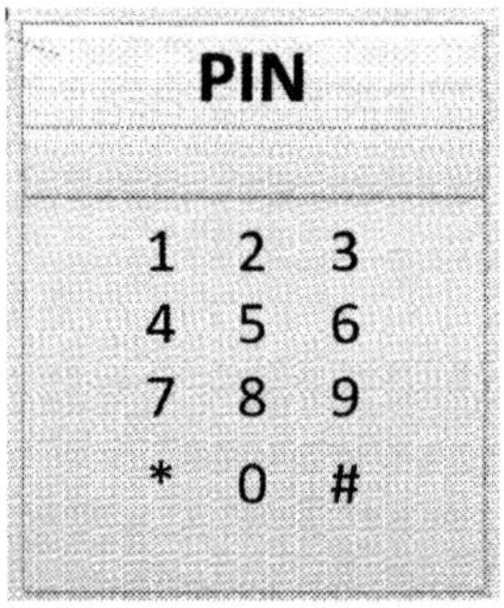	整体方案替代
时钟旋转式解锁，旋转到一定位置完成解锁和锁屏	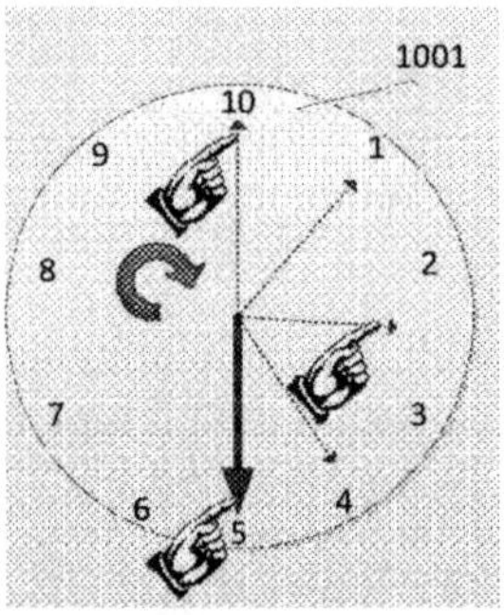	特征替代
眼睛跟踪解锁，追踪眼睛的位置实现解锁与锁屏	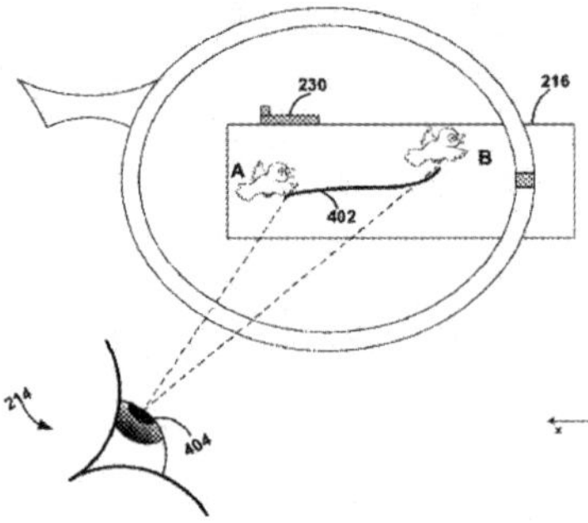	整体方案替代

最后，将可替代的技术方案布局为相关的外围专利。

上述替代方案包括整体方案的替代，这些整体的替代方案用完全不同的技术手段，例如语音解锁、眼球跟踪解锁等。而部分特征的省略与替换的替代包括点击锁屏图标、数字密码解锁等。不可替代性越强的专利技术价值越高，在专利技术价值培育中，在进行专利布局时可以对新申请的技术方案进行不可替代性分析，找出可能解决类似问题的完全或部分技术方案，对不可替代性的技术方案进行周密的专利布局和重点保护，实施中从众多竞争性技术或可替代技术专利池中选择综合价值高的专利技术，提升企业竞争力。

五、基于技术应用前景与广度的专利价值培育路径

技术应用前景与广度是专利技术价值的重要因素。技术应用前景是指技术符合行业发展趋势、在将来会有广泛的应用市场；技术广度是指应用领域的范围比较广泛，可以在多个行业或技术领域中得到应用。如果一项专利技术仅仅在某个领域中解决具体而特殊的问题，则该技术的应用范围相对较窄。

基于技术应用前景与广度的专利价值培育首先需要对相关领域的专利技术发展趋势进行分析，若该领域的专利申请处于上升趋势，说明该技术领域是当前研发的热点，在该领域布局的专利极有可能是以后众多跟随者感兴趣的技术方案。在行业发展急速上升期间申请的专利也最有可能成为基础和核心的专利。因此，善用专利等技术情报，在研发阶段或研发前针对拟研究领域全球专利技术的申请趋势进行技术全景分析，有助于研发路径的优化、研发目标的明确。企业需要尽量申请符合技术发展趋势的专利方案。其次，通过对相关领域的专利地域分布进行分析，把握技术领域在不同地域的被关注程度，通常专利申请较为密集或者市场潜力巨大的地域，专利的应用前景也相对广阔，也是专利申请的重点区域。最后，确定技术可能的应用范围，专利申请的方向尽量考虑应用领域更广的技术，例如医用口罩的过滤技术也可能用来应对雾霾污染。当然，基于技术应用前景与广度的专利价值培育也要结合企业的商业战略，相关领域的专利申请在技术上既要符合行业发展趋势、覆盖尽可能广的应用领域，也要符合企业的产品与市场战略。

研发前的相关领域专利申请趋势分析有助于创新主体理解技术概况，判断该相关领域的技术是否为当前热点技术。竞争对手的进入情况能够反映技术的关注度，竞争对手在该技术领域的专利申请活动活跃证明相关的专利受到关注程度高。而专利的应用领域广泛间接反映技术潜在市场规模大，市场价值的空间也更广阔。基于技术应用前景与广度的专利价值培育路径的主要包括以下步骤（如图 2-12 所示）。

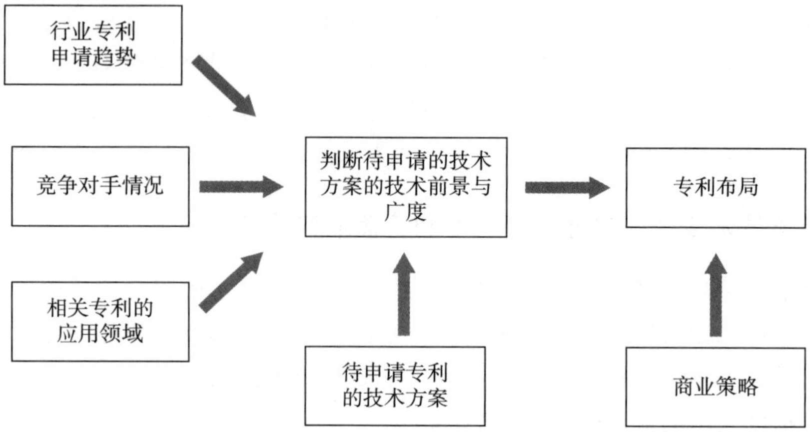

图2-12　基于技术应用前景与广度的专利价值培育路径

首先，确定当前技术领域的行业趋势。

判断待申请的技术方案在行业的发展趋势，一般行业趋势发展处于上升期的专利申请，市场价值的空间大。

其次，判断相关技术领域的竞争对手活跃情况。

相关领域进入的竞争对手越多，尤其是每年新加入的竞争对手越多，表明该技术受到的关注越多。

最后，判断相关技术的应用领域情况。

若技术应用的领域广度大，表明相关专利的潜在市场规模大，最后，根据待申请的技术方案的行业趋势、竞争对手情况、技术领域跨度综合判断，优先申请技术方案处于行业上升期、竞争对手的申请活动活跃以及技术领域的应用广度大的专利申请。

【案例2-6】石墨烯领域基于技术应用前景和广度的专利价值培育

石墨烯作为一种新型的二维纳米材料，是最早发现的稳定存在的二维自由态原子晶体。自2004年发现以来，石墨烯不仅在理论科学上受到了极大关注，并且由于其特殊的纳米结构以及优异物理化学性能而在电子、光磁、生物医学、催化储能和传感器等诸多领域展现出巨大的应用潜能。基于技术应用前景和广度培育石墨烯领域的高价值专利的步骤主要包括：

首先，通过专利申请趋势分析判断技术的发展趋势。

如图2-13所示，从2010年开始，石墨烯领域专利申请数量快速增加，2010年超过千件，从2011年到2016年申请量直线上升，2016年专利的申请量超过9000件。从专利申请的趋势可以看出，该领域是研发活动的热点领域，说明企业不断加大这方面的投入，市场前景看好，在该领域进行相关的专利申请符合行业的发展趋势，技术应用前景广。

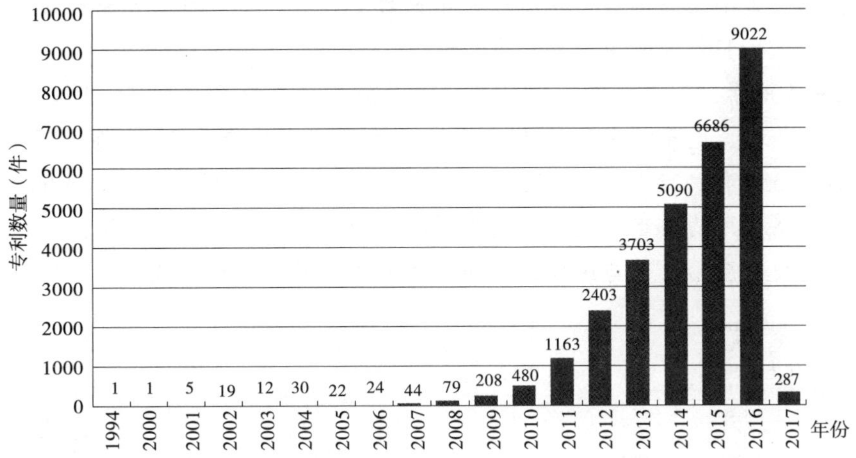

图2-13　石墨烯产业相关专利申请趋势❶

还可通过专利同族布局态势分析、研发投入情况等综合判断该技术领域的发展前景，并预测市场应用的广度。

其次，根据石墨烯领域专利的地区分布，确定市场最为活跃的区域，结合商业战略，加大在该区域的专利申请。

如图2-14所示，中国目前依然是石墨烯技术领域专利申请量最多的国家，申请数量高达18 972件，其他热点区域包括美国、韩国和日本，专利申请量分别为5734件、5401件和2139件。这说明世界上主要市场主体都布局了大量的专利，也说明该石墨烯产业的潜在市场广阔。

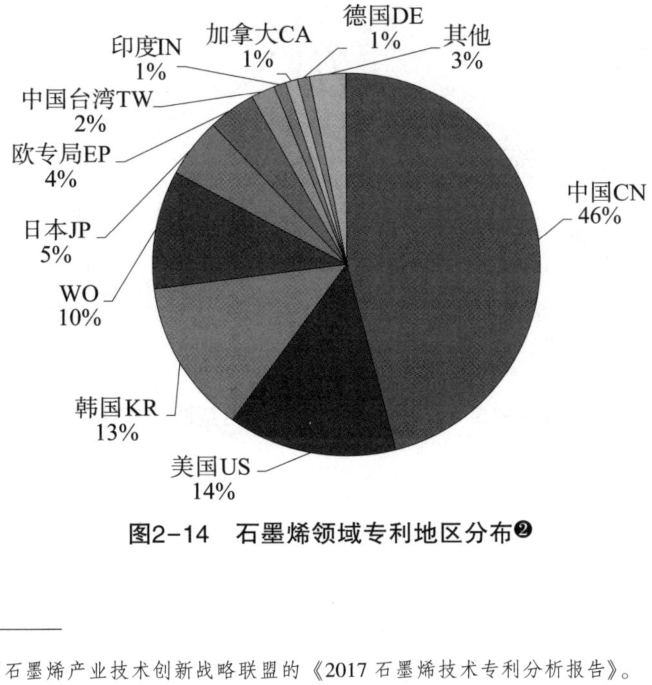

图2-14　石墨烯领域专利地区分布❷

❶❷　改编自中国石墨烯产业技术创新战略联盟的《2017石墨烯技术专利分析报告》。

最后，对石墨烯相关的应用领域专利申请数量进行分析，可以判断相应技术领域应用的广度，为进一步的专利申请方向提供参考。

如图2-15所示，石墨烯专利的热点技术领域主要包括复合材料、医疗健康、传感器、储能、水处理、电子信息，其中锂离子电池领域申请专利1275件、超级电容764件、导电材料654件、导热材料673件、增强增韧材料1512件、催化剂596件，这些领域都是石墨烯应用的重点领域。可见石墨烯产业的技术应用领域广泛，所以石墨烯产业具有良好的技术应用前景与广度，是高价值专利布局的重要领域。❶

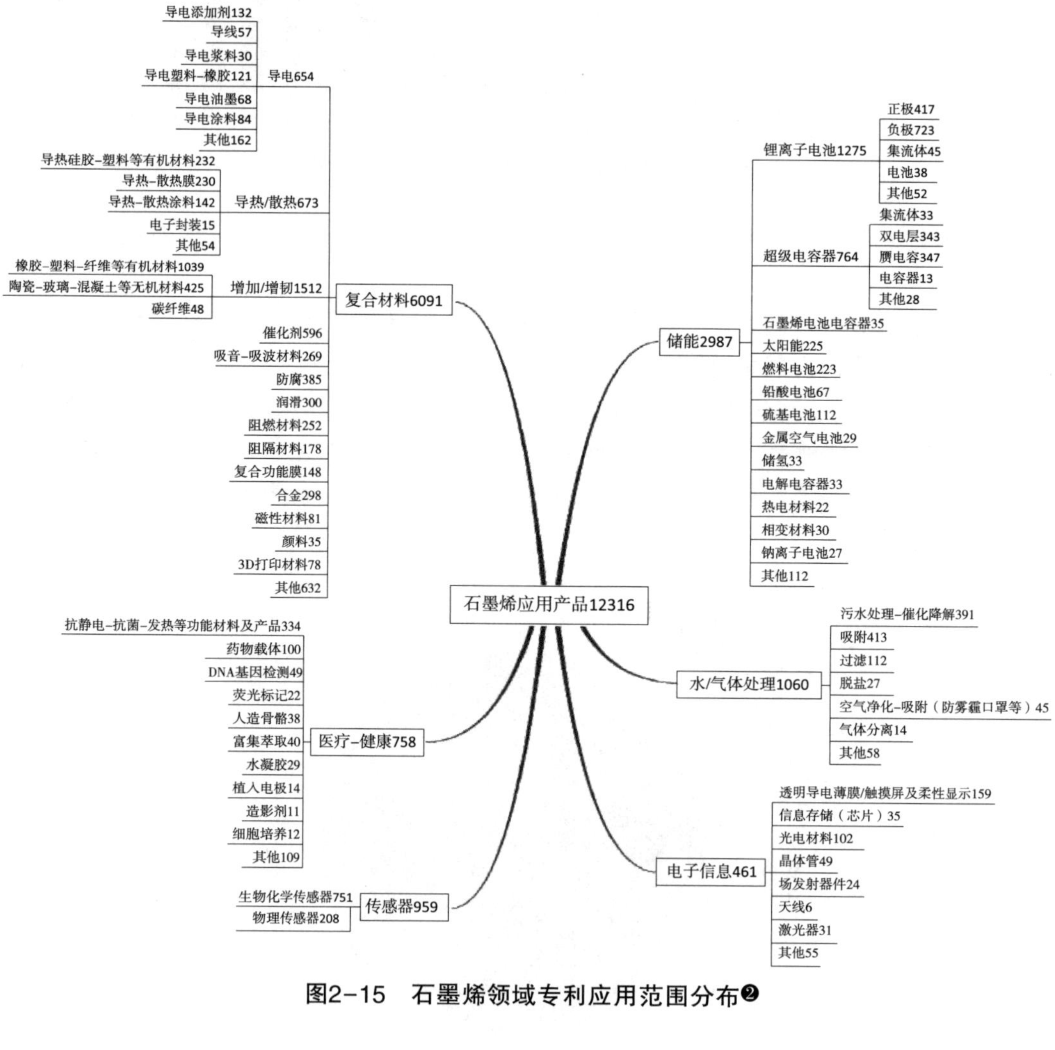

图2-15　石墨烯领域专利应用范围分布❷

❶❷　改编自中国石墨烯产业技术创新战略联盟的《2017石墨烯技术专利分析报告》。

第三节　专利技术价值培育典型案例评析[1]

【案例2-7】腹膜透析机的专利技术价值培育

2016年9月，中船重工集团第716研究所联合北京大学人民医院肾内科团队打造的透析机、管路、透析液、远程管理及监护平台全产业链正式建成，开始生产腹膜透析机。经过一年多同台临床比对表明，国产自动腹透机在性能、精度方面优良；在智能控制、操作人性化和远程监控等方面具备显著优势。

一、基于技术先进程度的专利技术价值培育

基于整个产品进行专利价值培育时，必须明确产品的技术特征。每个整体的产品都包括很多技术特征，这些技术特征有许多是专利已经过期的现有技术或者公知常识。腹膜透析机结构复杂，要全面保护整个产品，必须对其进行技术分解（如表2-5所示），分清核心部件与特征，进行针对性的专利布局。

表2-5　腹膜透析机技术分解

一级分支	二级分支	三级分支	四级分支
腹膜透析	腹膜透析		
	自动腹膜透析		
	自动腹膜透析流程（APD sequence）	注入（fill）	
		引流（drain）	
		留置（dwell）	
自动腹膜透析机 自动腹膜透析系统 自动腹膜透析设备	组成	气压激发模块（pneumatic actuator module）	泵腔室（pump actuator）
			阀腔室（valve actuator）
			阻流装置（liquid shutoff assembly）
			参考腔室（reference chamber）
			阻流板气囊（occluder bladder）
			挡液薄膜（splash guard membrane）
		透析液加热模块（bag heating module）	加热膜（electrical resistance heating strip）

[1] 改编自江苏省专利信息服务中心与连云港杰瑞集团合作的《2014年度腹膜透析机专利分析报告》。

续表

一级分支	二级分支	三级分支	四级分支
自动腹膜透析机 自动腹膜透析系统 自动腹膜透析设备	组成	压力分配系统（pressure distribution system）	气路分支装置（manifold assembly）
			气体压力传感器（pressure sensor）
		压力分配系统（pressure distribution system）	气体电磁阀（solenoid actuated pneumatic valve）
		真空及压力泵（air compressor/vacuum pump）	
	原理	隔膜泵	
		液体流量测量（liquid volume measurement）	
		称重	
		空气检测（air detection）	
		空气排除（air removal）	
		基于压强的体积测量	
抛弃式管组		管组隔膜（cassette diaphragm）	
		泵腔室（pump chamber）	
		阀（valve station）	
		卡匣（cassette）	
透析液			

腹膜透析机产品虽在结构和功能上各有差异，但主要还是由气压激发模块、透析液加热模块、压力分配系统、真空及压力泵组成（如图 2-16 所示）。其中，气压激发模块包括泵腔室、阀腔室、阻流装置、参考腔室、阻流板气囊和挡液薄膜，主要功能是将各个气路的作用力通过该模块转换为对抛弃式管组内液体的作用力，从而激发“注入”“引流”等过程中液体的定向流动。抛弃式管组作为气压激发模块中的一个重要部分，其主要部件包括管组隔膜、泵腔室、阀和卡闸。透析液加热模块主要部件是加热膜，负责对透析液进行加热以及进行温度控制。压力分配系统主要包括气路分支装置、气体压力传感器、气体电磁阀，主要功能是分配、控制各气路支路间的气体流向。

图2-16　腹膜透析机功能模块分布

在完成技术分解后，对腹膜透析机的相关技术领域进行全面的专利检索与分析。根据对初步检索结果的统计和分析，总结得到检索需要的检索要素，并按照检索的需求，对检索要素进行整理，构建如表 2-6 所示的检索要素表。

表2-6　腹膜透析机产品检索要素

检索要素	腹膜透析机	透析液
中文关键词	腹膜透析，自动腹膜透析，自动腹膜透析，自动腹膜透析流程，液体流量测量，空气检测，空气排除，基于压强的体积测量，百特，巴克斯特，德卡，迪卡，费森尤斯卡比，费森尤斯，弗雷塞尼斯，弗雷森纽斯，弗雷泽纽斯，富瑞森尼尔斯，昆山韦睿医疗科技有限公司，潘力	葡萄糖，麦考糊精，透析液，百特，巴克斯特，费森尤斯卡比，费森尤斯，弗雷塞尼斯，弗雷森纽斯，弗雷泽纽斯，富瑞森尼尔斯，青岛首和金海制药有限公司，青岛华仁药业股份有限公司
英文关键词	Peritoneal dialysis，Automated peritoneal dialysis，APD，APD sequence，Liquid Volume Measurement，Air detection，Air removal，Volume measutement based on the air pressure，BAXTER，BAKUSUTAA，BAKSTER，PAKUSUTAA，TRAVENOL，TORABENOORU，DEKA，DECA，Fresenius－kabi，FRESENIUS，FRESENUIS，FRESENUS，FURESENIUSU，FUREZENIUS，KUNSHAN WEIRUI MEDICAL SCIENCE & TECHNOLOGY，VR MEDICAL TECHNOLOGY	Glucose，Maltodextrin，PVC，dialysate，BAXTER，BAKUSUTAA，BAKSTER，PAKUSUTAA，FRESENUIS，FRESENUS，FURESENIUSU，FUREZENIUS
分类号	A61B19/00，F04B43/02，B01L3/00，B29C45/16，F04B23/00，G01N35/00，G01N35/10，A61B5/00，A61B5/15，A61M1/00，G01N35/08，B01D1/00，F04B45/04，A61M1/28，A61M5/142，A61M37/00	C08B，C08L27

专利文献数据统计如表 2-7 所示。

表2-7 专利文献数据统计

	腹膜透析机整机	透析液	合并汇总量
专利文献量（件）	2147	4343	6490

目前专利主要技术领域集中在压力控制、阻流装置、远程控制等方面，这些技术领域也反映了行业的发展方向，容易产生高价值专利。企业通过对现有专利进行详细的解读，能够获得大量有价值的技术启示，结合研发人员的进一步分析发现，本技术在气囊压紧、气路设计、透析压力控制和非接触式液体体积精确测量方面优于现有专利技术，具有技术先进性，最终决定对这些领域相关新技术、新设计等进行专利布局。

二、基于技术成熟度的专利技术价值培育

在项目研发的开始阶段（在2014年1月份，研发处在TRL2、TRL3阶段时），企业就对核心部件的自动腹膜透析设备管组驱动装置进行相应的专利布局。在2015年TRL4、TRL5阶段时，根据试验测试验证，对腹膜透析液加热装置、断电检测及保护系统、可远程监控的腹膜透析系统及监控、防回流腹膜透析管进行相应的专利布局。在2016年产品上市前，对一些应用功能进行了进一步完善，布局了压力传感器、腹腔排空检测方法等技术领域的专利。

在2014至2016年，共申请了7件发明专利、7件实用新型专利，目前已有1件发明专利获得授权（如表2-8所示）。

表2-8 腹膜透析机高价值专利产出情况

序号	标　题	申请日	申　请　人
1	一种腹膜透析用阻流装置	2016/12/13	中国船舶重工集团公司第716研究所；江苏杰瑞科技集团有限责任公司
2	自动腹膜透析机用压力传感器状态检测装置	2016/12/13	中国船舶重工集团公司第716研究所；江苏杰瑞科技集团有限责任公司
3	自动腹膜透析的腹腔排空检测方法	2015/11/12	中国船舶重工集团公司第716研究所；江苏杰瑞科技集团有限责任公司
4	一种腹膜透析用阻流装置	2016/12/13	中国船舶重工集团公司第716研究所；江苏杰瑞科技集团有限责任公司
5	自动腹膜透析机用压力传感器状态检测装置及方法	2016/12/13	中国船舶重工集团公司第716研究所；江苏杰瑞科技集团有限责任公司
6	一种腹膜透析远程管理系统及远程管理方法	2016/12/13	中国船舶重工集团公司第716研究所；江苏杰瑞科技集团有限责任公司
7	腹膜透析液加热装置	2015/11/12	中国船舶重工集团公司第716研究所；江苏杰瑞科技集团有限责任公司

续表

序号	标　题	申请日	申　请　人
8	医疗电子设备的断电检测及保护系统	2015/11/24	中国船舶重工集团公司第716研究所；江苏杰瑞科技集团有限责任公司
9	可远程监控的腹膜透析系统及监控方法	2015/11/12	中国船舶重工集团公司第716研究所；江苏杰瑞科技集团有限责任公司
10	防回流腹膜透析管	2015/11/12	中国船舶重工集团公司第716研究所；江苏杰瑞科技集团有限责任公司
11	医疗电子设备的断电检测及保护系统	2015/11/24	中国船舶重工集团公司第716研究所；江苏杰瑞科技集团有限责任公司
12	防回流腹膜透析管	2015/11/12	中国船舶重工集团公司第716研究所；江苏杰瑞科技集团有限责任公司
13	腹膜透析液加热装置	2015/11/12	中国船舶重工集团公司第716研究所；江苏杰瑞科技集团有限责任公司
14	自动腹膜透析设备管组驱动装置	2014/1/22	江苏杰瑞科技集团有限责任公司

三、基于技术独立性的专利技术价值培育

在进行专利布局前，技术研发人员与知识产权专家经过多次交流与分析，结合先前的专利分析结果，发现产品的抛弃式管组组件与国外医疗器械巨头的技术方案较为类似，该方案的实施必然依赖对方的技术，新方案申请专利的技术价值也会大打折扣。企业对于自有技术方案和对方的专利技术中的每一个技术点都进行了详尽的对比分析，并根据在先专利对目标专利的稳定性进行了分析评价，以确保布局的技术方案的实施不依赖于第三方专利。

企业将研发路径中拟采用的技术方案与相关专利的权利要求所述的技术特征一一对应，绘制表2-9的技术矩阵并进行如下对比分析：

技术特征L7和e7相比，目标专利的整体技术方案是将覆盖在泵腔对应部分的膜的形状，设置成大体上与在盒体中的泵腔凹陷部的可用区域形状一致，而企业的技术方案中涉及的柔性膜是呈水平平面无拉伸的状态覆盖在盒体泵腔之上。根据目标专利中关于弹性膜的工作方式描述可知，将其形状设定为与泵腔凹陷形状一致，可使通过弹性膜实现对泵腔溶液的挤压和弹起更充分，相较e7的设计更有助于驱使膜体和泵腔之间的流体移动。从技术手段、实现功能和达到的效果上两者明显不同，所以技术特征L7与e7既不相同也不构成等同。

技术特征L11与e11相比，目标专利限定了盒体中的泵腔凹陷部包括多个从凹陷部的内壁处伸出来的间隔元件，该间隔元件具有渐变的长度。根据其说明书的描述，L11限定的渐变长度的间隔件可以提供捕气体积以将空气或其他气体捕集在泵腔中，并且间

隔元件变化的高度让间隔元件顺应弹性膜的形状，以降低泵送过程中的应力。而委托方的技术方案中 e11 为光滑内陷，没有相应的凸起或间隔单元。亦即，拟研制产品的技术特征 e11 限定的泵腔凹陷的技术要点，与目标专利中 L11 的技术手段相比，两者具有明显的差异，实现的功能不同，达到的技术效果也有所不同。所以拟研制产品技术特征 e11 与目标专利技术特征 L11，既不相同也不构成等同，因此，企业的技术方案的实施不依赖于另一方的专利，可以单独实施。

表2-9　技术特征对比分析

竞争对手技术特征	自有技术方案技术特征	技术特征对比
L1、一次性流体处理盒	e1、一次性、抛弃式的流体处理盒及管组	√
L2、盒体大体扁平	e2、注塑的卡盒盒体大体扁平，有正反两面	√
L3、盒体具有至少一个的在其第一侧形成凹陷部的泵腔	e3、盒体的内部的凹陷处形成了两个泵腔室	√
L4、盒体具有用于流体的、包含通道的多条流动路径	e4、盒体的内部有用于输送液体的流体路径 F1~F9，用于在透析管路和泵腔室间输送液体	√
L5、患者管线，管线端口与至少一个泵腔经由至少一条流动路径流体连通	e5、病人用孔 35 与病人用透析液通道 F5 相连接，泵腔室（P1，P2）的下侧出入孔 66（1，2）通过下侧泵通道（F8，F9）与最终泵通道 F3、供给通道 F4 或病人用通道 F5 相耦合	√
L6、外露的弹性膜，附接在盒体第一侧且位于至少一个泵腔之上	e6、卡盒的正反两面有外露的柔性膜覆盖，且位于两个泵腔室之上	√
L7、弹性膜，位于至少一个泵腔之上的泵腔部分具有未拉伸的形状，该形状大体上与在盒体中的泵腔凹陷部的可用区域形状一致	e7、弹性膜沿水平平面无拉伸的覆盖在盒体泵腔之上	×
L8、弹性膜被设置为可运动的	e8、正压和负压施加在覆盖泵腔室的柔性膜区域，以此来实现将液体吸入和泵出两个泵腔室	√
L9、盒被配置成可操作地与可重复使用的自动化腹膜透析循环仪装置接合一起使用	e9、自动腹膜透析系统与抛弃式流体处理盒及管组配合，并通过它泵送液体，透析系统可持久耐用	√
L10、按压弹性膜与盒体形成密封接触	e10、透析系统施加正压到管组卡盒的正面，使得覆盖卡盒前部的柔性膜压住盒体凹陷部的边缘，这样，盒体的泵腔室以及流体路径之间各自形成密封	√
L11、泵腔凹陷部的可用区域是由从凹陷部的内壁处伸出来的多个长度渐变的间隔元件来限定的	e11、泵腔凹陷部的可用区域为光滑内陷	×

综上所述，该透析机主要结构的技术方案的实施不依赖于第三方的有效专利，且该企业还在防回流透析液加热控制、排空检测等方面的技术优化申请了相关专利保护，技术独立性较强，具有较高的技术价值。

四、基于技术不可替代性的专利价值培育

根据目前的临床经验，自动腹膜透析机存在的最大问题是透析机只能使用5L的透析液，主要是由于5L的透析液可直接与抛弃式管组连接，而2L透析液一般用作人工腹膜透析用，其接头直接与患者腹腔的腹膜透析导管连接，不能与抛弃式管组连接。这样就导致一个问题，当医生处方需要末袋留腹透析液的葡萄糖浓度与其他周期的浓度不同时，由于只能使用5L的透析液，实际留腹2L至3L，导致了透析液的大量浪费。

目前市面上2L的透析液各种钙离子浓度比较全，而5L透析液的钙离子浓度较少，因此，2L透析液的选择更全；因此，在研制过程中，本透析机为了实现既能采用2L透析液，又能采用5L透析液，从以下几个方面解决：

（1）初期仍采用抛弃式管组，只需设计一个中间转接管即可。转接管的一端与5L透析液的接口相同，可连接抛弃式管组的针形接头；另一端与患者腹腔的导管接口相同，用于连接2L透析液。当采用2L透析液时，将转接管接在抛弃式管组与透析液之间，这样即可使用2L透析液。

（2）由于抛弃式管组最多只能接4袋透析液，即8L，为了能进行更大剂量的透析，设计了Y型的分支管（如图2-17所示）。即将与透析液连接端分为两个接口，可接两袋透析液，即可随意增加透析液的袋数。

分别设计对应于2L和5L透析液的管组，特别是针对应用于2L透析液的管组，在连接补充袋的管路末端做一些多连分支，便于扩展透析液的袋数。

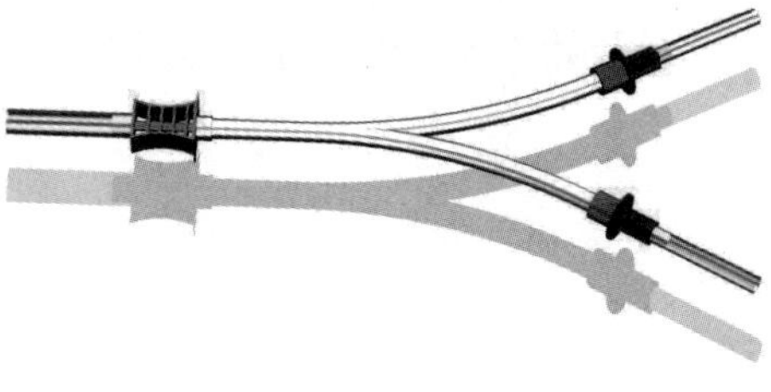

图2-17　Y型分支管

在此基础上，技术人员进行基础方案和替代方案的设计，在基本产品实现的功能基础上，增加了部分功能，同时在透析参数设置、透析液选择等方面更加灵活。增加的功能具体如下：①透析数据输入输出；②支持远程医疗；③固件程序远程升级；④更精确的参数设置；⑤支持5L和2L两种透析液的使用。企业将不同的技术方案及其替代方案申请和培育成腹膜透析机领域的高价值专利。

五、基于技术应用前景与广度的专利技术价值培育

研究资料表明，目前我国慢性肾病发病率为 10%～13%，国内需要透析的人数超过 100 万人，且只有 10%的患者使用了透析仪器。从 20 世纪 90 年代起，国外公司在我国建立起整套产品和服务体系，20 年来占据国内 90% 的腹膜透析市场，在定价、供货、服务保障等方面占据绝对有利地位，市场期待类似的产品。如图 2-18 所示，对腹膜透析机的专利申请趋势进行分析，近年的专利申请稳定增长，从 2006 开始，申请逐年增多，2015 年专利申请达到 450 件，从侧面反应出各大竞争主体对该方面的投入，透析机具有广阔的市场前景。

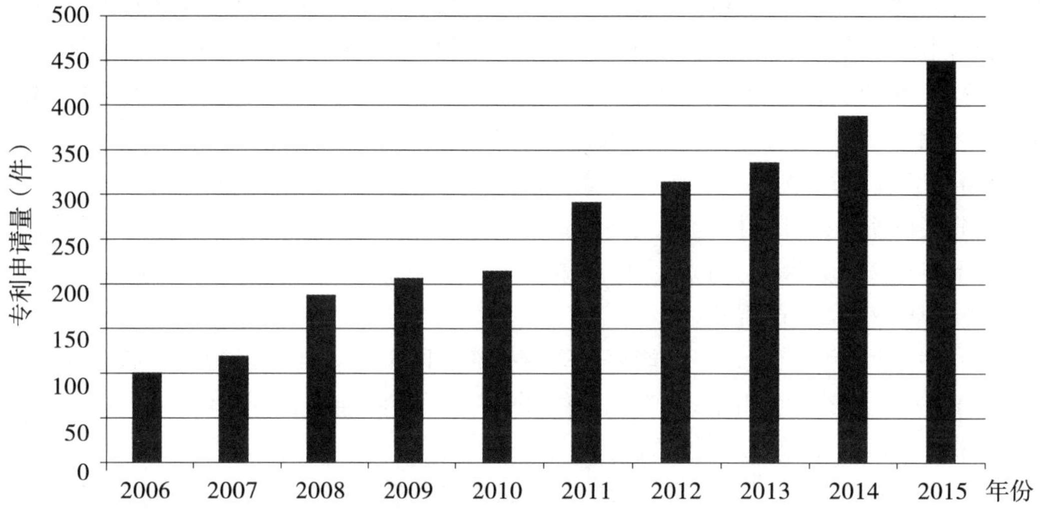

图2-18　腹膜透析机专利申请趋势

目前该腹膜透析机产品已经开始在国内接受各家公司的订单，产品全面推向市场。

第三章　高价值专利法律价值培育

本章概述

专利法律价值是专利价值实现的基本保障，也是专利价值一票否决性的因素。本章通过从专利法律文本的形成、专利审查的跟踪以及专利效力维护等专利形成的不同阶段，详细阐述了高价值专利的法律价值培育方法以及关键性节点，内容涵盖技术秘密的保留、权利要求撰写、申请文本预审、意见通知书的答复、专利复审无效应对以及专利维持策略制定等方面。最后对高价值专利法律价值培育案例进行分析。

本章知识脉络

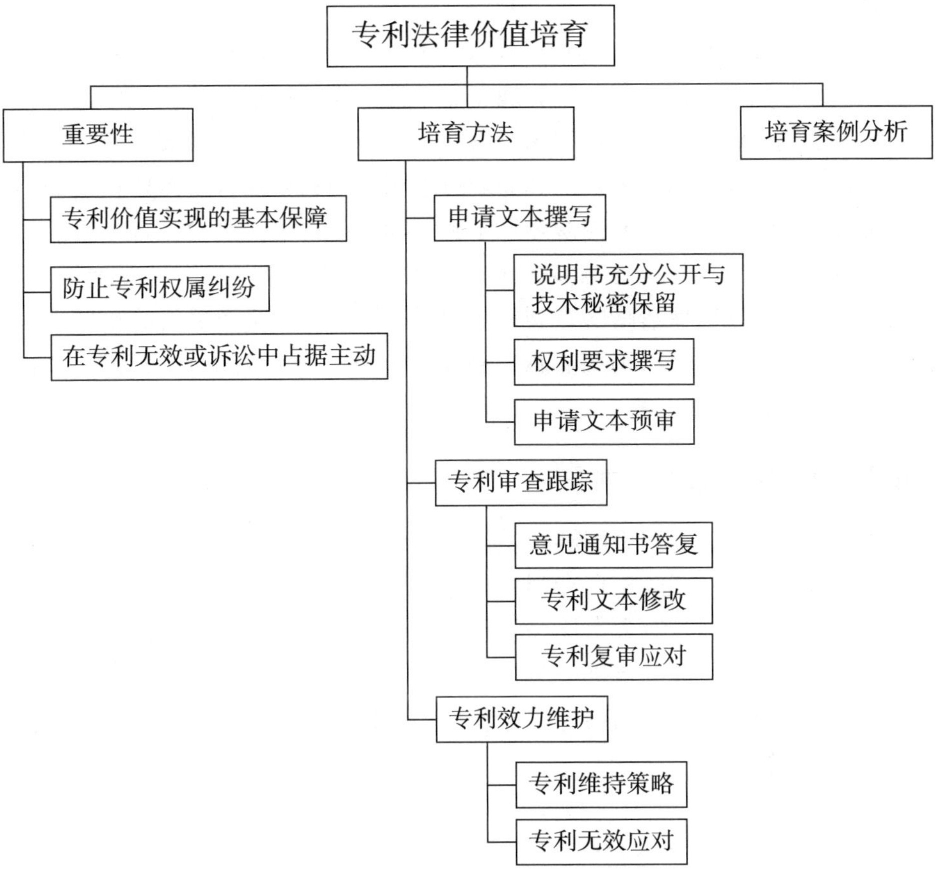

第一节　专利法律价值培育的重要性

一、专利价值实现的基本保障

专利的法律价值是专利权能够存在并发挥价值的根基，是专利技术价值以及市场价值的保障。在申请专利之前，如果从经济评价的角度得出结论认为此专利申请具有很高的价值，但是如果没有最终获得专利权，那就无法达到所预计的经济价值，并且还付出了将发明技术方案向社会公众免费公开的代价。在获得专利权之后，如果该专利市场前景非常好，利润率非常高，评估师运用无形资产评估理论和复杂的经济模型最终得出一组数据认为专利权的经济价值很高，但是如果该专利权本身不稳定，被宣告无效，根据专利法的规定，宣告无效的专利权视为自始即不存在，那就无法实现该专利预期的经济价值。[1] 因此，专利的稳定性和授权可能性，成为专利价值一票否决的因素。

二、防止专利权属纠纷

专利权本身是一种无形财产，该专利权除了本身权利稳定之外，还需要其权属关系明确。对于职务发明创造申请专利的权利属于该单位；申请被批准后，该单位为专利权人。非职务发明创造，申请专利的权利属于发明人或者设计人；申请被批准后，该发明人或者设计人为专利权人。而职务发明和非职务发明之间的界限有时候比较模糊，在现实中由于权属关系不清楚而发生的纠纷屡见不鲜。同时，在委托研发、合作研发、从第三方受让技术和主要研发参与人身兼多个企业职务等情况中也非常容易发生权属纠纷。通过合同进行明确约定以确保清晰的专利权属关系无疑是专利法律价值的重要方面，企业应在高价值专利培育过程中密切关心核心技术的专利权所有人是否系己方公司所有，防止日后因为权属问题产生纠纷。

三、在专利无效或诉讼中占据主动

具有较高权利稳定性的专利更能够经受授权后程序的考验，诸如在专利无效或诉讼中，竞争对手对影响自身发展的授权专利提出专利无效，此时，待无效专利既然受到竞争对手关注，必然背后也涉及巨大市场经济利益。对于这类专利，如果在竞争对手针对性进行无效检索的过程中仍能够经受考验，无疑也会对竞争对手的信心形成打击，而让企业掌握主动权，不但拥有了更加稳定的专利权，而且也了解到竞争对手的弱点，在市场经济活动中也能占据优势。

---

[1] 李海燕. 浅议专利价值分析指标体系的构成因素 [N]. 中国知识产权报，2013-09-11 (007).

第二节 高价值专利的法律价值培育方法

专利的法律价值包括权利要求稳定性、保护强度、不可规避性和侵权可判定性等方面，其培育方法依赖于法律价值的形成过程。本节从申请文本撰写、专利审查跟踪以及专利效力维护 3 个方面出发，对其中影响专利法律价值的关键性环节进行详细阐述，并提出高法律价值培育的一般方法。

一、申请文本撰写

（一）技术秘密保留

专利制度的核心在于“公开换保护”，即由发明人将其所掌握的新的技术方案形成书面文件，并对公众公开，对于满足法律所规定的新颖性、创造性、实用性等要求的技术方案给予一定期限的独占权。而在实际中，技术人员往往是既希望其技术方案获得专利保护，而又不愿意将所掌握的技术细节完全公之于众，如果所公开的技术对于促进社会进步无意义而享有独占权无疑是不合理的。为了对技术公开程度进行要求，《专利法》第 26 条第 3 款专门对说明书公开程度进行了规定，即说明书应当对发明或者实用新型作出清楚、完整的说明，以所属技术领域的技术人员能够实现为准。对于具有较高技术价值的技术，实际上是要技术人员达到其所想要的全面保护，即制定合理的技术秘密和专利保护策略，使其恰到好处。

对于技术而言，一方面包括未公开的技术秘密，另一方面包括在专利中记载的技术，而这两种方式实际上是对技术价值进行了切割，而拥有技术秘密在实际中会更有价值[1]。对于记载在专利中的技术，虽然在技术价值上可能会打一定折扣，但是这部分技术是符合法律所保护的对象，在通过法律授权认可后所形成的保护力度也将强于技术秘密，综合价值也将大大增强。因此，在说明书撰写过程中，如果将所有技术细节全部公开，则让竞争对手很轻易进行跟踪，如果技术细节在专利文件中公开不充分，则有可能导致专利无法获得授权或者是存在较大的无效风险，而这必须基于法律上的考量，把握技术秘密与专利公开的平衡，这对于高价值专利的法律价值培育是至关重要的。

对于专利公开以及技术秘密保护之间的选择，具体可以参照图 3-1 流程进行。对于所形成的技术成果，首先要衡量该技术成果反向工程的难易程度如何，对于易于反向工程的创新成果，应尽早申请专利进行保护。例如对于结构比较明确，通过拆解就能获取结构特征的有形产品、通过简单实验可获知结构的化合物以及较为简单的制备方法等，

[1] 王岩. 专利的价值及其运营［J］. 知识产权，2016（04）：89-95.

一旦获得产品，竞争对手很容易就通过反向工程获取到其中的技术信息，这种情况最好是通过专利进行保护。对于不易进行反向工程的创新成果，则优先采用技术秘密进行保护，例如难以通过简单监测获知组分的化合物或工艺等❶。

即便对于通过专利保护的技术方案，对于某些核心技术也应当尽可能做一些技术秘密的保留。专利法对于通过专利保护技术方案的基本要求是必须满足说明书充分公开以及满足技术方案具有专利性（主要指新颖性和创造性），在对技术方案进行检索后，确定了哪些是完成技术方案的必要技术特征，而哪些是附加技术特征，完成技术方案的必要技术特征必须在说明书中公开，如果所公开的必要技术特征能够使得专利具有专利性，这样对于其他附加技术特征则可以通过技术秘密进行保留❷。例如，对于技术方案中的关键技术、最优参数、最佳配方等则可以采取一定程度的技术秘密保留，从而达到通过专利和技术秘密的双重保护。因此必须找到技术秘密保留和专利充分公开的平衡点，才能获得保护范围更广、权利稳定的专利权❸。

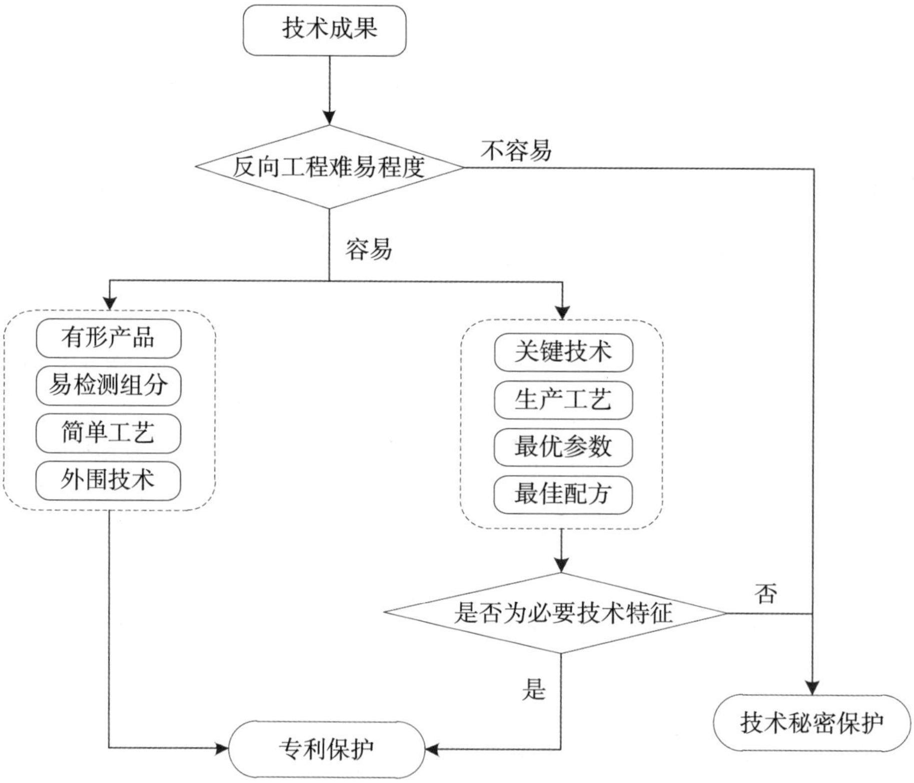

图3-1　专利保护与技术秘密保护的选择路径

---

❶ 朱镜羲，曲凯，范东升，等. 谈生物医药领域技术秘密与专利保护模式的选择［J］. 中国医药生物技术，2014，9（3）：238-240.

❷ 马俊荣，吴红. 专利保护与充分公开［J］. 科技信息，1996（5）：26-27.

❸ 刘畅，刘亚妮. 关于申请文件撰写中隐藏技术秘密的探讨［G］//实施国家知识产权战略，促进专利代理行业发展：2010年中华全国专利代理人协会年会暨首届知识产权论坛论文集. 北京：知识产权出版社，2010.

【案例3-1】铝包镍复合涂层材料专利保护中的技术秘密保留策略❶

（1）技术研发成果

超微纳米的铝包镍复合涂层材料是一种重要的喷涂材料，广泛应用于军工和民用的多个工业领域中。现有技术的铝包镍复合粉末由于铝粉粒径较大，包裹镍颗粒的效果不理想，存在包覆成分不均匀、铝粉容易散落、流动性差等多方面的问题。发明人针对上述技术问题发明了一种纳米级的铝包镍复合涂层，通过采用新型团包覆的加工工艺方法大大减小了包覆铝粉的粉粒直径，从而得到一种包覆形态均匀、完整、无散落铝粉、流动性好的超微铝粉包覆的铝包镍复合粉末。

（2）反向工程风险判定

上述技术方案的核心在于铝粉粒径的直径范围。对于铝粉粒径的直径并不属于很难通过外部检测手段获取的参数，如果完全以技术秘密的方式来保护显然具有被反向工程的风险，而必须采用专利方式进行保护。

（3）最优参数公开程度考量

在经过检索后发现，国内外公开的专利涉及相关产品的铝粉粒径至少在3微米之上，远大于本技术方案中的粒径范围，对于具有最佳实施效果的铝粉粒径，发明人实际上并不想完全公开，但是又想获得专利权。对于如何在专利公开和技术秘密保留之间达到平衡，确定公开的铝径范围是一个关键问题。

（4）技术秘密保留方案确定

结合现有技术公开的情况，申请人经过考虑和选择，公开铝粉的平均粒径为30～800纳米，而将最佳实施效果的铝粉粒径隐藏，既满足了专利授权的条件，也对关键技术信息进行了技术秘密的保留，最终获得了授权。

（二）权利要求撰写

权利要求是专利申请文件最核心的部分，专利法律价值包括权利的稳定性、保护强度、不可规避性以及侵权可判定性，这均依赖于高质量的权利要求撰写。《专利法》中对于权利要求撰写最核心的要求为"权利要求书应当以说明书为依据，清楚、简要地限定要求专利保护的范围"。其中主要包含两层含义，一是权利要求应当得到说明书的支持，其技术方案应当是本领域技术人员能够从说明书中得到或概括得到的技术方案，二是权利要求所要保护的范围应当是清楚的，而不能是含混不清的，否则如果后续发生侵权行为将给认定带来困扰。可见，专利审查、专利无效、专利侵权认定等都是围绕权利要求来进行的，权利要求书质量的高低直接决定了专利法律价

❶ 刘畅，刘亚妮. 关于申请文件撰写中隐藏技术秘密的探讨［G］//实施国家知识产权战略，促进专利代理行业发展：2010年中华全国专利代理人协会年会暨首届知识产权论坛论文集. 北京：知识产权出版社，2010.

值的高低。

对于权利要求书撰写的一般要求，《专利审查指南（2010）》中进行了相对详细的说明，本书不再一一赘述。下面将对影响专利法律价值的关键性问题进行阐述。首先是如何确定合适的权利要求保护范围。权利要求的保护范围是专利审查、专利无效以及专利侵权等后续程序关注的重点，在上述程序中会反复与从现有技术中获取的证据进行比对，因此如果在撰写前期就能够进行充分的专利查新检索，根据现有技术的情况来准确确定当前技术方案的创新点，从而确定出恰当的保护范围，对于后续权利的确权、权利稳定性以及侵权可判性都将是非常有利的。其次则是权利要求书中独立权利要求与从属权利要求的布局与设定，一份高质量的专利申请，往往具有多种不同类型主题的权利要求，形成多层次、多类型的权利要求，从而最大限度为将来的维权提供保证[1]。

图 3-2 对高质量权利要求撰写的主要流程进行了梳理。首先，技术人员获取技术交底书，在对技术方案进行理解后，通过专利查新检索对技术方案的创新之处进行初步评价，从而对该技术方案的创新点做到心中有数。随后，在权利要求的撰写过程中则需要考虑权利要求的组合问题，通常需要同时撰写产品类权利要求以及与该产品对应的方法类权利要求。对于软件方面的创新，除了描述采用软件来解决实际技术问题的方法类权利要求，还需要这些步骤所对应的功能模块形成的装置类权利要求。对于化合物的发明，除了对化合物本身进行保护之外，其用途也至关重要，还需要同时撰写相应的权利要求，以最大限度保护化合物的用途。撰写权利要求时需要对发明创造的原型进行加工、提炼和再创造，概括抽象一个以高度上位概念表达的权利要求，以使专利的保护范围尽可能宽[2]，并且需要考虑到可能的规避设计方案，加强保护的全面性，防止被竞争对手轻易规避。此外，对于从属权利要求的撰写也不容忽视，从属权利要求是独立权利要求的进一步扩展，能够在后续的专利审查以及无效宣告程序中为权利要求的进一步修改或在遭遇无效宣告时提供“退路”[3]，因此还必须考虑从属权利要求的引用关系以及数量设置。

---

❶ 姚李英. 如何撰写高质量发明专利申请文件［G］//中华全国专利代理人协会. 高质量的专利申请文件. 北京：知识产权出版社，2013.

❷ 徐棣枫. 你可能并不拥有自以为拥有的权利［J］. 南京大学法律评论，2006.

❸ 张忠营. 从属权利要求的作用［J］. 中国专利与商标，2002（4）：25-29.

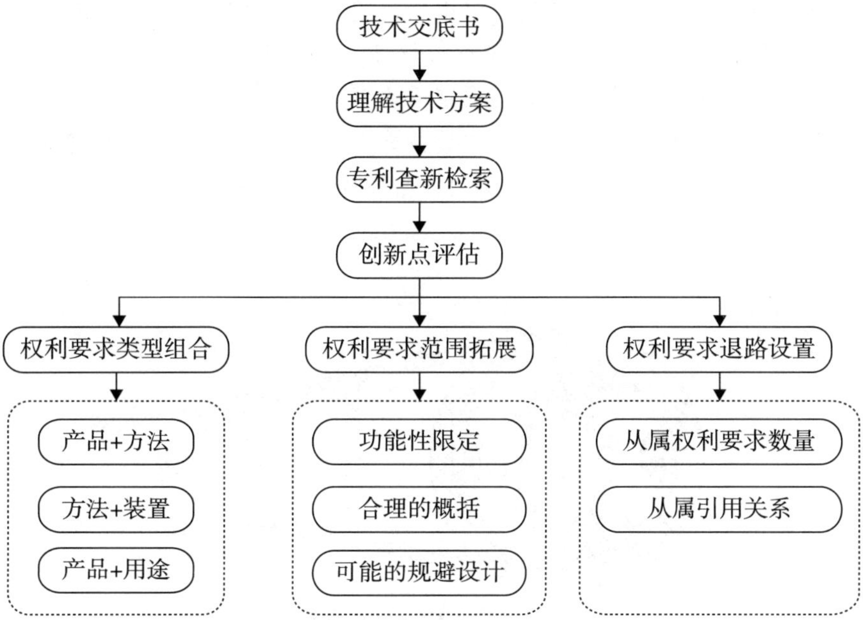

图3-2　高质量权利要求撰写的主要流程

【案例3-2】“抗扭拉杆”专利权利要求的撰写❶

本案通过对发明人给出的技术交底书技术进行理解，并针对技术方案进行查新检索，从而评估该技术方案的创新点，在此基础上对权利要求范围进行拓展，并进行相应的退路设置。

（1）技术交底书提出

发明人针对车辆中使用中的抗扭拉杆进行技术改进型创新，提出了一种抗扭拉杆，包括支架、可拆卸地安装到支架上的衬套外圈、硫化到衬套外圈上的主簧、固定装置以及可调节的通过固定装置安装到支架上的限位块。其中，固定装置为与螺母匹配使用的螺栓，主簧为刚度可变的橡胶主簧，限位块可替换且形状多样。其中，在开发过程中使用时，刚度可变的主簧首先硫化在衬套外圈上，然后将衬套外圈可拆卸地安装到支架上；使用时通过调节螺母来调整限位块与主簧之间的间隙。由于主簧可拆卸且间隙可调，因而试制的零件减少，从而降低了成本、节约了调试时间且使得调节工作连续性强。发明人据此提交了专利技术交底书。

（2）专利查新检索

在对发明人所提出的技术交底书进行技术理解之后，为进一步准确确定技术创新点，针对该技术方案进行查新检索。通过初步检索分析，发现如图3-3所示的与本案相

---

❶　姚李英. 如何撰写高质量发明专利申请文件［G］//中华全国专利代理人协会. 高质量的专利申请文件. 北京：知识产权出版社，2013.

关的现有技术涉及一种车辆开发过程中使用的抗扭拉杆，抗扭拉杆包括主簧1′、限位块2′、衬套外圈3′以及支架4′、主簧1′和限位块2′一般以硫化的形式固定在衬套外圈3′上，它们之间的距离就是要求的间隙。固定有主簧1′和限位块2′的衬套外圈3′随后被固定于支架4′上，抗扭拉杆可通过支架4′安装到车辆上。如图3-4所示的发明人提出的技术方案中的抗扭拉杆包括主簧1、限位块2、衬套外圈3、固定装置5、支架4以及橡胶凸块6。

图3-3　现有技术的抗扭拉杆

图3-4　本案的抗扭拉杆

（3）创新点评估

通过进行查新检索后，可进一步明确该技术方案要解决的技术问题在于提供可更换的不同刚度的橡胶主簧和可调节间隙的抗扭拉杆，其与现有技术的区别在于：①带缺口的衬套外圈3可拆卸地固定到支架4上；②限位块2是可调节的并通过固定装置5安装在支架4的纵向杆45上；③开发过程使用时，首先主簧1硫化在衬套外圈3上，然后将所述衬套外圈可拆卸地安装到所述支架的第一端部41上，接着通过调节固定装置5来改变所述限位块2的顶端到主簧1的间隙。

（4）权利要求的撰写

在此基础上，形成了权利要求书的初稿，其中将“开发过程使用时首先将所述主簧硫化在所述衬套外圈上，然后将所述衬套外圈可拆卸地安装到所述支架的第一端部上；使用时通过调节所述固定装置来改变所述限位块到主簧的间隙”作为区别技术特征。该权利要求1内容如下：

权利要求 1. 一种抗扭拉杆，包括：

用于将所述抗扭拉杆安装到车辆上的支架，包括第一端部、第二端部、分别与所述第一端部和所述第二端部连接的第一倾斜边框和第二倾斜边框以及连接在所述第一倾斜边框和所述第二倾斜边框之间的纵向杆；可拆卸地安装到所述支架的第一端部上的衬套外圈；

固定装置；

限位块，通过所述固定装置可调节地安装到所述纵向杆上；以及

硫化到衬套外圈上的主簧；

其中，开发过程使用时首先将所述主簧硫化在所述衬套外圈上，然后将所述衬套外圈可拆卸地安装到所述支架的第一端部上；使用时通过调节所述固定装置来改变所述限位块到主簧的间隙。

（5）权利要求范围拓展与退路设置

经过对技术的进一步理解，由于当将本技术方案的抗扭拉杆安装到车辆上测试时，主簧 1 会与橡胶凸块 6 和限位块 2 的顶端作用，以产生出不同的工作曲线，因此希望发明人提供限位块替换方式、主簧的替换方式以及抗扭拉杆工作原理图，从而对权利要求范围进行拓展。具体而言，限位块包括顶端 20 和与该端部接合本体 25，本体 25 包括底部 251 和从该底部 251 向外延伸的圆柱形的柄部 252。限位块的顶部可以为半圆形、梯形以及圆锥形等。主簧 1 可以为 V 形、X 形或者双 V 形等。

因此，进一步在从属权利要求中对限位块以及主簧作了进一步限定，形成权利要求 3 和权利要求 6，其中对限位块的描述如下：所述限位块包括顶端和与所述顶端接合的本体，其中所述本体包括底部和从所述底部向外延伸的柄部，所述柄部通过所述固定装置可调节地安装到所述纵向杆上。所述主簧为 V 形，其包括第一臂部和第二臂部，所述第一臂部和第二臂部接合形成了第一 V 形部和第二 V 形部，所述第二 V 形部朝向所述衬套外圈的缺口并与所述限位块的顶端对准，所述第一 V 形部朝向与缺口的相对的一侧（最终的权利要求书可参照申请号 201010148042.1 的专利的公告文本）。在该案的后续审查中，审查员引用了与本案查新检索中检索到的文献 01 和 02（JP2006-220172A 和 CN1845833A）来评述本案的权利要求 1 的专利性，而上述文件并没有公开权利要求 3 的技术特征，因此申请人将权利要求 3 中的内容补入权利要求 1 中，在“一通”之后便获得了授权。

在权利要求撰写中，侵权可判定性的培育是一个难点，其主要包括构造最小侵权客体原则和构造全部侵权客体原则。以下结合案例对上述两个原则进行进一步重点阐释。

1. 构造最小侵权客体原则

发明或者实用新型专利权的保护范围以其权利要求的内容为准，而权利要求的内容将限定一个由技术特征组合而成的技术方案，因此一项权利要求中的技术特征越少，则

其保护范围越大，权利人越容易应用其专利权（他人较难采用删减技术特征的方式规避侵权责任，当然在诉讼过程中也较容易判定侵权）；反之，一项权利要求中的技术特征越多，则其保护范围越小，权利人越不容易应用其专利权。

通常而言，最小的侵权客体往往具有最少的技术特征，因而针对该最小侵权客体的权利要求往往具有最大的保护范围。例如，对于产品主题而言，可以有零部件、具有该零部件的设备以及具有该设备的系统等几个产品主题，其中零部件为最小的侵权客体，侵权客体如具有该零部件的设备以及具有该设备的系统等除了具有该零部件的技术特征外，还具有为了形成一个设备或一个系统而必不可少的其他技术特征，因此其余侵权客体均不能构成最小侵权客体。当然，这并不妨碍同时构建具有该零部件的设备以及具有该设备的系统的权利要求。

例如，发明人提供的技术主题为一种传送视频信号的系统，包括一个发射器和一个接收器，且该发射器和接收器中均具有视频信号的时轴压缩器。其中，在发射器或接收器中安装时轴压缩器为本发明创造的发明点。

此时，如果仅以发明人提供的技术主题“一种传送视频信号的系统”来布局权利要求，则如果只是发生了制造、使用发射器或接收器的行为，那么就构不成对该传送视频信号的系统的专利权的侵权，这会给权利人造成巨大的损失。因此，应该以一种发射器或一种接收器来作为最小的侵权客体。

2. 构造全部侵权客体原则

在构造最小侵权客体之后，还需要对该最小侵权客体的主题进行延伸，以获得与该最小侵权客体有关的全部侵权客体的主题，从而编织严密的保护网。其中，可以从并列型主题及拓展型主题的角度出发，对最小侵权客体的主题进行延伸。

对于产品类型的主题而言，在确定最小侵权客体主题的基础上，通常需要思考：制造该产品的方法能否构成侵权客体（并列型主题）、该产品的使用方法能否构成侵权客体（并列型主题），以及包含该产品的其他产品能否构成侵权客体（拓展型主题）。

类似地，对于方法类型的主题而言，在确定最小侵权客体主题的基础上，通常需要思考：该方法所对应的产品能否构成侵权客体（并列型主题），以及包含该方法的其他方法能否构成侵权客体（拓展型主题）。其中，方法类主题可以分为：制造方法类主题以及使用方法类主题两类。与制造方法所对应的产品包括：利用该制造方法所直接获得的产品、为了实施该制造方法的设备等。与使用方法所对应的产品包括：为实现该使用方法而使用的设备等。

如果该方法是制造方法，则利用该制造方法而直接获得的产品能够受到“延伸保护”，也就是将制造方法专利权的保护延伸到依照该制造方法所直接获取的产品。

例如，发明人提供的技术主题为一种应用在发动机上的活塞，其改进点全部都在于活塞上。由于相对于发动机而言，构成活塞的技术方案所需要的技术特征最少，因此以活塞作为最小侵权客体的主题。除活塞之外，还应该构造具有该活塞的发动机这一主题。

这是因为，如果只保护活塞这一主题，会存在以下风险，很有可能会在后续的侵权纠纷中给专利权人带来不利：如果申请人仅保护了该活塞，侵权诉讼中，被告使用非专利权人制造或授权制造的活塞生产发动机，依据《专利法》第 70 条之规定，虽然人民法院会判定具有该活塞的发动机侵犯专利权，但在被告提供合法（发票等）购买该活塞的渠道后，不承担到得知日之前的赔偿责任；反之，如果申请人仅保护了具有该活塞的发动机，那么他人生产和销售该活塞，依据全面覆盖原则生产该活塞并不构成侵权。也就是说，如果同时构造了活塞和发动机这两个保护主题，则可以避免上述问题。

（三）申请文本预审

通常在专利申请文件形成之后，会递交到专利局进行全面审查，从而得到是否能够授予专利权的决定。对于发明专利而言，则会经历更为严格的实质审查，审查员在审查过程中会将所发现的问题以意见通知书的形式返回给申请人。而意见通知书的发送以及答复过程周期非常漫长，而且如果经历多次的修改也容易让最终的修改文本与最初的保护范围大相径庭。为了获得高价值的专利，如果能在申请文件递交到专利局之前进行预审，无疑会大大节约审查程序，并且减小修改次数，提升专利的质量。因此，可以按照专利审查员的审查范围进行申请文本预审，提前进行自我修正。

参照专利实质审查程序的要求，可以确定专利预审的主要范围和流程，主要涉及的法条包括《专利法》第 2 条、第 5 条、第 9 条、第 20 条、第 22 条、第 25 条，《专利法》第 26 条第 3 款、第 4 款，以及《专利法实施细则》的相关法条。具体的预审流程如图 3–5 所示。

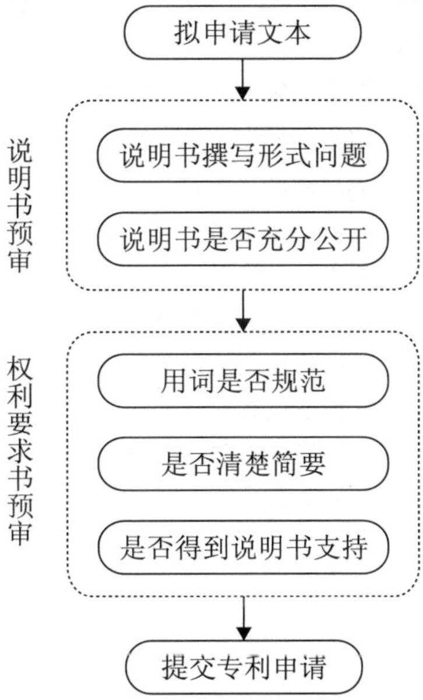

图3–5　申请文本预审主要步骤

在申请文本的预审流程中，重点需要对说明书和权利要求书进行预审，除了一些撰写的基本要求之外，更重要的是要对专利说明书和权利要求书的实质性要求进行预审。例如对于说明书而言，要判断说明书是否充分公开，是否留有一定修改的余地，对于权利要求书而言，则需要重点判断权利要求保护范围是否清楚，其概括的保护范围是否能得到说明书的支持等。通过申请文本预审流程，实质上是希望将实质审查的部分工作前置，通过自查提前发现问题从而能够及时修正，最终提高申请文本的质量并能够在一定程度上缩短审查周期。

【案例3-3】华为公司的专利预审标准❶

为了提升华为公司的专利申请质量，华为公司建立了一套专利申请文本评审标准，对权利要求书以及说明书中的实质问题和形式问题进行了详细规定。权利要求的实质性问题包括已经或较大可能影响到其技术方案的清楚性、完整性、可实现性、保护范围、保护全面性等问题，说明书的实质性问题包括已经或较大可能影响到其技术方案的清楚性、完整性、可实现性等问题。整体的权利要求书的实质性问题有 23 项、形式问题 7 项，而说明书的实质性问题有 34 项、形式问题 22 项，表 3-1 给出了华为公司对于权利要求和说明书相关的问题以及原因说明的示例。

表3-1 专利申请文本的标准（示例）

问　　题	原因说明
权利要求不清楚，语言晦涩或有歧义，造成权利要求保护范围不确定	《专利法》第 26 条第 4 款明确规定： 权利要求应当以说明书为依据，说明发明或者实用新型的技术特征，清楚并简要地表述请求保护的范围。 充分理解技术方案，句式建议采用短句，词语建议采用具有普通意义的用语，满足“通俗易懂”原则
独立权利要求相对现有技术没有区别技术特征，缺乏新颖性	1. 专利授权的条件是：具有新颖性、创造性和实用性。 2. 撰写权利要求时，应当重点考虑新颖性和创造性。独立权利要求至少满足如下要求： （1）至少有一个发明点； （2）保证有新颖性； （3）使创造性有 60 分即可； （4）使创造性有 70 分、80 分、100 分的技术特征应该放在从属权利要求中来界定。 该原则能保证一个独立权利要求达到合理范围内的最大保护范围

❶ 华为专利质量要求［EB/OL］.［2017-10-07］. https://wenku.baidu.com/view/e8ec52d83169a4517623a3a2.html.

续表

问　　题	原因说明
独立权利要求包括实现其发明目的的不必要的技术特征，导致范围被不合理地缩小	《专利法实施细则》第 21 条第 2 款：独立权利要求应当从整体上反映发明或者实用新型的技术方案，记载解决技术问题的必要技术特征。 在判断某一技术特征是否为所述必要的技术特征时，应当从所要解决的技术问题及达到的发明目的出发并考虑说明书描述的整体内容，不应简单地将实施例中的技术特征直接认定为所述必要的技术特征
独立权利要求的布局不合理，没有包括必要的方法、系统、关键装置和/或关键部件的独权，即不符合产业链布局原则、制造侵权优先原则、方法与装置并重的原则	1. 专利申请的最终目的不是获得授权，而是授权后的使用。所以，在申请专利时，一定要从产业链的角度重点考虑独立权利要求的覆盖对象、覆盖范围，否则将会使专利的价值降低。 2. 直接写装置权利要求，可以使制造者形成制造侵权，所以，对于发明点在于方法的发明，一定要基于方法发明构建产品或虚拟装置权利要求。 产业链包括但不限于：芯片或器件—单板或模块—设备—系统—网络及相应方法、用途，配套的制造工艺/设备、测试方法/设备
权利要求中出现“例如”“最好是”“尤其是……必要时”“等”“或类似物”“约”“接近”等类似用词	《专利审查指南（2010）》明确规定： 权利要求中不得出现“例如”“最好是”“尤其是”“必要时”等类似用语。因为这类用语会在一项权利要求中限定出不同的保护范围，导致保护范围不清楚。在一般情况下，权利要求中不得使用“约”“接近”“等”“或类似物”等类似的用语，因为这类用语通常会使权利要求的范围不清楚
说明书中有“如权利要求……所述……”和“其特征在于”类似的用语	通常来讲，“如权利要求……所述……”和“其特征在于”类似的用语只有在权利要求中才会出现，如果出现在说明书中，则不是很符合说明书的语言习惯
说明书没有将有助于理解本发明的现有技术或必不可少的现有技术写入实施例中	1.《专利法》第 26 条第 3 款明确规定：说明书应当对发明或者实用新型作出清楚、完整的说明，以所属技术领域的技术人员能够实现为准。 2.《专利审查指南（2010）》明确规定：为了方便专利审查，也为了帮助公众更直接地理解发明或者实用新型，对于那些就满足《专利法》第 26 条第 3 款的要求而言必不可少的内容，不能采用引证其他文件的方式撰写，而应当将其具体内容写入说明书。 3. 在通信领域，由于发明的技术方案普遍来讲，要比机械类或家用电子产品类复杂，所以即使是现有技术，审查员或律师或法官也不一定知道，所以从这个角度来讲，也有必要将必不可少的现有技术写入在实施例中

通过制定相对严格的专利申请文本的质量标准，对照《专利法》及其实施细则以及《专利审查指南（2010）》相关规定对专利申请文本进行全面检查，从而能够将潜在问题防患于未然，这无疑对提升华为公司专利申请质量具有重要作用。

【案例3-4】某公司专利申请文本的撰写要求

某公司是我国清洁能源行业的龙头企业，为进一步增强求公司的专利质量，该公司针对其产品在内部制定了明确的专利撰写和审查标准（参见表3-2）。针对国内专利撰写环节，该公司对专利撰写人员提出了以下原则：

一是加大专业引导力度。在撰写案件过程中，要注重与发明人的沟通工作。沟通时要做扩展性引导，引导、启发发明人扩展发明思路、完善技术方案、补充技术内容。重点考虑用其他技术特征是否可替换当前方案的技术特征、是否有实现相同技术目标的其他技术方案、是否可挖掘出更上位的技术方案、是否可挖掘出更下位的技术特征和更具体的技术实施方案，避免出现实施例数量过少、实施例内容过于简单的情况。

二是从预防技术规避的角度考虑权项范围的设置。在撰写权利要求时，应当与申请人一起分析，确定发明的关键构思是什么，哪些是解决技术问题必不可少的特征，在这之中竞争对手是否可用类似的结构达到相同或相似的结果，可否用概括性的描述来涵盖基础方案和变形方案，以便撰写出保护范围合理有效的独立权利要求。

三是注重权利要求的层次设置。权利要求要形成多级保护梯度，逐层缩小保护范围。杜绝出现“过大+过小”的层次设置，即独立权利要求保护范围过大，而直接引用该独权的从权为具体实施例的情况。

四是注重权利要求的主题设置。要从抓侵权、好取证的角度合理设置权利要求的主题，形成全面配套的保护体系。

表3-2 申请文本撰写要求

申请文本类别		撰写要求
发明名称		发明名称应当符合《专利审查指南（2010）》第一部分第一章第4.1.1节所提出的要求。此外，应特别注意发明名称的范围过小问题，杜绝出现发明名称包含发明点的情况。对于交底书所提供的名称范围过小的情况，代理人应当进行改写
技术领域		应当避免技术领域范围过小的问题，杜绝出现技术领域包含发明点的情况。对于交底书所提供的范围过小的情况，代理人应当进行改写
背景技术	背景技术的内容	对于交底书的背景技术中非相关内容过多的情况（例如，技术原理的详细介绍、技术的发展路线、与本申请不相关的多个技术分支的介绍和优缺点比对），代理人应删除不必要的现有技术，或者简化现有技术。 对于交底书的背景技术内容过少的问题，代理人应与发明人通过电话、书面或者面谈的方式，引导发明人补充相关内容，满足专利审查的基本要求。另外，对于交底书中技术方案简单的专利申请，代理人应该通过主动检索，补充完善背景技术

续表

申请文本类别		撰写要求
背景技术	关于所采用的技术文献	一般不采用公司内部未公开的方案作为背景技术。 对于引文是本公司在先专利或专利申请的情况，不应提及该在先专利或专利申请的缺陷，避免对该在先专利或专利申请造成不利影响
	关于现有技术的缺点	对于提到的多个现有技术方案，应当只进行单独描述，而不对多个现有技术方案的技术组合或者效果组合进行评价
发明内容	发明目的	发明目的应当与独立权利要求所能解决的问题、现有技术的缺点相对应
	技术方案	在保证实质内容与权利要求一致的前提下，应当采用普通语句进行重写，不应照抄权利要求的全部用语
	有益效果	在阐述有益效果时，应当结合技术特征进行效果的论证分析，不能只断言本申请具有有益的效果
具体实施方式	关于对权利要求的支持	说明书实施例应当对全部权利要求形成支持，避免出现部分从权无法获得实施例支持的情况。 对于方法权项和装置权项，应当设置对应的方法实施例和装置实施例，以分别提供支持基础。 对于权利要求书中涉及核心发明点的上位特征，原则上要提供至少两个具体的实施手段来说明，以构成实质性支持。除了描述最佳实施手段外，还要尽可能写出多种变型或替代方式
	关于技术效果	应从技术层面进行解释，对发明的整体效果和每个实施例的效果分别进行描述。 要求写成“因为采用什么技术手段，所以克服了什么技术问题，进而达到了什么技术效果”这种三段式的描述方式
	关于实施例中所应用的现有技术	对于实施例所提及的现有技术属于必不可少且不容易直接获取的情况，要尽量对该现有技术进行描述。如篇幅过多，应提供资料出处。 例如，有关控制策略方案中需要采用一种已有算法，但该算法对于审查员并不是易于获得的，则应对该算法进行解释说明，以利于审查员与公众的理解
	关于具体用语	在具体实施例的描述中，应当避免使用可对权利要求的解释造成限定的词语。例如，对“新”特征或者“必要”特征的过分强调；对于可选特征不应表述为必要特征。 尽量避免出现表述过于绝对的用词，如：只有、就是、仅仅、最好是、必要、唯一等

续表

申请文本类别		撰 写 要 求
说明书附图	关于附图的数量	说明书附图应当与具体实施例匹配，能够清楚完整地说明发明方案是如何解决技术问题的。一般地，应对每项独立权利要求分别给出至少一幅附图。 若申请包括方法权项和装置权项，附图中应当分别提供方法类附图和装置类附图。 对于交底书中所给附图过少的情形，代理人应与发明人沟通，补充必要的附图；此外，代理人应结合改写和拓展具体实施例，直接完成简单附图的绘制
	关于附图的内容	附图必须体现权利要求的每个技术特征。 说明书中重要的技术特征，均应当体现在说明书附图中
权利要求	关于保护范围	注重从对手进行技术规避的角度考虑权利要求的范围设置。 对于交底书中具体实施例较少的情况，代理人应当与发明人一起分析，确定发明的关键构思是什么，哪些是解决技术问题必不可少的特征，在这之中竞争对手是否可用类似的结构达到相同或相似的结果，可否用概括性的描述来表述，以便撰写出保护范围较宽的独立权利要求。 具体地，可从技术问题出发，列出解决该问题所必须包括的全部必要技术特征，尽可能使用上位概念或者并列选择的方式加以概括。独立权利要求应在包含解决技术问题的全部必要技术特征的前提下，通过概括性表述相关特征，获得尽可能宽的保护范围。 除了重视独权的保护范围外，当前还应当重视从权保护范围的合理设置。每个从权范围的设置，也应针对其所需解决的技术问题，只包含实现其有益效果的技术特征即可，避免从权因包含不必要的特征而失去作用
	关于层次设置	权利要求书要形成多级保护梯度，逐层缩小保护范围。各个权利要求总体上按发明点重要性呈降序排列。避免出现独立权利要求保护范围过大，而直接引用该独权的从权为具体实施例的情况。 根据创造性高度选择适当的权利要求布局方式。对于创造性程度高的专利，按照分布式设置（多个从权直接引用独权）；对于创造性程度低的专利，按照递进式设置（在后从权引用在先从权）。 从权的设置要有必要性。例如，对于半导体发明，内容为“衬底材料为二氧化硅”的从权不会带来新的有益技术效果，其设置没有意义

续表

申请文本类别		撰 写 要 求
权利要求	关于权利要求的主题	权项主题的设置要考虑侵权对象，保护范围应当覆盖竞争对手和潜在市场进入者的产品和生产活动，而不是用户。 保护主题要全面，形成配套权项体系。对于产品发明，应尽可能设置产品—方法—包含该产品的系统3类保护主题（不限于3个独权项，如对于方法主题，可以是产品制造方法、产品工作方法或产品装配方法等权项）；对于方法发明，应尽可能设置方法—实现该方法的专用设备或装置的两个主题；对于算法发明，应尽可能设置方法—虚拟单元的两个保护主题

二、专利审查跟踪

（一）审查意见通知书答复

审查意见通知书的答复是争取专利权稳定性的关键环节[1]，对专利法律价值的形成具有重要影响。审查员根据《专利法》及其实施细则的相关规定对申请文本进行全面审查，指出申请文本中存在的缺陷之处，以审查意见通知书的形式传到申请人手中，申请人必须在准确理解审查意见通知书的基础上，对所提出的意见进行逐一分析，或是对意见进行争辩并陈述理由，或是根据审查意见通知书的意见进行修改，从而最终能够达到授权的要求。在与审查员的沟通过程中，其中沟通质量对专利审查的质量具有直接关系，需要根据审查意见通知书的不同类型，制定针对性的答复策略（如图3-6所示）。

通常，审查意见通知书会给出相对明确的倾向性意见，即对授权前景进行预判，因此申请人在接到审查意见通知书后，要首先分析该通知书所蕴含的倾向性意见。如果审查员仅指出一些形式性缺陷，或是虽然指出了部分实质性缺陷，那么一般情况下，该申请文本是具备授权前景的，申请人仅需要按照审查意见对申请文本进行相应修改满足审查意见通知书的要求，即可快速获得授权。如果审查意见中指出所有的权利要求都不具备新颖性或创造性，则会给出不具备授权前景的倾向性意见。在这种情况下，则需格外引起注意，需要认真分析审查意见所给出的证据以及评述意见。在准确理解评述意见的基础上，需要针对审查意见进行理由陈述，并根据情况对审查文本进行一定的修改。

---

[1] 王孝明．选择合适的答复策略提高审查意见通知书答复意见的质量［G］//中华全国专利代理人协会．2015年中华全国专利代理人协会年会第六届知识产权论坛论文集．北京：知识产权出版社，2015：16.

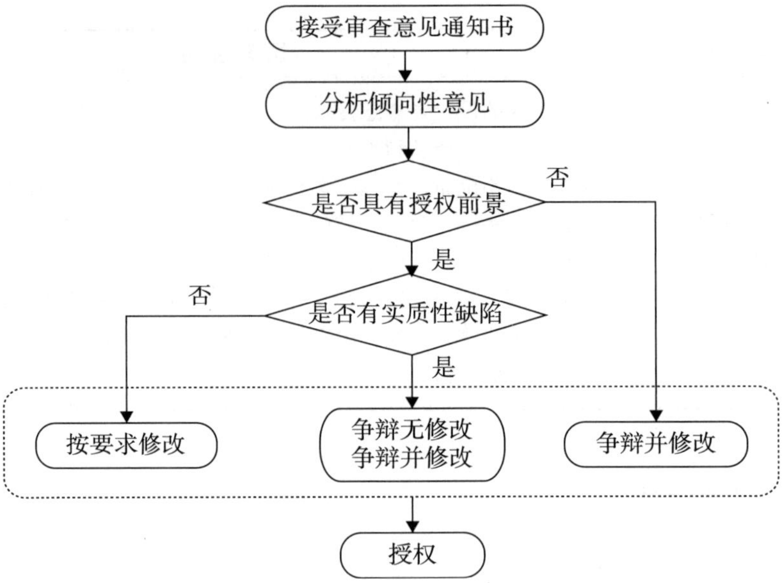

图3-6　审查意见通知书答复及应对策略

（二）专利文本修改

专利文本的修改是对专利申请文本中出现的瑕疵进行修正的必要手段，在专利申请的后续过程中，在收到审查意见通知书、驳回决定、复审通知书、复审决定和无效宣告请求书之后，申请人都要进行有针对性的反复修改、澄清和意见陈述，从而形成多个循环反馈过程（如图 3-7 所示）。在此过程中申请人和/或代理人可以从这些反馈结果中吸取经验教训，不断修正自己的行为，使得对专利文本中存在的问题得以克服，使得最终的专利文件趋于完善，从而能够为专利的法律价值提供保障。根据《专利法》及其实施细则的相关规定，申请人可以在提出实质审查前提出主动修改，或者在审查过程中针对审查意见通知书提出的意见进行针对性修改。专利申请文本修改的红线是《专利法》第 33 条关于修改超范围的规定，即对专利文本的修改不得超出原说明书和权利要求书记载的范围，这一条款同时也是涉及无效的条款，这意味着即便在审查过程中侥幸过关，也会存在被无效的风险。

在审查程序的不同阶段，随着审查程序的进行，对于修改的内容也趋于严格。根据《专利法》第 51 条的规定，在提出实审请求或进入实审 3 个月之内，申请人可以提出主动修改，对于不符合此修改申请人所提出的修改，如果在满足《专利法》第 33 条规定的前提下，审查员仍然具有一定的自由裁量权，对于有利于后续审查进行能够节约程序的，审查员也可以考虑接受。在审查意见通知书发出之后，则会要求申请人按照审查意见通知书所指出的缺陷进行修改，其修改的尺度是非常大的，允许申请人进行在独立权利要求中新增技术特征、变更权利要求中的特征或删除权利要求，而对于上述新增、变更或删除而导致超出原申请文件所记载的范围则不允许修改。在复审程序中，申请人可以在提出复审请求、答复审查意见通知书以及口审程序中进行修改，但是仅限于消除驳回决定或者合议组指出的缺陷，对于超出驳回决定所指出缺陷的修改则是不允许的。而在无效宣告程序中则更加严格，仅限于权利要求的删除或对权利要求的进一步限定而缩小权利要求保护范围的修改。可见，在高价值专利培育过程中要尤其注意专利文本的修改，尽量在审查程序的前端就尽量将缺陷消除，而不要拖到审查程序的后端，从而最终培育出具有相对更高法律价值的专利。

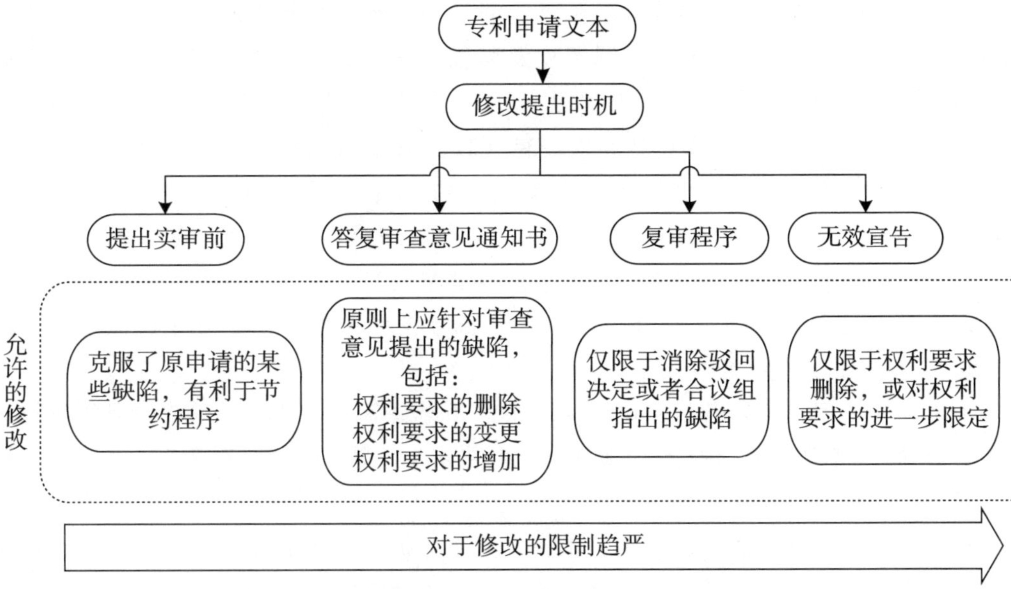

图3-7　专利审查程序各个阶段对专利申请文本的修改

【案例3-5】“辊式磨机”的专利文本修改❶

1994年4月，发明人提出了一种辊式磨机的创新产品结构，主要技术方案为包括磨盘和磨辊，其中磨盘位于下机壳内，在磨盘上面通过机座上的支架活动装有磨辊，支架位于上机壳内，上下机壳通过螺钉连接，支架由主轴带动旋转，在机座上装有给料斗，下机壳下面装有出料套管。这种磨机相对于现有产品来说具有结构简单、体积小、重量轻、产量高、粉碎更加合理的特点。该专利从专利申请授权、专利无效宣告以及起诉、一审、二审的焦点均在于权利要求的修改是否合理，最终该专利的权利要求经受住了多重考验，以下将对该案件进行介绍。

(1) 实审阶段的合理概括修改

该专利申请文本的权利要求1如下：

一种辊式磨机，包括磨盘和磨辊，本发明的特征是磨盘（10）位于下机壳（8）

❶ 穆向鹏. 从一件无效案例看专利申请文件的撰写［G］//中华全国专利代理人协会. 如何撰写有价值的专利申请文件. 北京：知识产权出版社，2013.

内，磨盘（10）上面通过支架（4）活动装有磨辊（12），支架（4）通过主轴（6）装在机座（1）上并位于上机壳（7）内，由主轴（6）、皮带轮（3）带动旋转，在机座（1）上开有料斗（5），下机壳（8）下面开有出料管套（11）。

在实审程序中，申请人根据审查员提出的审查意见对权利要求1进行了针对性修改。根据说明书中实施例的记载：

第一实施例记载了："在上下机壳（7）、（8）之间的连接螺钉上装有弹性机构（2），并装有调节螺钉（9），当有过大的杂铁等不可粉碎的物料进入时，由于上下机壳（7）、（8）之间的调节螺钉（9）的调节以及弹性机构（2）的弹性作用，迫使下机壳（8）下移并偏转，使得磨辊（12）与磨盘（10）之间的间隙增大而通过，而不会出现卡死现象。同时，弹性机构（2）还迫使磨辊（12）向磨盘（10）施加压力"；第二实施例公开了："磨辊（12）通过铰链装在支架（4）上，并在两者之间装有弹性装置，使磨辊（12）在一定范围内摆动，并具有一定弹性，并使磨辊（12）向磨盘（10）施加压力"；第三实施例公开了："在支架（4）和磨辊（12）之间的主轴（6）上装有弹性机构，这样可使支架（4）在主轴（6）上做轴向移动和具有一定的弹性，并可以使磨辊（12）向磨盘（10）施加压力"。

基于上述实施例，可以概括得出"磨盘的磨面与磨辊之间存在可调节的间隙而构成间隙式磨合面"，申请人将该技术特征补入权利要求1，形成新的权利要求1，并最终获得了授权，最终形成的授权权利要求1如下：

一种辊式磨机，包括磨盘、磨辊、主轴、支架、机座和上下机壳，磨盘位于下机壳内，在磨盘上方通过支架活动装有磨辊，支架通过主轴装在机座上并位于上机壳内，由主轴、皮带轮驱动，在机座上装有料斗，下机壳的下面装有出料套管，其特征是磨盘的磨面与磨辊之间存在可调节的间隙而构成间隙式磨合面。

（2）无效宣告阶段

2004年6月18日，湖南广义科技有限公司（下称请求人）向国家知识产权局专利复审委员会提出了无效宣告请求，认为该专利授权公告文本与原公开文本相比是进行了重新的撰写，其在发明目的、技术方案、技术效果等多方面均超出了原权利要求书和说明书记载的范围，其中技术方案中的"磨盘的磨面与磨辊之间存在可调节的间隙而构成间隙式磨合面"在专利申请公开文本中没有记载。该授权公告文本的权利要求修改超出原申请文本的范围，从而不符合《专利法》第33条的规定。

专利复审委员会审理后作出第7581号决定，认为本专利授权公告文本的权利要求书和说明书中均记载有"磨盘的磨面与磨辊之间存在可调节的间隙而构成间隙式磨合面"这一文字表述，而在原公开文本的权利要求书和说明书中均未有这样的文字表述。通过上述3个实施例可知：在这3个实施例中磨辊均在弹性机构的弹性力作用下向磨盘施加压力，调节螺钉可以调节磨辊与磨盘之间的预置间距，当辊式磨机处于未工作状态时，磨辊与磨盘之间没有物料，磨辊在上述弹性力的作用下与磨盘压合在一起，或者调节螺钉与下机壳压合在一起以形成预置间距，该预置间距可以通过调节螺钉来调节；当辊式磨机处于正常工作状态，磨辊与磨盘之间存在有均匀的物料，在物料颗粒尺寸大于预置间距时，磨辊在上述弹性力作用下压在物料上，物料压在磨盘上，此时不存在间隙，在物料颗粒尺寸小于预置间距时，调节螺钉与下机壳压合在一起，而停止对物料的进一步磨碎，此时磨辊与物料之间存在微小的间隙；当辊式磨机处于非正常工作状态时，即当有过大的例如杂铁等不可粉碎的物料进入时，由于该物料的进入将克服上述弹性力而迫使下机壳下移并偏转，从而使得物料通过而不会出现卡死现象，此时由于下机壳的下移或偏转，而在磨辊与物料之间存在瞬间较大的间隙。在这3种工作状态中，磨辊与磨盘之间的间距既可以通过调节螺钉来主动调节，也可以根据物料的大小而发生相对移动来被动调节，它们之间也存在着不同程度的间隙。因此，从本专利原公开文本的权利要求书和说明书中能够导出授权公告文本所记载的“磨盘的磨面与磨辊之间存在可调节的间隙而构成间隙式磨合面”这一文字表述，该表述并未超出原说明书和权利要求书记载的范围。

（3）法院审理阶段

请求人不服专利复审委员会的上述决定，并向北京市第一中级人民法院提出起诉请求。经审理，该院作出（2006）一中行初字第477号行政判决，维持专利复审委员会的决定。无效宣告请求人遂向北京市高级人民法院（简称高院，下同）提出上诉请求，经审理，高院作出（2007）高行终字第27号行政判决，维持原判，驳回上诉人的上诉请求。

高院终审判决意见为：虽然在原公开文本中并未记载“磨盘的磨面与磨辊之间存在可调节的间隙而构成间隙式磨合面”，但在本专利公开文本记载的3个实施例中磨辊均在弹性机构的弹性力作用下向磨盘施加压力。磨辊与磨盘之间的间隙既可以根据物料的粒度大小通过位于上、下机壳之间的弹性机构所产生的弹性力而使下机壳下移并偏转而发生相对移动，或者通过位于磨辊与支架之间的弹性装置所产生的弹性力使磨辊在一定范围内摆动，或者通过装在支架和磨辊之间的主轴上的弹性机构所产生的弹性力迫使磨辊下移来被动调节磨盘的磨面与磨辊之间的间隙。本领域技术人员通过阅读本专利公开文本的权利要求书和说明书，可以直接地、毫无疑义地得出“磨盘的磨面与磨辊之间存在可调节的间隙而构成间隙式磨合面”这一技术特征，因此上述修改并未超出原说明书和权利要求书记载的范围。

该专利经过了授权、侵权、无效宣告以及起诉、一审、二审直到申诉到最高人民法院等过程，由于申请人在申请文本中记载了多个具体实施例，在专利审查程序中通过概括具体实施例形成功能性限定来限定权利要求的保护范围，在不超出原始申请文本记载的范围的基础上还合理扩大了权利要求，从而获得复审委以及法院的支持，最终保障了权利要求稳定。该专利权一直维持20年，到2014年5月21日才因专利权期限届满而失效，这无疑是高法律价值的反映。

（三）专利复审应对

专利复审程序是在专利申请被驳回时，给予申请人的一条救济途径。专利复审程序必须由专利申请人提出，因此对于申请人坚定认为有创新性的技术方案，如果遭到专利局的驳回也要对驳回原因进行分析，对于驳回不合理的发明申请要积极地提出复审。在提起复审程序时，如果专利申请人认为有必要对申请文件进行修改的，需同时提起修改文本，对于专利申请文本的修改必须符合《专利法》第 33 条以及《专利法实施细则》第 61 条第 3 款的规定。在经过前置审查后，如果前置审查仍然坚持原驳回意见，对于合议组发出的通知书，专利代理人/专利申请人则需要对复审通知书进行答复应对，主要包括如下应对策略（如图 3-8 所示）❶：

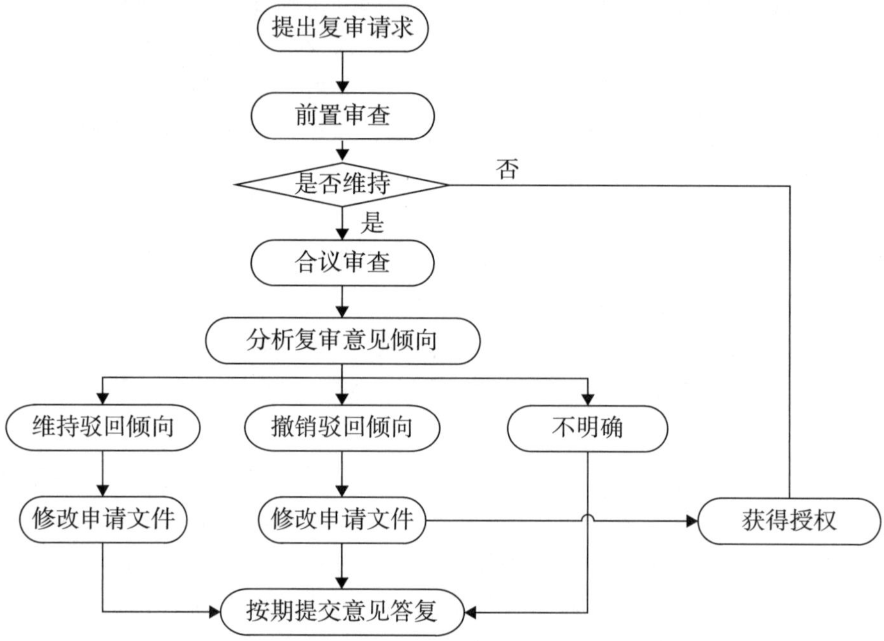

图3-8　专利复审应对流程

（1）阅读复审通知书，判断授权前景

根据《专利审查指南（2010）》第四部分第二章第 4.3 节中所规定的合议组发出复审通知书的 4 种情况，由复审通知书的内容可得知该复审请求案的前景为 3 种：准备维持驳回决定、准备撤销驳回决定以及尚未形成初步结论。通常合议组在复审通知书中要求请求人修改专利申请文件就意味着可以作出撤销原驳回决定的复审决定。合议组在合议审查后若准备维持驳回决定，必须向请求人发一次复审通知书。因而，合议组在复审通知书中引入了驳回决定未提出的理由或证据，或者用审查员原引用的对比文件或证据进一步论述原驳回决定所指出的申请文件的缺陷，意味着有可能维持驳回决定。当复审通知书要求请求人澄清问题或继续提供有关证据，往往表示合议组对此复审请求案还未形成明确的倾向性意见。

❶ 对复审通知书的答复［EB/OL］.［2017-10-07］. http://resource.ciptc.org.cn/pri/courses/zhuanlidaili/part02/neir0404_ 1_ t.html.

（2）必要时对专利申请文件进行修改

对于合议组有可能维持驳回决定的情况，通常应当着手修改专利申请文件，以进行最后的争取。尤其是在提出复审请求时既认为驳回决定有一定道理而又想争取一个较宽保护范围而先不对专利申请文件进行修改的情况，就应当在此时对专利申请文件进行修改，因为这基本上是复审程序中最后一次修改专利申请文件的机会。此时，如果不修改专利申请文件或者合议组认为所作修改仍未改正驳回决定中所指出的缺陷，一旦合议组作出维持驳回决定的复审决定，即使再向法院提出专利行政诉讼，则在该行政诉讼期间就不允许再修改专利申请文件了。

（3）按期提交意见陈述书

由于复审通知书的答复期限很短，只有 1 个月，因而在准备答复期间应当有很强的时间观念，在该指定的期限内完成所有上述准备工作，并在期限届满之前提交答复复审通知书的意见陈述书及其所有附件。若在此期限内不能完成上述准备工作，则应当在期限届满前办理延长期限的请求，并缴纳延长期限请求费。

至于未按时对复审通知书作出答复而收到专利复审委员会的视为撤回复审请求通知书时，可以在收到视为撤回通知书的两个月期限内提出恢复权利请求，缴纳恢复权利请求费，当然此时应当同时完成意见陈述书和其全部附件的提交。

三、专利效力维护

1. 专利维持策略

专利权的维持管理是对维持专利权有效状态的持续和措施的管理❶。获得专利权的过程需要花费时间和经济成本，在获得专利权后，如果要维持专利权，则需要缴纳年费，并且年费标准随着专利权年限而不断提高。因此，必须让对企业有价值的专利“青春常葆”，而对于无价值的专利则果断放弃，制定合理的专利维持策略就显得尤为重要。

而到底对于何种专利继续维持、对何种专利放弃维持，这主要面临两方面的问题，一方面是对企业已有专利进行分级分类管理，另一方面是从决策流程上保障维持策略的客观性。在专利的分级评估方面，主要是从专利、技术以及市场 3 个方面进行综合考虑（如图 3-9 所示）。例如，从专利上看，对于企业为了获取政府资助或评审，或为了混淆竞争对手的技术监控实质上却没有太多创新价值的“垃圾专利”，在已经发挥出其专利的附加目的之后应予以放弃。对于纯粹为了获得专利权而导致修改时形成的保护范围过窄，实际上起不到保护产品的目的，而且竞争对手稍加修改就容易规避，对于这种专利也不用继续缴费维持❷。从技术上来说，由于技术更新换代导致当前专利所对应的技术已经过时，后者该技术路线对于企业未来发展已经毫无意义的，这种专利可以考虑放弃。

❶ 杨铁军. 企业专利工作实务手册［M］. 北京：知识产权出版社，2013：211.

❷ 刘杰. 企业对专利权的维护和放弃［J］. 家电科技，2011（3）：48-49.

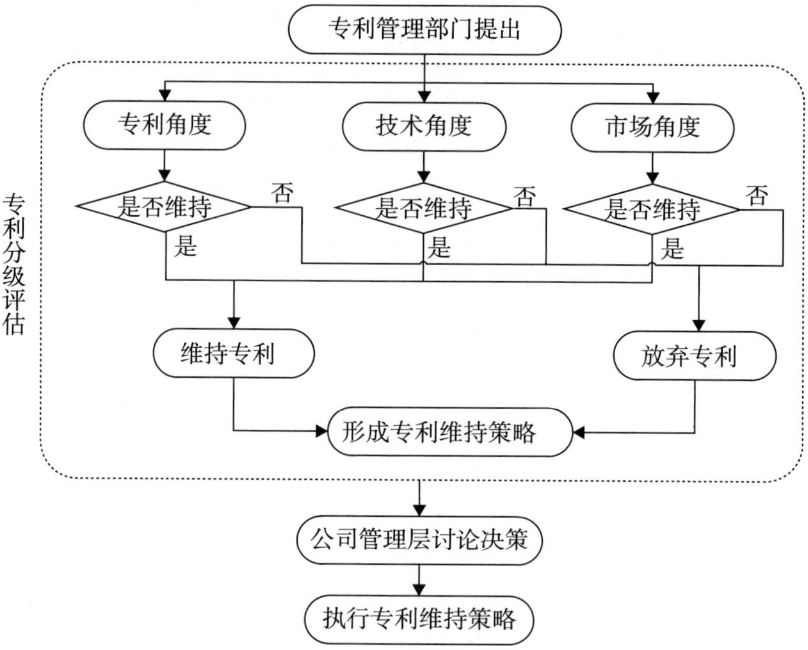

图3-9　专利维持策略制定流程

从市场角度来说，由于专利价值更体现在市场经济上，因此专利的维持策略要符合企业的市场策略。有些专利企业仅是出于战略性考虑而申请，并不会实施，如果当前也并不可能实施而且也没有储备的必要性，企业在维护时应当优先放弃。而有些专利运用在企业的具体产品中，但是随着市场变化和产品调整，所对应的产品已经停产，对于这类专利企业也没有再实施或进行储备的必要，也可以考虑放弃。对于与企业当前产品以及未来即将上市的产品相关的专利则应该重点维护。例如，某公司专利清单中共有 13 件专利需要在下一年度缴纳年费，可分为 4 类：有 4 件专利能够对公司的产品起到保护作用，2 件专利能够对竞争对手产生阻止作用，2 件专利的产品已经被市场淘汰，其余 5 件看不出有什么作用但是没有充足的理由放弃。最终决定对上述 4 件保护型专利、2 件阻止型专利、5 件放弃理由不充分的专利进行缴纳年费，对 2 件已经产品淘汰的专利不缴纳年费。

专利维持策略制定的过程，同时也是专利价值培育的过程。通过对有潜在价值的专利给予额外的关注，让其跟随企业的发展战略一同维持，随着企业发展战略的成功，这些发挥作用的专利自然而然就是高价值专利。

【案例3-6】“加湿无页风扇”高技术价值专利的不当维持策略

2011 年 2 月 17 日，申请人曾小颖和曾振祥申请了一种通风装置，并于 2013 年 4 月 10 日获得发明专利授权（CN102095236B）。该专利主要是为了解决现有通风装置不具备空气调节机能的问题。其技术方案主要为设在底座底部的高速风机，在所述高速风机的出风口设置有固定在底座上的环形喷射器；在所述高速风机的进风口或出风口设置有固定在底座上的用于产生水汽的水汽发生器（如图3-10所示）。本发明通过水汽发生器产生水汽，由雾化喷嘴以高速喷出，产生颗粒更小的雾气，以便热气流更易于吸收其汽化潜热，对由环形喷嘴抽吸的大量热空气不仅有加湿的功效而且有吸热降温作用。

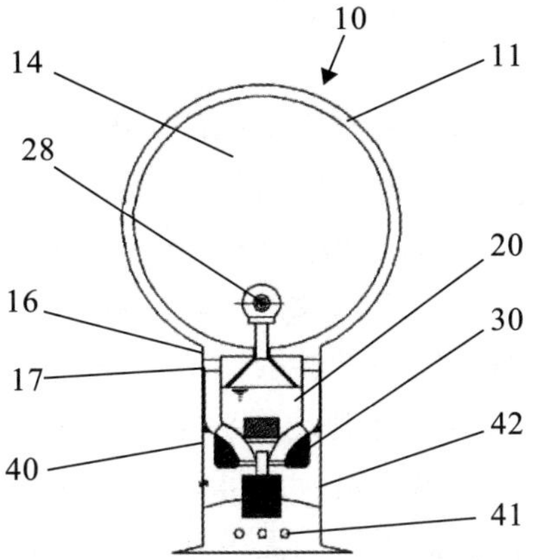

图3-10　CN102095236B 附图

该专利公开后，引起了无叶风扇的巨头戴森公司的极大关注，其在后专利先后引用此专利达到79次之多，可见其技术价值非常之高。针对该专利在专利维持策略上应当持续维持，而该专利却于2016年3月30日未缴年费而失效，已经在手中的高技术价值专利却因后期的维护而导致失效，从而丧失未来转化为市场价值的可能性，令人惋惜。

2. 专利无效宣告应对

即便经过专利局的审查，最终对申请文本授予了专利权，但是并不代表着专利权就具有绝对的稳定性。一方面随着技术的发展，知识变得越来越分散，专利局能够获取“公开出版物、公开使用以及为其他方式公开”的现有技术的全面性受到一定限制，可能会在不知道存在导致专利无效信息的情况下授予专利权❶，另一方面对于专利的新颖性和创造性的判断也有一定难度，不可避免存在一些主观性和失误。为了防止将不应授权的公知技术变成私权，影响公众利益，需要授权后的无效宣告程序对授权程序中存在的瑕疵进行修正。因此从整体上来看，专利无效制度希望利用公众的监督进一步提升专利权利的稳定性。

对于专利权人来说，在获取专利权之后，自然认为其专利权是稳定的，而不希望有第三者来质疑权利要求的有效性，而让“专利权自始即不存在”，这会让专利权人前期

❶ 曹伟. 专利无效制度研究［D］. 上海：华东政法大学，2006.

的努力全部付诸东流，给专利权人造成巨大的损失。虽然专利法规定了在专利授权公告之日起，任何单位和个人均可向专利复审委员会提起无效宣告请求，但是在实践中，提起专利无效的主要为两种人。一种是专利权的利害关系人，主要包括与专利权的行使具有利益关系的专利权人之外的人以及专利侵权纠纷中的被诉专利侵权人；另一种为了对专利权进行监督而申请专利无效的人，例如专利领域的学者、高校研究人员等。实际上是以第一类人为主，第二类人少之又少❶。因此专利权人在无效宣告中所应对的很大程度上是其竞争对手，往往背后会牵涉巨大的市场经济利益，必须要积极应对，最大限度捍卫自己的专利权。

专利权人对于无效宣告的应对主要体现在针对无效宣告请求的意见陈述上。在接到无效宣告请求书之后，专利权人首先要对无效宣告请求相关的资格进行审查，包括无效请求人的主体资格，所针对的客体资格，理由是否是属于专利法规定的无效条款，所引用的证据的时间性、真实性以及关联性，此外还要对代理资格以及文件进行全面的分析，对于存在的资格问题要能够敏锐地发现。在满足资格条件后，则需要针对无效宣告请求的理由进行分析，并制定应对策略（如图 3-11 所示）。如果经分析认为请求人所提出的无效宣告理由不足，则可以坚持不修改原权利要求，并有理有据地陈述意见，必要时提供反证。如果认为无效宣告有可能成立，则可以考虑对权利要求进行适当修改，并尽可能在修改的基础上维持权利要求有效，争取获得更大的保护范围，同时也需要适时提供反证。如果认为无效宣告明显成立，则可以争取和解，节省程序。如果专利权人的意见与专利复审委员会的最终决定不一致，仍旧需要继续坚持，采用行政救济的方式，在收到决定之日起 3 个月内向北京市知识产权法院起诉，进一步据理力争。

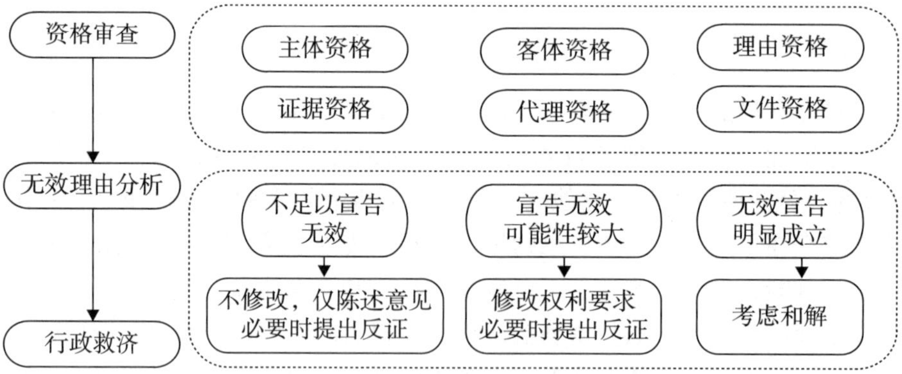

图3-11　专利无效应对基本策略

❶ 李志鹏. 专利无效制度研究 [D]. 北京：北京航空航天大学，2008.

【案例3-7】朗科专利的无效应对策略

专利权 ZL99117225.6 是深圳朗科在 U 盘领域的一篇核心专利，涉及用于数据处理系统的快闪电子式外存储方法及其装置。这件专利由于涉及巨大的市场经济利益，成为其竞争对手提起无效的重点，分别于 2007 年 7 月 31 日、2014 年 10 月 23 日以及 2016 年 10 月 18 日 3 次被提起无效。下面对上述 3 次无效宣告中深圳朗科所采用的应对策略进行概述（由于案情较复杂，以下仅为针对单个无效理由的节选）。

该案的权利要求如下：

权利要求 1. 一种快闪电子式外存储方法，包括如下步骤：

在外存储装置内装用快闪存储介质，同时设置控制其存取数据和实现接口标准功能操作请求的固化软件；

对所述快闪存储介质内部数据按单一分块模式组织；

建立基于通用串行总线（USB）或 IEEE 1394 总线的信息交换通道；

经由 USB 或 IEEE 1394 总线引入所述外存储装置的工作电源；

按照 USB 标准或 IEEE 1394 标准规定的规范方法在数据处理系统主机与所述外存储装置之间传送要交换的信息。

（1）艾蒙系统有限公司无效宣告应对

2007 年 7 月 31 日，艾蒙系统有限公司（下称请求人）向专利复审委员会提出无效宣告请求，理由是该专利不符合《专利法》第 22 条第 2、第 3 款的规定。同时请求人还提交了 40 多份附件，其中涉及 20 多份证据。其中，证据 1（US5928347A）的优先权日在本专利的申请日之前，构成了本专利的抵触申请，本专利全部权利要求 1 ~17 与之相比不具有新颖性，不符合《专利法》第 22 条第 2 款的规定。

专利权人首先对证据 1 所要求的优先权是否成立提出质疑，然后针对实质性内容进行了反驳，认为新颖性应当单独对比，证据 1 中提及的证据 6 和 USB 规范不能引入证据 1 中。证据 1 虽然有字面上相似的描述，其目的、任务与权利要求 1 一样，但公开的技术方案与权利要求 1 不同，不能实现数据存储，与权利要求 1 整体上没有可比性，证据 1 中所有信号和数据都要经过功能接口 68，而功能接口 68 与 USB 闪存无任何关系，只进行标识和登记所需要的 USB 功能，只是 USB 设备，而不是 USB 的存储设备，不能实现本发明的外存储功能，即证据 1 没有公开独立权利要求 1 的固化软件的技术特征，因此也没有公开权利要求 1 的特征（3）–（5）。

而最终合议组认为，证据 1 公开了权利要求 1 的特征 3、4、5 以及特征 1 中有关快闪存储介质的特征，但是并未公开特征 2。无论在证据 1 中还是在证据 1 所引证的证据 6 中均只记载了存储介质中存在擦除单元或闪存分块以及分块的大小的内容，而没有关于块大小是否相等的记载，即权利要求 1 特征 2 中所述“单一分块”的内容。至于单一分块是否是基于现有技术而容易实现的方案，由于其属于创造性审查中应予考虑的因素，与新颖性的判断无关，因此，证据 1 也没有公开权利要求 1 的特征 2。

(2) 深圳市大乘科技股份有限公司无效宣告应对

深圳市大乘科技股份有限公司（下称请求人）于2014年10月23日向专利复审委员会提出了无效宣告请求，其理由是：权利要求1、14没有以说明书为依据，保护范围不清楚，请求宣告本专利权利要求1、14无效。请求人认为权利要求1得不到说明书支持，不符合《专利法》第26条第4款的规定，其具体理由是“通用串行总线（USB）接口控制器”与“存储介质”不存在通信，但从附图1、4上看，“通用串行总线（USB）接口控制器”与“存储介质”存在通信，因此权利要求1得不到说明书支持。专利权人对此进行了回应，认为请求人提出的权利要求1得不到说明书支持的特征并非权利要求1中的技术特征，关于权利要求能否得到说明书支持的理由应当基于权利要求中的内容。

最终合议组认为：请求人所提出的权利要求1得不到说明书支持的理由是，权利要求1中“通用串行总线（USB）接口控制器”与“存储介质”不存在通信的相关内容与说明书不符，但是权利要求1的技术方案中并未对“通用串行总线（USB）接口控制器”与“存储介质”是否存在通信进行限定，因此请求人关于权利要求1得不到说明书支持的无效理由缺乏事实依据，该无效宣告理由不成立。

(3) 晶天电子（深圳）有限公司无效宣告应对

晶天电子（深圳）有限公司（下称请求人）于2016年10月18日向专利复审委员会提出了无效宣告请求，其理由是：权利要求1请求保护的范围不清楚，并且没有以说明书为依据，得不到说明书支持，不符合《专利法》第26条第4款的规定；具体而言，认为权利要求中的“其”“装用设置”“控制其存取数据”“单一分块”等多个用词含义不清楚。

专利权人在意见陈述中进行了详细的应对和解释：权利要求1中的步骤(1)中的“其”指外存储装置，外存储装置是由固化软件来控制，接口是USB接口及1394接口，实现标准功能操作请求是对U盘的初始化，“单一分块”是指阵列单元的大小是固定的，“信息交换通道”是指主机到外存储装置的接口。最终合议组继续维持该权利要求的有效性。

(4) 无效宣告应对策略启示

上述3次无效应对中，专利权人始终对自身权利要求稳定性充满信心，并未轻易修改权利要求，而是针对无效宣告请求人所提出的证据和理由进行陈述。尤其是在第一次无效应对中，由于请求人提出的证据非常之多，专利权人首先对无效证据的有效性提出疑义，并对证据进行深入分析，提出有效的陈述意见。对于另外两次提出的无效理由，明显不足以宣告专利权无效，专利权人针对所提出的理由有理有据一一反驳，最终都获得了合议组的认可，维持了专利权的稳定性。

第三节　专利法律价值培育案例

本节以奥克斯与美的公司的无效专利案件出发，对专利法律价值的培育过程以及注意事项进行剖析。

【案例3-8】美的公司“空调器风道结构”专利的法律价值培育

（1）案例背景

2015 年 4 月，美的公司发现奥克斯公司的一款空调产品（下称被控侵权产品）所采用的技术方案落入美的公司一件实用新型专利的权利要求保护范围，而奥克斯公司制造、销售、许诺销售该型号空调的行为，并未得到美的公司的授权，美的公司将奥克斯公司诉至深圳中院，请求法院判令奥克斯公司停止制造、销售、许诺销售被控侵权产品，销毁库存的被控侵权产品成品及所有关于被控侵权产品的宣传资料，赔偿美的公司经济损失及合理开支共计 300 万元。奥克斯公司随后在 2015 年 4 月 29 日、2015 年 6 月 29 日、2017 年 3 月 30 日分别针对该实用新型请求宣告无效，而 3 次均未成功，专利复审委员会一致维持该实用新型专利权有效。可见，正是由于该专利权的超强稳定性，成功捍卫了美的公司的权利。以下结合该专利的具体技术方案进行分析。

（2）案情介绍

该实用新型涉及一种空调器风道结构及立式空调器室内机，该风道结构包括容纳有平行设置的双贯流风轮，与双贯流风轮对应的送风通道，还包括双贯流风轮共用的蜗壳本体或者共用的蜗舌本体，该本体上设置有安装面，在该安装面与换热器之间设置有能隔开双贯流风轮对应的送风通道且可拆卸的设置在安装面上的隔板。美的公司于 2013 年 7 月 26 日提出该实用新型的专利申请（CN201320452441.6），并于同日提出了相同技术方案的发明专利申请（CN201610130219.2）。该实用新型得到授权并处于有效状态，该发明处于实质审查阶段。该实用新型的权利要求 1 如下：

权利要求 1. 一种立式空调器风道结构，包括容纳有平行设置的双贯流风轮，与双贯流风轮对应的送风通道，其特征在于，还包括双贯流风轮共用的蜗壳本体或者共用的蜗舌本体，该本体上设置有安装面，在该安装面与换热器之间设置有能隔开双贯流风轮对应的送风通道且可拆卸的设置在所述安装面上的隔板。（附图见图 3-12）

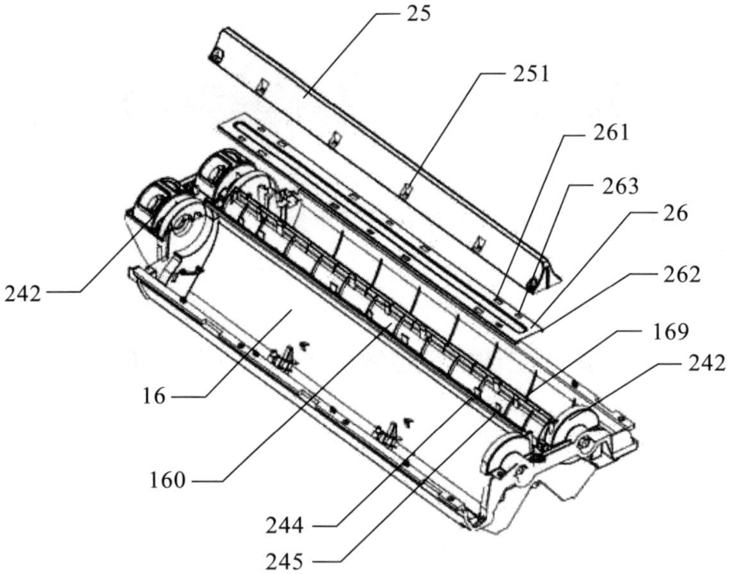

图 3-12　美的公司专利附图

奥克斯公司（下称请求人）认为权利要求不符合《专利法》第 26 条第 3 款、第 4 款以及不具备《专利法》第 22 条第 3 款规定的创造性。此处仅围绕双方针对权利要求 1 的争辩对权利要求稳定性展开讨论。请求人认为权利要求 1 中的“隔板”和“安装面”以及“蜗壳本体”不清楚。此外，在另一次无效宣告请求中，请求人认为权利要求 1 中的“隔板”和“安装面”均不清楚，并导致说明书公开不充分。

对于本领域技术人员来说，蜗壳与蜗舌是空调器中常见的风道组件结构，本方案中的风道包括左右对称的两部分，隔板就是使两部分风道分别送风不相互干涉的隔离部件，而在两部分风道中间将风道隔开的蜗壳或蜗舌是连在一起的，为两部分风道所共用，所述“共用的蜗壳本体或者共用的蜗舌本体”显然是指两部分风道中间共用的组件结构。隔板应是风道结构的一部分，那么隔板的安装面必然是在蜗壳本体或蜗舌本体靠近换热器的部分，这对本领域技术人员来说是清楚的，是基于说明书及其附图的记载能够得知的。因此，权利要求 1 所保护的技术方案是清楚的，能够得到说明书的支持。

同时，请求人认为权利要求 1 不具备创造性：权利要求 1 相对于附件 2（CN102865624A）和公知常识的结合，相对于附件 10（CN202281312U）与附件 11（CN102384533A）的结合，或相对于附件 12（CN102147130A）与附件 11 的结合，或相对于附件 11，或相对于附件 14（CN202835935U）与附件 15（JP 平 2-38015U）的结合均不具备创造性。

请求人给出的附件虽然记载了各种形式的用于隔开双贯流风轮对应的送风通道的隔板，但均未公开隔板是可拆卸的。而本专利说明书明确记载“当不同的机型或者匹配不同的换热器时，就可能原有的风道结构尺寸就无法满足新机型的要求，需要重新加工模具，从而增加了模具成本”“在该安装面与换热器之间设置有能隔开双贯流风轮对应的送风通道且可拆卸的设置在所述安装面上的隔板”，可见，本专利通过将隔板可拆卸设置，解决了风道部件的通用性问题，以达到满足不同尺寸换热器以及不同机型空调器的需求的有益效果。最后无效决定书认为，基于请求人所提交的所有证据来看，并不存在任何关于空调器风道结构中的隔板或其他部件采用可拆卸连接以解决部件通用性问题的记载，也没有证据表明将前述区别特征用于空调器风道结构中以解决本专利所称技术问题是本领域的公知常识。因此，请求人关于权利要求1不具备创造性的所有无效理由均不能成立。

与此同时，该申请人在同日提交了相同的发明专利申请（CN201610130219.2），该发明专利于2017年7月12日由专利局发出第一次审查意见通知书，指出权利要求1、10、11不具备新颖性，权利要求1~7、9~11不具备创造性，对于权利要求8并未进行评述，审查员的倾向性意见为需要对权利要求进行修改。审查员引用了对比文件CN102384533A作为权利要求1所要保护的技术方案的最接近的现有技术，并且区别技术特征在于隔板是可拆卸的设置在安装面上。对于区别技术特征与无效宣告中认定的一致，而不同之处在于审查员引入了新的对比文件CN1699831A，并认为该对比文件公开了风扇罩组件是可拆卸的技术特征，其所起的作用与该技术方案中相同，因此，本领域技术人员在对比文件1的基础上结合该对比文件从而获得权利要求1保护的技术方案是显而易见的。

申请人在收到通知书后，为进一步增强权利要求1的权利稳定性，对权利要求书进行了修改，将权利要求8中的技术特征补入权利要求1中，形成新的权利要求1，如下：

权利要求1. 一种立式空调器风道结构，包括容纳有平行设置的双贯流风轮，与双贯流风轮对应的送风通道，其特征在于，还包括双贯流风轮共用的蜗壳本体或者共用的蜗舌本体，该本体上设置有安装面，在该安装面与换热器之间设置有能隔开双贯流风轮对应的送风通道且可拆卸的设置在所述安装面上的隔板，所述隔板包括位于后侧的第一隔板部和位于前侧的第二隔板部，第一隔板部与第二隔板部一体成型；所述第一隔板部为前侧大后侧小的立体结构；所述第二隔板部包括与所述蜗壳本体的风道切向过渡的第一导风段；所述安装面位于所述第二隔板部与蜗壳本体之间。

审查员对修改后的权利要求进行审查并发出第二次审查意见通知书，认为新修改后的权利要求1、9、10不具备新颖性，并且权利要求1~10不具备创造性。申请人根据审查意见进一步对权利要求进行了修改，并将权利要求2中的技术特征继续补入权利要求1中，最终，该权利要求得到审查员的认可，并于2017年11月17日发出了授权通知书。最终授权的权利要求如下：

权利要求1. 一种立式空调器风道结构，包括容纳有平行设置的双贯流风轮，与双贯流风轮对应的送风通道，其特征在于，还包括双贯流风轮共用的蜗壳本体或者共用的蜗舌本体，该本体上设置有安装面，在该安装面与换热器之间设置有能隔开双贯流风轮对应的送风通道且可拆卸的设置在所述安装面上的隔板，所述隔板包括位于后侧的第一隔板部和位于前侧的第二隔板部，第一隔板部与第二隔板部一体成型；所述第一隔板部为前侧大后侧小的立体结构；所述第二隔板部包括与所述蜗壳本体的风道切向过渡的第一导风段；所述安装面位于所述第二隔板部与蜗壳本体之间，所述隔板与换热器之间设有弹性密封件，所述弹性密封件设置在所述隔板面向换热器的自由端，并抵近或者抵触到换热器。

（3）案例启示

从该案件中可以看出，同样的技术方案在经历实质审查和无效宣告程序，而产生的结果却不尽相同。请求人对实用新型专利多次请求宣告无效，并列举了大量的证据，最终复审委却仍然认定专利权有效。而在发明专利的实质审查过程中，由于引入新的证据，公开了隔板是可拆卸的这一关键特征，申请人被迫不断缩小权利要求保护范围，最后才获得授权。

从前述的专利法律价值的培育方法上来看，一方面在申请文本的撰写，尤其是权利要求的撰写上，申请人首先由权利要求1确定了一个合理的保护范围，同时也设置了多个从属权利要求作为退路。在权利要求的表达上做到清楚，无效宣告请求人虽然提出“隔板”和“安装面”以及“蜗壳本体”不清楚，但是实际上从本领域技术人员来说，均是清楚的表达，而且在说明书和附图中给出了详细的说明。而正是由于对权利要求高质量的撰写，才成功抵御了多次的无效请求。

从专利审查过程跟踪上来看，由于该实用新型专利的无效宣告实际上在发明专利的实质审查之前，申请人在经历了实用新型宣告无效流程之后，对该技术方案的技术创新程度以及权利要求的稳定性也必然有了一定的自信。然后在实质审查过程中，审查员继续引用了公开其关键性区别技术特征的对比文件，申请人认可了审查员的意见并对权利要求1的范围进行了缩小。而从这里来看，在无效宣告程序中被继续维持有效的专利权其权利要求的稳定性并不必然就高，其中可能是无效宣告请求人没有给出更有力的证据。因此，在面对无效宣告请求时，一定要积极应对，围绕无效宣告请求人给出的无效理由和证据进行意见陈述，同样能够保障专利的法律价值。

同时，在实质审查过程中，由于在权利要求书中设置了合理的退路，在收到专利局的意见通知书之后，一定要对通知书的倾向性意见进行深入分析，并确定修改的方向。比如在本案中，审查员在“一通”中未对权利要求8进行评述，一般情况下则暗含着权利要求8具有授权前景。因此申请人为加快授权程序并未对权利要求1的创造性问题进行争辩，而是直接将权利要求8并入权利要求1中形成新修改的权利要求1。而随着实质审查程序的进行，审查员对于技术方案的理解也逐步加深，对于合并后新修改的权利要求1，又进一步提出不具备创造性的意见。针对这一情况，申请人在对权利要求书进行进一步修改并陈述理由后获得审查员认可，最终获权。而由此经过审查员和申请人反复沟通意见才最终保障了权利的稳定性，形成具有高法律价值的专利权，这无疑更能够抵御未来可能发生的无效宣告风险。

第四章　高价值专利市场价值培育

本章概述

专利的市场价值是高价值专利的重要判断标准，是市场竞争优势的基础，也是专利成果转化的条件。本章从高价值专利的市场价值培育的重要性、高价值专利的市场价值培育方法和专利的市场价值培育路径3个方面出发，尝试以案例为基础阐述高价值专利的市场价值培育的方法论，包括基于市场情况的专利价值培育，基于竞争情况的专利价值培育，以及基于政策环境情况的专利价值培育，为企业开展高价值专利的市场价值培育工作提供一定的参考。

本章知识脉络

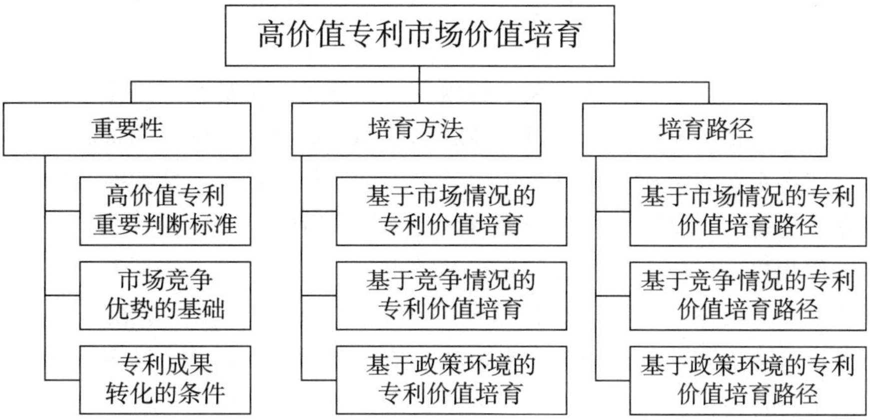

第一节　专利市场价值培育的重要性

一、高价值专利的重要判断标准

专利的价值几何，最终还是要由市场来决定，市场是衡量专利价值的试金石。专利的技术方案设计再精妙，权利要求的保护范围再宽，若不能在市场上广泛应用，价值也无从谈起，专利证书最终只能沦为束之高阁的档案。市场风云变幻，技术日新月异，在琳琅满目的产品中，经得起市场考验的寥寥无几，大多数最终会被市场淘汰，只有产品在市场上受到消费者的青睐，相关的专利才能实现价值。

因此，高价值专利的价值很大程度上取决于其市场价值，无论是坐地收银的标准必要专利，还是在诉讼中获得巨额赔偿金的核心专利，抑或是占领市场吓阻竞争对手的战略性专利，这些专利的共同点是都具有较高的市场价值。目前在中国依靠专利获得直接收入的企业很少，授权的专利维持时间也很短。根据相关数据统计，国内申请人的发明专利平均寿命为4.8年、实用新型专利为3.9年、外观设计专利为3.4年，而国外申请人的发明专利平均寿命为8.2年、实用新型专利为5.3年、外观设计专利为6.8年，达到法定最长年限的国外发明、实用新型和外观设计专利量分别占其总量的2.6%、18.2%和29.7%，而国内申请人的专利达到法定最长年限的发明、实用新型、外观设计专利量占总量的比例分别是0.6%、5.4%和2.3%，差距尤为明显。专利维持时间如此之短，其根本原因在于缺少市场价值，无法通过专利获得收益，最终只能放弃，可见市场价值对专利的重要性，市场价值是评判专利价值的重要标准。

二、市场竞争优势的基础

专利对于企业最重要的作用是通过专利的排他权获得市场竞争优势，而获得竞争优势的前提是相关专利技术具有一定市场价值，甚至在市场上处于垄断地位，否则专利的市场价值低，对应的产品市场份额和市场规模小，竞争对手甚至都不愿意采用这样的专利技术，竞争优势也无从谈起，所以说专利的市场价值是竞争优势的基础。

当前，很多企业连续多年拥有成千上万件专利，但是拥有了这些专利却无法实现可持续性的竞争优势。比如，众所周知的柯达公司，1975年，柯达实验室研发出了世界上第一台数码相机，但由于忽视市场真正的需求，担心胶卷销量受到影响，一直未敢大力发展数码业务。柯达在较早的时候就研发了数码相机，并积累了相当数量的基础专利，但由于没有意识到这些专利的未来市场价值，并没有在具有市场应用前景的关键技术和技术细节进行持续的投入。这时候大量日本企业投入了数码相机产业中，在柯达的基础专利周围申请了大量的外围专利，这些外围专利着重解决市场应用中的实际问题，具有较高的市场价值。

柯达拥有一千多项数码相机专利，几乎所有数字摄像机都要依靠其技术，柯达授权约30家公司使用其数字成像技术，其中包括LG电子、摩托罗拉、诺基亚和索尼爱立信等，所有这些公司都需向柯达支付专利使用费，而包括苹果公司在内的不少企业，更是因为专利问题而被柯达告上法庭。柯达濒临破产之际考虑出售的1100项专利技术也只是占柯达专利组合的10%左右。有分析指出，柯达专利价值是其市值的5倍，可见柯达在基础专利方面的实力。

可惜柯达并未在这些基础专利方面继续进一步布局，导致其他企业大量申请外围专利。市场上的产品虽然应用了柯达的基础专利，但柯达公司如果生产这些产品，也会不可避免地用到其他公司的外围专利，因为已经无法通过专利排他权为自己获得有利的市场竞争优势。当 2003 年柯达最终选择了从传统影像业务向数码业务转型时，市场已经被佳能、富士等日本品牌占据。如果柯达当时注重数码技术的专利市场价值培育，在核心专利的基础上，根据市场的持续反馈，进一步布局大量具有市场价值的应用型外围专利，相信柯达仍具有可持续的竞争优势。因此，持续的专利市场价值培育是企业发挥竞争优势的重要基础。

三、专利成果转化的条件

中国专利申请量已经多年世界第一，甚至超过主要发达国家美国、日本、德国等专利申请量的总和。中国的企业和高校的专利持有数量也排在世界前列，在全世界专利申请前 100 位的申请人当中，中国高校就多达 14 个。而在另一方面，中国的专利实施率极低，例如中国高校持有的专利数量是美国数倍，带来的收入却少得多。而美国的一些著名高校每年能够通过专利许可获得近亿美元的收入，例如斯坦福大学 2015 至 2016 年度获得许可收入为 9422 万美元。[1] 专利转化与实施率低的重要原因是专利的市场价值较低，大量的专利与产业脱节，未能满足市场的需求，没有实际应用价值。所以说专利成果能够转化的重要前提是专利自身具有市场价值。

第二节　专利的市场价值培育路径

一、基于市场情况的专利价值培育路径

产品一定是从根本上解决技术问题，或者是满足人的某种需求，从而能够变得有价值，如果产品针对的问题并不存在，那么产品就会变得毫无意义。通过观察用户、与用户交谈可降低盲目设计的风险，需要行动起来去探索用户的真实问题，并创造对应的解决方案。产品需求确定了，要进行产品方案的设计，以产品存在价值为基础去打磨成功的产品功能方为上策。具体过程如下：用户是谁—用户痛点—洞察力—策略—目标—功能点，当解决方案与用户痛点匹配时，产品就会变得特别有意义。基于市场情况的专利价值培育路径（如图 4-1 所示）的主要包括如下步骤。

---

[1] Stanford. Research facts［EB/OL］.（2017-02-28）［2018-01-25］. http：//facts. stanford. edu/research/innovation.

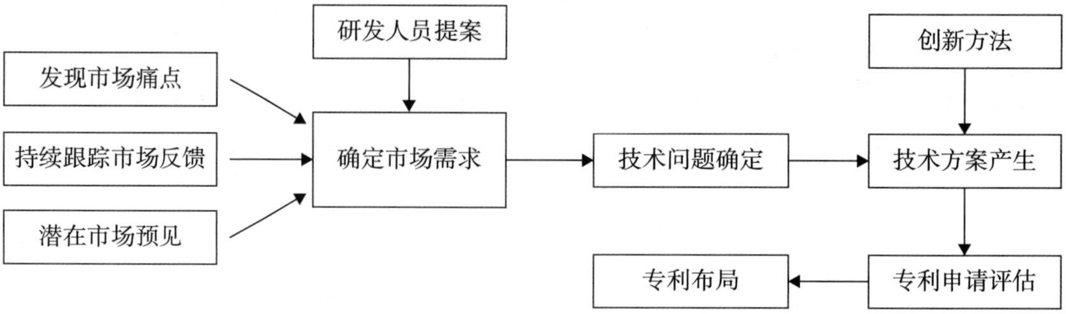

图4-1　基于市场情况的专利价值培育路径

首先，确定产品市场需求。

确定产品需求的方法包括发现市场痛点、持续跟踪市场反馈以及潜在市场预见。发现痛点主要是在产品的性能、可靠性、价格成本等方面找到对消费者行动的障碍；持续跟踪市场反馈要求在产品上市后，根据市场的反馈不断调整和进一步创新；而潜在市场预见则是对未来的市场需求进行预测，在此基础上对于具有市场潜力的技术和产品加大投入力度。

其次，根据市场需求确定技术问题，设计技术方案。

在确定市场需求之后，根据市场的需求确定存在的技术问题，针对性地提出相应的解决方案。技术创新从某种程度上来说就是解决各种技术问题，只有技术问题确定了，企业才能清楚如何分配研究资源，进行技术攻关。在技术问题确定之后，针对性地进行技术方案设计，可以运用创新方法辅助技术人员产生技术方案，这些创新方法包括技术功效图、头脑风暴等。

最后，进行相关专利布局。

在解决问题的过程中，会产生很多技术方案，然而并非每种技术方案都需要进行专利申请，专利申请必须是针对产品最后直接采用的技术方案和最有价值的外围技术方案，对相关技术方案进行可专利性分析，最后申请为相关专利。

1. 针对市场痛点的专利价值培育

市场需求往往来自市场痛点。痛点就是指让目标用户付出某种行动的阻碍。影响用户行动的因素有很多，包括产品性能、可靠性、价格成本等。[1] 这些因素在技术上体现为一个个技术问题，解决这些技术问题的方案就是高价值专利培育的基础。例如无创的血糖检测仪就解决了传统抽血检测方式造成创伤的问题。若该技术的效果可靠、成本合理，市场的规模就会迅速扩大。一方面替代目前市场上流行的传统创伤式血糖检测

---

[1] Nairo. 一张图教你发现用户的痛点［EB/OL］.（2015-08-19）［2018-01-25］. http：//www. woshipm. com/pmd/191214. html.

仪器，另一方也会让原先不愿意检测血糖的消费者采用新的技术，创造新的市场增长点，带来的市场价值不言而喻。这种解决市场痛点的技术就是高价值专利的重点培育对象。寻找市场痛点首先需要找出影响某个环节的全部因素，然后判断哪个因素是消费者现在的最大阻碍。在市场上谁发现了行业痛点并率先提出了解决方案，谁就可以占据市场。

通过发现市场痛点确定市场需求，并在此基础上提出相关的技术问题，然后设计针对性的技术方案，研发人员和专利工作人员密切配合通过创新解决这些技术问题。在形成技术方案后，专利工作人员经过可专利性评估，筛选出能够申请专利的技术方案，及时进行相应的专利布局，形成能解决市场痛点满足市场需求的高价值专利。

针对市场痛点的专利布局是对企业全部专利申请的数量、申请的技术领域、申请覆盖的区域等进行总体规划的行为。企业技术创新首先要识别市场痛点、分析市场痛点以及围绕市场痛点针对性专利布局（如图4-2所示）。为解决市场痛点，做到以用户为中心做好产品，增强产品市场竞争力，提升产品的市场价值。

图4-2　针对性布局规划实施示意

【案例4-1】洗碗机针对市场痛点的专利价值培育

首先，寻找市场痛点。

美的公司采用CDOC（概念、设计、能力、优化）创新方法（如图4-3所示）不断寻找市场的痛点，其产品策略之一就是倾听用户需求，理解并分析用户面临的最大障碍，满足用户的个性化需求。CDOC创新方法让整个体系可以传承，最重要的是抓产品的3个层次：第一是用户可以接受的产品；第二是超出用户预期的产品；第三是要让用户感到骄傲的产品。要从用户接受到用户骄傲，实现每个层次的跨越，每次产品设计的改变和优化都是基于市场的需要和用户真正的痛点。❶

❶　改编自美的集团的博客，http：//blog.sina.com.cn/u/1740248463。

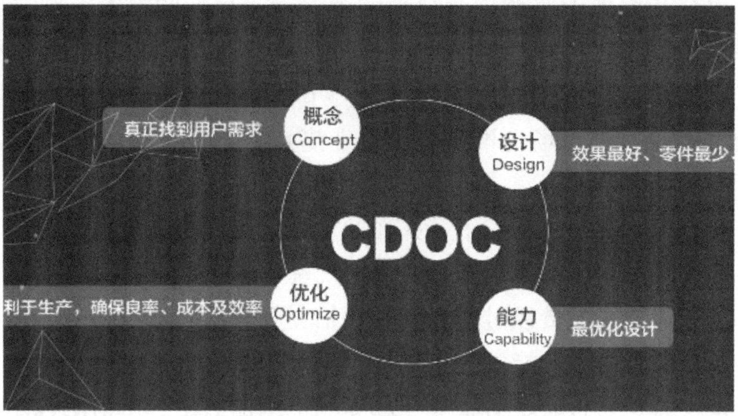

图4-3　CDOC 创新方法示意图

运用 CDOC 方法发现市场痛点，让创新紧贴用户实际、契合用户诉求，并在此基础上，将这些解决市场痛点的技术方案申请为高价值专利。

从 2016 年 8 月开始，美的公司洗碗机产品团队采用 CDOC 的方法，进行了入户调查、市场走访。在对用户进行访谈调查中，洗碗机产品团队发现，安装洗碗机需要打孔，改装橱柜等安装难的问题，才是阻碍洗碗机走进千家万户的大障碍。

其次，进行方案设计。

美的公司通过竞品分析、结构设计、开模、供应及制造布局等一系列准备工作，陆续经历了 6 次方案变更和手板样机制作，设计出免安装洗碗机，实现即买即用，解决洗碗机的安装难题（如图 4-4 所示）。

图4-4　美的免安装洗碗机和传统安装烦琐洗碗机对比示意

最后，进行相关专利布局。

在解决这些市场痛点的基础上，美的公司在洗碗机方面进行一系列的专利布局（如图 4-5 所示），培育涉及洗碗机的整体结构和关键零部件的多件专利，这些专利对免安装洗碗机的整体结构和核心零部件进行了多角度的保护。

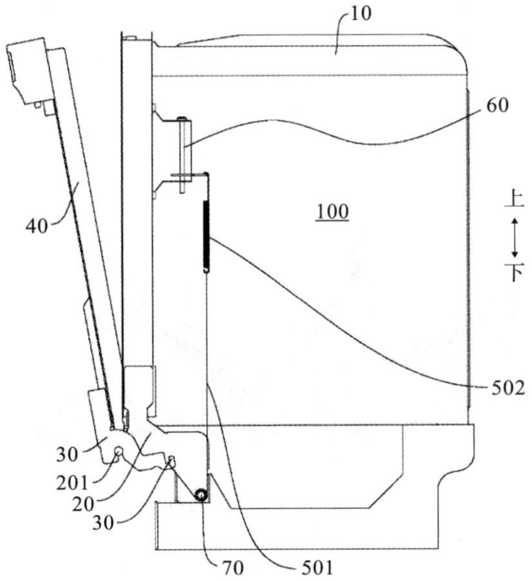

图4-5　免安装洗碗机专利附图

2. 基于持续市场反馈的专利价值培育

市场的需求不是一成不变的，所以要及时跟踪，搜集一些用户新的需求，与消费者的需求同步。比如，柯达胶卷在胶卷时代曾占据全球2/3市场份额，但是随着数字成像技术对传统成像技术造成的冲击和消费者的需求变化，柯达没有及时洞察到而逐步走向没落。

面对如今日趋激烈的市场竞争，企业要使开发出的产品具有市场价值和竞争能力，必须依托于市场跟踪，把握住消费者需求变化的趋向，然后迅速提供相应的产品和服务。总之，离开了市场持续跟踪，开发的产品就会容易脱离顾客的需要。在第一代产品上市之后，企业需要根据市场的反馈不断更新换代，用户反馈的问题就是市场的需求所在，针对这些问题进行的创新是高价值专利培育的基础。

【案例4-2】基于持续市场反馈的无人机专利价值培育

无人机制造商大疆创新公司就是根据市场反馈持续创新并进行高价值专利培育的典型。大疆自成立早期一直从事单翼无人直升机系统的研究，后来不断根据市场反馈，调整发展方向，逐渐转向多旋翼无人机的研究，在无人机的云台系统、安装结构、防丢失功能等方面进行一系列针对市场反馈的创新，并将这些创新的解决方案培育成高价值专利。

从2008年开始，消费级无人机的概念悄然成型，一些消费者提出无人机应该从单旋翼设计转向四旋翼设计，因为四旋翼飞行器价格更便宜，也更容易进行编程。[1] 大疆公司根据市场的反馈，迅速转向多旋翼无人机的研究，并申请了相关的专利。例如公开号为

[1] 改编自《无人机的专利江湖（大疆篇·一）》，http://www.81uav.cn/tech/201606/16/92_3.html。

CN202670095U 的实用新型专利涉及一种多旋翼飞行器（如图 4-6 所示），通过将正、反旋翼的转轴倾斜，获得升力在反扭力方向上的分力增强反扭力，提高旋转过程中的响应速度。

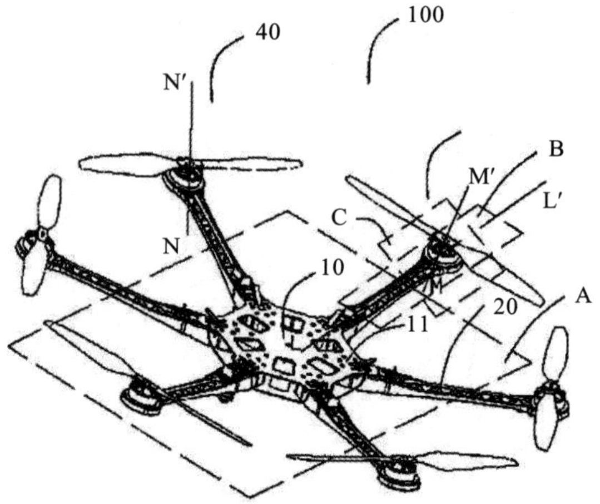

图4-6　多旋翼无人机专利附图

2011 年，随着无人机市场的深度发展，民用消费级无人机的主要用途是航拍，为此无人机需要配置航拍稳定平台用来搭载摄像机或照相机以实现稳定拍摄，对机身及负载云台的稳定与防抖性能提出了很高的要求。大疆公司针对这一市场需要，进行了技术攻关，研发出陀螺式动态自平衡云台技术。通过连杆构件与机架组件共同构成四杆构件，连杆构件在竖直方向上为机架组件的提供有效支撑，增大机架组件的载重量和刚度，当机架组件载重量较大时，有效减小其形变量，同时减轻机架组件的自身重量，减小电机的直径大小。大疆公司将相应的技术方案申请为专利（如图 4-7 所示），该专利的申请号为 CN102996983A。❶

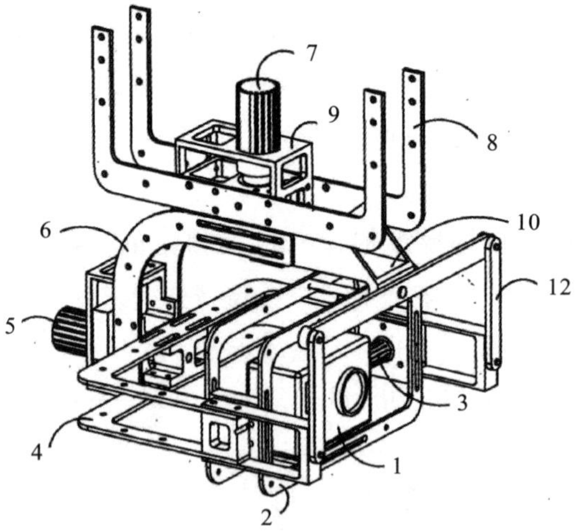

图4-7　陀螺式动态自平衡云台技术专利附图

❶　改编自《无人机的专利江湖（大疆篇·二）》，http://www.81uav.cn/tech/201606/16/92_3.html。

2012年，无人机的市场规模继续扩大，用户逐渐从专业玩家扩大到普通消费者。但无人机的结构复杂，安装操作不方便，很多消费者因为安装调试难度望而却步。大疆公司又针对这一需求进行了研发，降低了对用户操作及专业程度的要求。该技术相关的专利公开号为CN202670094U。当起落架与支撑臂之间安装或拆卸时，操作人员直接用手即可将起落架与支撑臂扣接在一起或拆开，不需要采用专门工具来安装或拆卸，操作简单，省时省力（如图4-8所示）。

2013年初，随着无人机用户的增多，越来越多的消费者发现无人机在航拍时，图像传输和遥控系统同时工作容易相互干扰。为解决这一技术问题，大疆采用时分工作的方式整合了遥控器和宽带数据的功能和性能，保证了上行的控制信令的鲁棒性以及满足了下行的数据的高带宽的要求。公开号为CN103490842A的大疆公司的专利申请公开了一种数据传输系方法，能够应用到地面端和无人机中，解决无人机图像传输和遥控传输之间的干扰问题，提高了无人机数据传输的可靠性。

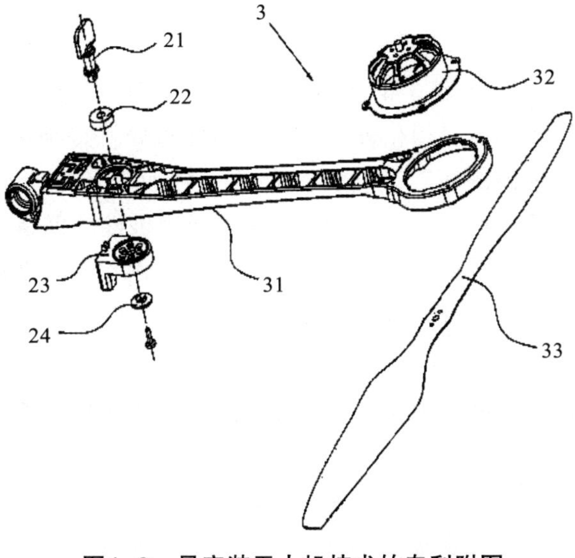

图4-8　易安装无人机技术的专利附图

2013年末，无人机的技术不断发展，飞行距离持续增加。由于无人机一般体型较小，在飞远的情况下用肉眼很难看清楚，操控者很难把握无人机的飞行方向，无人机容易飞丢，也会带来安全隐患。大疆针对这一市场反馈，研发了通过掌握无人机的飞行位置和飞行状态，帮助用户控制无人机的飞行路径的技术，通过记录无人机飞行过程中的位置信息，在飞丢的情况下，根据最后一次保存的位置信息定位出无人机降落或掉落的位置范围，以帮助缩小搜寻范围以确保能够找回无人机。例如，申请号为CN103365298A的专利申请公开了信息处理模块用于根据无人飞行器的位置信息和观察位置的位置信息得到无人飞行器相对于观察位置的位置信息，信息输出模块用于输出所述无人飞行器的飞行状态信息和无人飞行器相对于观察位置的位置信息。采用该技术，通过掌握无人飞行器的当前飞行位置和飞行状态，帮助操控者控制无人飞行器的飞行路径，避免了盲飞和飞

丢，同时改善了操控者的飞行体验。❶

由此可见，大疆无人机从单翼无人直升机转向多旋翼无人机，并进一步研究无人机平衡的云台技术、易安装无人机、防干扰图像传输技术以及防止丢失的无人机控制技术，这些都是持续根据市场反馈，不断创新改善产品功能，并将这些技术适时申请专利。这些专利都紧贴市场需求，是潜在的高价值专利。

3. 基于潜在市场预见的专利价值培育

在市场上，明显没有被满足的消费需求是表面的市场机会，而未能满足的隐而未见的需求就是潜在的市场机会。表面的市场机会易于为人们发现和识别，同时利用这种机会的企业较多，因而难以取得机会效益。潜在的市场机会虽然不易于为人们发现，同时抓住和利用这种机会的企业较少，因此机会效益比较高，企业应注意发现和利用潜在的市场机会。

潜在的市场需求是高价值专利培育的重要着力点。在专利领域，比较流行的理念是“产品未动、专利先行”，越来越多的企业希望找到未来的技术蓝海，基于对潜在市场的预见进行前瞻性专利布局就显得格外重要。前瞻性布局就是预见在5~10年甚至更长的时间内可能形成一定规模的新产品（新产业技术）而进行的专利布局。这里说的一定规模主要指具有形成颠覆性的产业技术，具有形成突破性的创新产品，以及是在现有产品上有较大幅度的改进形成换代的产品。在新兴技术和产业中更有可能产生高价值专利，当前的“无人驾驶汽车”正属于这种情形。

【案例4-3】基于潜在市场预见的Google公司无人驾驶领域的专利价值培育

首先，确定潜在的市场需求。

经由美国国道公路警察局调查结果发现，交通事故发生的主因皆与驾驶人操作行为有关，美国有90%的交通事故是肇因于驾驶疏失，如果有10%采用无人驾驶，每年将可减少21.1万起事故，挽救1100人的生命，减少经济损失达227亿美元。面对这一巨大的潜在市场，各类高科技公司以及传统的汽车厂商早早就开始了在专利上的跑马圈地，而Google则是其中的先行者。

其次，针对潜在的市场需要进行技术方案的设计。

Google公司针对潜在的市场需要，在无人驾驶汽车领域的多个模块进行了创新，包括雷达、激光雷达、自动避障和自动刹车、高精度导航等技术领域，这些创新着力于减少人为因素造成的事故，紧贴市场需求。例如，Google公司设计的基于双激光雷达对环境的扫描控制车辆的方案（如图4-9所示），利用激光雷达扫描识别车辆周围的环境和障碍物，实时调整车辆行驶路径，该方案已经获得授权专利，专利号为US9625582B2。

❶ 改编自《无人机的专利江湖（大疆篇·二）》，http://www.81uav.cn/tech/201606/16/92_3.html。

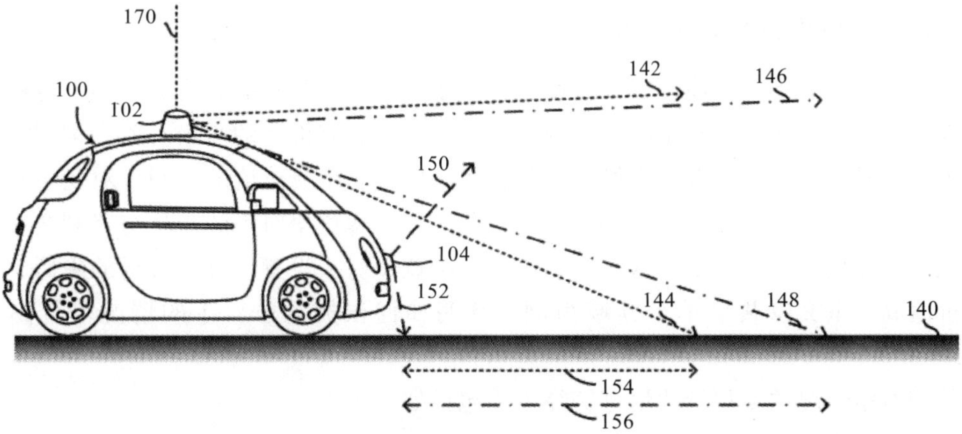

图4-9　Google 利用双雷达扫描环境控制车辆的专利附图

最后，对相关设计的方案进行全面的专利布局。

Google 从 2009 年开始启动无人驾驶汽车项目，从 2010 年就开始进行专利布局，专利申请数量迅猛增长，2013 年，年专利申请量已经达到近 200 件，后续每年的专利申请也维持在百件以上。目前已经累计申请 700 多件专利，重点布局在美国，其次在欧洲、韩国、日本和中国等国家和地区。从相关专利强度的指标上看（如图 4-10 所示），Google 的专利中有近 1/3 属于中高强度专利，远远超出行业平均水平，这些提前布局的专利也将为未来无人驾驶汽车的商业化奠定扎实的基础。虽然无人驾驶汽车尚未进入商业运营，但是 Google 已经基于未来的应用场景，在专利上进行了前瞻性布局，一旦无人驾驶汽车技术成熟，进入商业运作，短期内竞争者将会很难逾越。❶

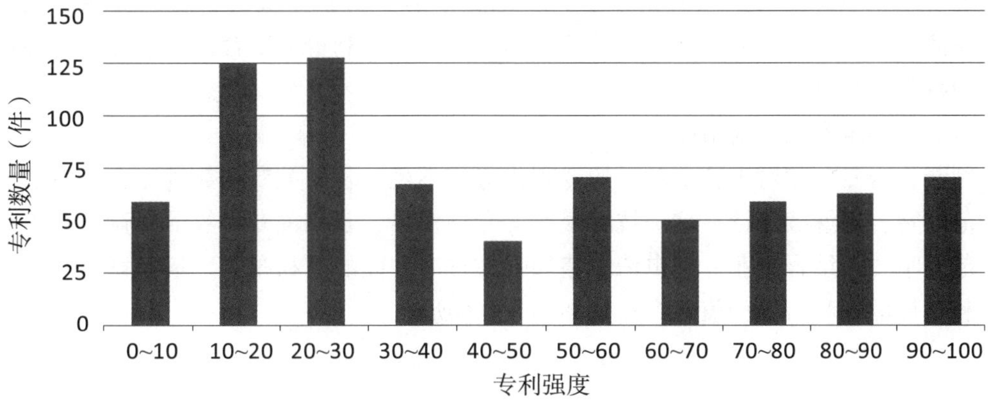

图4-10　Google 在无人驾驶汽车领域专利的专利强度分布❷

❶ 无人驾驶车产业专利布局现状与未来发展［EB/OL］. https://wenku.baidu.com/view/504d0724da38376bae1fae13.html.

❷ 数据来源：INNOGRAPHY。

二、基于竞争情况的专利价值培育路径

专利是否具有市场价值，很大程度上取决于市场上竞争对手的情况。如果这些专利的技术方案是大多数竞争对手都采用的方案，那显然具有极大的市场价值，掌握这些专利，也就从某种程度上掌握了市场。因此，要培育具有市场价值的专利，对竞争对手的产品与专利情况进行系统的分析是重要的手段。在了解竞争对手的产品与专利之后，针对性地进行相应的专利布局，这些专利相当于给竞争对手设置了进入市场的障碍，因此市场价值高。下文以共享单车领域为例，阐明如何根据竞争对手的情况培育高价值专利。

基于竞争情况的专利价值培育路径主要包括如下步骤。

首先，确定本单位产品与专利情况。

确定本单位的专利状况，对本单位的专利进行系统梳理，了解本单位目前已经申请的专利情况，包括数量、法律状态、所在区域、技术领域、权利要求的保护范围等，确定本单位专利现状，完成自身产品与专利的映射。

其次，确定竞争对手的产品与专利情况。

在了解本单位的专利状况之后，需要系统分析整个行业和竞争对手的专利状况，包括行业专利申请区域、布局的技术点、法律状态、主要竞争对手的专利布局情况，确定行业的技术热点、空白点、主要竞争对手的技术方向等整体情况。

再次，比较本单位专利与行业专利的整体趋势。

确定本单位的专利布局与行业布局的差异，结合本单位的产品类型、企业产品商业战略，分析本单位目前专利布局的合理性及改进方向。通过对竞争对手情况进行分析，可以了解本领域的主要竞争对手数量，以及竞争对手的技术优势、专利战略、技术实力、商业战略、专利处境等方面的信息，为进一步的专利价值培育提供参考，从而增强决策的科学性和有效性。

最后，确定专利布局策略。

判断自身专利相对于竞争对手的专利优势与不足，若相关专利数量比竞争对手多且保护范围宽，则继续保持在这一技术模块的专利优势，若相关专利数量比竞争对手少且保护范围窄，则结合企业专利申请策略加强在这一方面的专利布局。基于竞争对手产品与专利布局的专利市场价值培育路径如图 4-11 所示。

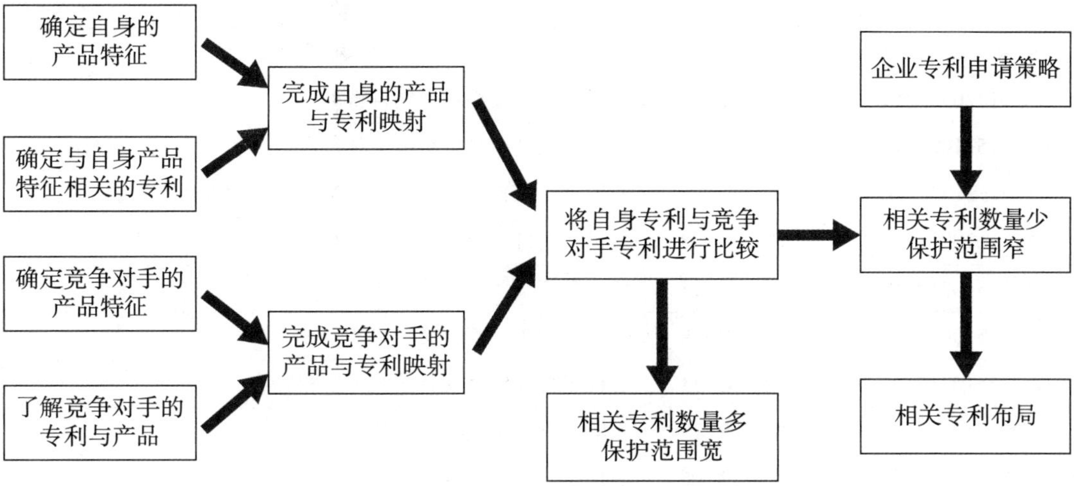

图4-11　基于竞争情况的专利价值培育路径

【案例4-4】基于竞争情况的共享单车专利价值培育

基于竞争情况的专利市场价值培育，要了解自己与竞争对手的专利和产品情况，在知己知彼的基础上，根据行业的趋势和自身的商业战略，在关键领域发力，扬长补短，培育具有市场竞争优势的专利。主要的步骤是：

首先，了解自身的产品与专利，完成产品与专利映射。

确定自己有哪些专利，这些专利和产品的对应关系如何？例如摩拜科技的共享单车目前推出运动版与轻骑版两款产品，与传统的自行车相比，这两款产品运用的主要技术是 GPS 定位锁（扫描二维码开锁）、无链条传动技术、免充气轮胎、挤出式一体车身。该公司公开的专利有 32 件，其中包括外观设计 5 件，发明与实用新型 27 件，这些专利如表 4-1 所示。

表4-1　摩拜单车的专利申请列表

申请（专利）号	申请日	专 利 名 称
CN201520401316.1	2015-06-11	自行车管理系统及其控制装置
CN201520401332.0	2015-06-11	自行车车架及具有该自行车车架的自行车
CN201520765141.2	2015-09-29	圆锥齿轮—传动杆传动方式的两轮车及其后轴组件
CN201520765227.5	2015-09-29	两轮车、三轮车及其车架、非驱动轮组件、车轮用的轮叉
CN201520765228.X	2015-09-29	两轮车、三轮车及其轮毂、轮组
CN201520765230.7	2015-09-29	两轮车及其车架、集成底架、底架主体
CN201520765236.4	2015-09-29	圆锥齿轮—传动杆传动方式的两轮车及其传动系统
CN201521000115.7	2015-12-06	一种马蹄型锁

续表

申请（专利）号	申请日	专利名称
CN201520999048.8	2015-12-06	一种锁及安装有该锁的自行车
CN201521000491.6	2015-12-06	防盗锁及其印刷电路板组件、自行车防盗系统、自行车
CN201521000141.X	2015-12-06	两轮车、三轮车及其所使用的防盗监测设备、防盗系统
CN201620291987.1	2016-04-08	电机、电机系统
CN201510319048.3	2015-06-11	自行车车架及其制造方法
CN201510634705.3	2015-09-29	无链自行车及其轮叉、车架
CN201510319473.2	2015-06-11	自行车管理系统及其控制方法和装置
CN201510634718.0	2015-09-29	无链自行车及其集成底架
CN201510886031.6	2015-12-06	一种锁
CN201510634720.8	2015-09-29	无链自行车及其传动系统
CN201510634716.1	2015-09-29	无链自行车及其轮组
CN201510634717.6	2015-09-29	无链自行车及其后轴组件
CN201510886397.3	2015-12-06	一种马蹄型锁
CN201510886398.8	2015-12-06	两轮车或三轮车用的防盗监测设备及监测方法、防盗系统
CN201610218309.7	2016-04-08	电机、电机系统及充电和刹车方法
CN201610881947.7	2016-10-09	电机碟刹组件、电机以及电动车辆
CN201610881750.3	2016-10-09	电机以及电动车辆
CN201610881766.4	2016-10-09	电机碟刹组件及其组装方法、电机以及电动车辆
CN201610881187.X	2016-10-09	碟刹锁组件、电机以及电动车辆

对上述专利公开的内容进行分析，并与相关的产品特征进行比对，以确定产品特征与相关专利的对应关系，即专利与产品的映射，确定具体专利组合的数量（如图 4-12 所示），每个专利组合包含的专利数，然后进一步确定每个专利组合的专利的权利要求覆盖范围，最后根据产品的分类将专利与产品特征一一对应。

专利组合	专利数量（件）
单车管理系统	3
车架	5
无链传动系统	7
车锁	5

续表

专利组合	专利数量（件）
电机及动力	7

图4-12　摩拜科技的专利组合数量

如上表所示，摩拜单车目前公开了5个专利组合，每个专利组合中含有3~7个专利。5个专利组合涉及单车管理系统、车架、无链传动、车锁、电机及动力模块，其中单车管理系统主要包括车辆云上报管理系统，车架模块包括挤出式车身及制造方法，无链传动模块包括降低故障率的齿轮传动系统，车锁模块包括一些防盗功能，电机及动力模块包括为解锁提供动力的电机及采用这种电机的电动车辆。根据这些专利组合披露的内容，可以推测摩拜科技将来也可能发展电动车辆，扩展业务范围。

这里必须强调的是，产品专利映射并不是简单地将产品部件特征与专利数量简单对应，其本质应该是产品或技术模块与专利保护范围的对应。有些包含专利数量很大的专利组合其专利的保护范围不一定宽。自身产品特征与专利映射完成之后，也就清楚了企业自身的产品与专利组合，以及每个专利组合的保护范围，这一步是做到“知己”。

其次，了解竞争对手的产品与专利情况。

国际上一些单车生产企业，以及国际巨头包括博世也都在该领域进行了研发。摩拜科技若把商业战略定位在国内，目前的专利战略会保持优势，但如果把商业战略扩展到国外，就需要做进一步的布局。专利组合的布局需要紧密结合企业的具体商业战略。为方便论述问题，假定两个共享单车竞争对手，对他们的专利组合进行了同样的分析（如表4-2、图4-13所示）。

表4-2　摩拜科技与竞争对手的专利组合比较　　单位：件

专利组合	摩拜科技	A公司	B公司
单车管理系统	3	15	16
车架	5	5	2
无链传动系统	7	12	4
车锁	5	9	21
电机及动力	7	20	32
免充气轮胎	0	4	5
可调座椅	0	4	3
其他种类车辆	0	12	5
安全系统	0	13	7

如上表所示，A公司与B公司布局的专利广度和深度都要强于摩拜科技，从专利的

权利要求的范围分析，A 公司与 B 公司的专利覆盖范围也明显大于摩拜科技。

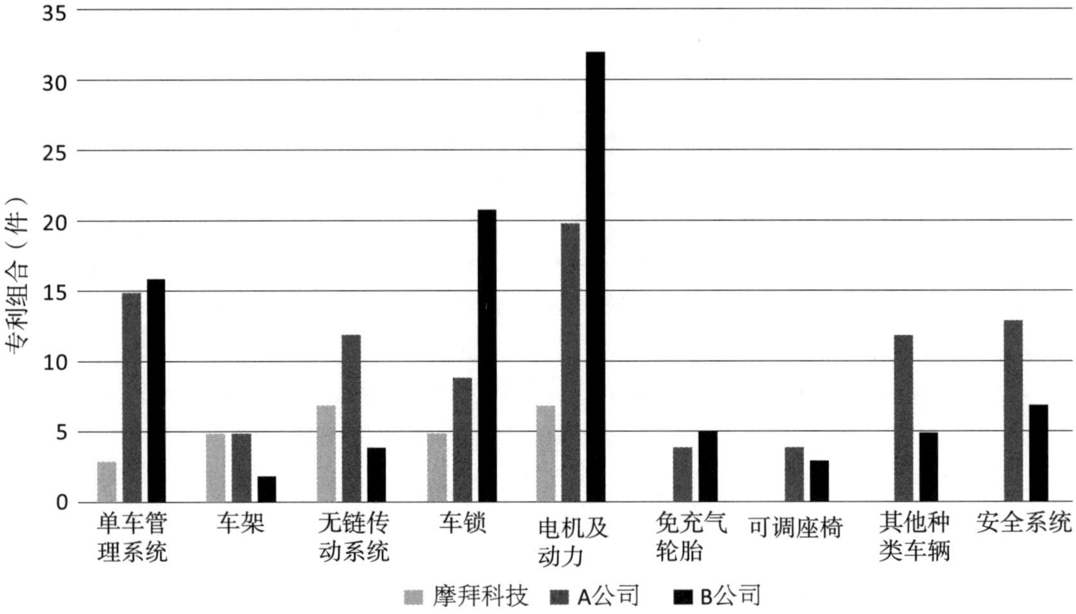

图4-13　摩拜科技与竞争对手的专利组合比较

在第二步的对比后，可以系统地确定摩拜科技的专利布局的强弱，再结合自身的商业战略不断调整专利申请。与竞争对手的专利组合的比较是专利组合管理的重要参考，并不意味在某一方面专利组合比较弱，就需要立即加强这方面的专利培育，实际上要考虑很多其他因素，比如企业的商业战略重点、技术的发展状态等因素。例如，其他竞争对手在发展人力与电动混合单车、太阳能单车、共享电动汽车、共享踏板车、单车交友软件，若摩拜科技不把战略放在这个方向，就不需要在该方面投入太多力量。再如免充气轮胎技术在很多年前就已存在，技术业已成熟，再创新的空间有限，加强这一方面的专利培育也不能在将来有效阻止竞争对手，也可以不再对这一方面进行专利布局，这些都需要根据具体情况决定。

对自身专利组合与竞争对手专利组合的对比，往往也是专利放弃和许可的依据，及时放弃各个专利组合中无价值的专利，将专利组合中企业不再运用，但依然有一定商业价值的专利许可或转让给第三方实现专利的货币化。无论是专利申请的挖掘、专利购买及其他优化自身专利组合的活动，以及放弃或许可等专利货币化的行为都需要在专利信息上做到对竞争对手的专利情况的系统把握，做到“知彼”。

最后，基于自身与竞争对手的专利比较情况，进行针对性的专利布局。

在做到知己知彼的基础上，清晰地确定目前主流的共享单车形式、竞争对手的方案、核心专利以及每种形式的单车的具体技术方案，如一个车轮的单车、可以站在车上跑步的单车、可以类似登山动作操作的单车、可以电动和人力混合使用的单车、在下坡时自动发电在上坡时自动电动助力的单车（如图 4-14 所示）。这些现有的技术方案能够给技术人员很大的启发，最终研发人员会根据自己的智慧，考虑到技术可实现性、成本等因素，给出合适的技术方案，专利工作人员再将这些技术方案申请为专利，充实相关的专利组合。

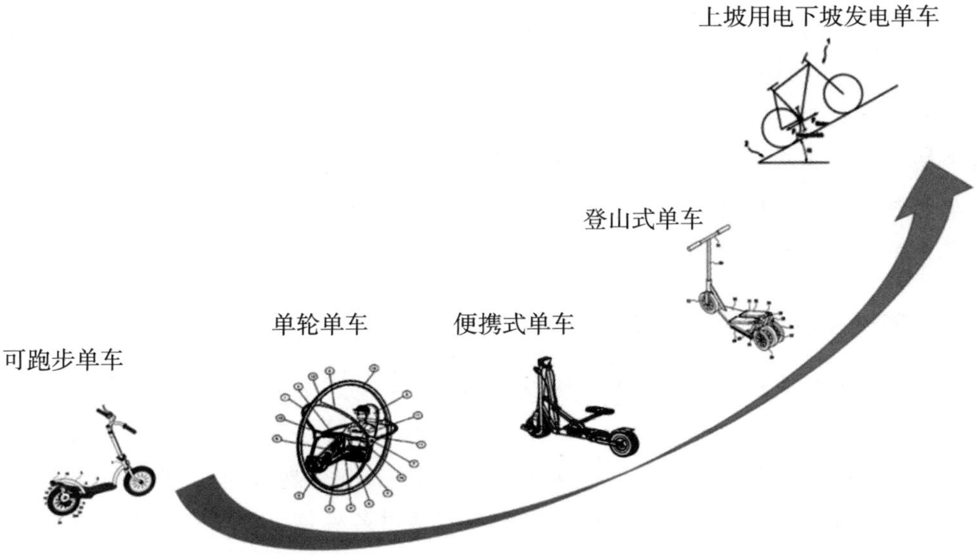

图4-14　不同形式的共享单车类型

另一个例子：共享单车在市场遇到这样一个问题，所有的单车都是统一的高度，无法满足不同身高的人需求，市场需要可以适用于不同身高人的单车。针对这种情况，专利工作人员可以对相关的现有技术方案进行分析，确定可适应不同身高人群的单车解决方案，例如可调节座椅，或者可以调节踏板的长短改变单车高度的技术方案（如图4-15所示），给研发人员提供不同的技术细节，并说明哪些方面竞争对手已经具有相关的专利，哪些是过期的技术可以直接采用，这样技术人员可以清晰地了解目前的技术状况，在此基础上进行创新。专利工作人员对这些新的创新点进行可专利性评估，将有价值的技术方案申请为专利。

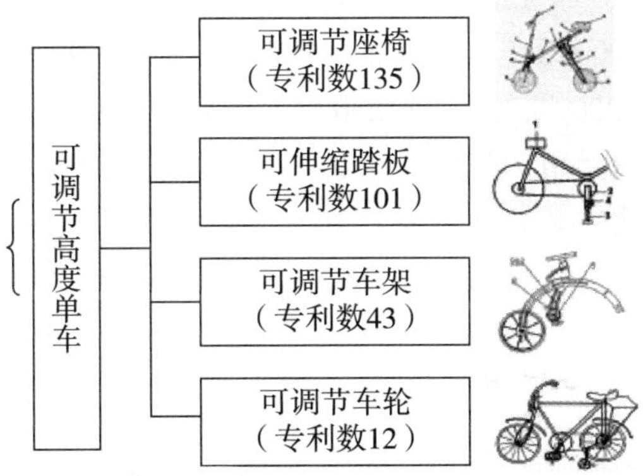

图4-15　可调节高度单车的竞争对手专利的解决方案

在这样的专利培育模式中，企业了解竞争对手每种技术方案的具体技术细节，包括可调节座椅、可调节踏板、可调节车架、可变换车轮，每种解决方案都有对应的几十项专利。研发人员在这些专利的基础上，根据自己的智慧和企业的商业战略进行创新，基于这些创新培育的专利一方面不依赖于竞争对手的专利，另一方面在潜在的技术方向上进行占位，将来能够发挥市场竞争优势。

因此，企业的专利布局建立在对市场竞争情况充分了解的基础上，与企业的商业战略紧密结合，贯穿在企业的创新过程中，做到了解自己的产品与专利，了解竞争对手的产品与专利，及时地根据竞争对手的情况进行专利布局的调整，培育的专利都是在市场上具有竞争优势的高价值专利。

三、基于政策环境的专利价值培育路径

科学合理的产业政策是工业后发国发展本国产业的正确途径，也是目前被证明的唯一有效手段——英国、法国、德国、美国、苏联无一例外是借助国家力量和政策发展工业的典范。❶ 国家政策是促进行业发展的有效途径，也是高价值专利培育的重要推动力，在各国政策法规的导向下，政府一方面直接通过各种基金补贴和税收优惠促进相关技术的发展，另一方面通过法律法规对技术发展方向进行引导。

在这种情况下，技术的政策法规适应性尤为重要，例如国家政策对新能源、环保技术、“互联网+”、5G 通信、人工智能等产业的支持，极大地刺激这些行业的发展，形成广阔的市场前景，在这些行业的专利，尤其是核心专利的市场价值更是水涨船高。例如，国务院印发了新一代人工智能发展规划的通知，在这样的政策红利引导下，大量的企业投入这方面研究，很多企业甚至依靠敏锐的商业嗅觉提前在该领域进行专利布局，从家电、互联网到传统的汽车产业都有众多的企业投入巨量资金到人工智能的研究当中，在该领域势必会产生大量的专利。只有提前申请这方面的专利，根据各个国家和市场的产业政策进行专利布局才能抢滩专利高地，申请一部分市场价值高的专利，而等到其他竞争对手都布局之后，专利战略则非常被动。

政策的鼓励主要从两方面促进技术和市场的发展。首先，政策通过资助研发。比如，2008 年美国能源部拨款 2000 万美元加强插电混合动力汽车的电池研发，拨款 3000 万美元加强混合动力汽车研发，2009 年奥巴马 8250 亿美元刺激计划中有 20 亿美元补贴与贷款用于动力电池研究，10 亿美元用于升级电网以满足电动车充电需求。这些直接的补贴促进了这一领域的研究。其次，政府通过减税和购买补贴的形式促进提高产品的市场竞争力，有时，政府在规划中直接规定某产品到一定时间要达到的一定的市场规模，例如美

❶ 铁流. 5G 是对产业政策之争的最好回应［EB/OL］.（2016-12-13）［2018-01-25］. http://www.guancha.cn/tieliu/2016_12_13_384027_s.shtml.

国政府就曾出台政策要求到 2015 年美国要有 100 万辆充电式混合动力车上路。❶ 这些政策的鼓励促进了研发和市场的发展，扩大了相关技术的潜在市场价值，在这一领域专利价值也会因此水涨船高。

专利的价值受到政策环境的影响很大，每个国家都根据本国情况对不同的技术领域采取不同引导措施，包括税收优惠和财政补贴等，在专利布局时了解这些政策偏向非常必要，如涉及环境保护、节能减排、提高安全减少事故的专利技术广受欢迎，专利的市场价值也因此增高。基于政策环境的专利价值培育路径（如图 4-16 所示）主要包括如下步骤。

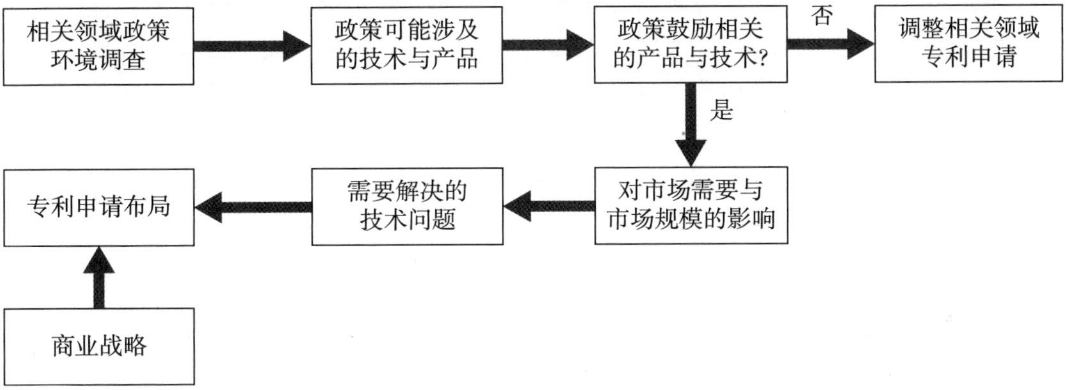

图4-16　基于政策环境的专利价值培育路径

首先，了解相关政策环境和产业战略。

了解相关政策的具体措施以及这些政策措施涉及的具体产品和技术，包括国内外对相关产品的鼓励政策，如税收优惠和补贴。

其次，评估政策环境对相关产品和技术的影响，是鼓励还是反对。

例如，出于环境保护的目的，各国对无关国计民生的高耗能产业都采取消极态度，在这些领域的专利市场价值显然会受到影响，相反，各国对于新能源技术的各种税收优惠和补贴政策则潜在地增加了相关技术领域的专利市场价值。

最后，根据政策的动向调整相关专利的布局。

若政策鼓励相关产品与技术，在该领域的专利市场价值也相应提升，需要加大相关这方面的专利布局，反之，则减少相关领域的专利申请。

【案例4-5】基于政策环境情况的新能源汽车的专利价值培育

首先，了解相关产业的政策环境。

传统汽车效率低污染大，随着汽车数量的增多，城市已经不堪重负，节能环保的新能源汽车是汽车产业的必然趋势。世界各国越来越重视新能源汽车的开发，各国都出台

❶ 国内外新能源汽车补贴政策一览［EB/OL］.（2017-07-25）［2018-01-25］. http: //nev.ofweek.com/2017-07/ART-71011-8500-30157538.html.

了相关政策鼓励新能源汽车的发展，例如我国在2017年涉及新能源的鼓励政策就多达32项，各地方政府几乎都有配套的新能源汽车补贴措施。在此之前，国务院、发改委、工信部、财政部、科技部等先后出台了20余项专门针对新能源汽车的产业扶持政策，激励并引导新能源汽车产业发展。政策内容涉及生产准入、示范推广、财政补贴、税收减免、技术创新等多个方面。例如，2009年发布的《关于开展节能与新能源汽车示范推广试点工作的通知》、2010年发布的《关于开展私人购买新能源汽车补贴试点的通知》、2011年出台的《关于进一步做好节能与新能源汽车示范推广试点工作的通知》、2013年发布的《关于继续开展新能源汽车推广应用工作的通知》、2014年发布的《国务院办公厅关于加快新能源汽车推广应用的指导意见》，政策鼓励力度逐年加大。在补贴车型方面，国家已公布60批《节能与新能源汽车示范推广应用工程推荐车型目录》。世界上其他主要国家和地区，如美国、日本、欧洲都出台了相关的新能源汽车鼓励政策，美国早在1992年就出台了补贴政策，购买新电动车可以获得购车成本10%的一次性补贴，最高4000美元。❶

其次，分析相关政策对产业的影响，基于相关政策进行相关领域的专利布局。

在这些政策鼓励下，新能源汽车的市场前景广阔，新能源车的销量快速增长，大有取代传统能源车之势。但新能源汽车在技术上还有许多需要完善的地方，包括电池续航能力、系统可靠性、充电速度等，在这些领域有大量的技术问题需要解决。比亚迪公司抓住政策鼓励的东风，加强新能源汽车的研究开发，并布局了大量的新能源汽车专利。比亚迪公司的新能源汽车的专利布局几乎涵盖政策鼓励的所有方向，专利布局涉及纯电动乘用车、纯电动商用车、混合动力汽车等，在电机技术、电池管理系统、动力电池方面也布局了大量的专利（如图4-17所示）。

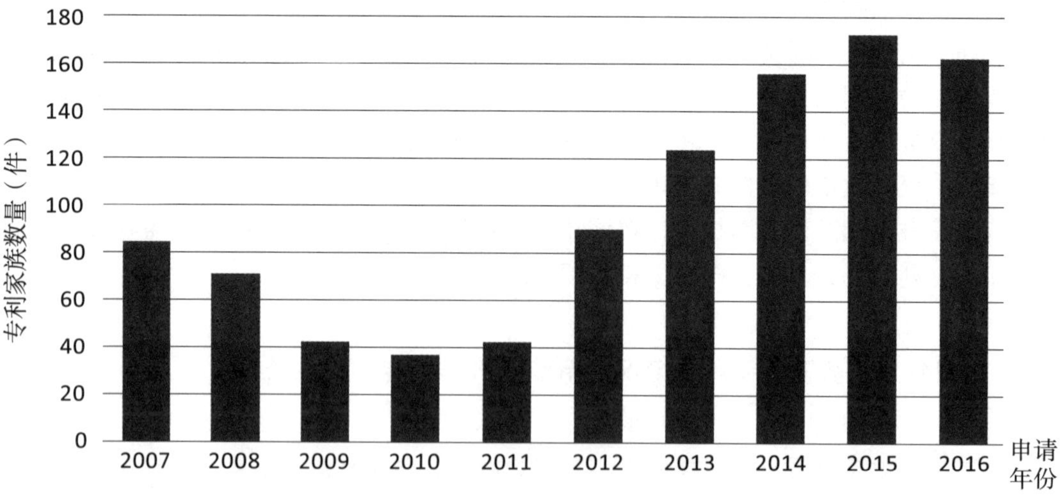

图4-17　比亚迪新能源汽车专利申请趋势

❶ 国内外新能源汽车补贴政策一览［EB/OL］.（2017-07-25）［2018-01-25］. http://nev.ofweek.com/2017-07/ART-71011-8500-30157538.html.

如上图所示，比亚迪公司近十年的专利申请只有在2008年受到经济危机的影响专利申请量有所下降，从2011年开始专利申请大幅度增加，近几年的专利申请直线上升。这种专利申请趋势也和各国政府在新能源领域的补贴趋势相符。在各国新能源汽车政策的鼓励下，相关产品的市场规模有了基本的保证，相关领域的专利的市场价值也因此增加。比亚迪加速培育新能源汽车领域的高价值专利。在整车、动力电池、电机领域都有相当数量的高价值专利。例如，发明专利号ZL200810185950.0，发明名称为“一种混合动力驱动系统及采用该系统的汽车”的专利（如图4-18所示）曾获得中国专利金奖；专利号为ZL201010581609.4，发明名称为“一种电池模组”的专利，曾获得中国专利优秀奖，也间接证明了比亚迪专利布局的成果卓著。

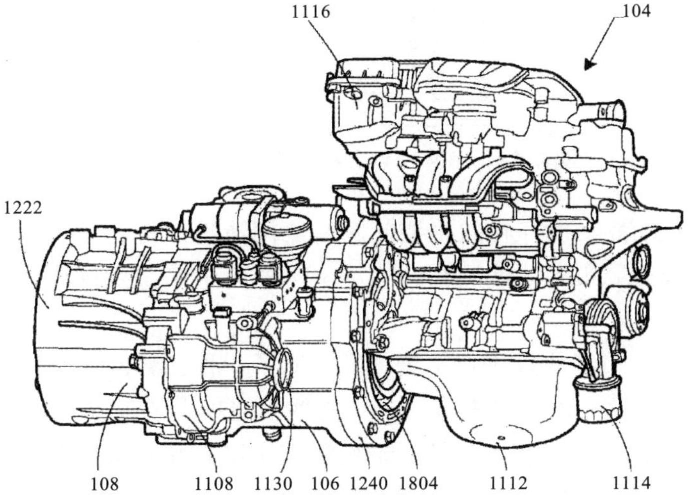

图4-18　比亚迪混合动力驱动系统的专利附图

第三节　专利市场价值培育的典型案例

一、基于市场痛点进行技术开发

豆浆在中国一直是受欢迎的大众饮品，但制作豆浆是个复杂的过程。家用全自动豆浆机问世以来一直受到消费者的青睐，但市场经过一段时间的增长后趋于平稳。企业经过市场调研发现，有很多消费希望购买豆浆机，但传统的家用全自动豆浆机难以清洗的问题让很多消费者望而却步。这种全自动豆浆机的结构如图4-19所示，包括装盛主体、顶盖、动力组件、加热元件、滤网，动力组件下方连接有旋转刀片，旋转刀片通过转轴伸入滤网中，在工作时，刀片旋转将滤网中的大豆粉碎。

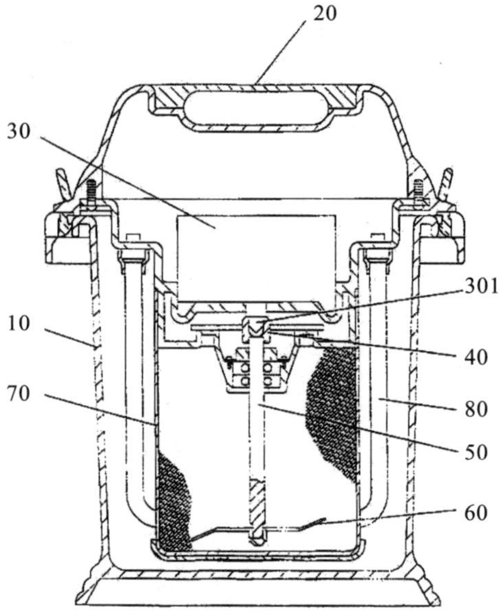

图4-19　有滤网全自动豆浆机的专利附图

这种家用全自动豆浆机存在的主要问题是滤网清洗问题，这种滤网在过滤完豆浆后，粉碎的大豆残渣会布满滤网网孔，清洗不干净会带来卫生问题，影响豆浆机制浆品质。

九阳公司针对该市场痛点进行了创新，发明了一种无滤网豆浆机并申请了相应的专利，如图 4-20 所示。该豆浆机将一个导流器固定安装在机头下盖上，可以如现有豆浆机安装过滤网罩一样，将导流器上端旋装固定安装在机头下盖上，也可以反向旋转将导流器从机头下盖上拆下。导流器下口为敞开的，电机长轴前端上固定的刀片在导流器内并伸入水中，在导流器上设置有导流孔，也可以在机头下盖上设置有与导流器内腔连通的导流槽，在机头下盖上设置有与导流器内腔连通的导流槽的同时，还可以在导流器上也设置有导流孔。在使用时，是先将水和制浆物料放入桶体，再将装有导流器的机头下盖扣装在桶体上，确保刀片伸入水中接通电源进行制浆。在制浆过程中，在导流器内并伸入水中的刀片旋转的作用下，桶体底部的水和制浆物料在导流器内被提升，制浆物料被刀片粉碎并随水从导流孔，或从导流槽，或从导流槽和导流孔由导流器内喷出回到桶体内，如此水和被粉碎的制浆物料在桶体和导流器内之间反复循环完成制浆工艺。使用该豆浆机制作豆浆时，一般在完成制浆程序或完成制浆和煮浆程序后，稍加静沉降后即可从桶体中倒出豆浆，沉渣留在桶体内，过滤网或过滤装置容易清洗。

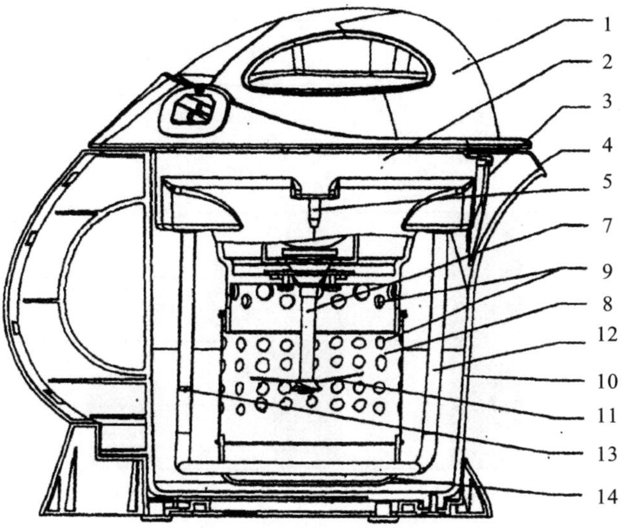

图4-20　无滤网豆浆机专利附图

该豆浆机从整体上解决了市场的痛点，通过布满出水孔并且下端开口的导流罩，让大豆粉碎更加彻底，在大豆粉碎之后，大豆残渣沉淀，用户直接倒出豆浆饮用。该无滤网豆浆机从产品整体结构上去除了滤网，结构更为简单，尤其是关键部件导流罩的创新，很好地解决了滤网难以清洗的技术问题，同时结构简单成本低，豆浆制作过程也变得更为简单。

该专利的技术方案解决了关键的市场痛点，具有广阔的市场前景，九阳公司也凭借该专利不断起诉其他竞争对手，赢得了市场。

二、基于竞争对手已有专利布局情况开展专利申请

九阳公司在申请无滤网易清洗豆浆机之前，大部分的豆浆机的专利申请人分布在日本、韩国与中国（如图 4-21 所示）。但这时候竞争对手的专利多是布局在传统的有滤网的豆浆机上，在传统的无滤网豆浆机领域，九阳公司的专利并无特别优势。

如上图所示，这个时候的主要申请都在韩国和日本，九阳公司相对于这些竞争对手在专利布局上并无优势，与排名第一的专利申请人的专利数量相差数倍，与其他竞争对手的优势也不明显。

在九阳公司申请该无滤网专利之前，现有技术的关于全自动豆浆机的专利数量一共有 143 件，几乎全部涉及滤网豆浆机（参见图 4-22），该无滤网豆浆机的技术方案具有很高的独创性，与竞争对手的方案完全不同，在该技术方向进行相应的专利布局显然具有很大的技术优势。

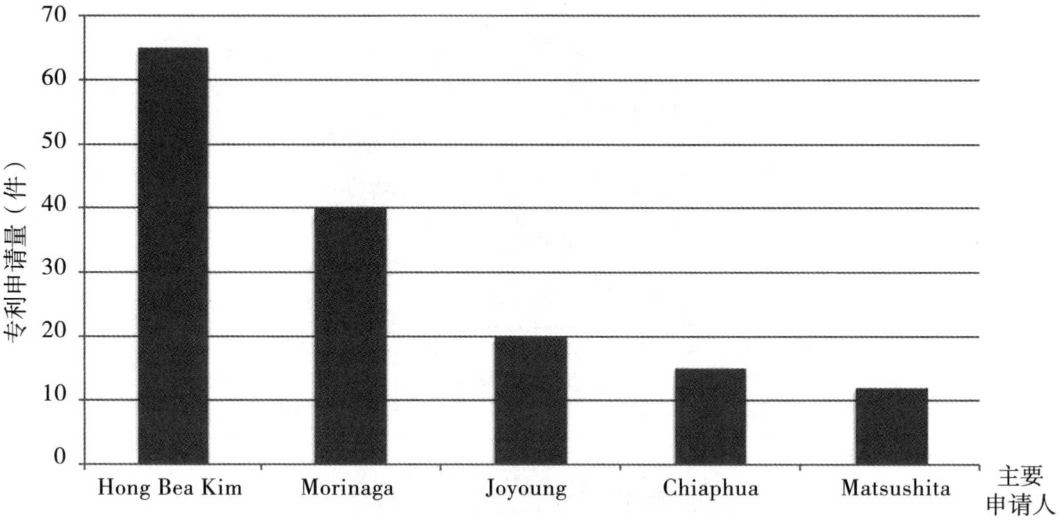

图4-21　2004 年前有滤网豆浆机的主要申请人排名

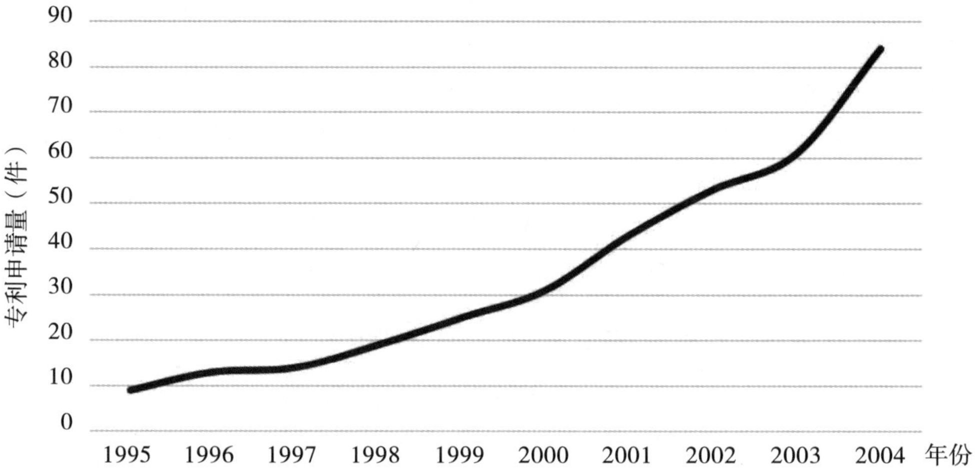

图4-22　2004 年前有滤网豆浆机专利申请趋势

从专利布局的国家来看，豆浆机的主要申请国家在日本、韩国和中国，中国的相对数量较少，其他国家布局也较少，九阳豆浆机在美国、欧洲、日本、韩国、中国都进行了相应的专利布局，并在多数国家获得了授权。在该专利的申请之后，九阳豆浆机在该技术的基础上进行了一系列的专利申请，这些专利申请涉及豆浆机的每个技术细节，从豆浆机的导流罩、刀片结构到旋转控制都有相关的专利，这些专利都明显区分于竞争对手的技术方案，在技术效果上也相对领先。

三、依靠标准进一步提升专利市场价值

进入本世纪以来，政府日益重视食品的安全问题。豆浆不同于普通的果汁类饮

料，需要加热沸腾后才能饮用，因此容易产生各种化学物质，在加热过程中，化学有害物质控制、漏电保护等要求较高，此外大豆不容易粉碎，在工作过程中容易产生较大的噪声，政府和相关行业协会对相关的产品质量要求严格，市场需要在这些方面有进一步创新。

在九阳公司推出无滤网豆浆机之前，国际上并无相关的豆浆机标准，豆浆因为其加工过程，对加热温度、卫生条件都有较高的要求，行业也期待有企业能解决相应的技术问题，制定统一的标准。九阳公司依靠名下的一系列专利创新，在涉及降低豆浆机噪声、加强安全、提高粉碎度及减少出渣率等技术方面具有明显的提升，成为豆浆机国家标准和国际标准的起草单位。起草的标准规定了豆浆机打出好豆浆所必须具备的技术条件，标准还设定了洗净性、卫生要求、制浆时间、耗电量、豆浆机使用寿命等指标。豆浆机国际标准充分考虑了用户使用过程中可能出现的非正常操作，特别对使用过程中多加豆料、意外断电等情况下产品的性能进行了严格规定。❶

如表 4-3 所示，九阳公司申请了一系列豆浆机方面的专利，内容涉及豆浆机的符合政策倾向性的多个方面，提升了其相关专利的市场价值。

表4-3　九阳公司无滤网豆浆机的专利

申请号	申请日	专利名称
CN201020200057. 3	20100524	一种易清洗豆浆机
CN201220493332. 4	20120926	一种易清洗豆浆机
CN201020501084. 4	20100823	一种易清洗豆浆机
CN201020265994. 7	20100721	一种易清洗豆浆机
CN200910014272. 6	20090219	一种易清洗豆浆机
CN201320497895. 5	20130815	一种易清洗的豆浆机
CN201020536064. 0	20100920	一种易清洗豆浆机
CN201320499629. 6	20130815	一种易清洗的豆浆机
CN200720158955. 5	20071226	易清洗自动豆浆机
CN200710116038. 5	20071226	易清洗家用豆浆机
CN200410036418. 4	20041129	易清洗多功能豆浆机
CN200710116041. 7	20071226	易清洗家用自动豆浆机
CN200720158953. 6	20071226	易清洗家用自动豆浆机
CN200820173351. 2	20081022	豆浆机的新型机头结构
CN201220711795. 3	20121220	一种密封可靠的豆浆机
CN201420626965. 7	20141028	一种豆浆机

❶ http：//www. maigoo. com/news/293653. html.

续表

申请号	申请日	专利名称
CN201020015114.0	20100113	新型豆浆机
CN200720142985.7	20070420	家用豆浆机
CN200720142987.6	20070420	多功能豆浆机

第五章　高价值专利组合的构建

本章概述

专利组合越来越作为一种实现专利战略特定目的的策略性行为和工具，对构建技术壁垒、应对和发起专利诉讼、提升专利影响力等具有重要的战略价值。专利组合不仅能够打破单件专利的局限性，还能从各个价值维度提升整体价值。本章详细梳理了高价值专利组合构建流程的各个阶段的工作重点，并结合具体案例，就高价值专利组合的构建模式、优化与维护方法和手段进行了总结和归纳，希望能够为企业等创新主体在构建高价值专利组合时提供一定的参考和借鉴。

本章知识脉络

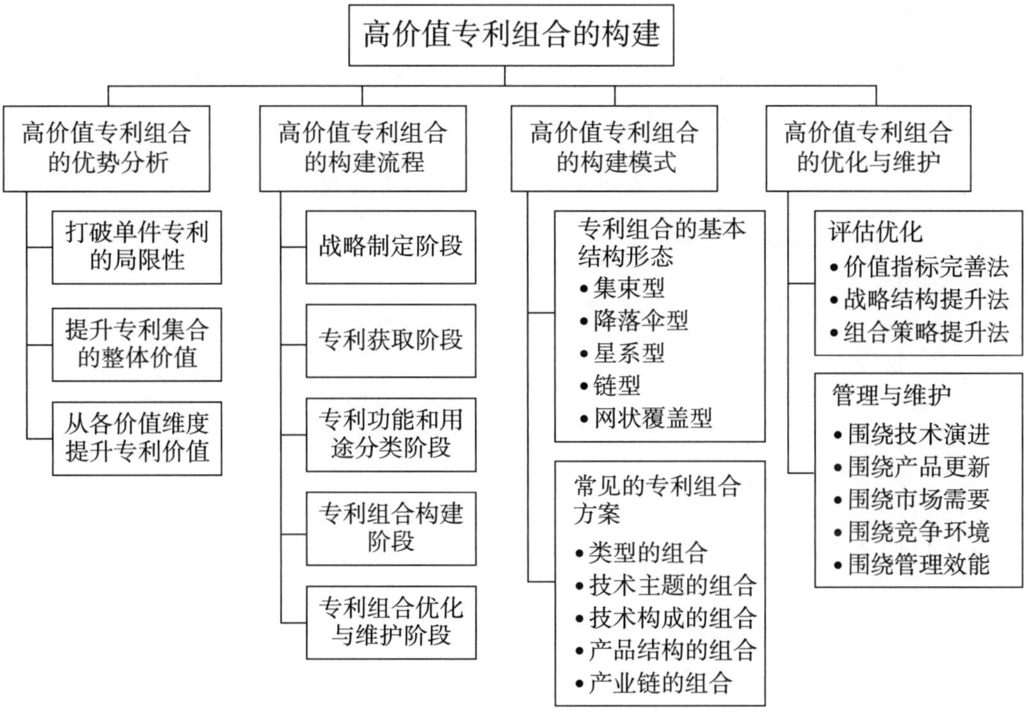

第一节　高价值专利组合的优势分析

国外学者认为，专利组合指的是一个处于共同控制之下的技术上既相互区别又紧密相连的多件专利组成的集合。然而，随着对专利组合的研究和应用不断加深，专利组合的概念范畴也随之不断向外拓延。专利组合不单单作为一种专利集合体，而越来越作为一种实现专利战略特定目的的策略性行为和工具，对构建技术壁垒、应对和发起专利诉讼、提升专利影响力等具有重要的战略价值。

形象地讲，高价值专利组合就如同一串珍珠项链，串起来的价值远大于单个珍珠的价值之和，其“智造”体现了企业的商业运营策略。商业策略是专利组合的灵魂，专利组合是商业策略的体现。❶ 因此，简言之，专利组合就是指为了特定目的的多件专利策略性的集合。

专利组合的特点和优势主要有以下几个方面。

一、能打破单件专利的局限性

越来越多的研究和事实证明，高质量专利组合的整体价值远远超过其各单件专利的价值之和。这主要由于专利组合的规模化能带来更广阔的市场，专利组合的多样化能规避各种不确定性风险的特点❷（见表 5-1）。就专利组合的规模化特点而言，专利组合能够使得内部持续性创新变得更加容易、能够吸引相关的外部创新和外部资本、能够避免高成本的诉讼、能够提升专利防御能力和谈判地位等。就专利组合的多样化而言，能够致力于应对技术发展方向、未来市场状况、竞争对手以及法律制度所带来的不确定性，包括延伸科研的自由度等方面。

表5-1　专利组合的规模化和多样化优势

专利组合规模化的优势	专利组合多样化的优势
便于持续性创新 吸引外部创新资源 增强企业专利威慑力 提高谈判地位 避免卷入高成本的诉讼 扩大保护范围，避免被规避设计 提高专利领域的发言权 增强吸引外部资本的能力	扩展研发领域、提高技术机会 延伸科研的自由度 防范技术发展路线的不确定性 防范市场需求的不确定性 防范未来竞争对手的不确定性 防范专利法律法规中的不确定性

首先，单件专利很难对与该技术相关的所有技术方案作出详细和系统性的描述。比如，创新的是一件产品，那么仅仅保护该产品的形状和结构显然不够，还应当对该产品的材料、生产工艺和生产设备、在相关领域内的新的应用等新的技术方案一并保护起来。否则，如果仅仅保护一个方面，一旦模仿者或竞争对手通过简单的改动或规避策略绕开专利

❶ 黄德海，蓝文贞．专利组合：团结就是力量［N］．中国知识产权报，2014-04-02．

❷ Polk W R，Gideon P. Patent Portfolios［J］. University of Pennsylvania Law Review，2004，1（154）：1-77.

的保护范围，就会使得专利权人丧失对创新技术的实质控制权，造成难以弥补的损失。[1]

其次，单件专利也难以涵盖技术的各种演进和应用扩展情况以及维持技术全生命周期的保护，因此单件专利无法对一个技术系统、一项技术甚至是一个技术点提供完整、动态和多维度的保护。

因此，通过专利组合的方式，形成一张保护范围上彼此交织、在技术方案上相互关联的专利网，可以实现对某项技术创新成果的系统、全面、动态的保护，从而增强对技术的控制力，提高专利集群的攻击力和防御力，确保在市场竞争中的专利优势地位。

二、能提升专利集合的整体价值

相对于单件专利，或零散的、无关联的多件专利而言，专利组合依靠其内在的关联性，通过彼此的协同和支撑作用，可以使专利的成果保护、技术控制、竞争防御等作用得到最有效的发挥，从而使其价值得到最大限度的实现。依赖于这种协同和支撑效果，由这些专利所构成的组合体的总价值，也将远远大于各个专利单独的价值的简单相加，从而使得企业所拥有的专利价值在整体上得到有效提升。例如，即使企业拥有某个重要部件的核心专利，而如果缺乏外围专利对其的延伸保护，缺乏在整个产品各个技术点上的专利布局，该专利所能发挥的技术控制作用和带给企业的技术收益将非常有限。[2] 此外，在攻击和防御能力、对技术的强化保护、提升技术影响力等方面，高价值专利组合的整体绝对起到了“1+1>2”的作用和效果。

三、能从各价值维度提升专利价值

如果从专利的价值维度及其子维度来分析，专利组合的优势更能凸显出来。

从技术价值维度来看，首先，相对于单件专利而言，专利组合中不仅可以包含“原理型”的基本专利，还可以包含更为接近产品的最佳或优选实施方案的核心和外围专利，其技术成熟度会更好。其次，相对于单件专利而言，其实施可能会受制于在先专利，而且往往需要其他配套技术来共同实施。例如，对于产品专利而言，通常情况下，还需要结合制备工艺的方法专利甚至是各种核心零部件的专利（或各原材料组分的专利）结合才能生产产品。因此，单件专利的技术独立性普遍较差。第三，单件专利很难涵盖所有能够实现相同功能的技术方案，往往需要结合各种能够实现相同功能、解决相同技术问题的相互关联又具区别的可替代性专利，才能构建一个较强阻碍竞争对手能力的专利组合。具备以上特点，专利组合自然具有更好的市场广度和应用前景。

从法律价值维度而言，首先，专利组合具备较好的法律稳定性。比如，单件专利中可能存在撰写瑕疵，很可能会影响到专利的保护范围，甚至可能会在未来作为专利被无效的理由，进而影响专利权的稳定性。而在专利组合中，由于存在一系列在保护范围上

---

[1] 何春晖. 专利唯有组合才有价值 [N]. 经济日报，2014-06-11.

[2] 专利布局之专利组合的作用 [EB/OL]. (2017-07-21). https://wenku.baidu.com/view/aac76c54360cba1aa911da32.html.

彼此交织、在技术方案上相互关联的专利，能够形成多维度、多层次的保护，即使某一件专利被无效了，也不会对整个专利组合造成太大影响。因此，专利组合在一定程度上可以弥补单件撰写质量上的不足，提升专利组合的整体稳定性。其次，专利组合在权利范围、时间和地域上相较于单件专利具备不言而喻的优势。例如，可以针对新的改进方案、新的应用扩展等情况不断挖掘专利，与早期基础专利一同形成专利组合，同时进行多个国家和地区的专利布局，借此获得对技术在时间上的延续保护和地域上的扩展保护。再者，专利组合不仅保护范围大，而且可以做到多层和多维度保护，也可就得到同等效果的一系列方案进行“阻绝式”的保护，这就大大增加了规避设计的难度。此外，专利组合的被侵权可能性和侵权可判定性方面也具有单件专利不可比拟的优势。

就战略价值而言，专利组合的根本目的是使专利资源得到最优化利用，打造最好的防御之盾和进攻之剑。对于企业来说，专利组合能够增强相关领域的保护范围和强度，即增强技术垄断力和竞争优势，依托专利组合最大限度地提高产品附加值。同时，还可帮助企业作为强有力的筹码，提升市场外部资源整合能力，增强企业技术影响力等❶。

专利组合所能带来的上述技术、法律和战略上的竞争优势（如表 5-2 所示），最终会带来实际的市场价值和经济价值❷。

表5-2　专利组合相对于单件专利的价值维度上的优势

专利价值维度		单件专利	高价值专利组合
技术价值	技术成熟度	+	++
	技术独立性	+	++
	技术不可替代性	+	+++
	技术应用前景	+	++++
	技术应用广度	+	++++
法律价值	法律稳定性	+	+++
	保护范围（权利、时间、地域）	+	++++
	不可规避性	+	+++
	侵权可判定性	+	++
	被侵权可能性	+	+++
战略价值	进攻能力	+	++++
	防御能力	+	++++
	影响力	+	++++

❶ 黄晋. 专利组合价值指标评价体系构建研究［D］. 镇江：江苏大学，2014.

❷ 刘林青，谭力文，赵浩兴. 专利丛林、专利组合和专利联盟——从专利战略到专利群战略［J］. 研究与发展管理，2006（4）：83，89.

续表

专利价值维度	单件专利	高价值专利组合
市场价值	+	+++
经济价值	+	+++

第二节　高价值专利组合的构建流程

Martin 归纳了战略性专利组合的标准构建策略，主要包括 5 个步骤：专利挖掘、专利创造、专利组合保护、专利组合优化、专利组合放弃（见图 5-1）。

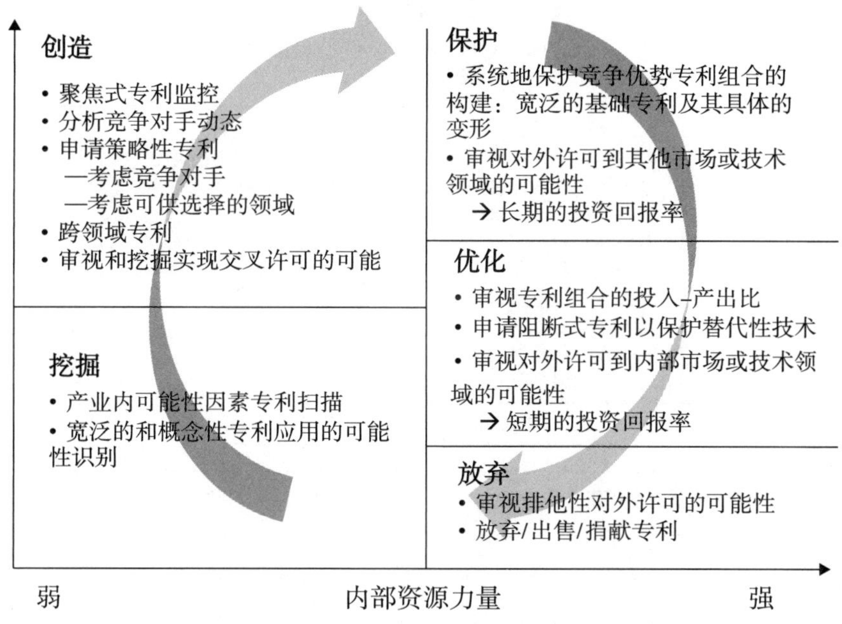

图5-1　构建战略性专利组合的标准策略❶

围绕商业目的、技术目标、产品等匹配高价值专利组合是重中之重。❷ 对于企业来说，需要围绕自身的愿景和使命，结合自身面临的来自客户和市场、竞争对手以及替代性技术的各种挑战，制定自身的专利战略宗旨，并以此构建适合自身战略的专利组合。

Martin 的专利组合的构建策略值得借鉴，但其对专利的功能和用途分类以及如何构建各种高价值的专利组合并未过多阐述，缺少高价值专利组合的两个重点环节的核心内容。基于此，本书将高价值专利组合的构建分为 5 个阶段和步骤：战略制定、专利获

❶ Bader，Martin A. Strategic Management Of Patent Portfolios［N］. les Nouvelles，2007-12-01.

❷ Lombardi，Anthony J. Strategies for Developing Patent Portfolios［J］. BNA's Patent，Trademark & Copyright，2013-05-03.

取、专利功能和用途区分、组合构建、组合优化与维护（见图5-2），并重点阐述了专利的功能和用途分类、高价值专利组合的构建模式。

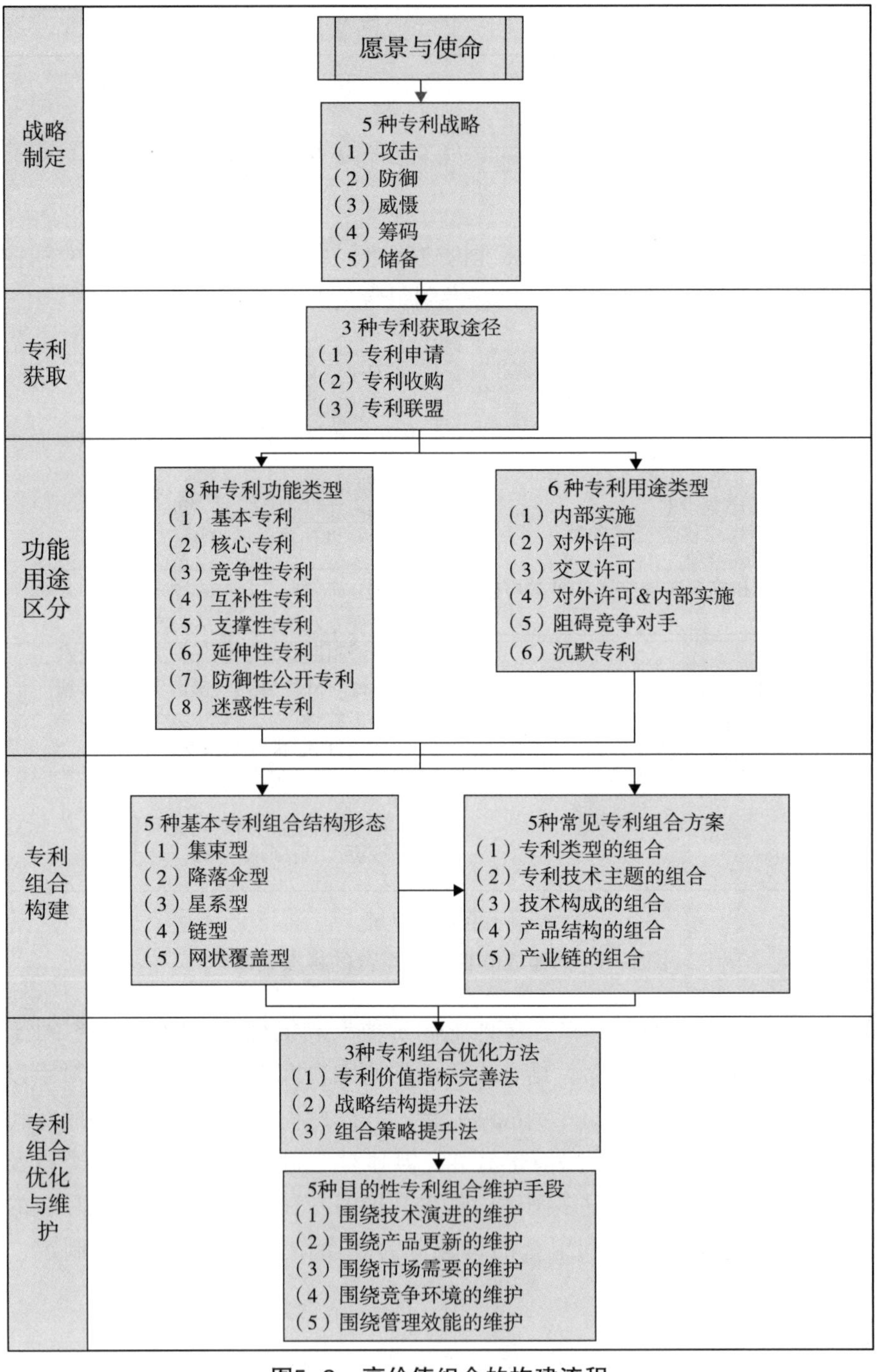

图5-2　高价值组合的构建流程

一、战略制定阶段

企业根据自身的愿景和使命，需要充分考虑自身实力、市场竞争态势以及技术发展状况，才能制定适合自身的专利战略。专利的作用对于企业来说，不外乎用于攻击竞争对手、防御竞争对手的攻击、提升自身技术影响力以威慑他人、作为商业谈判的筹码、用于技术储备等。因此，专利战略可细分为攻击战略、防御战略、威慑战略、筹码战略和储备战略 5 种类型。

二、专利获取阶段

专利战略制定之后，就需要围绕具体的战略进行专利布局，核心就是如何获取相关专利组合。获取专利的途径主要有自己申请专利和对外购买专利（参见案例 5-1），也可以通过研发合作、组建专利联盟（参见案例 5-2）、建立专利池等专利联盟的形式共同构建专利组合。

【案例5-1】苹果公司收购北电专利补强专利组合[1]

以苹果公司收购北电专利为例，苹果公司是一家以用户体验技术和设计见长的企业。该公司主要专利组合布局在了图形用户界面技术上，除此以外苹果公司还拥有大量的手机图形界面的外观设计专利，而无线信号和通信领域专利组合明显偏弱（见图 5-3）。

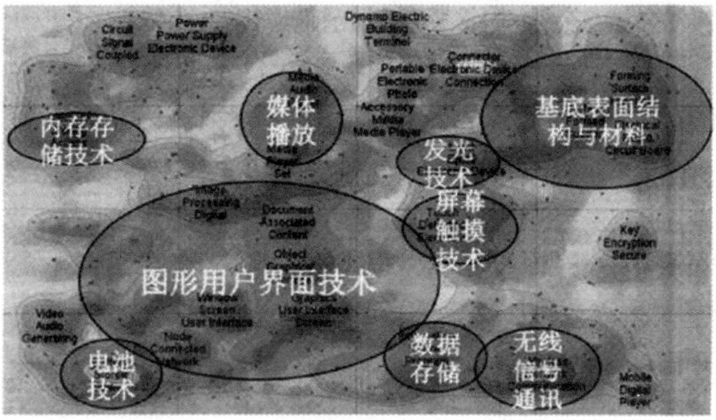

图5-3　苹果收购北电前的专利组合

经过从北电获得了 1024 项有关无线技术、3G 和 4G 技术的专利组合后，苹果公司无线信号和通信技术的专利组合的规模明显增强，大大增强了苹果相较于竞争对手谷歌集团的竞争优势（见图 5-4）。

---

[1] 改编自：黄晋. 专利组合价值指标评价体系构建研究 [D]. 镇江：江苏大学，2014.

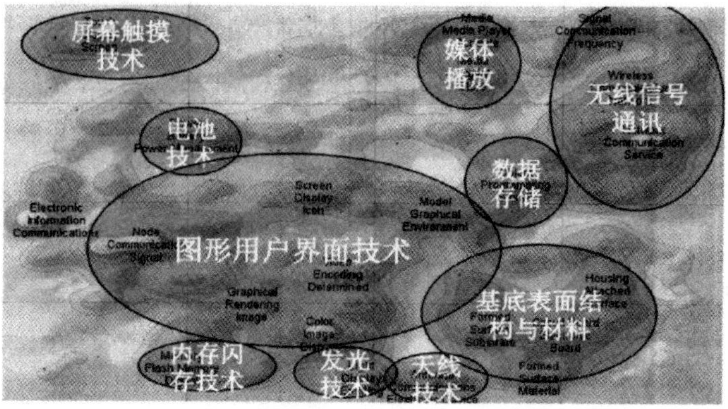

图5-4　苹果收购北电后的专利组合

苹果公司花费重金购买北电专利组合，除了弥补企业自身相关弱势技术储备、适应本企业产品的专利保护需求外，强大的专利组合还能达到迫使竞争对手妥协或者放弃相关市场的目的。

【案例5-2】东芝与闪迪通过建立专利联盟完善专利组合❶

东芝公司和闪迪公司在半导体芯片领域的合作由来已久。2005 年开始，双方就 3D Flash 技术的研发展开深度合作。东芝和闪迪均在 2000 年前后就各自涉足 3D 堆叠技术，经过几年时间的积累，在细分领域各具优势，东芝公司在芯片的栅极和有源区等核心结构的技术积累和专利申请数量较为可观，而闪迪公司在芯片驱动以及字线/位线抗干扰方面的技术优势明显，专利申请数量较多（见图 5-5）。

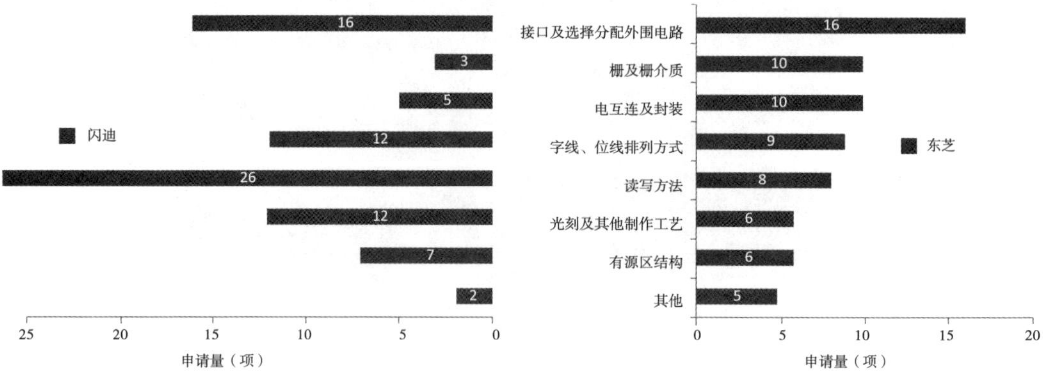

备注：专利数据检索截止时间为 2014 年 8 月 30 日

图5-5　东芝公司和闪迪公司在 3D Flash 领域的专利申请量

通过 Flash 专利的相互许可和授权，东芝公司和闪迪公司有效地实现了优势互补，并通过战略联盟的方式实现了专利总量的迅速提高。如图 5-6 所示，右侧为东芝公司和

❶ 改编自：马天旗. 专利布局［M］. 北京：知识产权出版社，2016.

闪迪公司战略联盟在 3D Flash 技术各个分支的申请量，左侧为其竞争对手三星公司在 3D Flash 技术各个分支的申请量。可见，虽然东芝和闪迪单家公司的专利储备都少于三星公司，战略联盟的整体专利储备能够与三星公司势均力敌，在个别细分技术领域还处于优势地位。

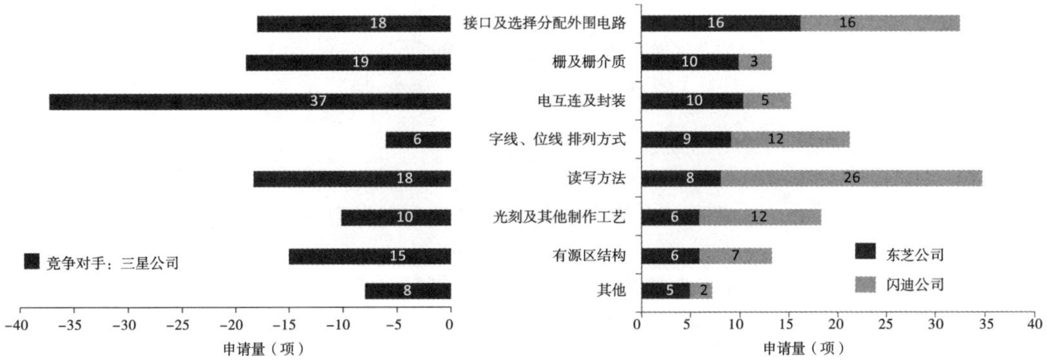

备注：专利数据检索截止时间为 2014 年 8 月 30 日

图5-6 东芝-闪迪战略联盟与三星公司在 3D Flash 领域专利组合对比

通常，研发合作者都会以共同申请人的方式进行专利布局，但是东芝和闪迪两家公司的共同申请数量不是很多，而是采取了一种较为新颖的“交叉联合式”的专利组合模式。

东芝和闪迪公司各自的研发团队并没有局限于自身所专注的技术点，而是在相当程度上进行了技术的融合和相互改进，两家公司借助合作实现优势互补，共同在 3D Flash 领域构建了完整的围绕技术发展路线的专利组合，并且，通过互为引证的交叉布局模式全面覆盖了 3D Flash 的各技术分支，从而实现了完善的专利组合布局。

三、专利功能和用途分类阶段

对一名老中医而言，必须了解每一味中草药的功效，根据具体病情配置药方。同样，企业在进行专利布局时，需要首先弄明白申请的每一件专利的目的是什么，每一件专利需要在专利战略体系里面发挥什么样的功能，以及如何使用每一件专利，才能制定出最切合自身实际需要的专利组合布局规划。

（一）专利的功能分类

以专利布局的整体结构和战略需求来看，其中的各个专利基于自身的特点发挥着不同功能和作用，而基于功能和作用，可以将布局结构中的专利分为以下 7 种类型（见图 5-7）[1]。

[1] 马天旗．专利布局［M］．北京：知识产权出版社，2016：42-44.

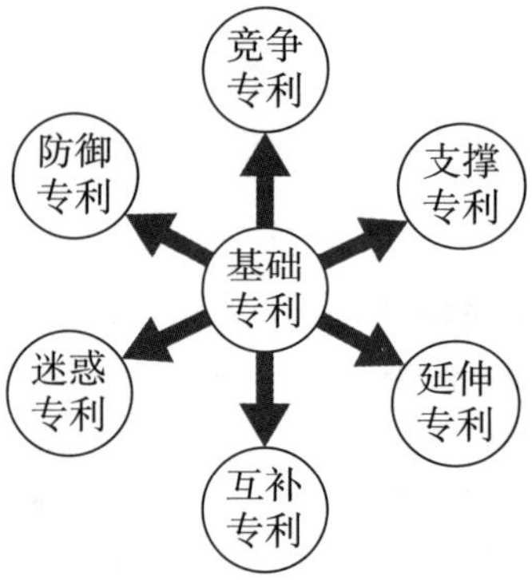

图5-7　专利布局中的 7 种专利类型

其中，基础专利还可细分为基本专利和核心专利。因此，从功能的角度，还可以将专利的功能类型分为 8 类（如图 5-8 所示）。

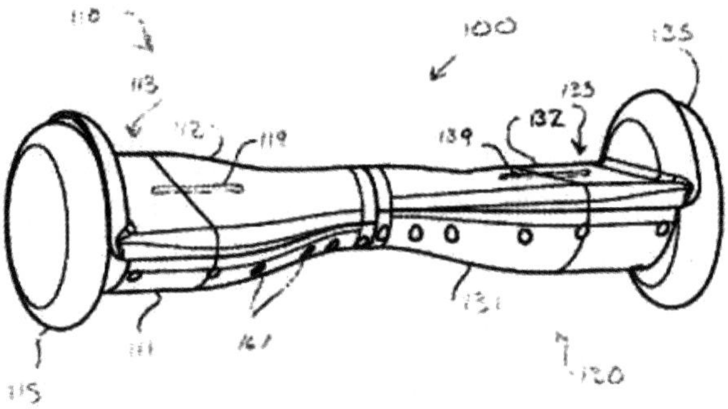

图5-8　US8738278 号专利的摘要附图

（1）基本专利

这类专利主要是覆盖了创新技术成果的基本方案的最主要技术特征，为其提供最大保护范围的若干专利，这些专利发挥了对该技术成果最基础、最重要的保护和控制作用（见图 5-9 中的标识 1）。

平衡车最初是由美籍华人 Shane Chen 发明，他最初只画了一个滑板状结构草图，并提出用电池驱动双轮滑行的概念。虽然只是一个设计概念，但其保护范围却很大，Shane Chen 所掌握的 US8738278 号专利很可能就是平衡车行业的基本专利，专利名称为：Two-wheel，self-balancing vehicle with independently movable foot placement sections（摘要附图见图 5-8）。

（2）核心专利

这类专利主要是覆盖了创新技术成果的核心方案的最主要技术特征，为基本专利提供细化支撑，并将其产品化的基础或优选方案的专利（见图 5-9 中的标识 2）。

例如，虽然 Shane Chen 在中国和美国申请了专利，但这个产品按照他的发明公开的内容来设计生产很难成功，后来代工厂找到了杭州一个大学老师，这位大学老师把自动调节平衡改为机械调节平衡，从而把产品真正设计出来。这位大学老师也为自己的智力成果在中国和美国申请了专利。那么，这位老师把概念性的想法通过更为具体的技术手段付诸实施，并将其产品化的技术方案，如把自动调节平衡改为机械调节平衡的平衡车的设计方案申请的专利就可作为一件或多件核心专利。

（3）竞争性专利

这类专利主要是为解决同一技术问题，或为实现相同或相近的技术效果的而采取的不同的替代技术方案的专利。通过围绕某一技术方案设置若干竞争性专利，可以在一定程度上阻止他人的规避设计，提高竞争对手的研发成本。另外，其中的一些也有可能成为企业的储备性技术，未来随着技术和市场的发展而替代现在使用的方案（见图5-9中的标识3）。

例如，对于平衡车而言，除了把自动调节平衡改为机械调节平衡的平衡车的设计方案，是否还存在其他的可行的方案，虽然不一定是最佳方案，但至少是可行的方案。那么，这些方案用于申请的专利就可作为核心专利的竞争性专利。

（4）互补性专利

这类专利主要是围绕核心或基本方案衍生出的各类改进型方案的专利，包括对技术本身的优化、改进方案，与各种产品结合时产生的具体应用方案等。互补性专利与基础性专利，在保护范围和保护效果上相互补充、交叉，可以对自身的核心和基本方案的实现有效地延伸保护。通过互补性专利也可以有效延长对技术的保护时期（见图5-9中的标识4）。

例如，对于平衡车而言，对于机械调节平衡的设计方案的进一步优化或者性能改进的方案就可以申请互补性的专利。

（5）支撑性专利

这类专利主要是对核心或基本方案的具体实施起到配套、支撑作用的相关技术的专利，如该方案相关的上下游技术的专利。支撑性专利与基础性专利在对技术的控制作用上相互依赖，可有效扩大企业的技术控制范围，增加企业对产业链的影响力。

例如，对于平衡车而言，续航能力和安全性等方面的电池专利技术就可视为支撑性专利的一种类型（见图5-9中的标识5）。

（6）延伸性专利

这类专利主要是核心或基本方案在向其他应用领域扩展时，所衍生出的各种变型方案，以及其与这些领域中的相关技术相结合时产生的技术组合方案。延伸性专利为潜在的各类扩展应用可能前建立了保护屏障，使得企业对技术控制的领域得以延伸（见图5-9中的标识6）。

例如，对于平衡车而言，其技术是否可以应用到其他领域，如可以申请一些应用于医院、饭店的平衡车机器人的延伸性专利。

（7）防御性公开

为了控制专利申请和管理成本，企业对于部分认为对于自身价值不大、但又有可能为企业所关注或采用的技术成果，可以采用防御性公开的方式。一方面，可以有效阻止其他企业获得该技术的专利，从而避免潜在的专利侵权风险；另一方面，也降低企业的专利申请和管理成本（见图 5-9 中的标识 7）。

（8）迷惑性专利

企业经过内部判断，可以有意选择若干产业前景或市场前景并不看好，或是成本竞争力不足，或是技术缺陷明显等实际上为企业所放弃的技术方案来申请专利。这类专利主要目的并不是保护企业的技术方案，而是迷惑竞争对手，让竞争对手难以发现企业真正的技术或产品规划，引导竞争对手选择错误的竞争点位（见图 5-9 中的标识 8）。

一般情况下，在专利布局结构中，基础性专利构成了核心部分，而根据不同的保护内容和保护目的，可以在其外围有选择地设置若干的竞争性专利、互补性专利、支撑性专利或延伸性专利。

另外，一件专利的具体所属类型，取决于其所处的专利布局结构、在特定阶段在专利布局结构中发挥的作用等因素。例如，在某一技术方案的竞争性专利、互补性专利、支撑性专利或延伸性专利中，也可能会出现一些创新程度较高、产业和市场应用价值较大的专利，这些专利可能会成为某个未来的专利布局结构中的基础性专利，以这些专利为中心，也可以继续构建相应的外围专利保护圈。

图5-9　8 种专利功能类型示意

【案例5-3】美国 Altairnano 公司的专利功能组合

美国 Altairnano 公司在中国申请的专利虽不多，只有 6 件，但它们在结构上很有章法：1 件涉及锂离子电池电极的基础专利，2 件涉及电极制备方法和电解质的支撑专利，2 件涉及充电设施和充电方法的延伸专利，还有 1 件涉及电极制备材料的互补专利（见表 5-3）。

这就对该类型的电池技术形成了围绕产品结构和关键技术，以基础专利为主，支撑性专利、延伸性专利和互补性专利为辅，纵横交错保护较为立体的“性价比”较高的专利组合。

表5-3　美国 Altairnano 公司锂离子电池相关中国专利组合

申请号	专利名称	独权 1	技术主题及功能类型
2006800391329	锂离子电池	1. 一种电池，所述电池包括：a）阳极，包括具有至少 $10m^2/g$ 的 BET 表面面积的纳米晶体 $Li_4Ti_5O_{12}$；b）阴极，包括具有至少 $5m^2/g$ 的 BET 表面面积的纳米晶体 $LiMn_2O_4$ 坚晶石；所述电池具有至少 10C 的充电速率	电极/基础专利
2008800156296	制备锂离子电池的方法	1. 制备锂离子电池电极的方法，其中该方法包括下列步骤：a）提供具有比表面积和颗粒尺寸的锂金属氧化物颗粒；b）粉碎该锂金属氧化物颗粒以提供具有比表面积和颗粒尺寸的粉碎颗粒，其中该粉碎颗粒的比表面积大于该锂金属氧化物颗粒的比表面积且该粉碎颗粒的颗粒尺寸小于该锂金属氧化物颗粒的颗粒尺寸，并且其中该粉碎不包括使用剪切、压碎、碾磨或用非颗粒表面冲击颗粒；c）形成包含该粉碎颗粒和溶剂的浆料；d）将该浆料铺展到基底上以形成铺展的浆料；和 e）从该铺展的浆料中除去溶剂，由此提供电极	电极制备方法/支撑专利
2008800238366	对车用电池充电的方法设施	1. 一种对车辆的可再充电电池进行充电的方法，该方法包括：（a）在所述车辆静止时，利用机械动力来旋转所述车辆的电动牵引马达的轴；（b）通过把电动牵引马达用作发电机来将轴的旋转转化为电能；以及（c）将电能存储在所述车辆的可再充电电池中	充电设施/延伸专利
2008800243171	锂离子电池的充电	1. 钛酸锂基电化学电池的充电方法，该方法包括：a）将电解液添加到钛酸锂基电化学电池中以形成激活的电化学电池；b）向该激活的电化学电池提供电流持续第一时段以将该激活的电化学电池充电至第一充电状态；和 c）在 40℃ 至 120℃ 的温度范围内持续第二时段将该电化学电池进一步充电至第二充电状态，从而形成已充电钛酸锂基电化学电池	充电方法/延伸专利
2010800093576	用于锂离子蓄电池的负电极	1. 负电极材料，包含：多个 $Li_4Ti_5O_{12}$ 基颗粒，多个颗粒中的每个颗粒包含：多个 $Li_4Ti_5O_{12}$ 微晶，其中微晶具有 20~80 纳米的平均直径，及作为在多个 $Li_4Ti_5O_{12}$ 微晶之间的空间形成的多个孔隙，其中孔隙具有 10~60 纳米的平均直径；以及其中颗粒具有 1~15 微米的平均直径，并且其中电极材料表现出 20%~50% 的孔隙度	电极/互补专利
2013800355549	改进的钛酸锂电池	1. 一种用于锂离子蓄电池的电解质，包含至少一种环酯和至少一种直链酯以及锂盐，其中该锂盐浓度超过与最大电解质离子电导率相对应的锂盐浓度	电解质/支撑专利

（二）专利的用途分类

由于专利的功能不同，专利的用途自然也不尽相同。专利的用途按照战略目的大致可分为 3 种类型，一是用于进攻的专利，二是用于防守的专利，三是用于提升影响力或作为谈判筹码的专利。但这种分类方法还是过于粗放，存在概念交叉和模糊的地方。

M Mariani 等在其调查报告 "The Value of Patents for Today's Economy and Society" 中提及了常见的 6 种专利用途[1]，可为我国企业进行专利组合布局和专利资产分类管理时借鉴和参考。

第一种专利用途，内部实施（Internal use）。

第二种专利用途，对外许可（Licensing）。

第三种专利用途，交叉许可（Cross-licensing）。

第四种专利用途，对外许可 & 内部实施（Cross-licensing & Internal use）。

第五种专利用途，阻碍竞争对手（Blocking competitors）。

第六种专利用途，沉默专利（Sleeping patents），即包括上面 5 种之外的情形。例如，用于对未来技术进行战略储备的专利。

四、专利组合构建阶段

此阶段的重点内容是如何熟练运用专利组合基本结构形态，根据常见的应用场景设计高价值专利组合构建方案（详细内容参见本章第三节的内容）。

五、专利组合优化与维护阶段

此阶段的重点内容是如何熟练运用各种专利组合优化方法，以及动态地根据实际情况进行专利组合的维护（详细内容参见本章第四节的内容）。

第三节　高价值专利组合的构建模式

一、专利组合的基本结构形态

专利组合基本类型的结构形态，可以分为集束型、降落伞型、星系型、链型和网状

---

[1] M Mariani, B Verspagen, A Gambardella. Study on Evaluating the Knowledge Economy-What are Patents Actually Worth? [R]. The Value of Patents for Today's Economy and Society Tender N ° Markt/2004/09/E, Final Report for Lot 1, May 9, 2005.

覆盖型 5 种基本模式❶。本书吸收专利组合方面的最新研究成果❷，并将其进一步扩展为 6 种基本模式。

（一）集束型

可以基于自身实施的技术方案所解决的问题，将实现该发明目的其他多个可能的技术方案进行专利组合。也可以采用特征替换的方式，是将发明的技术方案中某些或某个技术特征、特征组合等进行替换，或变换各个技术特征的组合关心形成的新技术方案所进行的专利组合，所替换的技术特征或特征组合可以是功能、效果或结构等相近的部件、成分、步骤等，或者根据相应技术特征所存在的缺陷进行替换。从而由某一技术方案的基础性专利和对应于各种替代方案的若干竞争性专利构成。这种组合类型通常用于为核心技术的保护，适用于设置专利屏障，阻碍竞争对手的模仿（见图 5-10）。

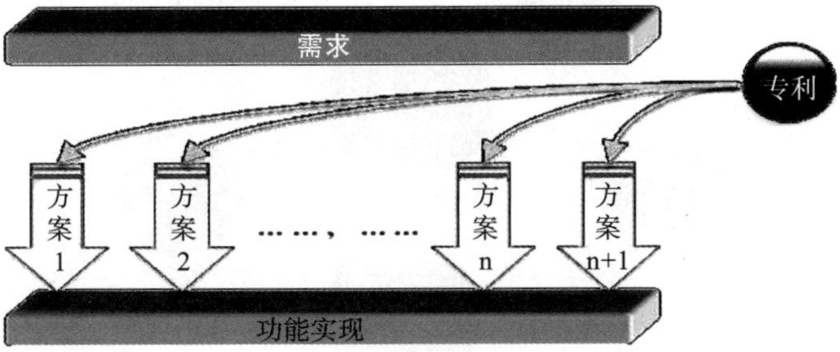

图5-10　集束型专利组合

（二）降落伞型

由某一技术方案的基础性专利和其主要的改进、优化方向上的若干互补专利构成，其可以是改进、减少某一或某些技术特征，增加新的技术特征，找到新的技术问题进行完善等。这种组合类型常用于对持续改进技术的持续性保护，当然也可为竞争对手制造障碍（见图 5-11）。

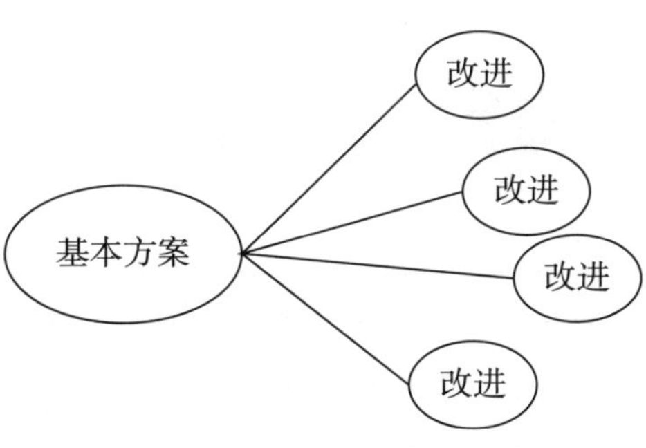

图5-11　降落伞型专利组合

❶ 杨铁军. 企业专利工作实务手册［M］. 北京：知识产权出版社，2013：110-112.
❷ 马天旗. 专利布局［M］. 北京：知识产权出版社，2016：47-51.

（三）星系型

由某一技术方案的基础性专利和应用在各个领域中时产生的延伸性专利构成，通常用于为企业拓展其产品种类、在不同领域获得技术控制地位提供专利保护。发明中的某一技术手段完全可能通过迁移、扩展应用到多个领域，拓展发明的宽度；通过对发明的“由近及远，深挖扩用”，拓展发明的应用路径和领域，实现专利组合的横向扩展、多面性和多样化。在实施时，根据发明的特点，可以从发明的思想迁移、结构迁移、原理迁移、方法迁移、技术手段迁移、技术问题迁移、用途迁移等方面进行分析（见图 5-12）。

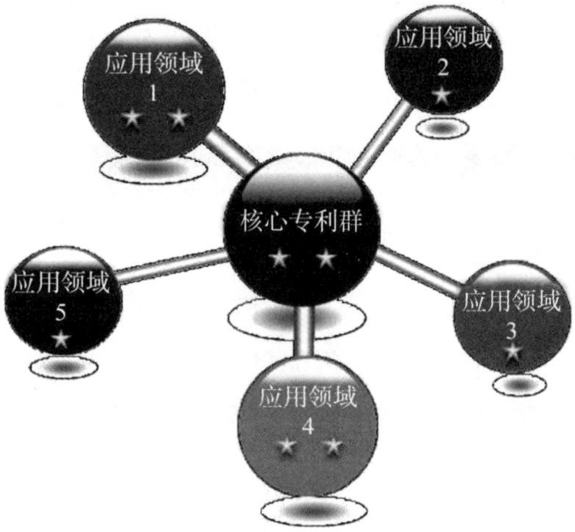

图5-12　星系型专利组合

（四）链型

由某一技术方案的专利或专利组合和为该方案的产业化实现及应用提供支持的上下游支撑性专利或专利组合构成。这种类型通常适用于为企业进行整体的产业布局、整合产业链资源提供专利保护（见图 5-13）。

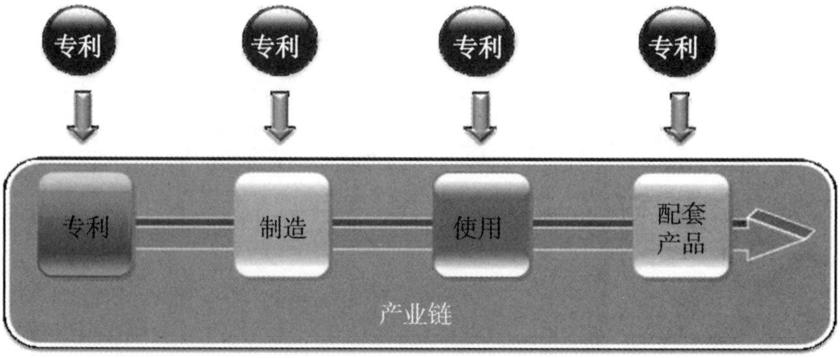

图5-13　链型专利组合

（五）网状覆盖型

由一个产品的各个主要技术点的专利或专利组合共同构成，通常用于为企业的某个重要产品供完整的专利保护（见图5-14）。

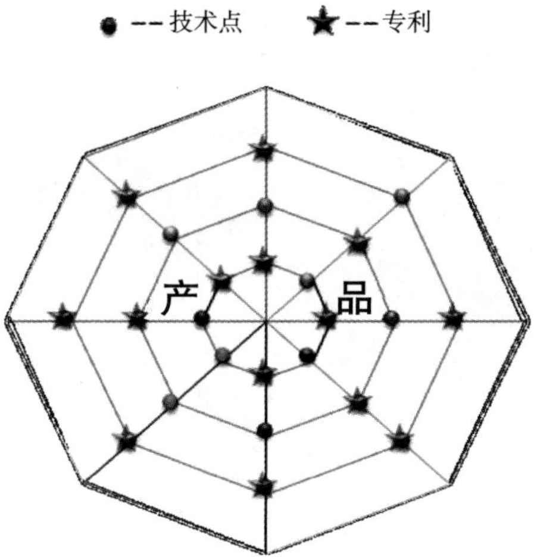

图5-14　网状覆盖型专利组合

（六）策略组合型

根据保护对象以及企业专利战略的不同，使用的专利组合类型以及组合方式也千变万化。而基于常规的布局需求和策略，专利组合可以具备如下的结构体系（见图5-15）：

（1）控制关键技术的核心专利群；

（2）由替代方案、改进方案、扩展应用、配套技术等构成的包绕核心专利群的外围专利保护圈；

（3）散布在外围专利保护圈周围，由技术在产品中的具体应用方案、组合方案以及其他相关技术等构成，且围绕产品各个功能模块、技术构成点形成的一系列子专利群；

（4）围绕某些功能模块或技术构成点的子专利群，向外延伸等的上下游扩展专利链；

（5）填补于各专利圈或专利群之间的用于反击对手的专利点，这些专利点和上述专利圈或专利群中的某些专利构成了反击专利；

（6）分布于功能模块或技术构成点的子专利群周边的储备专利。

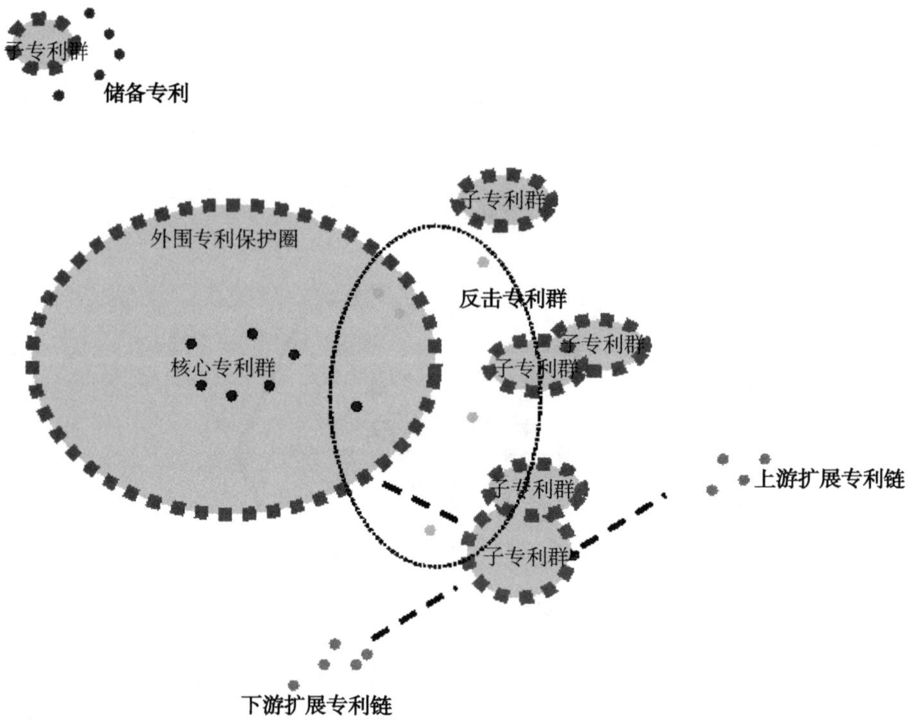

图5-15 策略组合型专利组合

二、常见的专利组合方案

上述专利组合的基本结构形态属于理想中的模式、标准化的手段，通常不是实际的应用场景，企业往往会从更实际解决问题的角度出发。就像练习武术一样，学习必要的招式是必需的，但面临不同的对手，怎么组合招式不是目的，打败对手才是目的。因此，面临常见的应用场景，企业如何融会贯通地构建更为切合实战的专利组合方案，也是非常重要的。

（一）专利类型的组合

同时申请发明和实用新型（一案两请）作为企业专利战略的重要手段，其解决了企业尽早获得专利保护需求和发明专利审查周期较长的矛盾。但“一案两请”可以变换出多种组合形式，以满足不同的目的和需求❶。

首先，采取两者保护范围不一致的手段。比如，采取实用新型保护范围较大、发明保护范围适中的手段。由于实用新型创造性标准要求较低，可以适当要求保护的范围更大一点，而发明需要经过实质审查，创造性审查标准要求较高，获得适中的法律稳定性

❶ 专利申请中“一案两请”策略的运用浅析［G］//中华全国专利代理人协会. 高质量的专利申请文件. 北京：知识产权出版社，2013.

较高的保护范围。这样一来，就形成了一个双层的保护（如图 5-16 所示）。

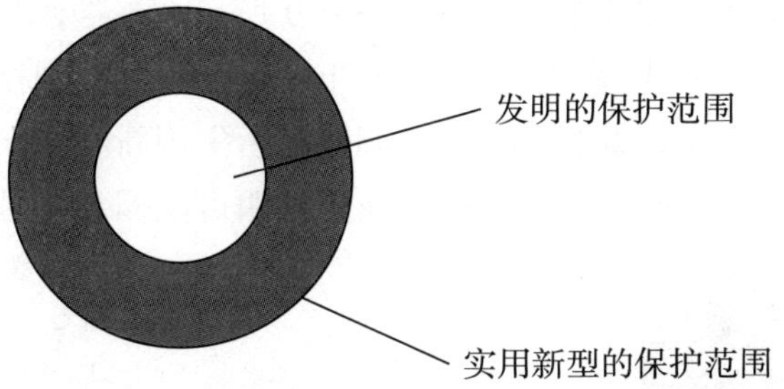

图5-16　“一案两请”中实用新型保护范围较大的情况

当然，这种情况还可以反过来使用，即实用新型的保护范围较小，发明的保护范围较大。实用新型先授权，可以先期保护产品生产和销售以及指向侵权产品，同时由于保护范围较小，所以法律稳定性强。在后公开的发明还可根据自身以及竞争对手产品的变型调整发明的保护范围，来一招“黄雀在后”（如图 5-17 所示）。

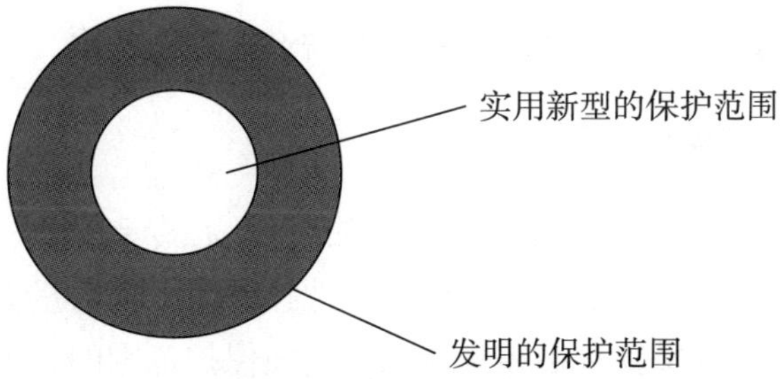

图5-17　“一案两请”中发明保护范围较大的情况

还可以采用围绕发明同时申请多件实用新型，对于发明所保护的技术方案的效果等同的技术方案或者改进方案申请外围的实用新型专利，这样做不仅与全部申请发明相比可以大大降低成本，同时可以堵住竞争对手的规避设计和反包绕的技术路线。而且在发明未授权之前，保护范围具有保密性，从而还可以给竞争对手造成困惑，挤压竞争对手的研发空间（如图 5-18 所示）。

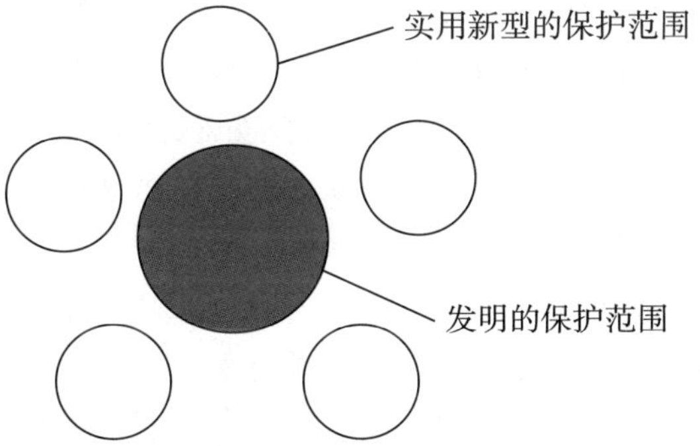

图5-18　实用新型作为发明外围专利的情况

其次，在采取两者保护范围不一致的情况下，对实用新型和发明采取先后申请。比如采取发明在前、实用新型在后申请（如图 5-19 所示）。采用这一策略最大的优势在于弥补了企业在发明专利申请后又发现产品的市场运营急需专利权保护，而发明尚未授权的权利真空期。在实施这一策略时应注意调整在后实用新型的保护范围，既要满足技术发展路径、市场和产品需要，又需要避免在先发明可能作为抵触申请的情况。

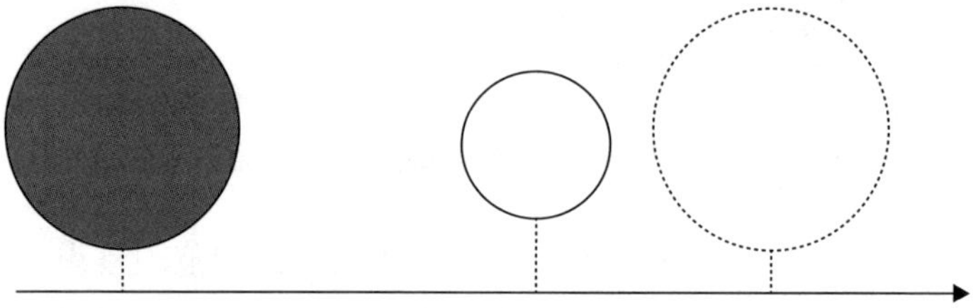

图5-19 实用新型后于发明申请的情况

最后，还需要考虑外观设计与发明和实用新型的配合使用。

（二）专利技术主题的组合

基础专利在一个专利组合中相当于“心脏”，核心专利相当于“手足”。对原始创新保护的强弱，并不仅仅取决于在布局形态的选择或是专利数量上的多寡，而是首先要对保护的主题和内容进行反复考虑和设计，形成强保护范围的基本专利，一定要避免落入仅对具体实现手段或具体方案进行保护的误区。

因此，在构建专利组合时，首先要考虑的就是能否提炼出基本专利。

【案例5-4】高活性多孔炭基本专利的设计[1]

某企业发现了一种制备高活性多孔炭的方法，具体工艺是以稻壳为原料，经过高温炭化后选择特定的酸清洗后获得。到这一步貌似看起来核心的技术方案应该是高活性炭的生产工艺。但是，进一步分析发现，高活性的获得是因为其微观多孔洞结构发生改变，而微观多孔洞结构之所以能够发生改变是因为酸与炭化原料中的 X 元素的转化物发生了反应并将其溶出。那么，就出现了“微观多孔洞结构”和“X 元素的含量”的属于产品技术主题的结构特征，进而就可以尝试挖掘出概括型的产品专利技术方案。如果这一产品技术方案能够得到专利保护，那么其保护范围和保护强度比高活性炭的生产工艺的专利要大得多，可以作为基本专利，高活性炭生产工艺的专利则可作为核心专利，改进型的生产工艺专利就作为该核心专利的外围专利。

上述涉及产品的基本专利与涉及生产工艺核心专利和多件外围专利共同构建了一个

[1] 改编自：马天旗. 专利布局［M］. 北京：知识产权出版社，2016.

强有力的专利组合（如图 5-20 所示）。

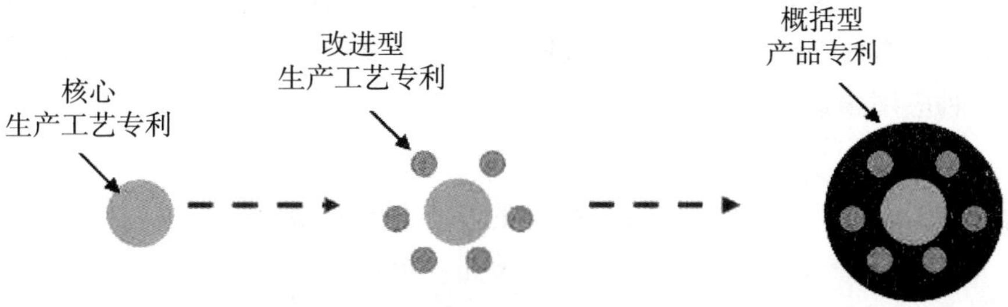

图5-20　高活性多孔炭围绕基本专利高价值专利组合的设计

（三）技术构成的组合

构建技术构成的专利组合需要从“静态”和“动态”两个方面入手。一是“静态”的基于不同技术维度的专利组合构建；二是“动态”的基于技术演进“前瞻性”的专利组合构建。

1. 基于不同技术维度的高价值专利组合构建

技术结构是任何一种专利组合的基础要素结构。技术具有延续性、关联性和应用性等特点，因此，在考虑专利布局的技术结构时，也主要是从上述 3 个方面考虑，在具体结构上包含纵向结构、横向结构和枝蔓结构。[1]

首先，专利组合要围绕技术的延续、纵深发展形成纵向布局结构。一项技术的发展总是向其极限性能方向发展，如成本的不断降低、使用性能的不断提升、功能的不断完备、环保安全性的不断提高、可靠性的不断提升等。当一项技术达到某一极限时，对于成本和各种性能的追求又不断驱动着有新的替代技术产生，如液晶电视屏幕逐渐取代了传统的电视屏幕。因此，长期来看，专利组合要跟随和围绕这种技术的改进和更迭，从而在技术结构上体现为因应于技术纵深发展的纵向结构。

其次，专利组合要围绕不同技术之间的关联支撑关系形成横向布局结构。任何一项技术都不是孤立地发展，而是处于一个相关技术群中，技术与技术之间有着广泛的横向联系。一项技术的实现和发展需要相应的工艺、制造技术和材料技术的支持，相关技术的发展会推动主导技术的发展。例如，在微电子行业中，开发一项新产品要涉及 40 多种材料的电子、化工、机械等许多行业的技术。因此，在任何一个技术发展时期或阶段，专利布局都需要考虑向横向支撑和关联技术的覆盖，从而在技术结构上体现为因应于技术的支撑和关联关系的横向布局结构。

最后，专利组合要围绕各种技术应用场景形成枝蔓布局结构。任何一项技术总是由已知领域向未知的应用领域渗透，不断地开发出技术的新用途，就如同一棵大树不断生

---

[1] 优智博．从技术发展、防御、攻击三方面进行专利布局规划［EB/OL］．Wenku. baidu. com.

长出新的枝蔓，枝蔓越多越茂盛，这棵树所覆盖的树阴面积也越大。比如，有的药物本是用于艾滋病的，结果后来发现有助于治疗其他疾病，并为此开发了新的配方和剂型。因此，专利布局需要围绕各种新的应用领域，不断扩展、完善，从而在技术结构上体现为因应于各种应用场景的枝蔓结构。

【案例5-5】围绕NFC技术的多维度的专利组合构建[1]

对于NFC技术，从纵向而言，可以围绕其数据传输的稳定性、可靠性、加密性和速度要求，对各种改进方案进行专利组合构建；从横向而言，可以围绕其芯片技术、识别终端、信息提示技术等进行专利布局；而围绕各种应用场景，如移动支付、仓储管理、物联网构建、智能家居等，可以进行枝蔓结构布局（如图5-21所示）。

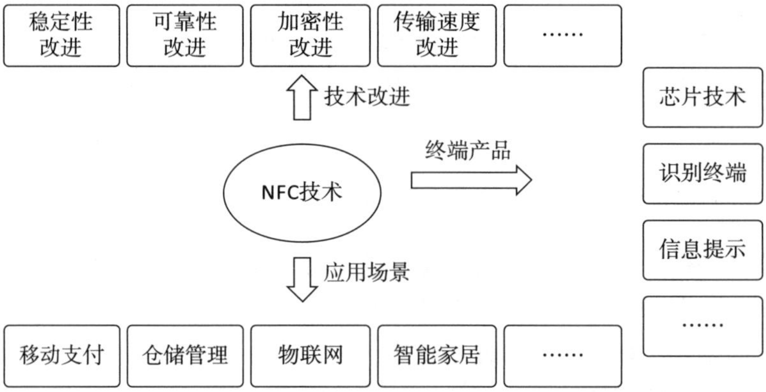

图5-21　基于不同技术维度的专利组合的构建

2. 前瞻性高价值专利组合构建

对于构建前瞻性的储备式专利组合而言，需要特别注意的是：

（1）考虑技术的应用场景的预判。对潜在的应用场景预判正确了，专利组合的布局也就成功了一半。而对应用场景的预判，既包含了应用场景本身，也包含了对该应用场景下功能需求、性能需求、形态需求、关联技术等的预判。在这些预判的基础上，对重要的应用场景进行储备式专利组合布局，才有可能在未来成为高价值的专利组合。

（2）考虑技术的全要素革新。从专利的具体内容来看，所谓储备，其实质是对各种潜在的技术形态或技术实现方式的储备。在储备式组合布局伊始，往往是基于目前的技术状况和技术认识水平，设计并选择了专利中的关键特征和组合布局方式。但是，随着新技术的发展和对技术本身认识的深入，构成最初技术方案的一种或多种技术构成要素都可能出现新的变化或更替，这些技术构成要素的变化，可能会给技术方案带来全新的面貌甚至导致新的应用场景的诞生。因此，在储备式专利组合构建的过程中，一定要

---

[1] 改编自：马天旗．专利布局［M］．北京：知识产权出版社，2016.

考虑到各种技术构成要素革新所带来的变化，并由此更新、调整布局的专利。

【案例5-6】异形电池储备式专利组合的构建[1]

某公司判断异形锂电池会成为消费市场中锂电的一种高附加值品类，进而针对异形电池进行了技术开发。

在进行技术开发的时候，预判异性电池最重要的应用场景包括了各种智能穿戴设备，而智能穿戴设备中最为典型的是智能手环或智能手表。考虑到更长时间的续航要求，实现表带和电池的一体化是一种重要的需求，同时，还需要考虑电池放电时的热能控制问题以避免引起肌体的不适。因此，该公司针对如何实现各种曲率的带状异形电池的制造技术和相关设备以及异形电池的散热技术等进行了储备式专利组合的构建（如图5-22所示）。

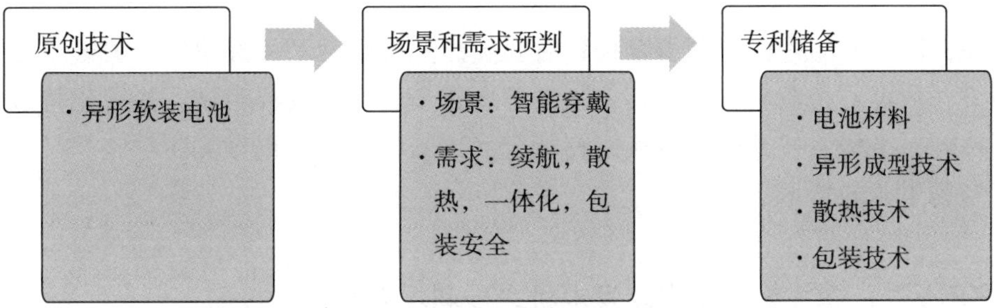

图5-22　异形电池储备式专利组合的构建思路

（四）产品结构的组合

一般而言，产品是技术的最终应用形态，也往往是技术的应用性和关联性的直接体现，产品的更新换代和技术的纵深发展之间也是相互促进、互为因果的关系。因此，专利布局在围绕具体技术层面，考虑技术结构的同时，也必然需要考虑围绕产品层面的布局结构。

考虑到产品的技术复杂性和集成性的特点，围绕产品的专利布局结构需要重点考虑层级性、交叉性和突出性。

首先，围绕产品专利布局时要从整个产品的系统构成方面形成层级搭建的结构。从产品的设计、制造、组装、销售、使用和增值服务的全链条来看，可以将其涉及的技术内容划分为结构设计类、工艺制造类、组装调试类、安装使用类4个层面，每一层面下又包含多个子层，如表5-4所示。

[1] 改编自：马天旗．专利布局［M］．北京：知识产权出版社，2016.

表5-4　围绕产品的专利技术类型组合构建❶

围绕产品的专利技术类型	技术主题的主要内容
结构设计类	整机的结构、功能和外形设计，零部件结构、功能和外形设计
工艺制造类	原材料的选择、检测和处理，中间品及成品的制造及加工的方法、模具和设备，工艺过程的安全、节能和环保设计，中间品及成品的检测、检验和包装
组装调试类	各功能模块的组合、封装和调试，功能模块之间的结构布局和互通互联，各功能模块的替代性方案和选择，关键模块的安全性和可靠性设计
安装使用类	安装的设施、工具和工艺，安装设施及其过程的安全、环保和可靠性设计，使用操作的界面、流程和信息反馈，使用后的维修、回收和安全处理设计

另外，围绕产品进行专利组合构建时要突出关键部件、关键功能、关键结构和关键技术等核心内容。企业应该抓住其中创新程度较高、性能改善明显、差异化特点突出的部件、功能、结构、技术进行重点专利组合，这其中又应该重点关注对该产品带来较高附加值专利组合的技术点。

【案例5-7】东方电机之汽轮发电机之专利组合❷

（1）关键部件与基础部件专利组合

汽轮发电机作为一项机械产品，其创新离不开产品结构方面的创新。对产品结构进行保护，可以最大限度地防止竞争对手的抄袭侵权。东方电机针对各关键部件结构的创新，均及时进行专利布局，如针对定子机座的创新、针对定子绕组线圈的创新，以及针对转子通风冷却结构的创新等所申请的专利，参见表5-5。

表5-5　东方电机针对关键部件产品结构的专利组合列表

关键部件结构	专利号	创　新　点
定子机座	CN201507648U	定子机座包括密封调节机构，满足发电机定子机座和机坑之间的密封要求，保证通风冷却效果
	CN204271789U	在第一、第二端环板上开设缺口，降低端环板刚度，减小端环板变形
	CN204271790U	在端环板本体上开设缺口，降低了端环板刚度，减小端环板变形

❶ 马天旗．专利布局［M］．北京：知识产权出版社，2016.

❷ 改编自：马天旗．专利布局［M］．北京：知识产权出版社，2016.

续表

关键部件结构	专利号	创　新　点
定子绕组线圈	CN2686194Y	采用波纹板固定线棒，保持定子绕组平稳运行
	CN205304443U	在鼻端连接处交叉换位，线棒端部不换位，减小线棒环流损耗，降低线棒温升
转子通风冷却结构	CN101465578A	利用转子端部铜线侧面面积散热，由传统自然散热变为强迫通风冷却，并增大铜线冷却面积
	CN201349164A	利用转子端部铜线侧面面积散热，由传统自然散热变为强迫通风冷却，并增大铜线冷却面积
	CN104410190A	将通道下部进风口沿冷却风风向倾斜布置，减小进风阻力，增大进风流速，增强冷却效果
	CN204271782U	将通道进风口沿冷却风风向倾斜布置，减小进风阻力，增大进风流速，增大换热系数，冷却更好
	CN204271783U	设置“S”形通风道，使冷却气体进入后形成紊流，具有良好的冷却效果
	CN204271785U	将通道下部进风口沿冷却风风向倾斜布置，减小进风阻力，增大进风流速，形成紊流
	CN204271784U	设置“S”形通风道，使冷却气体进入后形成紊流，槽底垫条与铜导线错位布置，增大进风流速
	CN205195446U	通风槽片采用了定位结构，避免通风槽钢之间扇形片受力点错位
	CN205195457U	汽轮发电机转子的新型通风结构，解决单机功率1200MW以上的全速汽轮发电机转子冷却问题

此外，东方电机不仅针对关键部件的创新进行专利组合，针对基础部件的创新也及时申请了专利保护（见图5-23），以防竞争对手抢占基础部件的专利权，使得关键部件的专利无法实施，只能与竞争对手交叉许可。东方电机针对定子端盖的创新、针对轴承结构的创新等所申请的专利参见表5-6。

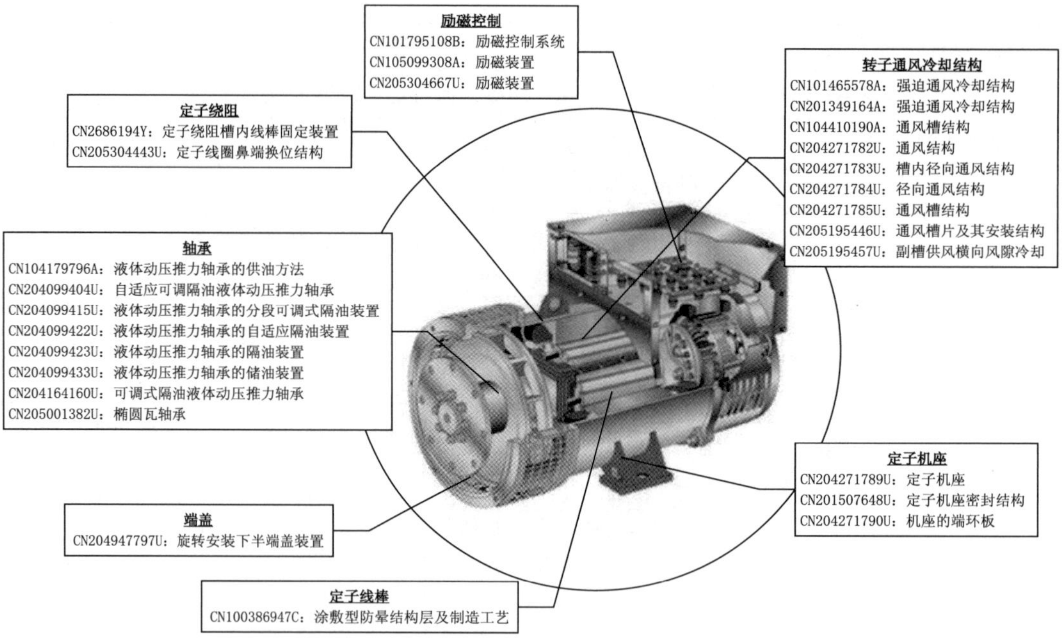

图5-23　东方电机产品结构专利组合

表5-6　东方电机针对基础部件结构进行的专利组合列表

基础部件结构	专利号	创　新　点
定子端盖	CN204947797U	由辅助支撑半环作为过渡结构，使下半端盖在自身空间内完成旋转安装
轴承	CN204099422U	通过自适应隔油装置阻止热油进入后一轴瓦，降低工作油温，增大轴瓦间有效过流面积
	CN204164160U	通过隔油装置阻止热油进入后一轴瓦，降低工作油温，调节隔油宽度和进入后一轴瓦热油量
	CN204099404U	隔油板与镜板之间接触力度能自适应微调，阻止热油进入后一轴瓦
	CN204099423U	阻止附着镜板的热油进入后一轴瓦，降低工作油温，增大轴瓦间有效过流面积
	CN204099415U	改变隔油装置结构，调节隔油宽度和进入下一轴瓦的热油量
	CN204099433U	直接引入外界冷却油对轴瓦冷却，避免外界冷却油与混合油混合
	CN205001382U	轴瓦表面设置镶块，且镶块与轴瓦间设置绝缘结构，简化结构设计，降低成本，维护方便

（2）从零部件布局到产品

所有系统都是由多个小部件组成的，小部件的创新就会影响到大系统的运行，也就涉及大系统的创新。同时对于各部件构成的整个大系统也要申请专利，对其整体进行专利布局（见图5-24）。例如，东方电机对定子槽的结构进行了改进，在进行专利布局时，逐步将之扩展到整个发电机，其权利要求的具体布局如下：

权利要求1. 一种发电机定子槽结构，其特征在于：所述槽体（1）上设置有扩大槽（2），所述扩大槽（2）位置的槽宽大于槽体（1）的槽宽。

权利要求5. 一种发电机定子线圈固定结构，其特征在于：包括如权利要求1~4任一项所述的发电机定子槽结构，所述槽体（1）内设置有线圈（3），线圈（3）通过设置在扩大槽（2）内的固定件（4）固定。

权利要求8. 一种发电机，其特征在于：采用如权利要求5~7任一项所述的发电机定子线圈固定结构。

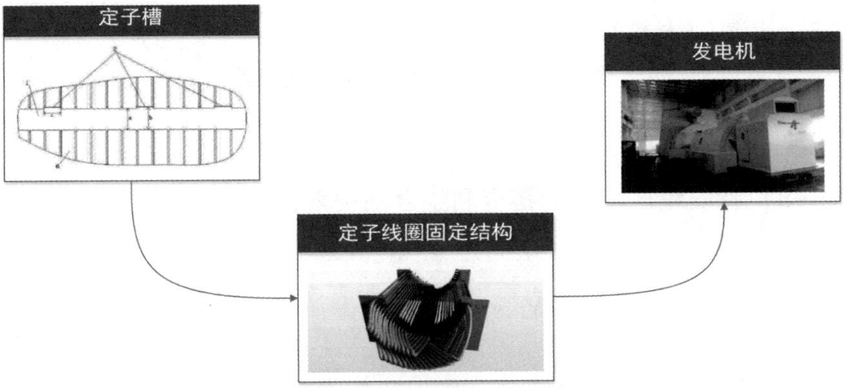

图5-24　东方电机的从定子槽结构到发动机的专利组合

这样构建专利组合的好处有很多，不仅可以对产品建立立体保护层，威慑竞争对手，同时还可以覆盖更多的潜在侵权产品和侵权行为实施主体，避免各类间接侵权。

（五）产业链的组合

一般来说，产业链的上游为整个产业的基础环节，拥有更高的技术含量，下游产品的技术升级换代受制于上游原材料或初级产品的技术水平。企业可以基于自身专利技术向上游拓展延伸，进入产业链的基础环节和技术研发环节，在上游原材料或初级产品方向进行专利挖掘，形成自身产品核心专利与上游原材料或初级产品的专利进行组合，占据竞争制高点。此外，企业还可以在该产品的下游各个应用方向挖掘专利，转化为生产和生活中的实际产品和应用专利（如图5-25所示）。

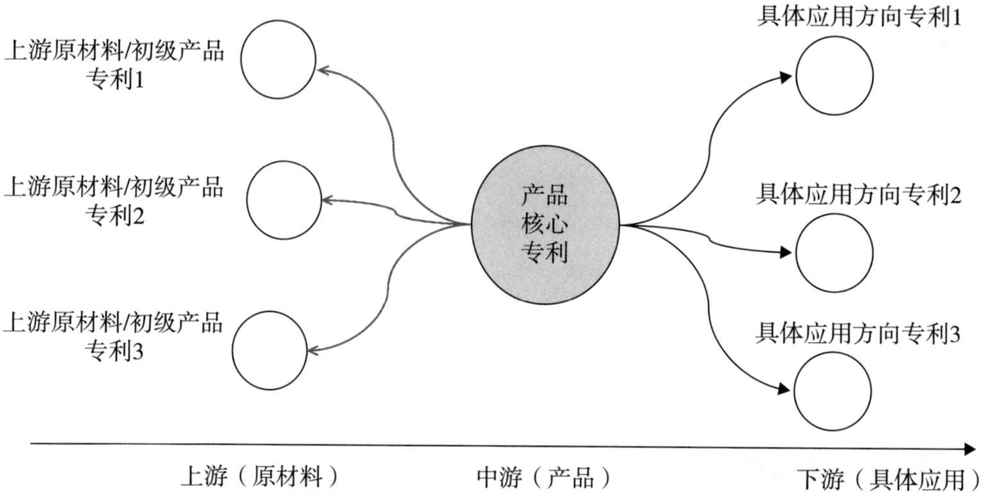

图5-25 产业链专利组合构建思路

【案例5-8】特安纶产品产业链专利组合的失败构建❶

特安纶和Nomex是A、B两个公司在芳砜纶领域的相似产品，市场趋同，而特安纶比Nomex在一些性能上表现更为优异，且成本远低于Nomex，对Nomex的市场前景构成严重威胁❷。

A公司已于2007年就特安纶产品申请了专利“芳香族聚砜酰胺纤维的制造方法”及“全间位芳香族聚砜酰胺纤维的制造方法”，克服了传统的直向湿法纺丝方法制备芳香族聚砜酰胺纤维带来设备占地多、纤维集束要求较高、纤维不均匀的缺点，A公司的方法设备占地面积小、丝束均匀，且所制得的纤维强度好、热收缩小，可改善纤维的卷曲性能，增加断裂伸长，提高成纱可纺性。这两件申请中第一件是该技术的基础专利，第二件是在第一件基础上改进的核心专利，该核心专利被A公司通过《巴黎公约》途径进入日本、美国、德国、西班牙和欧洲其他地区，基本囊括了芳砜纶纤维产品的主要市场。

B公司面临这种竞争态势，在芳砜纶纤维产品本身上很难再做文章，其只能另辟蹊径。在考察到A公司产品即将产业化时，B公司陆续申请了有关芳砜纶纤维产品下游应用的多项专利族❸，对A公司的上述基本专利和核心专利形成包围，如图5-26所示。

---

❶ 马天旗. 专利布局［M］. 北京：知识产权出版社，2016.

❷ 贺化. 评议护航——经济科技活动知识产权分析评议案例启示录［M］. 北京：知识产权出版社，2014：141-145.

❸ 杨铁军. 产业专利分析报告——高性能纤维［M］. 北京：知识产权出版社，2012：114-116.

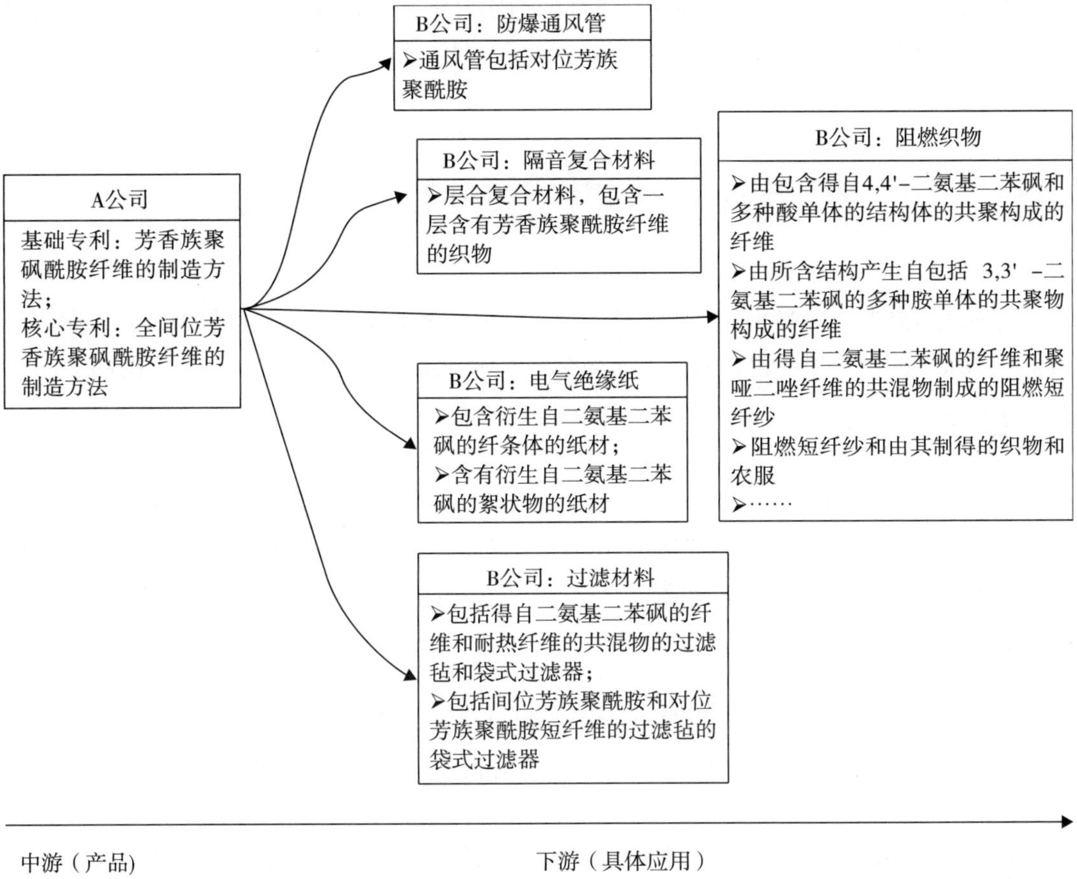

图5-26 B 公司不同应用方向专利对 A 公司产品专利的包围

由图 5-26 可见，B 公司在芳砜纶纤维产品下游应用的多个方向上进行了针对性的专利挖掘，其权利要求范围覆盖了 A 公司特安纶产品的多个重要应用领域。例如，在过滤材料领域，其申请专利的权利要求 1 为："包括短纤维紧密共混物的过滤毡，所述共混物包含：a）20 至 75 重量份的聚合物短纤维，所述聚合物短纤维包含得自砜胺单体和至少一种酸性单体的聚合物或共聚物，其中所述砜胺单体选自 4，4′-二氨基二苯砜、3，3′-二氨基二苯砜以及它们的混合物，其中所述酸性单体为对苯二甲酰氯、间苯二甲酰氯或其混合物，以及 b）……"，主题为应用领域过滤毡，特征部分包含限制范围较宽的砜胺单体 4，4′-二氨基二苯砜及 3，3′-二氨基二苯砜，这些单体范围包括了 A 公司的特安纶纤维，使得如果使用 A 公司的特安纶纤维生产过滤毡就很容易侵犯 B 公司的专利权。依靠类似手段，B 公司在特安纶纤维下游应用的多个方向——阻燃织物、过滤器、绝缘材料、绝热隔音材料、防爆管、输送软管等进行专利挖掘，对 A 公司的核心专利形成密集的包围圈，最终导致 A 公司的下游厂家为了避免侵权不敢购买其产品，使 A 公司的特安纶产品难以销售出去，芳砜纶纤维的市场几乎是 B 公司 Nomex 产品的天下。

假如A公司能够按照产业链专利组合的构建思路事先完成专利组合的构建，不仅绝不会发生上述情况，而且很可能B公司将被市场淘汰出去。

第四节 高价值专利组合的优化与维护

专利组合并非一个静止的专利集群，而是一个动态的技术组合和价值组合群。专利组合优化和维护的内容主要包括数量上的补充、专利组合内容上的更替和结构上的调整。

一、评估优化

开展专利组合的价值评估和优化工作，是为后续专利组合的实际运营和管理维护工作提供参考依据。专利组合的评估优化方法主要有专利价值指标完善法、专利组合战略结构提升法和专利组合策略提升法。

（一）专利价值指标完善法

评判专利的价值维度和指标体系对于专利组合同样适用，通过衡量专利组合的不同价值维度的高低，可以对应性地制订专利组合的提升方案，并有的放矢地优化专利组合。❶

可以根据专利的价值维度和指标为专利组合进行打分，分析专利组合中哪些是较差的价值维度，并进行针对性的补强（见表5-7）。也可以根据专利组合的实际用途，针对性地持续提高其某方面的价值维度。

表5-7 基于不同价值维度的专利组合补强方法

专利价值维度		高价值专利组合补强方案
技术价值	技术成熟度	互补性专利补强
	技术独立性	基本专利与竞争性专利补强
法律价值	法律稳定性	支撑性专利补强
	保护范围（权利、时间、地域）	保护层级、地域补强； 互补性和延伸性专利补强
	不可规避性	专利规避设计补强； 替代性专利补强

❶ Andy Gibbs. Patent portfolio quality management-Practical Application of Statistical Patent Quality Analysis of Patent Portfolios for Decision Support in Intellectual Property Management [EB/OL]. http://integrityip.com/Patent_ Library/Community/Other/Patent_ Portfolio_ Quality_ Management.pdf.

续表

专利价值维度		高价值专利组合补强方案
战略价值	进攻能力	进攻性专利补强
	防御能力	防御性专利补强

比如，就专利组合的法律价值补强而言，对于案例5-7中东方电机汽轮发电机之专利组合，为了提高某产品的整个专利组合的法律稳定性，可以对该产品的各个关键零部件和基础零部件申请专利，同时将这些关键零部件和基础零部件专利逐步上升保护至产品的局部乃至整个产品。这样一来，竞争对手就很难无效掉所有专利及其权利要求，相较于单件专利，该专利组合的法律稳定性就非常强。同时，该专利组合的不可规避性和被侵权的可能性均得到大大提升。

（二）战略结构的提升法

专利具备法律、技术和市场等价值维度，专利组合同样可以从法律、技术和商业的角度去进行构建。从简单组合到复杂组合、从技术微观到战略宏观，专利组合行为过程实质上就是构建从法律结构到技术结构再到商业结构的专利组合的过程。[1]

第一阶段：法律结构的专利组合构建

法律结构专利组合构建的着眼点通常是一个技术点的专利布局，如将提升法律稳定性、增大保护范围、延长保护周期、提升不可规避性等技术纵向角度进行的专利组合（见图5-27）。

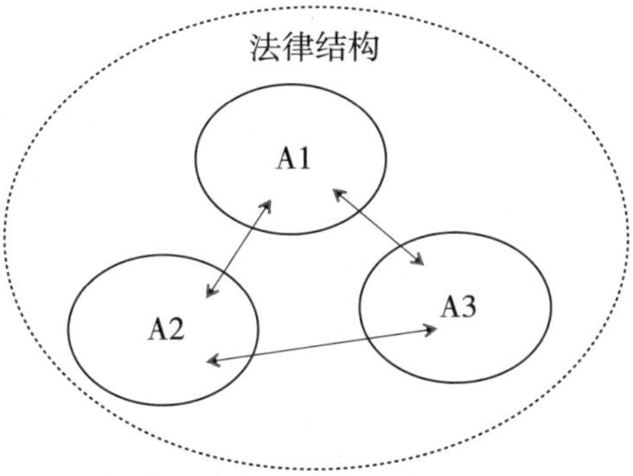

图5-27 法律结构的专利组合构建示意

第二阶段：技术结构的专利组合构建

技术结构专利组合构建的着眼点通常是一个技术系统，如从技术独立性、技术成熟度、技术应用广度、替代性技术等技术横向角度构建的专利组合，也可能着眼点为一件产品，如

[1] Shang-Jyh Liu，Anna Hoi Yan Fong，Tony Yuhong Lan. Patent Portfolio Deployment：Bridging the R&D，Patent and Product Markets［M］. World Scientific Publishing Co Pte Ltd ，2017.

从产品设计、构造、生产工艺、关键零部件等方面构建的专利组合（见图 5-28）。

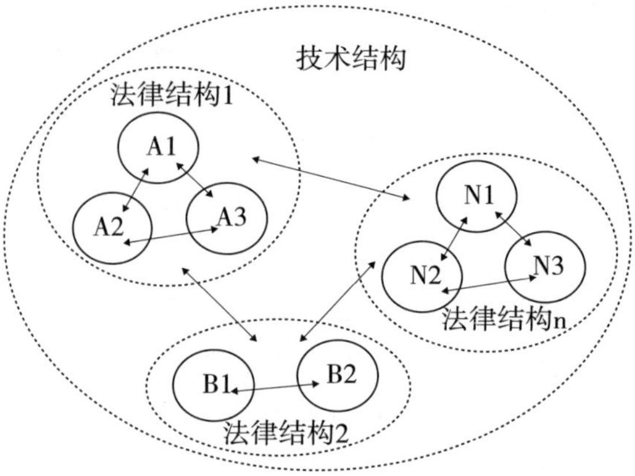

图5-28　技术结构的专利组合构建示意

第三阶段：商业结构的专利组合构建

商业结构专利组合构建的着眼点通常是商业化推广和应用，如通过专利组合加入专利联盟、专利池、技术标准等，或者着眼于产业链的视角，如考虑上下游企业、产业竞争状况等方面构建的专利组合（见图 5-29）。

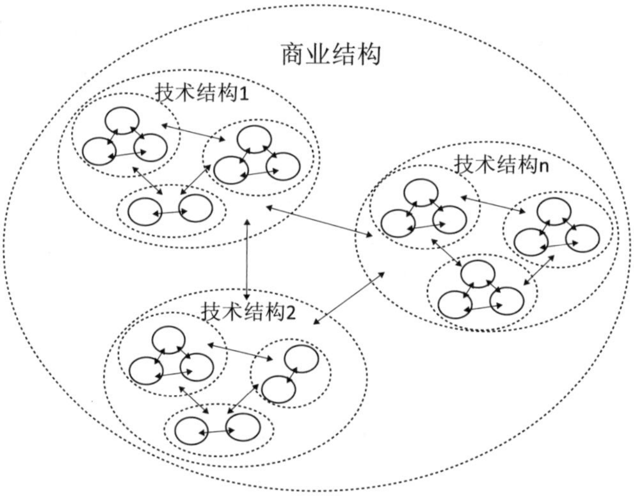

图5-29　商业结构的专利组合构建示意

【案例5-9】机械产品零部件法律结构上的专利组合构建示意

对于一个机械产品，如果创新点主要在核心零部件，那么从法律层面而言，可以围绕 3 个维度进行专利组合的构建（见图 5-30）：一是技术占位式的外围和扩展，包括关键零部件的产品专利、改进型外围专利以及防规避的竞争性专利布局；二是发明点的延伸专利布局，包括关键零部件的产品专利以及从部件到大产品的专利；三是技术链横向专利布局，包括关键零部件的产品专利和对应的方法专利布局。而上述3个法律层面的专利组合构建在一起就相当于一个技术层面的专利组合。

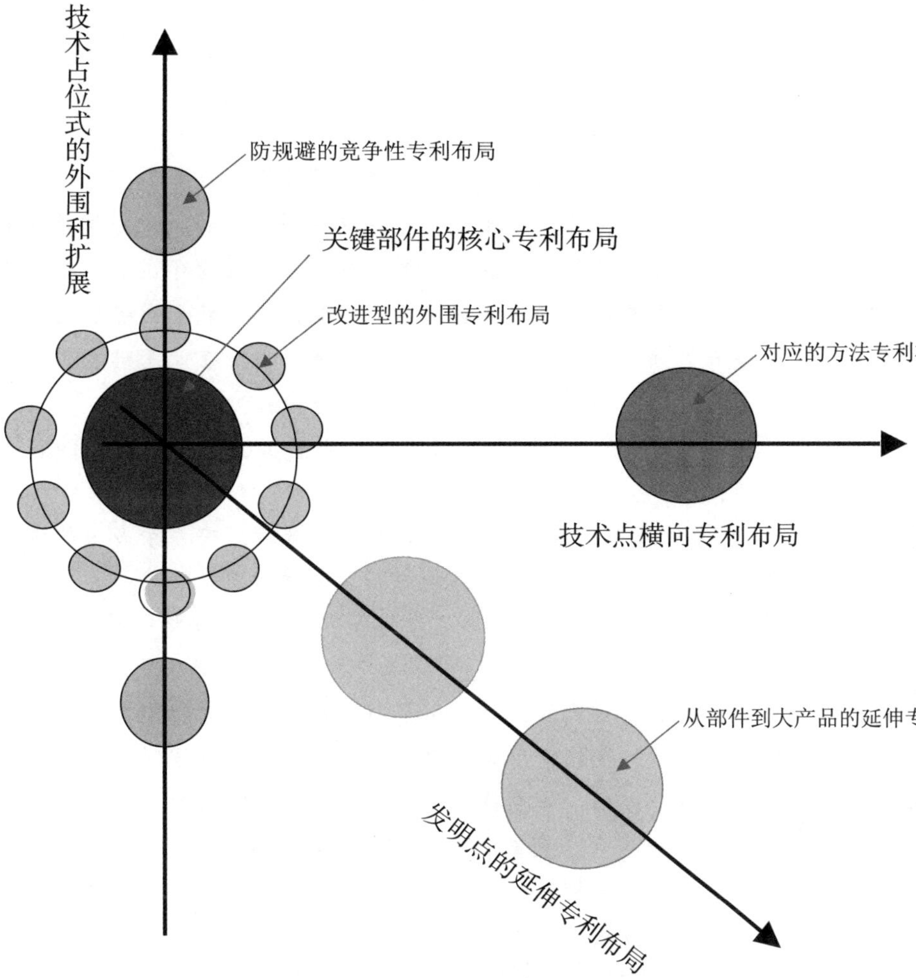

图5-30 关键零部件法律层面的专利组合构建思路

【案例5-10】石墨烯新制备方法的专利组合策略❶

石墨烯是由碳原子组成的只有一层原子厚度的二维晶体，具有潜在的高导电性、高热稳定性、高机械强度和特殊的量子特性而备受瞩目，被认为是未来可能全面替代硅的新材料❷。氧化还原法因操作简单，产量高，易于大量制备等特点而被重点关注，其中的还原剂是研究的重点与关键。

目前已经报道的可用于石墨烯制备的还原剂得到的石墨烯的导电性较低，难以获得

❶ 改编自：马天旗. 专利布局［M］. 北京：知识产权出版社，2016.

❷ 百度百科，http：//baike. baidu. com/item/石墨烯/4458070.

高品质的石墨烯。因此，仍然有必要发展新的还原体系，在保证能够快速制备石墨烯的同时，能够得到高品质的石墨烯材料。

某研究机构在经过研究以后，发现硫化氢气体可以作为新型的还原剂，将氧化石墨烯还原，制备石墨烯材料。下述内容将围绕专利组合战略结构的各个阶段进行阐述（见图 5-31）。

第一阶段：法律结构的专利组合构建

原始创新点为：使用硫化氢气体作为氧化石墨烯的新型还原剂（A）。

在原始创新点的基础上，我们需要以原始创新点 A 为基础，进行技术方案整体的挖掘，得出多种手段，从而制备得出各种形态的石墨烯材料。石墨烯的存在形式主要包括石墨烯粉体材料、薄膜材料和三维多孔宏观体材料等。因此，创新点全面扩展主要是如何将相应创新点用于制备石墨烯粉体材料和三维多孔宏观体材料。在此基础上，可以挖掘出 3 个技术方案，分别要求保护不同形式石墨烯的制备方法：

a）利用硫化氢气体将分散液中的氧化石墨烯还原为石墨烯，并去除多余的硫及溶剂，得到石墨烯粉体材料；

b）利用硫化氢气体将分散液中的氧化石墨烯还原为石墨烯，并去除多余的硫，过滤所得分散液得到一薄膜材料，并冷冻干燥，得到石墨烯薄膜材料；

c）利用硫化氢气体将分散液中的氧化石墨烯还原为石墨烯，对石墨烯分散液进行溶剂热处理，获得石墨烯凝胶，并去除多余的硫及溶剂，得到三维多孔石墨烯宏观体材料。

通常，我们以石墨烯作为制备得到的产物，但是石墨烯在使用时也经常会与其他材料复合，以复合材料的形式使用。我们使用硫化氢做还原剂制备石墨烯时，还原后硫会保留在石墨烯上，如果要制备石墨烯，需要将硫除去，得到石墨烯材料。

我们是不是可以考虑不将硫除去，直接制备得到带硫的石墨烯复合材料呢？此时，不仅节省了制备步骤，还可以直接得到石墨烯复合材料。在此基础上，我们同样可以挖掘出 3 种不同形式石墨烯的制备方法。

d）利用硫化氢气体将分散液中的氧化石墨烯还原为石墨烯，并干燥上述含有石墨烯和硫的分散液，得到石墨烯复合粉体材料；

e）利用硫化氢气体将分散液中的氧化石墨烯还原为石墨烯，过滤上述分散液得到一薄膜材料，并冷冻干燥，得到石墨烯复合薄膜材料；

f）利用硫化氢气体将分散液中的氧化石墨烯还原为石墨烯，对石墨烯分散液进行溶剂热处理，获得石墨烯凝胶，并干燥，得到三维多孔石墨烯复合宏观体材料。

第二阶段：技术结构的专利组合构建

在原始创新点的基础上，已经挖掘得出了 a）~f）六种不同的制备方法，在挖掘出多种石墨烯的制备方法之后，我们是不是应该考虑保护相应方法得到的产品呢？

对于制备方法 a）~c）而言，采用相应方法制得的石墨烯与常规石墨烯并无显著差异，因此，无须就其得到的产物进行扩展挖掘。

而对于制备方法 d）~e）而言，由于采用相应的方法制得的是石墨烯与硫的复合材料，与常规石墨烯存在一定的差异，且所得石墨烯基复合材料具有良好的导电性和稳定性，完全可以作为一种新型石墨烯产物进行保护。因此，非常有必要对相应制备方法所得到的产物进行扩展挖掘，从而可得到以下几种石墨烯复合材料：

g）石墨烯与硫的复合粉体材料，包括石墨烯粉体和多个负载在该石墨烯粉体上的单质硫。可采用方法 d）制得。

h）石墨烯与硫的复合薄膜材料，包括石墨烯薄膜和多个负载在该石墨烯薄膜上的单质硫。可采用方法 e）制得。

i）石墨烯与硫的复合三维多孔宏观体材料，包括三维多孔石墨烯宏观体和多个负载在该三维多孔石墨烯宏观体上的单质硫。可采用方法 f）制得。

在已有原始创新点的基础上，需要对该创新点进行全面的扩展，同时考虑在整个产业链上中下游的延伸保护，才能够全面地进行该领域创新点的挖掘，挖掘出所有应该得到保护的创新点。

第三阶段：商业结构的专利组合构建

制得石墨烯（复合材料）之后，我们还需要考虑在相关产业链上进行扩展挖掘工作。

综合前面已经挖掘得到的方案可以看出，已挖掘得到的方案在相应产业链的上游应该是石墨原料和还原剂硫化氢气体等。由于石墨原料并不是改进的重点，创新点的实施也不依赖于石墨原料的改进和选择，因此，无须针对石墨原料进行挖掘扩展。而另一种原料硫化氢气体，本身是大气的主要污染物之一，不仅污染环境，还有剧毒，严重危害人体健康，还会严重腐蚀设备等，是一种常见的化工废料。因此，也无须专门进行扩展挖掘。相反，现有创新点和方案正是要解决现有技术中存在的大量硫化氢气体的脱除和有效利用的问题。

那么，我们再考虑一下产业链的下游，下游应该是所得到的石墨烯（复合材料）的应用。由于石墨烯本身的应用研究已经进行了很多，采用本方法制得的石墨烯与常规石墨烯并无明显差异，也不会在应用上具有更多可能的扩展，因此，无须就此开展下游应用的扩展挖掘。

但是，制得的石墨烯复合材料与常规的石墨烯并不相同，它们应该会具有一些特定的性能和用途，我们应该考虑据此进行进一步的挖掘。

本领域技术人员已知，锂硫电池[1]以硫作为正极反应物质，以锂作为负极，放电时负极反应为锂失去电子变为锂离子，正极反应为硫与锂离子及电子反应生成硫化物，是近年来倍受关注的高能量二次绿色化学电源。但是，由于单质硫的离子导电性和电子导电性都很低，且在充放电过程中生成的硫化物易溶于电解液中，使得正极的活性物质逐渐减少等问题，严重制约了锂硫电池的商业化进程。

使用该创新点可以制备得到带有硫的石墨烯复合材料 g）、h）和 i），由于复合材料中带

---

[1] 百度百科，http：//baike. baidu. com/view/10350458. htm.

有单质硫，同时，石墨烯具有良好的导电性和稳定性，使得该复合材料非常适合用作锂硫电池中的正极材料。因此，我们可以在下游应用上挖掘出新的应用领域，得出以下方案。

j）锂硫电池，石墨烯复合材料 g）、h）和 i）作为正极材料。

使用硫化氢气体作为还原剂将氧化石墨烯还原时，首先提供了一种能够快速制备得到高品质石墨烯的方法，在此基础上，是不是还解决了其他问题呢？

这时候，首先需要整体考虑我们挖掘出的技术方案，相应的方法能够获得的技术效果肯定是快速制备高品质石墨烯，那么还有可能同时达到其他效果吗？比较整个方案，我们就会发现，使用的还原剂硫化氢与现有技术的还原剂不同，使用硫化氢气体作为还原剂，是不是也可以解决某一技术问题，达到某一技术效果呢？

可以发现，硫化氢气体本身是大气的主要污染物之一，不仅污染环境，还有剧毒，严重危害人体健康，还会严重腐蚀设备等。因此，硫化氢的无害化治理和有效利用一直是亟待解决的技术难题之一。而该创新点的使用，可以将硫化氢气体完全脱除，有效消除硫化氢气体的污染。同时，由于硫化氢气体可以作为还原剂发挥作用，还可以有效利用环境中的有害气体硫化氢，达到很好的污染物有效利用的效果。

因此，该创新点可以达到以下两个技术效果：

A）可快速制备得到高品质石墨烯；

B）可脱除硫化氢，并实现硫化氢的有效再利用。

当然，还可以围绕该方法的设备，以及带硫石墨烯的用途方面多布局一些专利，以打造更为成熟和市场化的商业性专利组合策略。

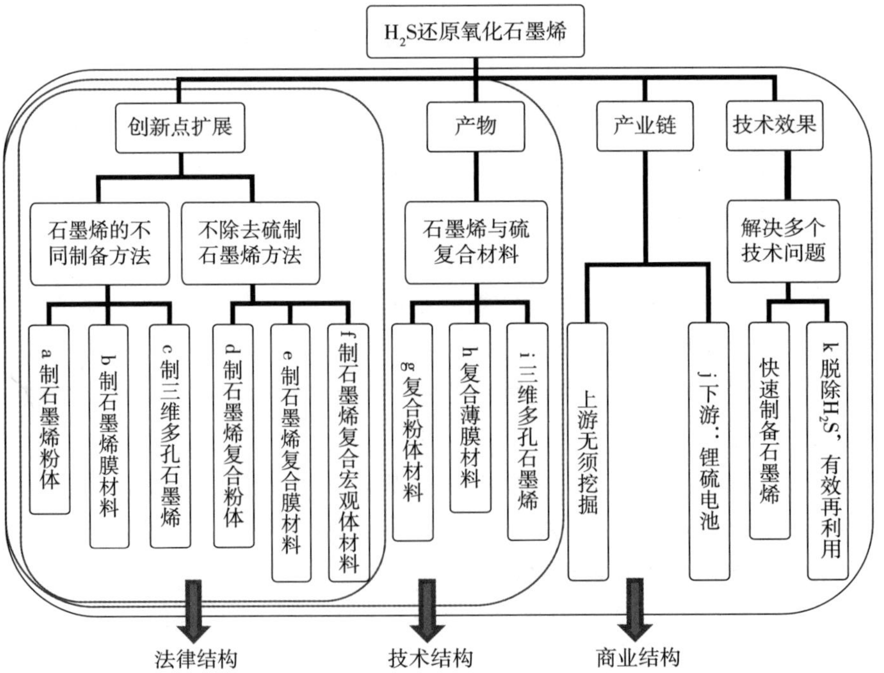

图5-31　石墨烯制备方法的专利组合结构示意

（三）组合策略提升法

从专利组成类型、组成规模以及专利组合中专利之间的相互关系的角度，专利组合策略可分为以下 3 种：规模化专利组合策略、互补性专利组合策略和替代性专利组合策略。❶

第一阶段：互补性专利组合策略

如果组成专利组合体的专利对产品研发和市场销售具有互补性特点，上述策略就称为互补性专利组合策略（见图 5-32）。互补性专利组合策略主要是基于产品研发、生产和销售方面目的，旨在完善和优化相比于同质产品的性能，以扩大产品竞争优势和市场销售额（案例 5-9 中围绕石墨烯制备方法、产品及应用的专利组合策略就属于互补性专利组合策略）。

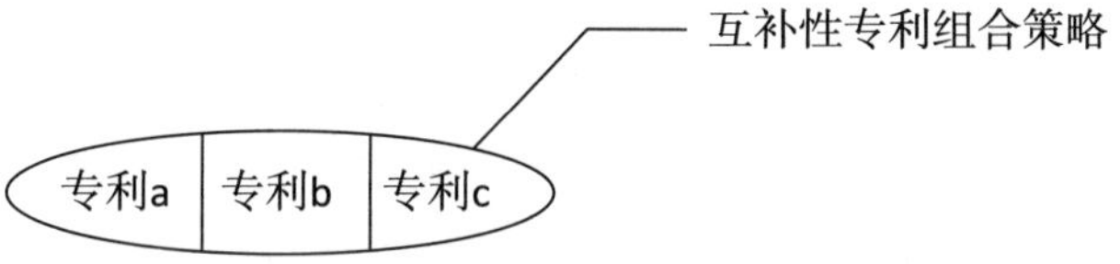

图5-32　互补性专利组合策略示意

第二阶段：互补性专利组合策略+替代性专利组合策略

如果组成专利组合体的专利是对同一种产品研发和市场销售的相互替代关系，那么就称上述策略为替代性专利组合策略，与互补性专利组合策略可以结合使用。替代性专利组合策略主要是为了构建竞争对手进入同类产品研发、生产和销售的技术壁垒，通过替代性专利的研发可以有效阻止潜在对手对同种产品市场的进入，同时还可以提高企业的研发自由度（案例 5-9 中围绕石墨烯制备方法和产品各种变型方案就属于替代性专利组合策略）。

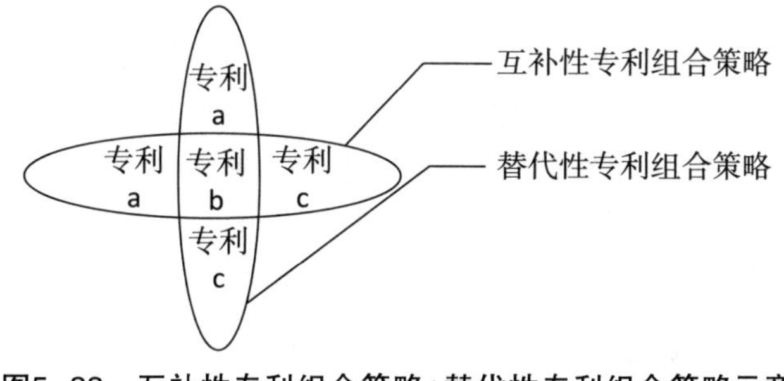

图5-33　互补性专利组合策略+替代性专利组合策略示意

第三阶段：规模化专利组合策略

规模化专利组合策略，是指从组成专利组合体的互补性专利组合、替代性专利组合

---

❶ 岳贤平. 国外企业专利组合策略模式及其启示［J］. 情报科学，2014（12）.

以及前瞻性专利、外围专利等全面增加的角度，开展基于企业所有创新成果的专利化、攻击化、壁垒化的专利组合策略（见图5-34）。

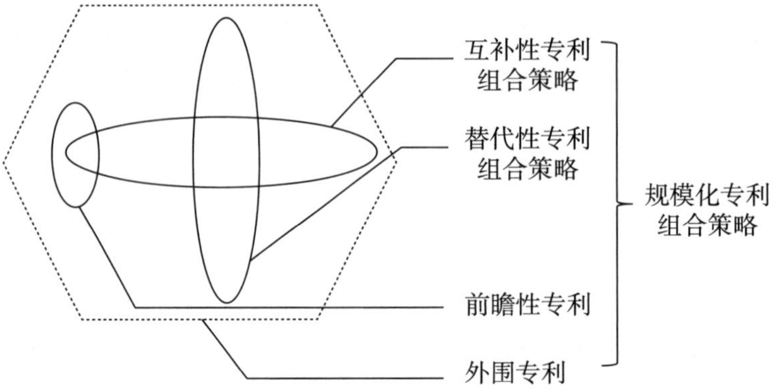

图5-34 规模化专利组合策略示意

企业应该根据自身经营条件和制度环境来确定专利组合策略，不一定按照上述3个阶段逐一实施完成。对于大型企业，由于技术资源和经济基础都有一定保障，可以优先考虑构建规模化专利组合，如果采取专利池、专利联盟等形式，则应积极争取其中的主导地位。对于创业型小微企业，由于受到各种经营条件的限制，往往无法独自实现规模化专利组合，尤其是对于市场结构较单一的企业，规模化策略反而会由于过高的成本影响企业的经济效益，这时可以考虑通过互补性或替代性策略针对特定产品或技术构建专利组合。❶ 此外，制定上述专利组合策略时还要考虑领域的特殊性和差异性❷。

二、管理维护

随着已构建专利组合中新专利申请的增加，专利法律状态的变化，以及受技术发展和市场需求变化影响导致专利价值度的变化等，已构建专利组合需要开展管理维护工作，具体包括但不限于：监控专利组合技术领域新专利申请的情况，及时将相关专利申请纳入专利组合；定期更新专利组合技术中专利法律状态，剔除专利组合中无效的专利；定期开展组合中已授权专利的价值评估工作，增加或者修订组合中已授权专利的重要度等，这些都属于专利组合维护管理的基础工作。❸ 为提升专利组合的实际运用价值，还应围绕技术的演进、产品的更新换代、产品市场占有率、市场竞争状况等综合分析结果，及时补充、调整专利组合，保证专利组合保持持续的“活力”和“战斗力”。

（一）围绕技术演进的维护

对于在现有产品和业务中失去当前和未来应用价值的技术，可为其寻找新的许可和

---

❶ 曹勇，蒋振宇，孙合林．专利组合策略及其对技术创新绩效的影响研究［J］．情报杂志，2015（11）．

❷ Shyh-Jen Wang. Patent portfolios for biotech inventions［J］. Nature Biotechnology，2013（6）．

❸ 杨芳，等．大型企业集团专利组合构建［J］．中国电力企业管理，2016（9）．

转让对象，并在许可转让前根据这些“下家”对专利进行重新组合，以提高其最终的价值。对于持续优化改进的主流技术，应重点针对其改进和优化方向，在原有的专利组合中补充更具“战斗力”的专利；原组合中与优化、改进的主流方向偏离的专利可以考虑转让、许可或出售。对于应用领域不断扩展的热点技术，则需要围绕其扩展的应用领域，在原有组合基础上及时补充和扩展新的专利组合，尤其是围绕新的应用补充互补性和支撑性的专利。

可以通过一些创新工具对已有的专利组合进行设计❶、评估❷和优化。例如对于由互补性专利组成的伞型专利组合，可以用 TRIZ 理论中的预期失效分析（Anticipatory Failure Determination，AFD）挖掘同一产品系统存在或潜在的更多技术问题的具有互补性技术特征的技术方案，通过更大的专利权利保护范围实现对同一产品系统的全方位保护❸。

【案例5-11】技术升级换代过程中高价值专利组合构建策略

骨替代材料进行布局的时候，关键的技术需求是成型技术和活性处理技术，最初的成型技术实现方式只有简单地铸造或机加工模式，活性处理则主要是碱液处理。因此最早的储备式布局中的专利大多是这些技术及其可能形成的产品的宏观微观形态进行布局的。

而随着技术的发展，新出现的微弧氧化技术大幅提升了表面处理的效率和处理后的活性，3D 打印技术的出现又进一步引入了新的成型方式，同时这两种成型方式所形成的材料的各种性能和微观结构也与传统的铸造技术不同。那么，围绕上述技术（可能）演进的路线就是维护已有专利组合的“线索”（见图 5-35）。

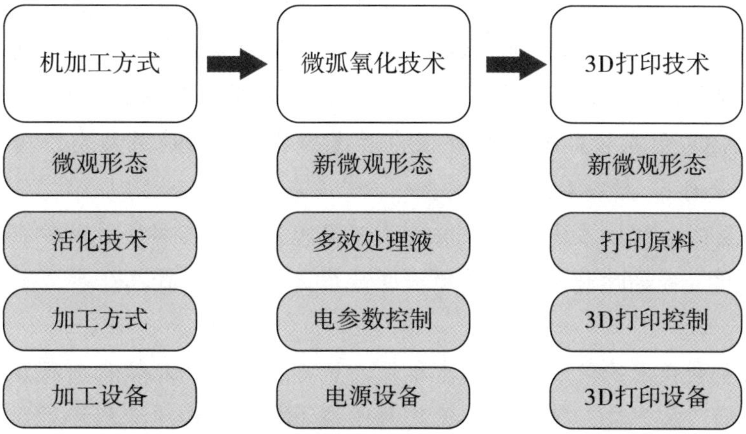

图5-35　骨替代材料技术演进中的专利组合维护

❶ 李辉，等. 基于 triz 的专利组合设计理论研究［J］. 科学技术与工程，2014（36）.

❷ Tzu-Chang CHEN. A TRIZ-based evaluation process for patents and patent portfolio［EB/OL］. www.aitriz.org/document.

❸ 李辉，等. 基于预期失效分析的伞型专利组合规避设计［J］. 机械工程学报，2015（5）.

（二）围绕产品更新的维护

随着产品的更新换代、原有产品市场份额的降低，对已有产品的专利组合主要以维持现有专利组合的规模和有效性为主，并对组合中的部分“非核心”专利可以进行转让、许可甚至是放弃。满足新的客户需求的具有市场竞争力产品应加大专利组合的规模，逐次纵深扩大互补性专利、支撑性专利的数量，并不断向外补充替代性专利和延伸性专利。

正如案例5-11，需要围绕新的骨替代材料和医疗产品的出现，就产品形态、生产方法和生产设备等及时布局互补性专利和支撑性专利。

（三）围绕市场需求的维护

如果市场对产品某一具体功效需求的关注度持续提升，说明针对此技术功效的市场需求非常旺盛，甚至是用户非常关注的市场“痛点”。或者，市场不断反馈我方产品存在的同一问题，说明我方产品存在重大缺陷，需要重点关注。针对上述市场需求情况，需要技术对已有专利组合进行“聚焦痛点、补齐短板”式的维护。

【案例5-12】三菱材料围绕市场需求的专利组合维护

山特维克是金属机加工行业的龙头企业，尤其在刀具涂层上具有深厚的研究背景和实力；三菱材料是日本三大刀具制造商之一，在刀具涂层技术领域具有明显的技术优势[1]。EP0693574A是山特维克在涂层刀具技术领域的核心专利，专利保护范围如下：

一种切削刀片，其组成为硬质合金、钛基碳氮化物或陶瓷，它包含有一个多边形或圆形刀体，刀体有一个顶面，一个底面和至少一个后刀面，此后刀面与所说的顶面和底面相交形成切削刃，所说的刀片至少部分涂有至少两层耐热层，一层是细晶 α-Al_2O_3，另一层是 $TiC_xN_yO_z$ 层或 $Z_rC_xN_y$，其特征为所说的 Al_2O_3 层是沿切削刃棱的外层，所说的 $TiC_xN_yO_z$ 或 ZrC_xN_y 层是后刀面的外层。

该双层涂层的专利技术方案不仅解决了刀尖和刀面的双向涂层保护，而且通过两层涂层颜色的不同，可及时对刀具的磨损程度进行监控，大大提高了换刀效率，减少了工件的次品率。

实施该项专利技术的产品获得了市场巨大认可，销量一路领先。三菱材料的市场人员及时向研发部门反馈这一情况。三菱材料围绕山特维克这项专利进行深入研究，并在最短时间内提出了替代性“技术方案”的专利组合（见图5-36的标识a区域）。

随着三菱材料持续性的研发，突破了山特维克上述专利技术方案中未记载的技术秘密部分，最终针对山特维克的专利进行了大量的包绕式的外围布局（见图5-36的标识b区域）。

---

[1] 杨铁军. 产业专利分析报告（第3册）：切削加工刀具［M］. 北京：知识产权出版社，2012：75-83.

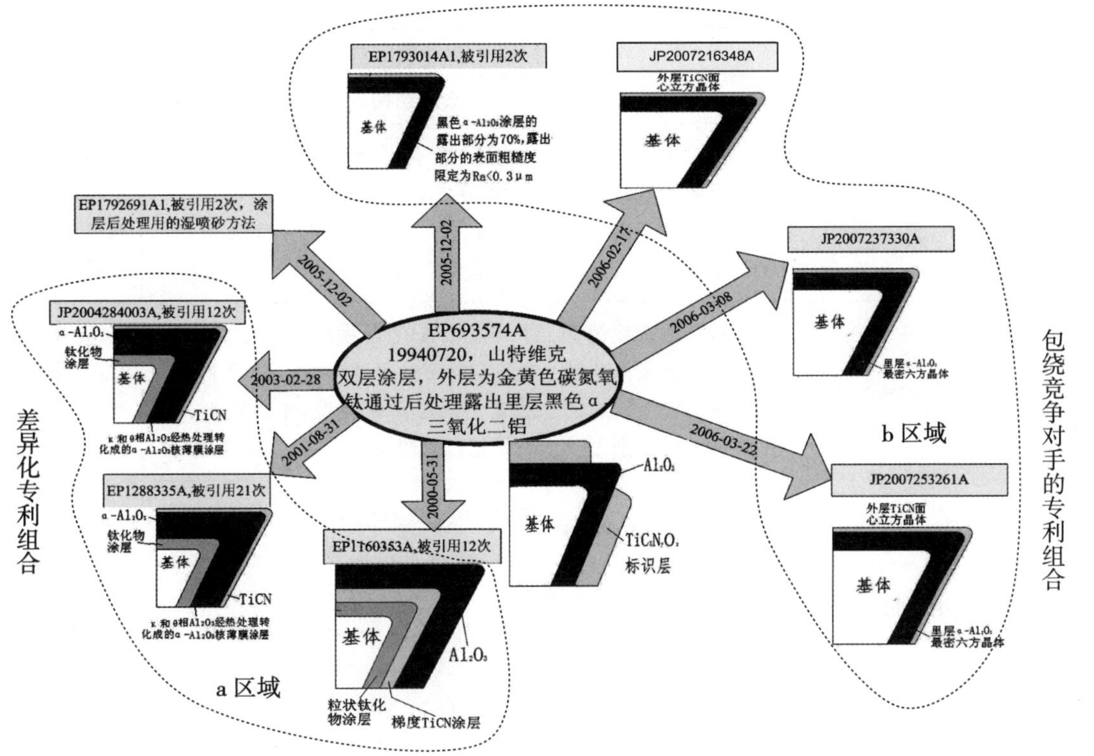

图5-36 三菱材料围绕市场需求和竞争情况的专利组合维护策略

通过以上措施，三菱材料实现了围绕市场需求对其专利组合的优化和维护，先后布局了大量新的专利以完善自身的专利组合（见表5-8）。

表5-8 三菱材料涂层专利与山特维克核心专利的功效对比

申请人	公开号	权利要求对比			
		主 题	涂层结构	技术效果	保护范围
山特维克	EP0693574A	一种切削刀片，其组成为硬质合金、钛基碳氮化物或陶瓷	沿切削刃棱的外层：细晶 α-Al_2O_3；后刀面的外层：$TiC_xN_yO_z$ 或 ZrC_xN_y	功效1	A
三菱材料	EP1160353A	硬质涂层的涂碳切割刀具	Ti化合物层；TiCN层；Al_2O_3层	功效1+功效2	未包含在A范围内，两层变为至少三层

续表

申请人	公开号	权利要求对比			
		主　题	涂层结构	技术效果	保护范围
三菱材料	EP1288335A	以碳化钨为基础的超硬合金切削刀具	下层：Ti 化合物层；中间层：α 型氧化铝层；上层：α 型蒸镀形成的氧化铝层	功效 1+功效 3	未包含在 A 范围内，两层变为三层
	JP2004284003A	一种包含由碳化钨基超硬合金或碳氮化钛基金属陶瓷所构成的工具基体的切削工具	下部层：Ti 化合物层；上部层：α 型蒸镀形成的氧化铝层；中间层：氧化铝核薄膜	功效 1+功效 4	未包含在 A 范围内，两层变为三层
三菱材料	EP1793014A1	一种表面包覆切削刀片，具有碳化钨基硬质合金、碳氮化钛基金属陶瓷或陶瓷的母材	中间层：Al_2O_3，Ra < 0.3μm；基底层和最外层：IVb、Vb、VIb 族金属以及 Al、Si 中的一种的碳化物、氮化物、氧化物、硼化物	增强的功效 1	未包含在 A 范围内
	JP2007216348A	硬质涂层构成的切削刀具的切削面	上层：Al_2O_3，Ra < 0.2μm；下层：Ti 的碳化物、氮化物、氧化物等	功效 1+功效 2	未包含在 A 范围内
	JP2007237330A	硬质涂层构成的切削刀具的切削面	上层：改性 Al_2O_3；下层：Ti 的碳化物、氮化物、氧化物等	增强的功效 1	未包含在 A 范围内
	JP2007253261A	硬质涂层构成的切削刀具的切削面	上层：改性 Al_2O_3；下层：Ti 的碳化物、氮化物、氧化物等	增强的功效 1	未包含在 A 范围内

备注：功效 1：多方向耐磨损；易辨别切削刃的使用情况；功效 2：长期高速切割加工下优异的耐碎性；功效 3：高速切削加工中优异的耐热塑变形性；功效 4：提高耐卷刃性。

（四）围绕竞争环境的维护

专利组合的维护还应当根据市场环境变化的情况。首先，应当关注竞争对手市场策略的调整、研发方向以及专利布局重心的调整。竞争对手不是固定的、僵化的、一成不变的，随着竞争环境的变化和竞争对手发展，原来的次要竞争对手和潜在竞争对手有可能成为主要竞争对手。因此，客观地、动态地跟踪和识别竞争对手，对于制定企业竞争战略和专利组合策略至关重要。

围绕竞争对手制定的专利组合策略一定要有针对性，一定要聚焦技术竞争焦点，专利组合的构建目的是更加精准地打击竞争对手，或防御竞争对手的攻击。对于新的竞争对手，需要围绕其技术特点和主要产品的市场地域，从原有的专利中选择能够对其起到防御或攻击作用的专利，构建防御型或攻击型专利组合，并及时通过挖掘补充相应的专利。

如案例5-12，三菱材料能够针对性地根据山特维克的核心专利技术，分阶段地调整自身的专利组合策略，并根据“敌强我弱”的现实情况，依据自身技术实力先补充差异化专利申请，后开发包绕竞争对手式的专利申请，不断增强自身专利组合的防御力，最终扭转了竞争劣势。

(五) 围绕管理效能的维护

维持一个规模较大的专利组合需要花费很大成本，对于专利组合中的每一件专利的作用、意义和价值以及其依存的逻辑链，都需要做出标引，以便及时调整每件专利的走向，并对专利组合带来的价值和产生的成本进行评估并做优化分析，以维持专利组合的投入产出比处于较佳状态。❶

专利组合作为企业一种新的战略形式，在制定和实施过程中必然会产生一定成本，而作为追求利益最大化的企业，在考虑专利组合行为给企业带来各种价值的同时，也会或多或少考虑专利组合行为给企业带来的成本。如果从专利组合生命周期的角度，可以将专利组合的成本分为R&D活动成本、R&D活动成果的专利化成本、专利组合的商业化成本和专利组合的交易成本。❷

需要注意的是，单件专利的作用和价值，除了取决于其自身技术方案的重要度外，也往往与集合中其他专利的关联有关。例如，某件专利虽说其技术上的改进点非常小，但可能会对另外一件核心专利起到重要的外围保护作用。割裂各专利彼此之间的联系，会使得专利的管理工作变得烦琐而缺乏整体性，管理的效率大幅降低。如果将专利集合中的各个专利按照一定的技术关联和运用目的组织起来，并以这些专利组合为单元开展专利的管理工作，企业可以根据各个子组合的专利构成、完善程度而对其获得整体价值的评估，并根据其专利管理的目的直接针对相应的子组合进行调整、处置和维护。❸

---

❶ Increase the ROI of your Patent Portfolio [EB/OL]. http://www.i-runway.com/images/pdf/Increase%20ROI%20of%20Your%20Patent%20Portfolio.pdf.

❷ 岳贤平. 基于价值和成本的专利组合的形成机制研究 [J]. 情报杂志，2012 (12).

❸ 专利布局之专利组合的作用 [EB/OL]. https://wenku.baidu.com/view/aac76c54360cba1aa911da32.html, 2017-07-21.

第六章　基于运营视角的专利高价值实现

本章概述

从专利视角来看，让专利具备较强的“交易变现”或“转化实施”的办法都是增加专利价值的手段。本章通过对基本条件、市场考量、战略考量、经济考量 4 个维度阐述了高价值专利的运营手段。从技术、法律和人才 3 个层面解读高价值专利基本条件；从价值改善和价值增加两个维度了解高价值专利的市场考量；从高占有价值型和高整合价值型两个维度了解高价值专利的战略考量；从运营手段、运营渠道、运营流量和运营合同 4 个维度对高价值专利进行经济考量。通过了解和分析影响高价值专利实际价值的各维度因素，创新主体可以吸取其他企业的高价值专利运营的成功经验，并尽量排除影响高价值专利的负面因素。

本章知识脉络

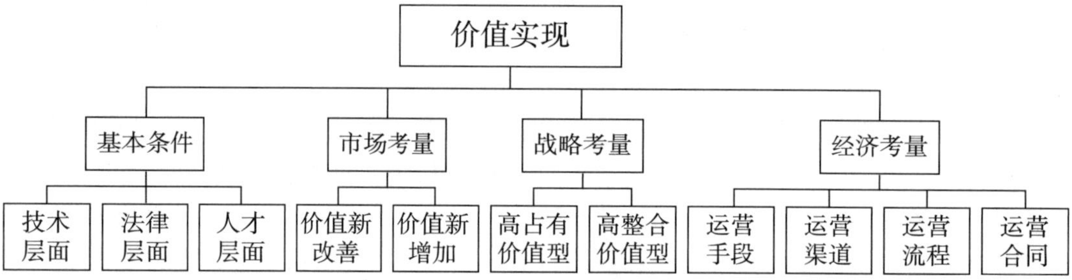

第一节　基于运营视角的专利高价值基本条件

影响高价值专利实际价值的固有问题主要都出现于专利技术的研发阶段。有些固有问题也存在于专利技术的研发阶段之前。此类固有问题就好比专利技术与生俱来的缺陷一样，在专利被授权后，通常难以通过“后天”的努力被解决。因此，在专利技术培育阶段，如果没能发现、重视并解决此类固有问题，专利被授权之后，此类固有问题就可能会因为“先天”存在而伴随专利技术的一生。

在专利运营之前，必须对待运营专利的先天条件进行审查，此为高价值专利运营的基本条件。在满足基本条件之后，再根据市场考量、战略考量、经济考量 3 个维度在专利运营视角下进行评估，重新得出专利技术的价值。在市场考量中，要根据市场的新常态，对价值作改善和增减；在战略考量中，要打造高占有价值型专利和高整合价值型专利；在经济考量中，通过运营手段的灵活使用，运营渠道的尽力扩展，运营流程的标准制定和运营合同的严谨撰写等来保证专利价值的保值和增值。

一、高价值专利运营技术层面的基本条件

在高价值专利运营之前，应当对所要运营专利的技术层面进行审核，必须保证高价值专利技术层面的基本条件，换言之，必须保证高价值专利运营的技术稳定性。如图 6-1 所示，技术稳定性包括技术链、产业链和生命链 3 个条件。

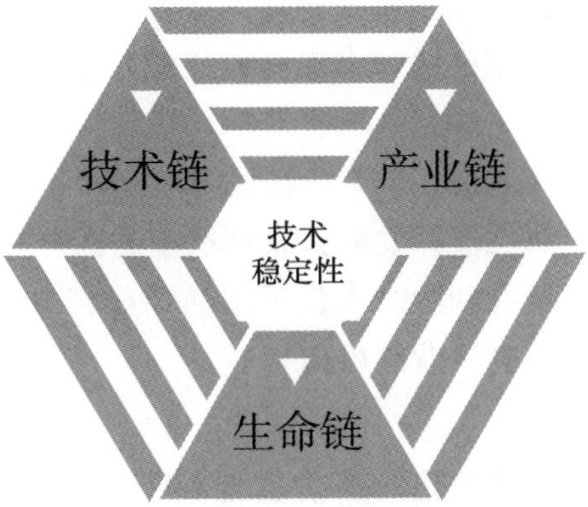

图6-1　技术稳定性的覆盖示意

技术链是指各种技术之间存在的承接关系，即一种技术的获得和使用必须以另一种技术的获得和使用为前提，因此相关技术之间形成了一种链接关系。从技术链上而言，最重要的是专利技术的独立性，技术的独立性越好，越容易进行专利运营。从保护视角而言，技术甲用专利 A 和商业秘密 B 来共同保护。在专利 A 到期之后，商业秘密 B 还能继续保护技术甲的一部分，延长了技术保护的时间，是一种非常值得推荐的完善技术保护的办法。但从运营视角而言，专利 A 技术的独立性差，难以独立商品化，即使将专利 A 许可，甚至转让人给第三人，第三人因为缺乏商业秘密 B 而难以较好地实现技术甲。第三人甚至会因为怕技术独立性差而不愿意购买专利 A，从而大大增加了专利运营的难度。

产业链是指从一种或几种资源通过若干产业层次不断向下游产业转移直至到达消费者的路径。产业链始于自然资源、止于消费市场，但起点、终点并非固定不变。从产业链上而言，最重要的是专利技术与产业链的关联性和其在产业链中的位置。从专利技术与产业链的关联性上，通常要考虑的就是技术成熟度等级等。从专利运营视角而言，越是技术的成熟度高，越是贴近市场的专利更受欢迎，第三方更容易理解和明白技术的价值。而越是

技术成熟度低，越是贴近实验室的技术，第三方越难以接受，也就越难运营。从专利技术在产业链的位置上来看，通常要考虑的就是上下游的位置。从专利运营视角而言，产业链的上游为整个产业的基础环节，掌握着更高的技术含量，下游产品的技术水平受制于上游的技术水平。如果专利技术处在上游，也就是占据了产业链的基础环节和竞争制高点。所以处在上游的专利技术更应该申请一些基础专利，往往是制备方法专利和设备专利。而处在中下游的专利技术更应该申请一些改进专利，往往是不同情境的应用专利。所以，上下游不同的技术申请不同的专利，采用不同的运营策略来实现高价值。

生命链是指从专利技术进入保护到终止保护的时间段。从生命链上而言，专利生命链主要包括两个阶段，即专利育成阶段与专利运营阶段。专利育成阶段包括专利申请和专利维护阶段，此阶段的工作决定了专利质量、专利技术布局等价值。换言之，从最初的技术交底书到专利证书，通常历经 2~3 年时间，数十道程序，可能经过几个办案人或代理机构。在各个环节上，从技术角度而言，是否能保证与技术交底书一致，是否有遗漏技术交底书的内容等，都需要进一步审视和分析，才能保证在后面的专利运营阶段进一步增加价值。

在以上基本条件保证后才能进行下一阶段的专利运营。如果发现一些瑕疵，比如有技术方案遗漏，往往采用专利二次开发的方式把遗漏的部分另外再申请专利并一同进行运营；而某些技术无法再申请专利的时候，采用商业秘密一起保护，以专利运营+技术转移的混合方式一起来提高专利运营的价值。

【案例6-1】专利二次开发产出的高价值专利❶

申请人以一种阻止血管增生、抑制肿瘤生长的蛋白，申请了一件专利。专利运营团队在评估该成果时，认定其商业潜力巨大，想激活这一“沉默”的成果。但是专利运营团队发现第一次申请的专利保护范围不佳，不符合专利运营的要求。

为了增大专利保护范围和提高成果的商业价值，专利运营团队计划进行专利二次开发，对该项目科研人员新的相关实验数据进行了分析和评估，并在此基础上要求科研人员提供额外的实验数据，最终获得了足够支撑该蛋白新功效专利的实验数据，再一次申请了一个专利。于是专利运营团队手握两个专利，放心大胆地向国内外企业进行项目推荐。

两个专利的前后保护，加大了保护力度，使得该成果具备了商业开发价值，才让企业下定决心斥巨资进行产业化。最终两项专利获得了价值 6000 万美元外加销售额提成的专利许可授权。

专利二次开发就是让专利不仅仅只保护“一棵树”，而要“从树木扩展到树林”，让专利技术的保护范围尽可能更大，从而提高专利的高价值。

❶ 上海盛知华. 6000 万美元的背后——上海生科院技术转移机制揭秘［EB/OL］.（2013-03-29）［2017-12-25］. http://www.sinoipro.com.cn/cases.aspx?id=416&cid=121&index=0.

二、高价值专利运营法律层面的基本条件

在高价值专利运营之前，应当对所要运营专利的法律层面进行审核，必须保证高价值专利法律层面的基本条件。换言之，也就是要审核专利的权利稳定性、专利的权属稳定性以及该专利的运营稳定性。

通常而言，专利运营之前，必然会对专利稳定性、权属稳定性进行审查。在对权属稳定性审查时，除了权属纠纷以外，专利的共同权利人之间也经常出现对如何实施专利、与哪家企业合作来实施专利等方面的分歧。此种分歧也会影响到对专利技术的实施，进而影响到专利的价值。

此外，从现行法律和实践经验而言，质押融资信息必须在国家知识产权局进行备案，而许可信息等众多运营信息并没有强制备案的要求。所以此类信息难以在公开信息中获取，往往是在企业内部做尽职调查的时候才能发现。所以在运营前，必须对权利人进行尽职调查或者要求权利人写权利声明，从而保证专利的价值。

三、高价值专利运营人才层面的基本条件

在高价值专利运营之前，还需要满足对运营人才的要求。专利作为知识产权的主要组成部分，已经成为企业竞争力的核心要素。知识产权体现的是人类智慧的结晶，毫无疑问，个人（人力资源）是创造知识产权的源泉[1]。高价值专利的运营从本质上而言和普通专利的运营一样。归根结底，专利的运营离不开人，是人的主动创造性劳动在驾驭和掌控着专利技术的高价值培育、管理和运营。

1. 多角色的运营人才

在专利运营的全流程中，根据不同阶段至少需要以下 8 种角色的人员：专利技术人员、专利管理人员、专利代理人、专利分析师、专利律师、专利经纪人、专利投资人和专利评估师。随着专利运营手段的不断丰富，还会有更多角色的人员加入，比如专利拍卖师等。

专利技术人员负责技术研发，和专利管理人员、专利经纪人等协同合作，改进和调整专利技术方案，并最终负责将专利技术方案准确地解释给客户，让客户充分理解专利的技术价值。通常由专利技术的发明人、公司的首席技术官（CTO）、研究团队的领导、学校课题组教授等人员来担当。

专利管理人员负责对权利人内部专利的运作、运营和规划等统筹性管理工作，包括负责筛选和确定其他几类专业人员的人选、专利组合的动态生成与管理等。通常由企业知识产权管理人员、高校和科研机构科研处人员、专利联盟的秘书长等人员来担当。

专利代理人负责解释专利技术涉及的所有法律问题，包括对权利要求的解释等工

---

[1] 叶建华. 品贤文谈知识产权［M］. 北京：知识产权出版社，2008.

作。通常由专利原撰写人员和审稿人来担当。

专利分析师负责专利技术所属行业的检索分析，提供专利技术的分析结果。通常由有经验的专利分析师担当。

专利律师负责解决专利许可/转让谈判汇总的所有法律问题，包括起草专利运营的合同等工作，通常由有经验的律师担当。

专利经纪人负责潜在客户的挖掘、专利买卖双方的沟通，并负责整个专利运营过程的推动与管理。通常由具备技术经纪人资质的人员、市场人员等担当。

专利投资人负责专利投资、收购并负责购买资金监管等金融方面的管理。通常由具备金融资质的投资领域人员担当。

专利评估师负责专利的评估。通常由具备资质的无形资产评估师担当。

总的来看，在欧美国家，各个角色人员基本独立，又相互了解。角色的基本独立保证了各个角色特有的专业化程度；角色的相互了解保证了彼此有沟通的基础，这也是复合型人才的一种表现。而纵观国内，通常是一个人担当多种角色，甚至缺少部分角色，导致专利的价值大打折扣。从实践来看，如果运营团队缺少某种角色，要有人能担当此角色，但一人最多担当3个角色。

【案例6-2】高智发明公司运营专业团队❶

以世界最知名的知识产权风险投资公司之一的高智发明公司为例。高智发明公司于2000年由微软前首席技术官（CTO）内森和前首席架构师荣格创立，通过巨额投资基金，在全球范围内收购并拥有了数万件专利。其在运营、筛选、培育和管理专利技术方面均获得了成功。高智发明的组织架构包括：专利购置部门、创新部门、投资者关系部门、商业化部门、研究部门和知识产权运营部门。其中，研究部门和知识产权运营部门分别为上述4个部门提供业务支持。从团队组成来看，高智发明可谓一支由金融专家、科技研发、知识产权管理、法律界精英组成的“梦之队”。在法律团队方面，高智发明现有500多人的团队里有超过100位的专业律师，其中大多是负责专利诉讼的律师。

如此规模的律师顾问团在专利授权、专利诉讼、专利管理和运营等方面都具有极强的实力和丰富的经验。把优质的专利交给这些精英团队来运营，他们凭借丰富的经验，能确保专利的价值在市场上获得最大利益的回报。与其说高智发明通过其持有的几万件专利来赚钱盈利，不如说高智发明通过其专业人才队伍的努力，实现了对专利资产的价值最大化。

2. 有素养的运营人才

在知识产权的各个环节，都有保密、遵守国家法律规定等职业道德要求。以高价值

❶ 改编自《中国发明与专利》2016年第5期“美国高智专利专营模式及案例分析”一文。

专利转让为例，被转让方经常提出部分无效专利以降低转让费用。如果没有职业素养，将运营中获知的此类秘密信息公开，将直接影响到未来转让后的专利价值。专利运营人员绝不能做出违反国家法律规定与职业道德的行为。

3. 全流程的运营人才

“问渠那得清如许，为有源头活水来”，如果高价值专利的产生源头出现瑕疵，经过层层放大后，到运营时将难以处理。全流程的跟进是能否培育高价值专利的核心和根本。在专利运营和培育的整个运作链条上，需要各领域专业人才协同配合，互相支持，共同为创新主体的高价值专利的运营和培育做出贡献。高价值专利的培育需要先组建高水平专业团队，同时，高水平专业团队离不开高素质个体专业人才。所以对高素质人才的筛选、组合、培养、储备和管理影响着高价值专利的培育和运营效果，而人才的价值也正是通过人才对专利的培育而体现出来的。从这个角度来看，专利运营人员介入高价值专利的培育越早越好，最好是从高价值专利的培育源头到高价值专利的运营结束全流程都能够参与。

第二节　基于运营视角的高价值专利市场考量

以专利运营视角而言，从市场维度出发，高价值专利的运营主要就是适应市场的变化。以下分两部分阐述。

一、适应市场促进价值改善

市场信息的变化会对高价值专利的运营产生巨大影响，其中，政策环境、产业技术的发展等最为突出。部分工业行业内的新技术可能会产生将其他技术予以彻底替代的颠覆式技术革新效果，被替代技术的价值会在短时间内大幅降低，甚至不再具有商业价值。此外，部分技术在特定行业内的发展因客观原因而暂停或被放弃，此也成为创新主体专利战略性发展的“不可抗拒”性阻碍因素。创新主体需要提前展望、预估和防备换代性技术涌现和产业特定技术变化，并为此预先做出准备，以排除和降低相关情况的出现对专利技术价值的影响。

产业特定技术发展受到各种外在因素的影响，会让在这种特定技术领域的创新主体思考新的转型方向，且这种外在的影响也会给整个产业带来的新机遇和挑战。东芝公司是日本和中国家喻户晓的知名企业。为了发展核电技术，全面发掘核电技术的商用价值，东芝公司在2006年以54亿美元收购了美国西屋电气公司，将后者变成东芝公司核电业务子公司。收购价格是原定收购价格的数倍，可见东芝公司对获得美国西屋电气公司核电技术的迫切愿望和坚定决心。2011年，地震导致日本福岛核电站发生了严重泄漏，全世界对核电技术的安全性产生了怀疑和担忧。这种怀疑和担忧的心情很快传导到核电市场和核电技术的发展上，导致诸多国家主动暂停核电技术研发和商用计划。受此影响，美国西屋电气公司的核电业务“遭遇滑铁卢”，于2017年申请破产，由此可能给东芝带来1万亿日元的损失。核技术的发展因福岛核电站事故而遭遇了全球性冷冬，核电领域的专利技术价值也随之降低，特别是在宣布将关闭国内所有核电站的德国等国，核电领域的专利技术价值将更受影响。但是，在这样的市场环境下，核电技术安全领域的专利，特别是核污染环境下的机器人检测专利的价值却得到大大提升。所以在这些受影响的国家中，如何将核电领域的专利技术用于非政策性限制或禁止的行业，以及如何在限制性大环境下将现有技术拓展出新的发展渠道，将成为运营和培育高价值专利的发展方向。

创新主体应在力所能及的范围内，排除产业特定技术发展受限或遭遇瓶颈等对专利技术价值造成负面影响的因素，分散技术变革带来的产业风险。如果有可能，创新主体内部应当设立技术研究部门，对未来技术产业发展趋势进行展望和预判，及时向技术研发部门提供策略性发展建议，根据市场变化调整研发方向，并充分考虑经济全球化和经营国际化的新常态。

二、开拓思维推动价值增加

习近平总书记在2014年年底召开的中央经济工作会议上强调：“创新要实，推动全面创新，更多靠产业化的创新来培育和形成新的增长点，创新必须落实到创造新的增长点上，把创新成果变成实实在在的产业活动。”高价值专利就是产业活动的创新成果。从市场的角度来看，在高价值专利培育过程中有两类工作。

1. 加值的工作

简单地说，凡是客户愿意付钱的工作，对高价值专利培育过程都是加值的工作。比如，对于企业而言，提供一站式服务，了解并掌握客户需求，提供完整技术整合资源，支持客户新技术专利的开发与保护。又如，对于专利服务机构而言，深入专利交底书之前的工作，提供专利参考设计，并进而创造需求与商机，协助缩短客户产品上市的前置时间，全面提升客户产品更具竞争力；采用专利微导航等协助产品开发，并针对市场趋势作分析与建议，缩短客户产品研发时间及寻求目标市场的效率。再如，对于专利运营机构而言，从运营视角出发，为客户提供客户专业精准、快速及时的专利咨询服务；通过实时互动，整合多方资源，为客户安排产学研合作、并购等一系列工作，节省客户的时间；通过专利运营，推动企业建立适应市场竞争的企业创新管理体制和运行机制，实现投资主体多元化，提高创新投资效益。

2. 减值的工作

相对地，凡是客户不愿意付钱的工作，对高价值专利培育过程都是减值的工作。如果认为专利育成的是产品，专利运营便是传送产品的“快递公司”，是通往高价值实现的路径。在传送产品的过程中，最好保持保值增值。而如果让产品有损伤，那就是减值的工作。例如，专利运营中，时间是一个非常珍贵的因素。专利诉讼常常发生在公司上市前、节假日前等时间点，时间段的不同处理就会产生不同的后果。而此时代理机构、律所内部流程等引起的贻误就是减值的工作，改变流程、缩短工作时间就是为专利运营做加值的工作。

在高价值专利运营的过程中，应当大力增加加值的工作，减少减值的工作。从最终的结果看，就是增加高价值专利的附加值。

对创新主体而言，要避免“短视行为”，应当加大对知识产权的保护，鼓励企业研发投入，培育企业长期竞争力。而高价值专利培育与运营是一个长期行为，绝不是一朝一夕的事情。

【案例6-3】盛知华的知识产权全过程“加值”管理流程❶

上海盛知华知识产权服务有限公司（简称盛知华公司）是国内一家知识产权管理和技术转移公司。图6-2为该公司知识产权全过程管理流程，从图中可以看到从发明人的发明披露开始到专利运营收取许可费用整个流程都在进行管理。

发明评估、营销推介是管理流程中最重要的两个环节。这两个环节对专利价值提升起到很大的作用。在发明评估环节，对发明人的技术内容进行评估，进行多次沟通交流，进一步完善发明创造。在发明评估之后，适合申请专利的就申请专利，不适合申请专利的利用版权、技术秘密等完善保护起来。

在进行专利保护之后，进行详细的市场、公司分析，对商业价值高的发明创造会有针对性的营销推介和价值评估。在营销推介前，收集市场推介反馈进行海外专利申请和布局。而在营销推介后，同对发明创造有兴趣的公司进行许可谈判，从而实现许可费用的价值体现。对许可谈判失败的还要再次进行营销推介。而对专利性差或商业价值低的发明披露则不申请专利或分类到无价值类，对此类发明披露不过多关注。

盛知华公司通过这样的管理，将精力、资源等投入增值环节，大大提高了专利的附加值，从而提高了专利的整体价值。虽然每年专利申请不超过30件，但每年都能给其客户带来数千万人民币的专利运营价值。

---

❶ 上海盛知华. 6000万美元的背后——上海生科院技术转移机制揭秘［EB/OL］.（2013-03-29）［2017-12-25］. http://www.sinoipro.com.cn/cases.aspx?id=416&cid=121&index=0.

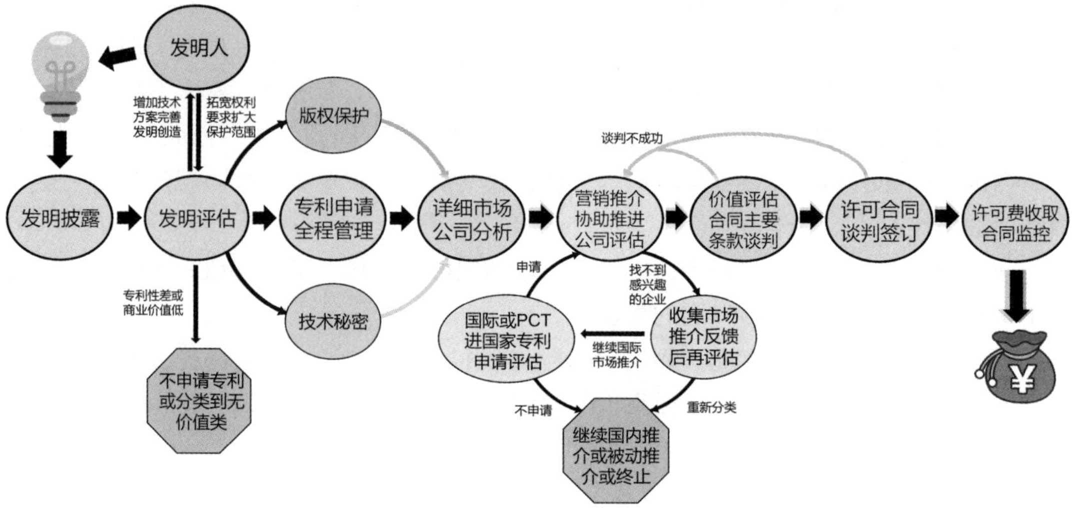

图6-2 盛知华公司知识产权“加值”全过程管理流程

第三节 基于运营视角的专利高价值战略考量

以专利运营视角来看，以战略维度出发，高价值专利的运营主要集中于高占有型专利和高整合型专利两类。

一、高占有价值型专利打造

高价值专利的价值类似品牌价值，与该专利技术的市场占有能力、市场创利能力和市场发展能力呈正相关关系，同时市场上的不确定因素也会对专利价值产生影响。

以宝洁公司为例。在美国市场上，宝洁有 8 种洗衣粉品牌、6 种肥皂品牌、4 种洗发精品牌和 3 种牙膏品牌。每种品牌的诉求都不一样，都有自己的发展空间，不会发生市场重叠。宝洁正是利用品牌之间功能、个性的差别赢得了不同需求和生活品位的用户，从而拥有极高的市场占有率。

因此，高价值专利运营也应当采用类似思路，如根据市场变化开发出新技术、新产品、新工艺等满足市场需求；扩大技术的使用领域以提高市场占有率，从而打造高占有价值型的专利。

【案例6-4】戴森公司的高占有价值型专利打造

戴森公司基于空气倍增技术以及亥姆霍兹共振腔原理开发了无叶风扇产品，该产品颠覆传统电扇之处在于——完全没有扇叶，是一种全新的技术。在此过程中，戴森公司申请了落地无叶风扇、天花板无叶风扇等专利，如表 6-1 所示。

表6-1　戴森公司申请专利示例

专利号	专利名称	产品保护点
CN101424278A	风扇	无叶风扇圆形造型
CN201902378U	风扇组件	无叶风扇马蹄形造型
CN102536751A	风扇	天花板无叶风扇
CN201902353U	风扇组件	可旋转底座

戴森公司为了完整地保护好无叶风扇，共申请了 200 多件有关风扇的专利，从技术、产品、零部件等各个方面扩大和巩固了无叶风扇产品的保护范围，让后来者无无隙可乘。

如图 6-3 所示，戴森公司的产品不仅仅限于无叶风扇，而是基于空气倍增技术以及亥姆霍兹共振腔原理持续开发了冷暖风扇、加湿器、吹风机、吸尘器、空气净化器、干手机等系列产品，牢牢占据不同领域的市场。同时，戴森公司在申请专利的时候，不仅申请了发明专利，还申请了实用新型和外观设计专利，合理使用了不同专利类型全面保护自己的产品。

总之，戴森公司从技术的不同领域、产品的不同构件、专利的不同类型等多方面综合考虑布局专利，最终形成了一个在中国申请过千件的高占有价值型的“超级专利组合”。

戴森无叶风扇实物图　戴森冷暖风扇实物图　戴森加湿器实物图　戴森吹风机实物图　戴森吸尘器实物图

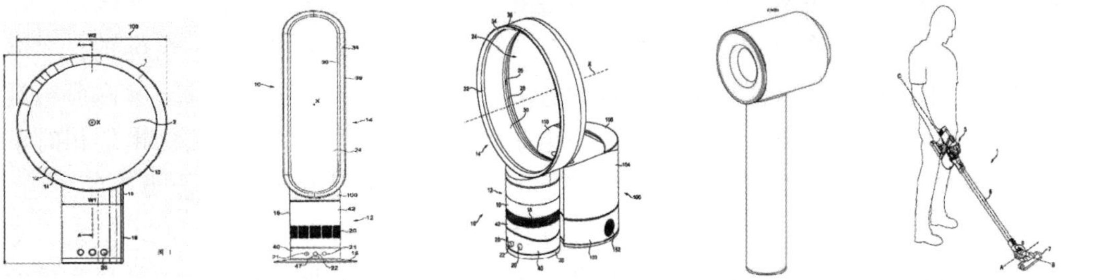

戴森无叶风扇专利图 CN101424278B　戴森冷暖风扇专利图 CN101825100B　戴森加湿器专利图 CN101825324B　戴森吹风机专利图 201430047014.X　戴森吸尘器专利图 CN102440717B

图6-3　戴森公司高占有专利示例

二、高整合价值型专利打造

1. 为高价值专利搭配平台

人在运行的汽车与飞机上，即使不走动也能保持较高的速度。同样，将高价值专利放在国家级、国际级专利运营平台上进行运营，也会大大提高其价值。

在运营平台交叉许可和专利联盟的安排下，权利人可以用自己专利技术的许可权作为交易对价，换得对他人专利技术进行使用的权利。这种相互许可的安排可能会影响到专利的价值。在强强联手的相互许可之下，互相获得对方许可的专利权利人有机会让自己的专利技术价值得到提升。但是，加入专利联盟企业的专利也可能会受到专利联盟合作协议的约束，在一定程度上限制联盟成员对专利权的任意行使。

在一个典型的交叉许可案例中，两家互联网企业间存在合作，也互有竞争。二者均在市场上储备了一些优质专利技术，并对未来技术发展积极布局。随着双方在技术领域的转型，这两家互联网企业都预计，未来两家企业间的合作空间大于竞争空间，二者间加强合作是双赢的前提。鉴于此，两家企业签署交叉许可协议，共享对方比自己更具优势的专利技术。两家企业的交叉许可安排具有消除己方的技术壁垒、降低和减少技术研发成本、避免或减少侵权诉讼、制衡竞争对手等多重优势，各自为对方提供了技术“保护伞”，不仅避免了双方在市场上大动干戈，还促进了各自专利技术在市场上的实施，增强了双方对外部的技术壁垒，可以共同克制市场上的其他竞争者，也有效提高了两家企业各自专利技术的价值。具体例如，HP 和 Xerox 两家公司曾于 2001 年宣布交叉许可合作，旨在全面解决彼此间的专利侵权纠纷；华为与苹果两家公司签署过专利交叉许可协议；HP 与英特尔签署过整体专利组合的交叉许可协议等。

在另一个专利联盟合作案例中，数家知名企业一同组建专利联盟，各自将技术与专利联盟成员企业分享。专利联盟协议中约定，各方不得将联盟协议后附的技术予以转让，且对各家企业将联盟协议中涵盖的专利技术授权给各自的“关联公司”的企业主体范围进行了限制。该联盟中有一家企业在加入联盟后不久便反悔，自感联盟对其技术的限制大于联盟能给其技术带来的利益，希望解除联盟合作协议。但根据专利联盟合作协议的约定，在联盟合作第一期结束前，只有全体专利联盟企业均同意的情况下，个体联盟企业方可退出联盟。联盟拒绝该企业的退出，并要求该企业继续将其技术许可给其他联盟成员使用。对于这家希望退出联盟的企业而言，当初作出加入联盟的决定相对草率，并没有经过全面评估，其过高估计了联盟其他成员之技术能给该企业带来的价值。在联盟合作第一期结束前，正好有一家世界五百强巨头企业希望入股该企业。但是，了解到这家企业的核心技术已经被贡献至专利联盟中，该巨头企业认为，加入专利联盟的目标公司之专利价值受到负面影响，要求目标企业立即终止联盟合作。由于退出专利联盟的违约金过高，该企业最终放弃退出专利联盟。虽然投资方巨头企业最终还是成功入股该企业，但该目标企业的股权估值被降低。这是技术合作失败的典型案例。盲目将企业的技术以许可的方式“分享”给其他企业，带来的后果可能是未能从其他企业换得己方真正所需要的技术，进而导致己方“分享”给其他企业的专利技术的价值被降低。因此，在加入专利联盟前对对方承诺“分享”的专利技术应进行尽职调查，对这些“贡献出来”的专利技术的实际利用价值应该明察秋毫。专利权人应避免将自己的专利设定不必要的权利负担，以避免降低专利的市场价值。这些权利负担包括许可和权利质押等。

2. 为高价值专利搭配“技术伙伴”

在专利运营的过程中，企业可以通过为核心专利添加专利或技术秘密等“技术伙伴”的方式，实现为核心专利增加技术或商业价值的目的。为核心专利添加的“技术伙伴”可以从技术的角度与核心专利构成紧密的技术整体。二者可以相互弥补对方在某一特定技术范围的不足，成为对方的支持性、辅助性、弥补性或备选性配套技术，相互增加对方在技术上和商业上的价值。而对“技术伙伴”的“添加”方式也不仅局限于研发新技术，还可以通过直接收购他人专利或入股专利持有方企业等方式实现。

【案例6-5】通过搭配技术秘密提升专利价值

江苏某企业搭配了欧洲公司的技术后，整体技术得到了重大改进，提高了其专利的价值。该企业在传送机和传送带生产和制造方面拥有领先技术，曾经拥有一项传送机的实用新型专利技术，但该项技术在相关行业内并不具有非常高的科技含金量，进而导致以该项实用新型专利技术为基础的传送机和传送带产品的市场竞争力并不高。为了提高其产品的价值，该企业与欧洲某公司合作，专项研发和改进用于其传送机的配套传送带与机械元件的材料技术。通过双方技术人员的共同努力，配套传送带与机械元件的材料技术得到重大改进，大大提高了传送机的工作效率和整套设备的市场竞争力。而支持其传送带与机械元件的材料产品的技术是通过技术秘密的方式予以保护的，研发方并没有将这些新型材料技术提出专利申请。此后，已经有相关行业的生产企业主动接触这家江苏企业，寻求将支持整套设备的实用新型专利和技术秘密一并购买下来。其报价不仅远高于该实用新型专利技术的专利估值，而且也大大高于企业整套设备的实用新型专利和技术秘密的总研发费用。

通过现有专利再添加技术伙伴，该企业获得了商业上的成功。换言之，单一的实用新型专利与作为其“技术伙伴”的技术秘密结合在一起，给一整套技术提供了不同知识产权类型的保护，且材料领域技术秘密的优势在一定程度上弥补了实用新型专利技术的不足，切实提高了企业的生产效率，降低了生产成本。二者结合在一起使整套技术得到了价值的提升。在整套传送机和传送带技术中，企业希望攻克提高传送效率和功率、降低传送物品摩擦阻力导致的功率损失、提高斜坡角度摩擦阻力避免物品滑落等诸多方面的技术难题。其机械方面的实用新型专利仅能解决部分技术问题，而材料方面的技术解决了其他方面的技术问题。如果该企业没有改进专门支持实用新型专利的配套技术，该实用新型专利的价值恐将继续停留在不高的水平上，不会被市场所关注和重视。这种为已有专利添加“技术伙伴”的方式为该专利带来了新的价值，也为企业对技术组合使用提供了宝贵的经验。

【案例6-6】通过搭配配套技术提升专利价值

通过入股等方式搭配技术伙伴，也可以加强和巩固在相关领域的技术优势。一家专注生产散热与加热设备的美国中型企业，通过直接购买专利技术和技术秘密、入股中小竞争对手等方式在短时间内积累了大量技术，成系统地在相关技术领域形成了优势。此后，一家世界知名巨头企业希望开拓和发展在散热与加热设备领域的业务，计划收购这家中型企业。在对该收购项目进行资产评估时，评估机构充分考虑到，该美国中型企业的核心专利已经被该公司购得的诸多辅助性或备选性配套技术所“保驾护航”，市场终端消费者因产品性价比的原因更倾向于选择该企业的核心专利产品。因此，评估机构认为，其核心专利的价值应予以认可和肯定，进而大幅调高了评估价格，对核心专利技术作出的估值甚至高于几年前的评估结果（当时该美国中型企业尚未针对核心专利储备充足的辅助性或备选性配套技术）。在实践中，欧美诸多大公司都有针对一套或一系列技术提出多项专利申请的操作。一方面，这种策略性安排的初衷可能源自防御性专利布局之需要，企业力求在最大限度上将实现某一技术所有相关的规避设计方案全部以专利予以保护。另一方面，这一系列专利中各单一专利的价值也因“技术伙伴”的存在而得到了提升。换言之，如果将这一系列专利包予以拆分，将其中各单一专利按市场价值予以出售，专利包中各单一专利的出售总价通常会低于将整套系列专利打包一并出售的总价。

【案例6-7】Alliancense 公司的并购许可策略分析[1]

Alliancense 是 TPL 集团公司的全资子公司，负责设计与执行知识产权授权计划，并致力提高 TPL 集团的知名度。其通过与 Patriot 科技集团公司并购合并，共同推出了摩尔微处理器专利组合（MMP）。该专利组合包含 7 件美国专利和相应的欧洲和日本同族专利。在并购整合自己的专利之后，通过 17 场胜诉让业内公认摩尔微处理器专利组合是基础技术。

随着该项设计技术的应用范围越来越广，不断促使全球各地领先的终端用户产品制造商和代工企业（OEM）陆续成为摩尔微处理器专利组合的被许可方。来自欧美、日本、韩国和中国台湾的 95 家全球性公司已经成为摩尔微处理器专利组合技术的获许方，其中仅 HP 公司就支付了约 2600 万美元许可费。

该案例也说明，通常市场对相互之间形成支持与弥补关系的高整合“群狼”型专

[1] 马天旗. 专利分析——方法、图表解读与情报挖掘［M］. 北京：知识产权出版社，2015：305.

利的整体价值的认可高于对“独狼”型专利价值的认可。

第四节　基于运营视角的高价值专利经济考量

从经济维度出发，以货币单位来衡量，则高价值专利的运营就成为高货币单位的专利运营，其主要运用多变的运营方法来提高专利价值。

如图 6-4 所示，多变的专利运营方法主要包括灵活的专利运营手段、宽广的专利运营渠道、标准的专利运营流程以及严谨的专利运营合同，下面分别详细描述。

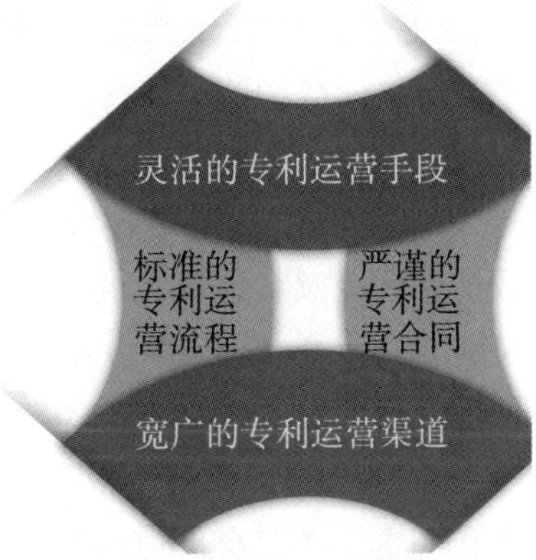

图6-4　多变的专利运营方法

一、专利运营手段要灵活

高价值专利的价值本质源于专利权人实施该专利的专有排他权，这是进行专利开发、诉讼等活动的前提。自专利被授权之日起，专利权人在一定期间内独自在市场占有垄断性支配权。从专利运营的本质来看，它归根结底是一个商业概念，即对专利权法律资源及其技术资源的综合运用，通过技术贸易、商业谈判乃至于法律诉讼等路径，在相应科技领域内及其商业市场上谋取竞争优势及商业利益的系列活动❶。根据专利运营形式不同，可以分为专利实施、专利许可、专利转让、专利质押融资、专利作价入股、专利诉讼运作等多种形式。企业进行专利运营的目的就是最大限度发挥出专利的价值，从而增强企业的竞争力，赢取一定的商业利益。专利运营是专利价值得以实现的重要方式。

专利权人不仅有权自行将专利技术投入生产、用于产品制造或提供服务，也可以将该授权专利许可给其他人来实施。其中，许可、转让是专利运营的重要内容，也是实现

❶ 国家知识产权局. 专利运营的“前世今生”［EB/OL］.（2016-11-23）［2017-12. 25］. http://www.sipo.gov.cn/ztzl/ndcs/zgzlznew/yypy/201611/t20161123_ 1302930.html.

专利价值的重要方式[1]。除了这两个重要手段之外，还有专利诉讼、专利投资入股、专利质押、专利证券化等多种方式及其组合。总之，能使得专利具备较强的“变现”或“转化生产力”的方式均属于高价值专利的运营手段。

从货币单位显现的角度而言，在高价值专利运营中，应当具体情况具体分析，充分利用以上运营手段，获得最大价值回报，下面将几种常见运营手段逐一展开。

1. 高价值专利运营的诉讼手段

专利诉讼是指当事人和其他诉讼参与人在人民法院进行的涉及与专利权及相关权益有关的各种诉讼的总称。近年来，专利诉讼的平均判赔数额呈现增长的趋势。2017 年 1 月 10 日，北京市知识产权法院院长宿迟在建院两周年新闻发布会上提到，2015 年，该院审理案件的平均判赔数额为 45 万元；2016 年该院审理的专利侵权案件平均赔偿数额达到 141 万元，商标侵权案件平均赔偿数额达到 165 万元，著作权侵权案件平均赔偿数额达到 45.8 万元。而 2013 年的《知识产权侵权损害赔偿案例实证研究报告》指出，自 2008 年 6 月我国知识产权战略实施到 2013 年全国各级法院审理的 4768 件知识产权侵权有效司法判例的统计结果显示：专利侵权案件法院的判赔平均金额为 8 万元，著作权侵权案件为 1.5 万元，商标权侵权案件为 6.2 万元[2]。在越来越高的侵权赔偿数额的驱使下，专利权人将会更加注重通过专利诉讼维护自身权益。

（1）通过专利诉讼维护自身专利权益，获得侵权赔偿

专利诉讼体现了专利的价值，往往只有有价值的专利才会被竞争对手所使用，并引发专利侵权纠纷，而真正的高价值专利经得起诉讼的检验。高额的侵权赔偿数字意味着侵权方从侵权产品中获得了高额的利润，意味着该专利的价值之高。

【案例6-8】正泰与施耐德长达 3 年的专利侵权纠纷

2006 年 7 月，正泰集团以天津施耐德生产的断路器产品侵犯其专利号为 ZL97248479.5 的实用新型专利权为由，将其诉至温州市中级人民法院，要求天津施耐德立即停止侵权，赔偿损失 50 万元。2007 年 2 月，正泰集团以被告经审计确定的历年销售额推算天津施耐德获得的利润为依据，变更诉讼请求，将索赔数额增加至 3.35 亿元，这起国内最大专利侵权案因“天价”索赔额格外引人注目。

针对正泰集团专利侵权的指控，天津施耐德的代理律师认为，正泰集团的该项专利为“无效专利”，其所披露的技术方案早已在国内外公开，成为公知技术。天津施耐德被诉产品早在 1990 年就已开始生产并投入使用，是在获得申请在先的专利合法授权基础上进行生产的。为此双方开始了长达 3 年的专利侵权诉讼。

---

[1] 白光清，于立彪，马秋娟. 医药高价值专利培育实务［M］. 北京：知识产权出版社，2017.

[2] 陈志兴. 如何才能实现专利侵权的高额赔偿？［EB/OL］.（2017-10-12）［2017-12-25］. 知识产权家（微信公众号）.

施耐德公司上诉至浙江高院后，2009 年 4 月，双方基于该案达成全球和解，施耐德公司在尊重涉案专利基础上与正泰集团达成调解协议，施耐德公司在调解书生效之日起 15 天内向正泰集团支付补偿金人民币 1.575 亿元，2009 年 4 月 24 日，施耐德公司主动全部履行了调解协议❶。

从施耐德认为被诉专利是“无效专利”到最终接受调解协议达成和解、支付高额的侵权费用，体现了被诉专利所要保护的技术是正泰和施耐德所在的电气行业的重点技术，正泰通过专利诉讼维护自身专利权益，获得了可观的侵权赔偿。

从以上案例可以看出，专利诉讼最后的和解金额为 1.575 亿，虽然不到索赔金额的一半，但全球和解不仅减少了全球各地诉讼的高额费用，还扫清了全球销售市场的障碍，足以体现涉案专利的高价值所在。

而专利诉讼，溯本还原，“用公开换保护”正是专利的初心所在。国家层面的保护换取了专利技术的公开，当有侵权之时，法院就可根据侵权的规模进行判罚。而在美国，甚至规定了如果有恶意专利侵权，可进行最高 3 倍侵权金额的惩罚性赔偿。

美国特拉华州联邦地区法院的陪审团裁定美国制药巨头吉利德科学公司（Gilead Sciences，Inc.）侵犯了另一家制药公司（Idenix Pharmaceuticals LLC）的两项名为“丙型肝炎病毒的治疗方法及混合物（Methods And Compositions For Treating Hepatitis C Virus）”的专利：US Patent No. 6,914,054 和 US Patent No. 7,608,597，并在经过了 9 天的法庭辩论后，认定被告为故意侵权，需将涉案产品所获利润的 10% 赔付给原告，赔偿金额高达惊人的 25.4 亿美元。至于赔偿金额为何是 25.4 亿美元，应该基于以下两点考虑：一是按照涉案产品所获利润的 10% 计算；二是采用惩罚性赔偿原则，按照 3 倍赔偿额核算❷。

（2）专利诉讼作为坚强后盾，促进高价值专利运营

专利诉讼的目的往往都是争夺市场，通过专利诉讼抑制竞争对手的生产规模，同时不断扩大专利权人的生产，以占领市场。正因为国家层面的保护作为后盾，才有了获得侵权赔偿、驱逐不正当竞争、争夺市场份额以及发放专利许可、实现商业合作和震慑侵权人等具体表现。专利侵权诉讼可分为 7 个阶段，分别是识别侵权行为、确认是否侵权、搜集侵权证据、明确诉讼目标、组建诉讼团队、试探和解可能和提起侵权诉讼。在提起专利诉讼之前，有一个关键的阶段是试探和解的可能，试探和解的可能除了商讨赔偿金额之外，还有进行质押融资、作价入股和专利许可等一系列专利运营的商讨。在面临专利诉讼和与专利权人合作的选择之下，侵权人更多地会选择与专利权人合作运营，专利诉讼可以作为专利权人坚强的后盾，促使竞争对手选择专利许可、专利质押融资和

❶ 法治周末. 正泰与施耐德的十年恩怨［EB/OL］.（2009-05-04）［2017-12-25］. http://blog.sina.com.cn/s/blog_ 5fc81f420100cxse.html.

❷ bjpaa.org.25.4 亿美元判赔额具有哪些警示意义？［EB/OL］.（2016-12-29）［2017-12-25］. http://www.capitalip.org/news_ detail_ 10369.html.

作价入股等专利运营等合作。

【案例6-9】NTP公司利用专利诉讼促使专利运营活动[1]

（1）四处许可无反馈

1991年，坎帕纳与斯达特成立了NTP公司，公司的财产是坎帕纳的一系列无线电子邮件专利组合，包括50件美国专利，覆盖无线电邮和射频天线设计领域。

1992年，NTP开始利用斯达特合作的律师事务所来许可这些专利。但是在1992年，没有几家公司在发展无线电子邮件服务，所以刚开始几年，NTP公司一无所获。在20世纪末，情况有所改观，NTP开始积极向无线电子邮件服务公司以及相关软件公司、设备公司发送律师函，提出相关专利使用问题，要求对方接受专利许可。由于取证缺乏资金，专利许可函石沉大海，没有什么回音。

2000年，NTP在向很多公司发出了无线电邮专利的许可函都没有反应之后，他们决定选择当时风头正劲的黑莓手机下手。

（2）起诉黑莓做突破

RIM位于加拿大安大略省，是一个小型的为电信行业和军队提供特殊无线数据卡的制造商，2000年时刚刚开始制造黑莓设备。RIM的黑莓设备和信息服务容许无线电子邮件传递，接受服务者可以通过随身设备接收电子邮件和公司信息；而NTP的专利正好覆盖这个领域。与其他公司一样，RIM选择了挑战NTP专利。

RIM公司董事长兼总经理雷热日蒂斯认为RIM的黑莓电子邮件软件比NTP专利列出的功能要复杂得多，也没有证据证明RIM在开发自己的软件时参考了争议的专利，所以公司没有必要向一个过时的技术付钱。

2001年，NTP向弗吉尼亚东区法院提出专利侵权诉讼，指控黑莓侵犯了自己的16项专利权。2002年，法庭的陪审团认定RIM侵犯了NTP公司16项专利权。2003年，弗吉尼亚联邦法庭作出判决，支持NTP专利。陪审团判定有关专利有效和被侵权，且是故意侵权，估计赔偿金是2300万美元。法官将赔偿金提升到5300万美元，作为故意侵权的惩罚措施。作为判决的一部分，负责该案的斯宾塞法官发布了禁止RIM在美国销售黑莓产品和提供黑莓服务的禁令。

（3）谈判和解为目的

经过反复的谈判与诉讼，同时在美国法院发布的禁令的压力下，2016年3月，RIM不得不向NTP公司支付6.125亿美元的赔偿金来和解这项长期的专利纠纷，该案件成为科技行业史上最大的专利纠纷之一。

NTP虽然有高价值专利，但在初期寻求与其他侵权企业的许可等运营活动无果，之后便以专利诉讼为运营手段，向法院提出诉讼。以诉讼作为一种坚强的后盾，有一种威

---

[1] 改编自：wangjingang. 逼上梁山摘草莓［EB/OL］.（2016-09-30）［2017-12-25］. http://blog.sina.com.cn/s/blog_700ed2510102wtbm.html；王晋刚. 专利疯 创新狂——美国专利大运营（微信）.

慑作用，可以迫使侵权企业在权衡利弊之下，避免侵权诉讼，寻求与专利权人合作，从而让专利权人获得丰厚的回报。

所以，专利诉讼是专利保护的一个重要体现。随着中国法律的完善，特别是深入贯彻落实《关于严格专利保护的若干意见》（国知发管字〔2016〕93号）之后，中国将大力推进知识产权严保护、大保护、快保护，必然会让专利诉讼中专利价值显现得越来越高。同时，专利诉讼推动的专利的价值越高，以专利诉讼为后盾的专利转让、专利许可、专利质押融资等手段的运营价值就更高。从这个意义上讲，专利诉讼是高价值专利运营的基础手段。

2. 高价值专利运营的转让手段

专利转让是大企业从其他创新主体，特别是从科研机构、中小企业或个体发明人手中获取专利的重要途径。通过对专利权的运作为高价值专利带来收益。对于小微企业、科研机构等创新主体，由于人员、资金、管理能力等方面的瓶颈，实施专利技术产业规模最大化的能力不足，因此，通过专利转让等途径来实现“高价值”，是非常不错的选择。在高价值专利的培育过程中，形成高技术价值和高法律价值仅仅是完成了一个环节，之后对专利进行运营，从而让高价值专利的价值得以体现，才能实现专利的经济价值，最终完成高价值专利培育的整个过程。

【案例6-10】即时通信基本专利的转让策略分析

深圳市腾讯计算机系统有限公司（简称“腾讯”）通过转让方式从赵建文手中取得微信基础专利。腾讯是中国最大的互联网综合服务提供商之一，在实时网络通信方面，腾讯先后推出了QQ、腾讯TM、微信等软件。据统计，截至2016年第二季度末，微信每月活跃用户已超过9亿，用户覆盖200多个国家、超过20种语言，成为人们重要的日常通信工具。

一直关注移动平台实时通信软件的个体发明人赵建文设计出一种借助手机通信录实现即时通信的技术后，于2006年9月向国家知识产权局提交了专利申请（申请号为200610116632.X，发明名称为“一种基于或囊括手机电话本的即时通讯方法和系统”），并于2011年5月18日获得授权。赵建文本人认为，该专利至少在5个方面具有前瞻性：a）注册进程采用短信验证码；b）利用通讯录进行联系人匹配；c）显示联系人状况；d）依据2.5G以上的IP音讯发送并有多媒体音讯扩展性；e）能够设置和共享特定信息，包含昵称、签名和个人主页等。在发明这一即时通信方法之后，赵建文多方寻求资金支持，希望推出即时通信产品，但未能如愿。在这种情况下，赵建文先是将该专利许可给腾讯，之后于2012年4月将该专利转让给腾讯。从技术上看，该专利是WhatsApp、微信等类似聊天应用的基础性专利。在这些类似的通信软件中，美国的WhatsApp于2009年2月上线，微信于2011年1月上线。此后，即时通信软件迅速普及，在拥有大量用户的同时，为商家带来了巨额利润。2014 年 2 月，脸书（Facebook）公司宣布，将以 190 亿美元现金加股票的方式收购 WhatsApp，创下了互联网领域并购的天价纪录❶。

从上述案例中可以看到，个人、科研机构等创新主体虽然有较好的发明，但因为缺少产品开发人员、资金、平台等多种资源，往往难以让专利产业化从而体现专利技术的高价值。

【案例6-11】同济大学专利转让为基础的新模式

2017 年，同济大学与润坤（上海）光学科技有限公司共同签署《技术专利转移协议》，将该校物理科学与工程学院王占山教授团队自主研发的“高性能激光薄膜器件及装置”6 项发明专利授权转让，合同金额共计 3800 万元，是建校 110 年历史上最大额度的技术转移现金合同❷。

在同济大学专利转让的案例中，技术市场非常好。截至 2015 年，我国激光设备产业链已经形成约 1200 亿元的年产值，其中上海地区约占国内市场份额的 25%。面向中低端加工、制造和应用的中小功率激光器，国产激光装备已占据市场的主要份额。而面向高端加工、制造和应用的高功率激光器，大部分市场被国外进口产品占据，导致我国的高功率激光装备民用产品价格昂贵。

企业对此类专利技术的需求是非常旺盛的。但是企业也担心自身“成为创新技术应用的小白鼠”。同济大学在这一环节做出了有益的探索，提出了技术转移费用“分期付款”的方式，允许企业在两年内分期支付技术转移费用，部分打消了企业对于应用新技术的“疑惑”，主动与企业共同承担了技术转移的风险，从而为此次技术成果转移得以顺利实施提供了最后的“钥匙”。

在此基础上，上海高校张江协同创新研究院、同济大学、润坤投资控股有限公司共同签署成果转化意向书，形成了“企业+高校+独立的技术转移服务机构”的“三位一体”技术转移模式，这种模式也使长三角地区成为国内首个集研发、中试、生产、服务和人才培养于一体的高性能激光薄膜器件及装备的“全链条”创新中心。

从专利转让的情况来看，最近几年，企业并购是大企业实现专利批量转让的重要方式。企业并购方式的专利转让的原因有两个，一方面是出于中国“走出去”战略，批量专利转让为中国企业保驾护航；另一方面是部分企业生产经营不善，企业资金周转困难，甚至面临破产倒闭的境地，批量专利转让能为未来业务开疆辟土。

例如 2014 年 1 月，联想宣布花费 29.1 亿美元收购谷歌的摩托罗拉移动智能手机业

---

❶ 周胜生，高可，等. 专利运营之道［M］. 北京：知识产权出版社，2016：40.

❷ 陈婕. 牛气！同济大学凭借 6 件专利赚得 3800 万元的技术转让金！［EB/OL］.（2017-08-10）［2017-12-25］. 中国知识产权报（微信公众号）.

务。通过此次收购，联想获得4个方面的补充。第一个当然是品牌，即使是现在，摩托罗拉在美国和拉美仍然是个叫得响的品牌；第二个是研发团队，摩托罗拉有2000多名资深的研发人员分布在美国的芝加哥、硅谷和佛罗里达；第三个是摩托罗拉与全球主流运营商良好的关系，能够帮助联想进入很多过去没进入的市场；第四个就是专利，通过这次收购联想能够获得2000多项专利以及大量的专利授权和交叉许可，有利于联想在成熟市场开展业务[1]。2014年4月，联想宣布收购完成日本电气株式会社（NEC）3800余件专利组合。通过这几次并购和收购，联想已经获得了9000余件涉及3G和4G移动通信领域的专利，以及相关的大量专利授权和交叉许可。通过几次并购和收购，联想还获得研发团队、实验室等众多资源，结合批量专利转让等，让联想“走出去”的步伐越来越稳。

【案例6-12】美的集团通过收购的专利转让新手段

2016年3月30日，美的集团发布公告称，拟以自有资金约合4.73亿美元收购东芝所持白色家电业务80.1%的股权，并承接约2.2亿美元的公司债务。此次交易，美的将获得东芝品牌40年全球授权、超过5000件家电专利，还有东芝家电在日本、中国、东南亚的市场渠道和制造基地。从专利角度看，此次美的并购东芝之后，所获得的5000件专利是对美的现有专利的一次显著扩容，将进一步增强美的在日、韩等海外市场的专利布局。即使是不考虑东芝给美的带来的品牌、渠道的价值，按照美的此次并购付出共计6.93亿美元的代价计算，平均每件专利的价格大约14万美元，这个价格与近年来发生的大宗专利并购案相比，单件专利价格似乎并不高[2]。从世界500强角度来看，2014年美的集团首次进入“世界500强”俱乐部，列第436位，当时东芝集团列“世界500强”第145位，两者间的差距巨大。但美的通过收购东芝，为未来的国际化道路打下基础，通过专利收购等方式快速实现了海外专利布局，为产品进一步占领国际市场，尤其是在知识产权制度成熟的欧美市场扫除了专利障碍。同时，美的明确提出以产品和用户为中心、持续产品结构优化的战略措施，推动从单一产品制造商，向提供系统集成的服务解决方案和系统产品供应商转变。美的收购东芝集团的专利技术，为未来的产品线打下了基础。

3. 高价值专利运营的许可手段

从运营手段来看，最常用于促成专利运营高价值的手段就是专利许可。专利实施许可，指专利的所有人允许另外的自然人或法律实体（例如公司），在一定的地域范围和专利有效期间内，实施一项或者数项专利权利的行为[3]。专利通过实施将专利技术运用在产品上，从而帮助企业占领市场，转化为经济效益，实现专利的价值。在专利许可中

[1] 叶苏浔. 逆袭还是重生：联想如何医治被“肢解”的摩托罗拉［EB/OL］.（2014-08-22）［2017-12-25］. 中国知识产权报（微信公众号）.

[2] 周胜生，高可，等. 专利运营之道［M］. 北京：知识产权出版社，2016：43.

[3] WIPO. WIPO Intellectual Property Handbook：Policy Law and Use［EB/OL］. WIPO Publication. No. 489（E）：173.

对于许可方，最大限度地利用专利技术，获得较高许可费收益；对于被许可方，可以依照自身的需要和优势选择使用专利技术，既不用付出全方位实施的高额许可费，也有利于实现自身盈利；整体而言，整个社会经济价值也有所提升❶。

专利许可必然是以专利诉讼为后盾才能有的，如果没有专利诉讼的震慑力为基础，专利许可可以说是空中楼阁。而专利许可也是专利转让的一种有益补充。科研机构等创新主体没有产业化的能力，但由于国家政策等原因，往往无法进行专利转让，就常常采用专利许可方式。例如，山东理工大学教授毕玉遂领衔的研发团队的“无氯氟聚氨酯新型化学发泡剂”专利，被山东补天新材料技术有限公司以5亿元买断20年独占许可使用权（美国、加拿大市场除外），创造了山东省专利许可的新纪录。中科院青海盐湖研究所“高镁锂比盐湖提锂关键技术及应用”专利技术以4000万元普通许可给青海东台吉乃尔锂资源股份有限公司和青海锂业有限公司，创下了青海省单项专利许可费的最高纪录。

通过专利许可来实现专利价值的案例也屡见不鲜。例如美国的Tessera公司，其商业模式就是专利许可，其拥有1500多个专利，其中最重要的是涉及芯片级封装的核心专利，这是DRAM、FLASH所必需的。依靠这些专利，Tessera每年从MICRON、SAMSUNG、HYNIX等企业手中获得的专利授权收入超过3亿美元。另一家NuCurrent公司是位于芝加哥的无线充电设备制造公司，在其产品组合中只拥有15项授权专利（在美国和其他国家拥有33项专利）。然而，NuCurrent在苹果和摩托罗拉等公司的许可收入中赚取了数百万美元❷。

从货币单位显现的角度来看，专利运营的价值可直接衡量其价值高低，在专利许可之中，可以采用许可的各种方式以在协议交易和谈判交易中拥有更高价格，如图6-5所示。

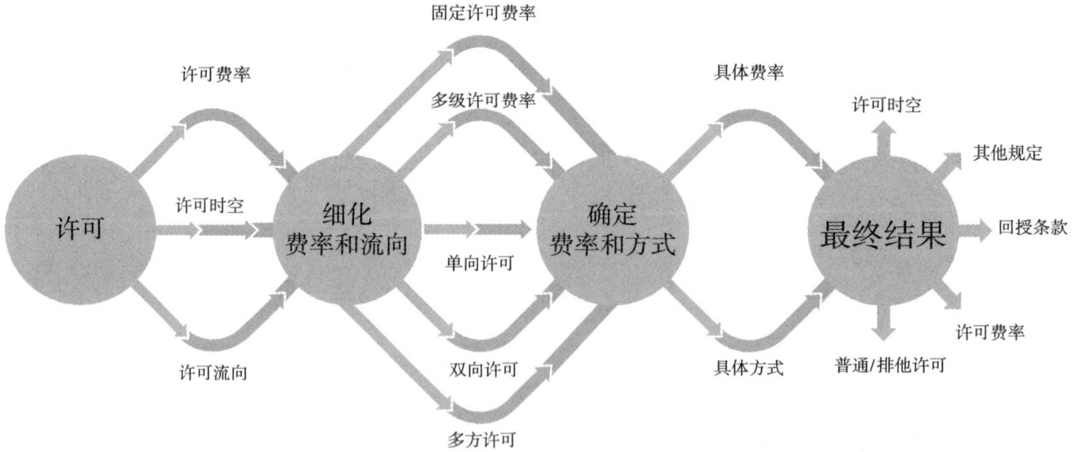

图6-5　专利许可考虑流程

❶ 李兆阳. 公司知识产权的保护与管理［M］. 北京：清华大学出版社，2002：56.

❷ The Need For Building A High Quality Patent Portfolio［EB/OL］.［2017-12-25］. https://www.greyb.com/need-building-high-quality-patent-portfolio/?from=timeline.

从许可开始，通常要考虑许可费率、许可时空和许可流向3个方面。许可费率和许可流向后面还要考虑许可时空。许可时空包括时间和空间，时间通常以年为单位，最少一年，最多可以是专利权剩余的所有时间。从获得最高价值来看，许可合同应当一年一签，可以每年增加许可费用。但从被许可方的接受程度和减少谈判成本来看，通常许可合同时间为3年或5年。许可空间就是专利权的申请国家和地区，因为每个国家和地区的市场环境和法律环境不同，每个国家的许可费用也不同，所以从合同签订之初就必须清楚和确定。

【案例6-13】许可时空改变引起的价格改变

在某科研院所的许可谈判中，第一轮的谈判金额为10万美元，并未说明许可范围。而在第二轮谈判中，谈判金额为13万美元，但限定许可范围为欧盟各国。

从结果看，虽然金额只提升了3万美元，但由于只限定了欧盟一个地区，如果把该专利另外的申请国家美国、中国的许可费用等价欧盟，则该专利整体许可费用就达到39万美元，几乎是第一轮谈判的4倍。

在许可时空确定之后，就是细化许可费率和许可流向。从许可流向来看，专利许可分为单向专利许可、双向专利许可和多方专利许可。单向专利许可即一个许可给另一个的许可方式。双向专利许可即两方相互许可，也叫“交叉许可”。多向许可即多方相互许可，简单的可以参考双方专利许可，复杂的可以参考专利池许可的内容。

在单向专利许可的时候，通常以诉讼作为后盾，被许可方往往不得不接受专利许可。此时，为了获得更高的许可价值，需要了解被许可方的经济实力和该许可专利对应产品的销售量等，尽可能让被许可方接受许可方的许可方案。

在双向专利许可的时候，通常是两方相互侵权，需要分析谁能在双向许可后的获利更大。如果两者对等，那么通常双方都不用额外付费。但当有一方获利大的时候，获利大的一方应当额外付许可费用给另一方。

在细化许可费率的时候，需要考虑是“固定许可费用”还是“多级许可费”。固定许可费用就是许可费用固定不变，比如一年5万元人民币。固定许可费用简单易算，常用在双向专利许可的时候，实质上就是补足了专利技术的差值。多级许可费用就是费用呈阶梯式而变化，比如一年5万元人民币许可费用，在超出10万件产品之后，每件产品另收1元人民币。多级许可费用在外观设计和药品专利里面更加常用，类似出租车“起步价+跳表价”的收费模式，因此也被称为“出租车许可费用模式”。

许可费用细化之后，还需要进一步确定许可费率。其通常占净销售额的4%~6%，不同产业的费率不同，从1%到制药行业超过25%的都有。许可费率不仅和行业有关，还和专利技术的成熟度有关，以医药专利的转化为例，分级许可费率为：

临床实验之前：5%~8%；

构思验证之前：7%~10%；

构思验证之后：14%～18%。❶

【案例6-14】百济神州的组合专利许可方式

2013年5月，百济神州公司宣布将旗下小分子在研药物BGB-283除中国以外的全球市场的开发和销售权许可给默克公司。BGB-283是用于治疗癌症的第二代BRAF抑制剂，这项交易的协议价格高达2.33亿美元，一时震动了整个中国医药行业❷。

百济神州将专利生产许可权和专利产品销售权都许可给了默克公司，除获得了“起步价”2.33亿美元之外，还获得了销售的提成作为许可费用。而且这还是不含中国市场的许可。在这次许可中，百济神州除了获得巨额资金外，更重要的是可以集中精力去开发新的技术和专利。2017年7月，百济神州对外宣布，与制药巨头新基公司在免疫肿瘤领域达成全球合作，共同开发和商业化百济神州的PD-1抗体BGB-A317，用于治疗实体肿瘤。该合作将涵盖美国、欧洲、日本和亚洲以外的多个国家和地区，新基公司将获得百济神州BGB-A317用于治疗血液系统恶性肿瘤的开发和商业化全球授权，以及在亚洲（日本除外）开发和商业化BGB-A317用于治疗实体肿瘤的授权，预计在2017年第三季度许可工作完成后百济神州可获得2.63亿美元的现金首付款，溢价35%的1.5亿美元股权投资，基于预设里程碑的最高达9.8亿美元的里程碑付款，以及BGB-A317未来销售额的销售版税❸。

从上面案例可知，百济神州采用了灵活的许可手段，可总结为“首付款+股权投资+销售提成+其他”的一种混合模式的许可收费模式，是一个专利高价值显现的最优展现。

而许可的具体方式就是选择一般许可、排他许可或独占许可。从专利权人角度来看，最好是一般许可，许可费用较低，但可以多许可几家从而获得更高的收益。从被许可人角度来看，最好是排他许可或独占许可，虽然许可费用较高，但只许可了一家，保证了被许可方对专利的独占权。此外，还需要考虑是否有分许可的情况。

综上所述，不同产业、不同情况之下，应该有不同的考虑和变化。但是，对于许可时空、许可流向、许可方式、许可费率等都需要考虑。

回授条款是指专利权人以许可为条件，要求被许可人必须将基于该专利而作出的改进或发明专利，授权给许可人。现在回授条款具有较大的争议，包括是否构成专利权滥用，须考虑相关市场中竞争产品存在与否，独占或非独占许可是否对竞争有不利影响，以及对被许可人发明意愿的影响等。如果该回授条款为非独占许可，通常有促进竞争的效果，因为这可让被许可人和许可人分担风险，并且让许可人得以再利用回授的技术进

❶ 拉希德·卡恩. 技术转移改变世界：知识产权的许可与商业化［M］. 北京：经济科学出版社，2014：160.

❷ 章艺枫，李树恒. 百济神州：牛人搭档——王晓东和欧雷强［EB/OL］.（2016-10-18）［2017-12-25］. http://www.biodiscover.com/news/company/338010.html.

❸ 卢杉. 一个在研药卖了10多亿美元：百济神州将与美国新基开发免疫抗癌新药［EB/OL］.（2017-07-21）［2017-12-25］. CPhI制药在线.

行更进一步的研发。而独占回授条款则让被许可人就其改进的技术非但不得许可他人使用，连自身都无法使用，因此削弱了被许可人从事改进发明的动力，造成限制竞争的结果。回授条款可能减少被许可人发展有价值的改进专利的动力，并且可能集中和扩张许可人的垄断地位，因为许可人可以通过基础专利来控制所有的改进专利。因此，独占回授条款可能构成专利权滥用。所以为了让被许可人签订回授条款，可能许可人还需要在费用上进行让步。

其他还有侵权的责任、专利被无效的责任、专利权人消亡继承（公司倒闭，法人不存在）等问题，其中一部分问题会涉及许可费用的波动。以上问题需要在具体情形中灵活解决，从而推动专利运营的整体价格，从货币单位上显现出高价值专利的价值。

4. 高价值专利运营的金融手段

知识产权是国家发展的战略性资源和国际竞争力的核心要素，金融是现代经济的核心。加强知识产权金融服务是贯彻落实党中央国务院关于加强知识产权运用和保护战略部署的积极举措，是知识产权工作服务经济社会创新发展、支撑创新型国家建设的重要手段。促进知识产权与金融资源的有效融合，有助于拓宽中小微企业融资渠道，改善市场主体创新发展环境，促进创新资源良性循环；有助于建立基于知识产权价值实现的多元资本投入机制，通过增值的专业化金融服务扩散技术创新成果，全面促进知识产权转移转化；有助于引导金融资本向高新技术产业转移，促进传统产业的转型升级和战略性新兴产业的培育发展，提升经济质量和效益❶。

作为知识产权的重要组成的之一的专利权与金融也有非常紧密的联系，在高价值专利的扩大价值的手段中，金融手段往往起到事倍功半的杠杆作用。高价值专利运营中的金融手段包括专利质押融资、专利作价入股以及专利投贷联动等多样化的知识产权金融服务手段。

1）专利质押融资

专利质押融资是目前中小微企业将专利转化为资本的一种重要渠道和发展方向。我国专利质押融资始于 1996 年 9 月，国家知识产权局颁布了《专利权质押合同登记管理暂行办法》，此后专利质押融资在我国缓慢启动并发展。

2017 年 10 月 19 日，国家知识产权局为进一步贯彻国务院和国务院办公厅印发的《国务院关于强化实施创新驱动发展战略进一步推进大众创业万众创新深入发展的意见》《国务院办公厅关于推广支持创新相关改革举措的通知》中关于知识产权质押融资工作的明确要求，出台了《关于抓紧落实专利质押融资有关工作的通知》，督促落实相关工作部署，全面推动我国专利质押融资快速发展，强化知识产权金融服务，促进高价值专利的运用。文件中提出 5 项工作举措：加快扩大工作覆盖面；抓紧建立健全风险分担及补偿机制；加

---

❶ 国知发管字〔2015〕21 号. 关于进一步推动知识产权金融服务工作的意见 [EB/OL].（2015-04-23）[2017-12-25]. http://www.sipo.gov.cn/tz/gz/201504/t20150403_ 1097085.html.

强项目对接与服务；完善质权风险管理；开展专利权质押登记试点。

实践中专利质押融资常规模式包括专利许可收益质押融资模式（专利许可收益出质）、直接质押融资模式（银行+专利质押）、间接质押融资模式（银行+专利质押+其他资产）和组合质押融资模式（银行+专利质押+其他资产）等。不管采用哪种质押模式，都需进行专利价值风险评估、法律诉讼风险评估、经营风险评估、处置风险评估等。专利质押融资程序通常包括专利价值评估、担保、质押申请和审查、质押登记和放款等环节❶。

（1）许可收益权质押融资模式

专利许可往往是按照 3 年或 5 年的合同来签订。而对于专利权人而言，如果有特别的资金需要，根据许可收益在专利许可收益质押融资模式下，企业可将专利实施许可合同的收益权出质，获得贷款。许可收益权质押融资模式从本质上而言是应收账款质押的金融手段。

【案例6-15】Dyax 公司生物医药专利融资模式

2008 年 8 月，美国高科技生物技术公司 Dyax 公司与专门从事全球医疗相关专利质押融资的金融投资机构 Cowen 公司签订专利融资贷款合同，Dyax 公司以其生物医药专利“噬菌体展示技术授权项目”（LFRP）向 Cowen 公司贷款 5000 万美元，还款日为 2016 年 8 月，贷款利息为 16%。2012 年 1 月，双方再次达成协议，Dyax 公司仍以 LFRP 项目为担保贷款 8000 万美元，还款日为 2018 年 8 月，贷款利息为 13%。对于偿还贷款方式，双方约定 Cowen 公司获得 Dyax 公司 LFRP 项目许可费前 1500 万美元的 75%，超过 1500 万美元部分的 25%，直到协议终止，贷款付清，具体融资模式和流程如图 6-6 所示❷。

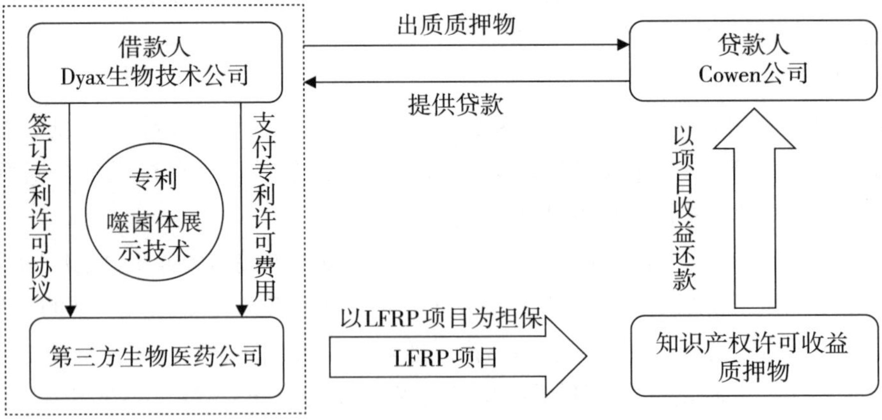

图6-6 Dyax 公司专利许可收益质押融资模式框架

❶ 周胜生，高可，等. 专利运营之道［M］. 北京：知识产权出版社，2016：57.

❷ 丁锦希. 美国知识产权许可收益质押融资模式分析［J］. 知识产权，2012（12）：99-103.

（2）直接质押融资模式

在直接质押融资模式下，企业以经中介结构评估后的合法、有效的专利作为质押标的物出质，直接向银行申请贷款。

【案例6-16】荆门格林美新材料专利质押融资模式

荆门格林美新材料有限公司成立于2003年12月，是世界上采用再生钴镍资源直接生产超细钴镍粉体的代表性企业，为中国规模较大的采用再生钴镍资源直接生产超细钴镍粉体的企业，在再生钴镍资源的循环利用领域具有国际先进水平。

在格林美发展过程中，遇到了一些资金上的阻力，但格林美通过以自有技术专利换取融资贷款这一金融手段为企业筹措了大量资金，使得企业实现了跨越发展。

2007年，为了缓解资金紧张的局面，在湖北省知识产权局的协助下，格林美公司与国家开发银行湖北分行签订协议，公司通过出质“硒的回收”“镍粉的制造方法”等6件专利获得3021万元贷款[1]。

2007年年底，荆门格林美再次与国家开发银行湖北分行达成协议，获得4000万元的专利质押贷款。

2008年，荆门格林美第三次获得国家开发银行湖北分行2900万元的专利质押融资。

2012年8月8日，荆门格林美用39项专利，又一次与国家开发银行湖北分行达成3亿元质押贷款协议，创下当时全国单个企业、单次获得专利权质押贷款协议最高金额的纪录，堪称将“知本”转化成“资本”的典范。

在专利直接质押融资模式的支持下，荆门格林美实现了跨越式发展，其注册资本5年时间增长了90倍，总资产增长了23倍，销售收入增长了10倍。其母公司深圳格林美高新技术股份有限公司还于2010年1月在深交所中小企业板块上市，成为国内循环经济与低碳制造的领军企业。

（3）组合质押融资模式

在组合质押融资模式下，企业将知识产权与应收账款、股权、有形资产和企业信用打包作为质押物来申请贷款。

【案例6-17】山东泉林纸业知识产权质押贷款模式

山东泉林纸业有限责任公司隶属于山东泉林集团，专注于秸秆资源的综合利用技术。其“秸秆清洁制浆新技术”“环保型秸秆本色浆制品技术”和“秸秆废液精制木素有机肥技术”3项技术达到国际领先水平，特别是在2013年，“秸秆清洁制浆及其废液肥料资源化利用新技术”被评为国家技术发明二等奖。

---

[1] 湖北省知识产权局. 格林美：39项专利换回3亿贷款［EB/OL］.（2017-01-05）［2017-12-25］. http://www.hubei.gov.cn/zhuanti/2017zt/zscqsdyjzl/jctjz/201701/t20170105_936021.shtml.

2014 年，泉林公司出质 110 件专利、34 件注册商标等无形资产和土地、厂房等固定资产，向以国家开发银行为首的银团共贷款 79 亿元，创下当时我国融资金额最大的一笔知识产权质押贷款。其中，泉林公司名下的 110 件专利权评估价为 67.81 亿元，34 件商标权评估价为 43.65 亿元，按照知识产权质押率最高 30% 贷款了 33 亿元❶。

这笔质押贷款大大加快了泉林公司“150 万吨秸秆制浆造纸综合利用”项目，帮助其抓住了稍纵即逝的市场机遇。

通过以上专利质押融资案例分析，我们可以清楚地认识到专利金融方面的属性。通过专利质押融资，科技型创新企业尤其是广大的科技型中小企业可以在一定程度上缓解“融资难”的问题，筹措企业发展急需资金，渡过企业发展难关，实现跨越式发展。

当然专利的这一属性需要专利的价值作为支撑。只有高价值的专利才会具有较高的市场地位，才会被金融机构所接受，才能融得资金。因此，在这一理念的驱动下，科技创新企业会更加重视专利的作用，尤其是高价值专利的作用，通过研发新技术，高质量申请专利，获得高价值专利授权，然后合理利用高价值专利，变现为资本，以专利质押融资激活创新池水，让“知本”变“资本”，让“智产”变“资产”，促进企业快速发展。

2）专利作价入股

知识产权是高新技术企业最有价值的资产，构成企业的核心竞争力。《公司法》规定，支持投资人以知识产权等非货币资产出资设立战略性新兴产业公司，非货币资产出资比例最高可达注册资本的 70%。公司增加注册资本时，不再限制新增注册资本中的非货币财产出资比例。公司法鼓励以知识产权等无形资产出资，但过高或过低的出资比例存在着风险。因此，股东在决定知识产权的出资比例时，应该按将来公司经营规模的大小来确定知识产权的出资比例。

在专利入股中，技术出资人不能简单笼统地将出资入股的技术称为“以××专利技术出资”，要精确地确定出资入股的技术包括哪些内容，比如，它究竟是一种产品、一种工艺，还是一种设备，或者是几方面的内容都兼有。对此需要在合同中清晰、明确地界定交易标的内涵和外延，还有就是专利是中国专利还是国外专利，等等。通常而言，专利入股的基本流程如图 6-7 所示。

在流程图中，从出资方需求对接到最后成立公司的过程中，最重要的就是专利价值评估，它是专利出资的核心环节，能否对专利价值进行精确评估，决定了专利出资及技术转移的成败。专利价值评估是对待评估专利进行系统化分析以获得货币量化的估值，使专利出资双方可以根据专利价值评估结果对出资行为做出合理的判断和决策。在专利出资行为中对专利价值进行评估是必不可缺的。根据国资办发〔1996〕49 号《关于加强专利资产评估管理工作若干问题的通知》第 1 条第 4 款的规定，以专利资产作价出资

---

❶ 牟月．山东泉林公司利用知识产权质押融资换来 79 亿元［EB/OL］．（2014-05-27）［2017-12-25］．http://sd.ifeng.com/caijing/yaowenzonghe/detail_2014_05/27/2337174_1.shtml.

成立有限责任公司或股份有限公司的，应当依法进行专利资产的评估。而专利评估又和专利的技术、法律、市场等多个维度有关，本章不再赘述。

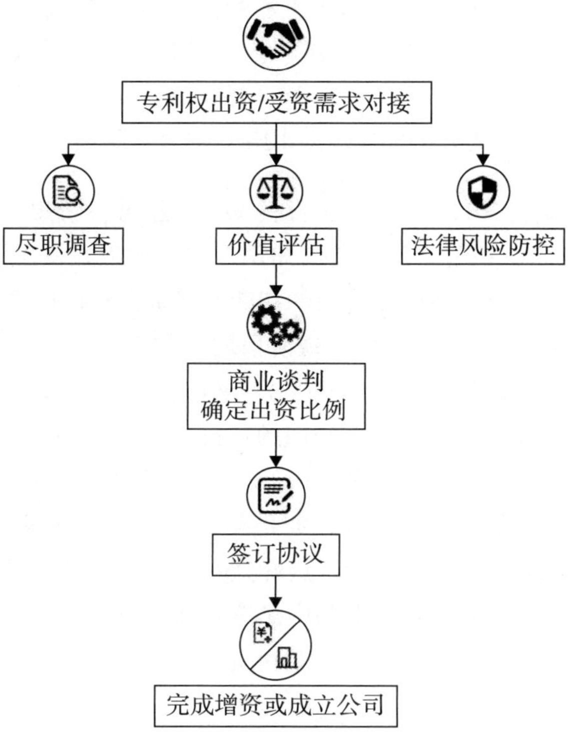

图6-7　专利权出资入股流程❶

从作用来看，专利入股也解决了企业担心自身“成为创新技术应用的小白鼠”的问题。通过专利入股，科研人员的股份是虚拟的，还要靠科研人员和企业一起努力变成经济价值。专利作价入股模式创新性地解决了国有专利成果合法产业化的同时，成功引入其他国有资本和民间资本，采用全市场化的运作模式，兼顾了科研第一线人员的积极性和企业高管的积极性，为高价值专利的实现指明了一条新的路径。例如北汽福田汽车股份有限公司与戴姆勒股份公司的合作中，知识产权入股的形式一举打破了我国汽车行业之前“中方出资金、外方出技术”的模式。在福田汽车出资入股评估价值近 20 亿元的知识产权中，18 件专利起了重要作用❷。

【案例6-18】武汉工程大学陶瓷膜科研团队的专利入股

武汉工程大学陶瓷膜科研团队的 8 名中青年教师还有另外一个身份：湖北迪洁膜科技有限责任公司股东，共持有 50.4% 的股份。作为国内少有的拥有完全自主知识产权的

❶ 丁志新，等. 促进专利权出资服务机制研究报告［R］.

❷ 国家知识产权局. 福田汽车：专利运营为汽车产业升级导航［EB/OL］.（2016-11-23）［2017-12-24］. http://www.sipo.gov.cn/ztzl/ndcs/zgzlznew/qqzl/201611/t20161123_1302934.html.

碳化硅陶瓷生产技术企业，注资3800万元，未来将在全国率先实现碳化硅陶瓷膜量产。团队研发的专利组合（8项）专利，作价2128万元入股湖北迪洁膜科技有限责任公司。该项目三年多来，共接纳了数十名研究生参与科研。该校材料科学与工程学院研究生、27岁的吴庭毕业后选择留下，直接与湖北迪洁膜科技有限责任公司签订合同，担任公司技术部经理。不仅如此，他还享有公司1%的股权。学校依照相关规定，将此次收益的90%即1915.2万元奖给了研发团队，另10%由武汉化院科技有限公司代持。

从最新的发展来看，2017年8月3日，AT&T公司、联想公司、Entegris公司和Rambus公司已经同意向一些创业公司提供知识产权，用以在其融资过程中获得一定股权。拥有大量专利的大型公司在创业公司的初期发展阶段给他们提供一种“知识产权助推”，并通过战略性的知识产权投资促进现阶段的合作关系，让专利持有者能够从其未充分使用的知识产权中获得收益，并且减少了专利组合的维护费用。

谷歌曾通过Intertrust公司宣布一个类似的项目——“PatentShield计划”，承诺帮助创业公司规避专利侵权的风险，以换取创业公司一部分股权。该计划由谷歌收集、Intertrust整合建立一系列防御性专利组合，如果初创公司被同领域更大规模的公司起诉，即可以向谷歌申请一项防御性专利组合，这样这些小公司就可以得到更多的技术组合应对专利诉讼风险。谷歌正在从自己的专利中挑选一部分来建立专利组合，而Intertrust已经在流媒体、物联网、安全等领域建立了专利组合。

3）专利投贷联动

投贷联动是指商业银行在创业投资机构对创业企业评估、股权投资之后，以债权形式为企业提供融资支待，形成股权投资和债权投资之间的联动融资模式，实现商业银行、创业投资机构和创业企业之间的多赢。这种专利运营手段主要用于对初创科技企业的创业投资。虽然从质押模式本身看，投贷联动中贷款方式与常规的专利权质押融资并没有什么特别之处，但是这种投资与贷款相结合的模式极大促进了知识产权特别是专利权质押融资业务的发展。

我国的首例投贷联动案例是2015年1月南京银行采用“小股权加大债权”方式，通过其控股的鑫元基金管理有限公司战略投资杰华特微电子（杭州）有限公司。2015年3月国家知识产权局发布的《关于进一步推动知识产权金融服务工作的意见》中也提出促进银行与投资机构合作，在知识产权领域建立投贷联动的服务模式。2016年3月，上海浦东新区成立了首个知识产权投贷联动基金。该知识产权投贷联动基金由国有资本引导、民营资本参与，基金规模1.315亿元，出资人为上海科技创业投资（集团）有限公司、上海浦东科技融资担保有限公司、嘉兴汇美投资合伙企业、上海张江火炬创业投资有限公司、中银资产管理有限公司、上银瑞金资本管理有限公司等。该基金聚焦具有核心知识产权特别是专利的小微企业，探索股权与债权结合融资服务方式，主要以贷后投、投贷额度匹配、可转债、认股权等形式，降低企业的贷款门槛和投资门槛。据报道，通过银行、担保机构让利，政府对评价费、财务成本的补贴，以及协会为企业提供融资公益服务等方式，小微企业的知识产权综合融资成本降低至5%左右。

5. 高价值专利运营的其他手段

随着专利运营手段的扩充，新的运营手段层出不穷。比如开放专利，虽然从实际上而言并没有收到费用，但因为开放了专利，引来更多人的使用，一旦形成事实标准，就有可能从其他地方让价值得以体现。而专利运营与开放式创新、供应链金融的结合和探索，都在扩大着专利运营的手段。除了新手段的不断涌现，旧手段的新组合也是高价值专利运营的其他手段。

【案例6-19】朗科公司的专利运营组合策略分析

朗科科技股份有限公司成立于1999年5月，是全球闪存盘及闪存应用领域产品与解决方案的提供商。朗科研发了全球第一款USB闪存盘，成功启动了全球闪存盘行业的发展。通过采取独特的发展战略和实施专利运营工作，把知识产权技术成功转变为连续性的专利利润，最终成功创立了专利赢利的新型商业发展模式。其专利运营模式主要包括专利授权许可收费模式、专利/芯片模组/解决方案相结合的运营模式以及专利与制造相结合的运营模式。这3种专利运营模式充分发挥了朗科公司在专利权、芯片设计、产品开发等方面的多种优势，极大提升了朗科公司持续盈利能力、品牌影响力和市场竞争力。同时，朗科公司也成为中国第一个成功实现专利运营模式的高科技公司❶。

朗科科技公司在知识产权方面最为成功的是有效的专利技术实施工作。朗科科技公司拥有闪存盘、闪存应用及移动存储领域多项基础性及核心发明专利。经初步统计，朗科科技公司专利及专利申请总量为555项，其中高强度专利占比约为10%❷，分布在中国、中国香港、中国台湾、美国、欧洲、韩国等十几个国家及地区。朗科于1999年11月提交了关于闪存的一篇基础专利——用于数据处理系统的快闪电子式外存储方法及其装置（专利号：ZL99117225.6），2002年7月获得授权。随后，朗科积极开展专利布局，在美国、日本、欧洲等国家和地区基于该专利申请了同族专利，并均获得了授权。

在进行全面的专利布局之后，朗科一方面进行专利实施，另一方面开始开展专利许可、专利诉讼等专利运营。自2002年起公司逐步在全球范围内通过法律诉讼等方式维护公司专利权，其中包括2002年9月起诉北京华旗公司及其代工厂深圳富光辉电子有限公司，该案也成为中国IT知识产权第一案，最终法院一审判决宣布朗科胜诉。2006年2月，朗科科技公司与美国的PNY公司之间的专利诉讼，双方最终达成调解并签订了专利授权许可协议，朗科科技公司最终拿到了美国PNY公司数额巨大的专利许可费。经统计，朗科与包括金士顿、东芝、必恩威等在内的12家公司签订了专利许可协议，2006年至2014年该专利为朗科带来了总计约1.7亿元的许可费收入，平均每年专利许

---

❶ 白峻. 朗科开创全新专利赢利模式［J］. 数码世界，2008（05）：17.

❷ 数据来源：INNOGRAPHY，检索日期：2017年10月7日。

可收入1887万元，专利许可利润占朗科主营业务税前利润的比重达32.8%❶。正是上述原因，2013年该专利获得第十五届中国专利金奖。

凭借在闪存上的巨大技术优势，朗科也积极进行知识产权资本化进程。2009年12月，朗科IPO闯关成功，朗科创始人邓国顺也获得了丰厚的资本回报。按募资额粗略计算，朗科科技每股发行价将在12.7元左右，邓国顺手中所持1545万股股份价值2亿元。此外，与邓国顺并肩创业的成晓华也将凭借所持1102.52万股，身价骤增1.4亿元❷。朗科对于自主知识产权的维护为其带来了许多企业梦寐以求的结果，也为创始人带来了高于2亿元的身价。这无疑是专利运营的一个成功案例，正是通过各种专利运营的方式，让具有极高技术价值的专利能够焕发出巨大的商业价值。

从朗科的案例可以看到，朗科公司既有专利产业化，又有专利诉讼、专利许可、专利入股等手段，灵活地使用高价值专利运营手段，最终实现了朗科公司专利的高价值。

二、专利运营渠道要宽广

从专利运营的实质而言，就是把专利卖给需要专利的一方。从本质上而言，专利运营就是一种特殊的销售，和产品销售并无区别。而高价值专利运营就是更加特殊的一种销售，与奢侈品销售比较类似。因此，需要不断扩大专利运营的渠道。

随着“互联网+”、电子支付等新兴技术的发展，出现了专利网络拍卖、专利电商等新兴运营渠道。拓展宽广的专利运营渠道应当从以下三方面入手。

1. 运营渠道的扩展

随着数字经济的诞生，世界范围的知识产权交易在迅猛增加。专利拍卖高效、快速、公开透明等特性，不仅有利于高价值专利的交易，而且能够使高价值专利的经济价值得以体现。

专利拍卖是指专利权人或专利申请人将自己拥有的专利权或专利申请权以协议交易、挂牌出售以及公开竞价拍卖等方式进行买卖的行为。传统的专利交易方式以协议交易和谈判交易为主，多是由企业先进行简单信息发布，然后欲购买该专利的企业与该企业进行一对一谈判和协议交易，该专利交易通常是秘密进行的。这种方式相对单一、规模较小、双方相互选择余地有限，常常出现双方信息沟通不畅、所需时间较长、成交效率不高的情况，进而导致专利技术转化率低、高价值专利的价值难以充分发挥。

【案例6-20】北电专利拍卖的运营渠道分析

2011年7月，北电网络专利拍卖尘埃落定，以苹果、微软、爱立信和索尼等6家公

---

❶ 深圳嘉权专利商标. 谈谈专利运营：以“朗科”为例［EB/OL］.（2017-09-05）［2017-10-07］. http://www.sohu.com/a/169675192_561966.

❷ 山西新闻网. 中细软：解读中外专利运作成功案例［EB/OL］.（2015-10-26）［2017-10-07］. http://news.sina.com.cn/o/2015-10-26/doc-ifxizwti7188198.shtml.

司组成的财团最终以45亿美元的价格赢得了北电网络6000项专利，而以谷歌、英特尔为首的财团铩羽而归，一无所获。在这场被称作"世纪拍卖"的竞标中，一批全球顶级的科技公司展开了一次现金流的血拼，整个拍卖过程一波三折，颇为耐人寻味。搜索巨头谷歌一直对北电这批专利垂涎三尺。为表示其购买诚意，谷歌早在数月前就报出了9亿美元的竞购底价，并与北电签署协议。这意味着，其他公司若想参与竞拍，必须出价高于9亿美元，否则，此批专利将被谷歌收入囊中。然而谷歌低估了其他科技公司对北电专利的兴趣，他们似乎无视谷歌的出价和"假马"身份，争先恐后加入竞拍者行列。爱立信、微软、索尼、RIM、EMC一个接一个地宣布参加竞拍。由于报名竞拍者众多，北电不得不一再推迟拍卖时间。而在临近拍卖的最后时刻，苹果和英特尔两大巨头也高调宣布参加竞拍，此就为拍卖结果增加了变数。

拍卖活动持续了4天时间，经过20多轮报价的激烈较量才见分晓。45亿美元的成交价比谷歌最初的报价高出4倍，比最大胆的分析师所预期的价格高出两倍。

从以上案例可以看出，在专利拍卖中，公开竞价机制的运行会降低运营成本及风险。一是寻找潜在交易方由拍卖机构等中介方完成，交易双方无须负担该阶段的成本。二是专利拍卖为买方与卖方提供了共同的开放平台，提供了包括竞买人之间公开竞价、委托人公开专利信息、中介机构对专利的检索与评估等从专利技术到价格等的全方位信息，建立了一个公开透明的市场。三是公开竞价具有价格发现功能。拍卖过程中必然涉及专利估价问题，同时，经过竞价，拍卖专利的潜在价值得到体现。专利拍卖中公开竞价等一系列机制的设置弥补了传统技术交易的不足，节约了买卖双方的交易成本，更为重要的是，有助于对相关专利的价值进行正确市场化评估。

而在渠道的扩展中，不仅仅是拍卖等方式渠道，更应该积极扩大市场渠道，在国际化中追求更大的价值利益。

2. 营销理论的借鉴

营销理论包括20世纪50年代的4P、90年代的4C，还有4S、4R理论等。随着网络时代的到来，出现了一对一营销、直销等理论。但这些理论没有一个是完全针对无形资产的，更勿论专利了。

在众多营销理论中，3V营销理论为高价值专利运营带来了更多的启示。3V营销理论为有价值的客户（valued customer）、价值计划（value proposition）、价值网络（value network），具体内容如下。

（1）有价值的客户（valued customer），即服务对象。比如，英国便利航空公司（EasyJet）的服务对象是自掏腰包的乘客，这有别于传统的旗舰航空公司。后者主要以公务乘客为服务对象。

（2）价值计划（value proposition），即服务内容。由于机票价格极低，因此EasyJet不提供旗舰航空公司那些华而不实的服务，如免费航空餐、预订座位、公务舱、乘客旅程积分和可退换机票等。

（3）价值网络（value network），即服务方式。为将价值计划提供给最有价值的客户并能够从中赢利，EasyJet 将许多职能外包，简化运营，且仅接受直接订票。

从专利的运营视角来看，有价值的客户就是专利运营的对象，价值计划就是专利运营的内容，价值网络就是专利运营的方式。以有价值客户为例，在营销中，现有的顾客或需求，再向前细分一个层次，从而发现更加细分的目标市场。“细分化”可以是需求情境的细分化。

如图 6-8 所示，专利运营的服务对象以需求情景化为例，可以分为防御性使用、进攻性使用。而防御性使用，又可以分为上市用、诉讼用、投资用、转型升级用等多个用途情景。例如阿里巴巴公司在美国上市前购置了一批专利，以应对可能的专利风险属于防御性的使用。同理，服务内容和服务方式，又可以有不同的分类情景和类别。有价值客户、服务内容和服务方式的细分，三者之间互相影响，必然产生新的营销路径。此可作为专利运营的渠道和思路。

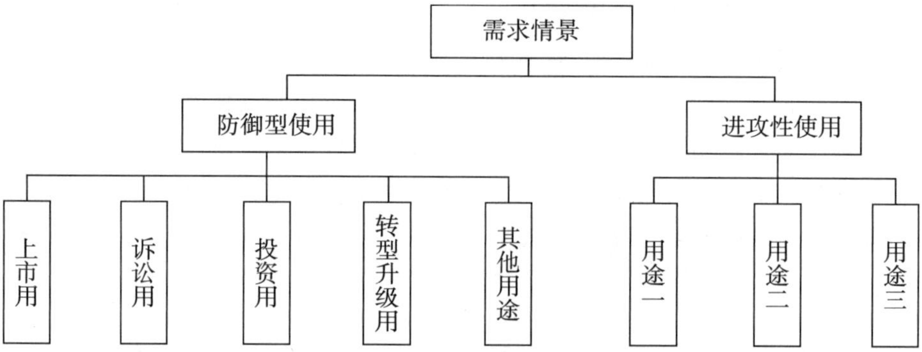

图6-8　需求情景细化示意

随着营销理论的更新迭代，未来可能会出现单独针对知识产权、专利的营销理论。营销理论指导下的专利运营会进一步增加专利运营的手段和策略，从而推动高价值专利的价值。

三、专利运营流程要规范化

一些外国老牌和大牌的专利运营机构已经有了较为规范的专利运营流程。但在中国，专利运营事业刚刚起步，并没有形成被行内认可的规范专利运营流程。在专利运营过程中，百密一疏都会给专利价值带来损伤。而面对专利转让、专利许可、专利质押等不同场景，需要建立不同的专利运营流程，从而保证专利运营的规范化，防止专利运营时的经验不足。在专利运营的有限时间和有限资源内，中国的专利运营人才和机构还需要一段时间来学习和追赶，而规范化的专利运营流程将缩短这一追赶时间。

四、专利运营合同要严谨

专利运营合同中的每一个字、每一个词、每一句话都意味着专利价值增加或降低，换言之，押在其上的赌注很大，所以在起草合同时要把握两条原则：小心谨慎和深思熟虑。

通常在起草合同时，要将之前谈判、沟通中专利运营的要点变成合同的清单、目录或概述写下来，然后提供一些假设可能发生的情况。好的合同不仅能够预见到许多可能发生的情况，而且还能清楚地描述出发生这些情况后合同双方的立场。如果是许可合同，要将许可费用收取金额、方式、时间等都写出来，以便双方执行和检查。如果是跨国合同，需要考虑两国法律的不同。如果是中外两种语言的合同，还要考虑翻译的准确性。

总之，严谨的专利运营合同是高价值专利培育和运营的“最后一公里”，要将前面高价值专利培育过程中的各类问题，运营增值中的各个环节都体现在一份合同中，必须花大力气在合同上面，这样才能避免专利运营中专利价值的丧失，保证专利运营的高价值显现。

评估篇

第七章　国内外主要的专利价值评估方法

本章概述

本章首先介绍了我国专利价值评估的准则体系现状，其次详细介绍了专利价值评估的三种基本方法：成本法、市场法和收益法，在此基础上具体介绍了两种国际上常用的评估方法：经验法、CAV 法，最后简述了其他几种具体评估方法，并对专利组合的价值评估进行了初步探讨。

本章知识脉络

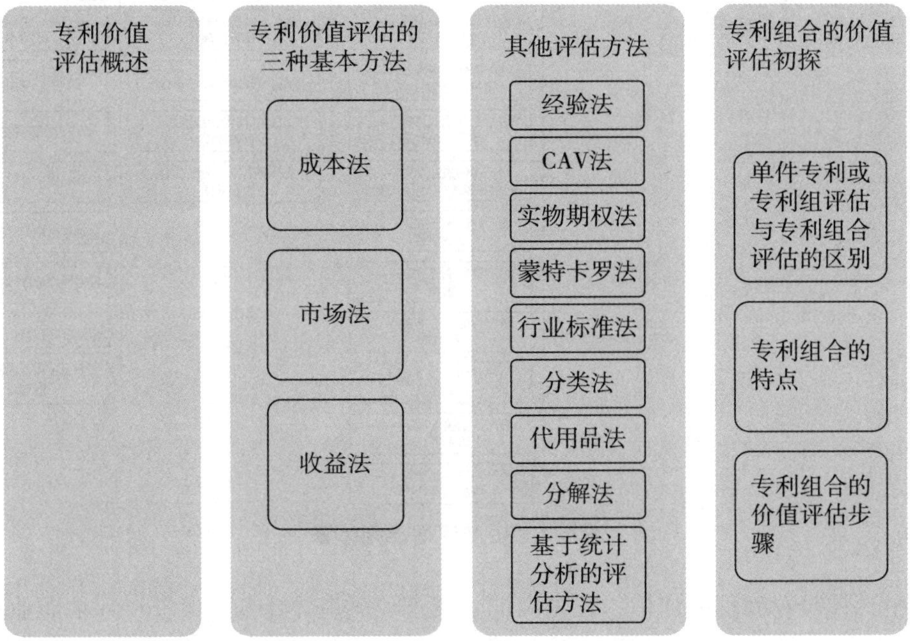

第一节　专利价值评估概述

专利在一定条件下可识别为一项无形资产，判断一件专利值多少钱，也就是对专利这种无形资产进行评估，因此对专利进行估价属于资产评估的范畴，遵循的是资产评估的准则体系。在各种外部经济行为中，专利价值评估主要由资产评估机构来完成，在其他不需出具评估报告的内部决策行为中，专利价值评估亦可由企业内部人员完成。

就国内而言，对于资产评估已经形成一套比较完备的评估准则体系，分别对具体的评估操作以及评估人员的职业道德进行了明确要求。资产评估准则体系包括基本准则、职业道德准则、执业准则、指南、指导意见等几个层面。其中执业准则包括资产评估程序、资产评估报告、资产评估委托合同、资产评估档案等程序性准则，以及企业价值、无形资产、不动产、机器设备、珠宝首饰等实体性准则。对于具体的评估操作还要遵循相应的评估指南，包括《以财务报告为目的的评估指南》和《知识产权资产评估指南》等。对于知识产权还有更细化的评估指导意见，分别是《专利资产评估指导意见》《著作权资产评估指导意见》《商标资产评估指导意见》和《文化企业无形资产评估指导意见》等。

我国当前的资产评估准则体系如图 7-1 所示❶。

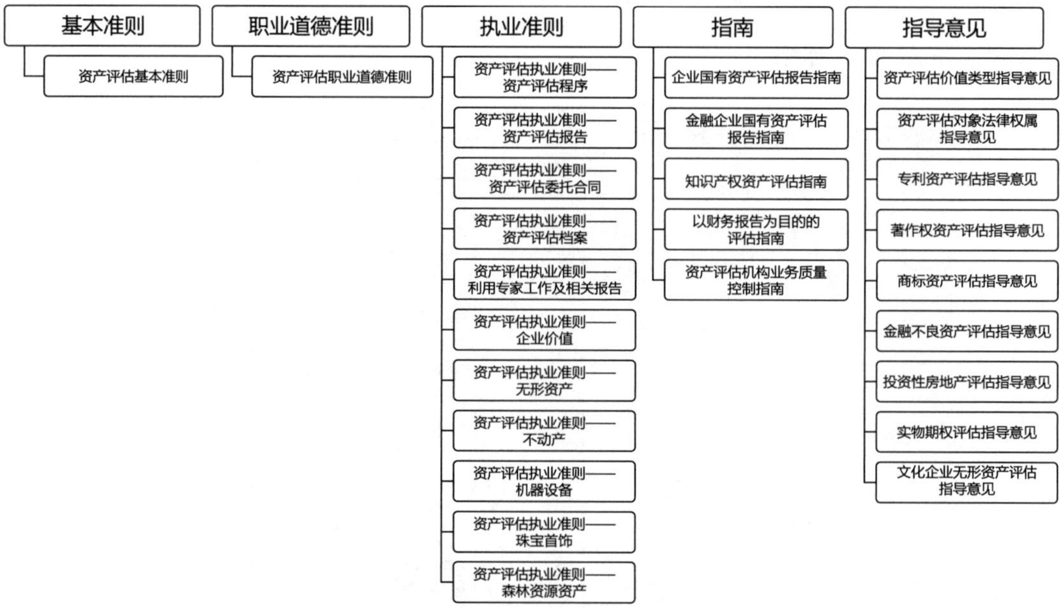

图7-1　资产评估准则体系

其中，针对专利价值评估，首先应把《资产评估基本准则》《资产评估职业道德准则》《资产评估执业准则——资产评估程序》《资产评估执业准则——资产评估报告》《资产评估执业准则——资产评估委托合同》《资产评估执业准则——资产评估档案》《资产评估执业准则——利用专家工作及相关报告》《资产评估机构业务质量控制指南》

---

❶ 根据中国资产评估协会公布的资产评估准则最新修订版整理，具体内容详见：http：//www. cas. org. cn/pgbz/pgzc/index. htm。

《资产评估价值类型指导意见》《资产评估对象法律权属指导意见》等作为基本遵循；其次应遵照《资产评估执业准则——无形资产》《知识产权资产评估指南》《专利资产评估指导意见》《文化企业无形资产评估指导意见》等直接针对专利的规范性文件；另外，在某些特定情形下的专利价值评估，还可能运用其他规范性文件，比如《资产评估执业准则——企业价值》《企业国有资产评估报告指南》《金融企业国有资产评估报告指南》《以财务报告为目的的评估指南》《金融不良资产评估指导意见》《实物期权评估指导意见》等。

值得提出的是，上述资产评估准则体系仅约束资产评估机构进行专利价值评估的行为，其他主体特别是企业自身亦可参照上述准则体系对其专利进行价值评估，而又不受上述准则体系的约束，有更大的自由选择权，可以起到作为内部决策参考的作用。每一个企业决策都涉及价值的确定，专利价值评估对于理性的专利决策是特别有益的❶。

因此，本章主要介绍目前国内外主要的专利价值评估方法，其他程序性事项仅做简要描述，供从事专利评估的人员参考。

第二节　专利价值评估的 3 种基本方法

评估方法是在多种学科的技术方法基础上，按照资产评估自身的运作规律和行业特点形成的一整套方法体系❷。专利价值评估中的基本方法包括成本法、市场法、收益法 3 种。

一、成本法

成本法，是指首先估测被评估资产的重置成本，然后估测被评估资产业已存在的各种贬值因素，并将其从重置成本中予以扣除而得到被评估资产价值的各种评估方法的总称。成本法的基本思路是重建或重置被评估资产。在条件允许的情况下，任何潜在的投资者在决定投资某项资产时，所愿意支付的价格不会超过购建该项资产的现行购建成本。如果投资对象并非全新，投资者所愿支付的价格会在投资对象全新的购建成本的基础上扣除各种贬值因素。

成本法的基本公式为：

$$专利评估价值=专利重置成本-贬值额=专利重置成本\times(1-贬值率)$$

成本法应用于专利评估，重要的在于分析计算其重置成本构成、数额以及相应的贬

❶ William J. Murphy, et al. Patent Valuation: Improving Decision Making through Analysis [M]. Wiley, 2012: 44.
❷ 中国资产评估协会. 资产评估基础 [M]. 北京：中国财政经济出版社，2017：108.

值率。专利资产分为外购和自创两种，外购专利资产的重置成本确定比较容易。自创专利资产的成本一般由下列因素组成。

（一）重置成本

重置成本一般是在调整后研制成本的基础上加上合理的利润获得。研制成本包括直接成本和间接成本两大类。直接成本是指研制过程中直接投入发生的费用，间接成本是指与研制开发有关的费用。

1. 直接成本

直接成本一般包括：

①材料费用，即为完成技术研制所耗费的各种材料费用；

②工资费用，即参与研制技术的科研人员和相关人员的费用；

③专用设备费，即为研制开发技术所购置或专用设备的摊销；

④资料费，即研制开发技术所需的图书、资料、文献、印刷等费用；

⑤咨询鉴定费，即为完成该项目发生的技术咨询、技术鉴定费用；

⑥协作费，即项目研制开发过程中某些零部件的外加工费以及使用外单位资源的费用；

⑦培训费，即为完成本项目、委派有关人员接受技术培训的各种费用；

⑧差旅费，即为完成本项目发生的差旅费用；

⑨其他费用。

2. 间接成本

间接成本主要包括：

①管理费，即为管理、组织本项目开发所负担的管理费用；

②非专用设备折旧费，即采用通用设备或其他设备所负担的折旧费；

③应分摊的公共费用及能源费用。

3. 交易成本

发生在交易过程中的费用支出，主要包括：

①技术服务费，即卖方为买方提供专家指导、技术培训、设备仪器安装调试及市场的开拓费；

②交易过程中的差旅费及管理费，即谈判人员和管理人员参加技术洽谈会及在交易过程中发生的食宿及交通费等；

③手续费，即指有关的公证费、审查注册费、法律咨询费等；

④税金，即专利资产交易、转让过程中应缴纳的营业税。

4. 专利费

专利费即为申请和维护专利权所发生的费用，包括专利代理费、专利申请费、实质审查请求费、维护费、证书费、年费等。

由于评估目的不同，其成本构成内涵也不一样，在评估时应视不同情形考虑以上成本的全部或一部分。

(二) 贬值因素

专利技术的损耗是指由于专利技术的使用、技术进步以及企业外部环境变化等原因引起的专利技术价值的降低。通常可以分为功能性贬值和经济性贬值两种情况。专利技术的功能性贬值是指由于技术进步，使得该专利技术所能带来的超额利润作用或垄断作用减弱而引起的，一般来说，技术进步越快，专利技术更新的时间越短，其功能性贬值就越高；专利技术经济性贬值是由于企业的外部环境变化对企业产生不利影响而引起的，如国家的政策、市场需求的减少、利率变化等。通常而言，成本法中专利的贬值因素可细分为两种测算方式，一种是分别判断专利的功能性贬值和经济性贬值而实现对专利贬值的判断，另一种是通过分析专利的已使用年限和经济年限，以二者间的线性关系计算成新率❶。

例如某项专利经合理调整后的研制成本为 100 万元，取合理的资本利润率 10%，则该专利的重置成本为 100×（1+10%）= 110（万元），经综合分析得出贬值率为 30%，则专利评估价值为 110×（1−30%）= 77（万元）。

成本法的优势在于简单易算，特别是在评估重新研发同一技术的机会成本时提供了参考。作为是否购买该技术的上限，或是技术的功能局限于流程改善所造成的成本降低时，也是适用成本法的时机。其计算数据易于获取，其结果对于交易双方易于接受。

在专利技术评估中，成本法是以摊销为目的的专利技术评估方法，这种方法多用在收益额无法预测和市场无法比较情况下的技术转让中，它的准确性较高❷。但是这种方法的起始点是对一种专利技术商品重置成本的估计，其方法是考察历史成本及趋势，并调整为当前价值表示出来的，没有考虑市场需求，不考虑与专利技术相关的产品的市场及经济效益的信息，因此缺乏对影响专利技术商品价值的市场因素及效益因素的考察。此外，企业开发专利的目的是获取垄断利润，不会只以研发申请成本作为交易价格，所以用成本法获得的评估结果往往会低于专利技术的真实价值。成本法更应该等价于投资发展此专利的必要条件，只有未来预期收益大于成本时，才值得投资，并且交易金额至少在成本之上，给出了交易的下限。

成本法通常用在新技术创新时的估价，但是否可适用属于无形资产的专利评估则倍

---

❶ 刘玉平，王奇超．专利资产评估参数确定研究［M］．北京：经济科学出版社，2015：67.

❷ 崔婕．成本法在专利技术价值评估中的应用［J］．中国证券期货，2011（6）：173.

受质疑，因为许多专利并没有历史成本可作为估算依据，成本法仅能直接估算创造类似专利所需的人力与成本。由此可见成本法的使用具有相当的局限性，因为专利的特性之一即是创新，既为创新，很可能无前例可循，此时何来历史成本供作参考。

虽然有这些缺点，但成本法在对那些处于非常早期的专利技术项目，特别是那些基础研究成果，在其市场前景及商业应用尚不清楚的情况下是一种很合适的评估方法。

二、市场法

市场法又称市场价格比较法，是指以现行市场价格为标准，借用参照物的现行市场价格，经适当调整后，据以确定资产价值的一种评估方法。市场法是在资产评估项目的产权主体变动的假设下，被评估专利的交易或模拟交易符合公开市场条件的情况下，按照公开市场的价格形成机制和现行市场价格标准，借助可供比较的参照物，针对影响专利价格的各项因素，将被评估专利分别与参照物逐个进行比较调整，再综合分析各项调整结果，确定被评估资产在评估基准点上的现行公允价值。

市场法的基本公式为：

$$专利评估价值=可比交易案例交易价格\times因素调整系数$$

市场法是从替代的角度来考察的，参考了市场上相同或类似的交易作为估算的基础。市场法对专利相关技术已形成产业标准的专利权来说有重要的参考价值。市场法需要存在与被评估专利相似的专利技术，并且交易市场公开透明，能够获取专利历史交易信息，能根据宏观经济和行业变化等因素调整，具有很强的说服力。

市场法的主要困难是专利的创造性决定了市场上不存在或仅有很少数量的具备可比较性的相似专利，并且交易动机和交易条件涉及商业机密，因而难以全面获取专利交易信息。但与此同时，目前市场法面临的困难是缺少适当可供参考的资讯。

尽管市场法在寻找可比交易案例时无法绝对或近乎绝对地搜集到与评估对象同属一类，且各方面属性基本相同的专利，但此种情况并不意味着对专利市场法评估的完全摒弃，实务操作中可利用一组可比交易案例来近似估计专利价值的大体范围❶。

例如，美国的专利交易经纪人经常通过向客户介绍以往的专利要价和成交价格的大体分布来促使客户对拟交易的专利做出更合理的报价❷。

三、收益法

收益法是指通过估算被评估资产未来预期收益，并折算成现值，从而确定被评估资产价值的一种方法。收益法着眼于专利技术的未来收益，并将其折算成当前的现值，进

---

❶ Richard Razgaitis. Valuation and Dealmaking of Technology-Based Intellectual Property: Principles, Methods, and Tools [M]. Wiley, 2009: 99.

❷ IPWatchdog. 2016 Patent Market Report: Patent Prices and Key Diligence Data [EB/OL]. http://www.ipwatchdog.com/2017/04/18/2016-patent-prices-key-diligence-data/id=81708/.

而确定其当前价值。

由于专利技术需要与其他资产有机结合才能创造收益，因此，在评估过程中专利技术本身带来的超额利润一般无法单独估算，通常采用从技术运作后企业的收益分成的办法进行评估测算，即专利技术未来收益的预测通过采用整体性资产收益的预测途径得到。具体评估办法是通过估算被评估企业整体资产在未来的预期收益，再通过技术分成方式得到专利技术的超额收益，并通过适当的折现率或资本化率折现成基准日的现值，然后累加求和，得到被评估专利技术的评估值。

其基本公式为：

$$V = \sum_{t=1}^{N} F_t \ (1 + i)^{-t}$$

式中：V——专利评估价值；

F_t——评估对象未来各年收益额；

i——折现率；

N——评估对象经济年限；

t——序列年值。

预测评估对象未来各年收益额时，有 4 种不同的途径：专利的预期收益应当是专利的使用而额外带来的收益，可以通过增量收益、节省许可费、收益分成或者超额收益等方式估算❶。

在具体应用中，预期收益额可以用销售收入、利润总额、净利润或现金净流量等口径来表示。在确定未来收益时一般先通过定量分析法预计未来收益额，然后再根据实际情况用定性方法加以调整。常用的定量分析方法有：趋势预测法，即按照企业以前的收益趋势作为依据，预估未来收益；因果预测法，即根据所预测变量与相关变量之间的联系建立因果关系模型来完成预测，如根据往年的销售额与收益额的变化关系建立收益额—销售额数据模型，以此预测未来的收益额。收益年限通常考虑技术寿命、技术成熟度、专利保护期限、专利产品寿命等因素之后确定。

折现率实际上是投资者期望的回报率，估算专利的期望投资回报率一般需要根据专利资产实施过程中相关风险以及货币时间价值等因素估算，折现率的估算主要采用风险累加法或者加权平均资本成本法。

在风险累加模型中，折现率计算公式为：

折现率=无风险报酬率+风险报酬率

---

❶ 专利资产评估指导意见（中评协〔2017〕49 号）［EB/OL］. http://www.cas.org.cn/pgbz/pgzc/55871.htm.

在加权平均资本成本模型中，折现率计算公式为：

折现率=（WACC−营运资金报酬率×营运资金在资本结构中所占比例−有形非流动资产报酬率×有形非流动资产在资本结构中所占比例）/无形资产在资本结构中所占比例

例如，某项专利预期经济寿命为5年，未来5年预期收益额分别为50万元、60万元、70万元、75万元、80万元，折现率取15%，代入上述公式后，专利评估价值为218万元。

收益法比较全面地考虑了影响收益的各种因素，能够较为真实、准确地反映专利资产化的价值，因此，采用这种方法评估比较容易为供求双方接受。

收益法中的参数的准确性直接约束了评估价值的准确性。第一个缺点是必须随时注意产品生命周期问题，这是目前最难以解决与突破之所在，且牵扯到景气循环、获利能力、竞争情况与自我需求等诸多不确定因素。其中，最不可预期的现象是技术方案的推陈出新，致使原先专利权的经济寿命缩短，必要时还需赋予其某种程度的加权。第二个缺点是在授权许可的情况下，被许可人的收益来自许可人的贡献或被许可人的贡献，这些贡献有时候并非容易厘清，故有将此法加以改良的利润分割法作为修正。第三个缺点是容易忽视决策的易变性，特别是包含数个阶段的研发专利，每个先期阶段的投资只是买到从事研发的权利，后续阶段无法持续审视先期研发是否成功，故其计算基础易为后来不可预期因素左右。

除上述3种基本方法外，根据专利自身特点，衍生出若干适合于专利价值评估的具体方法，后面几节将对这些方法进行分述。

第三节　其他评估方法

一、经验法

国外技术许可中最常用的方法被称为经验法，即根据经验值确定许可费率，其本质是收益法中的节省许可费法。经验法也称“25%规则”，但25%这一数字并不完全精确，可能也会是其他百分比❶。评估实务中普遍接受“三分说”或“四分说”。“三分说”认为，企业采用某项技术获得的收益是由资金、营业能力、技术3个主要因素综合作用的结果，即33%规则；“四分说”认为，企业的获利由资金、组织、管理和技术4个主

❶ Richard Razgaitis. Valuation and Dealmaking of Technology-Based Intellectual Property: Principles, Methods, and Tools [M]. Wiley, 2009: 203.

要因素决定，各因素所占的比重大体上均为 1/4，即 25%规则。

25%规则是指要求被许可人支付其从该许可中获益的 25%作为许可费率，该法则可用于专利、版权、商标、商业秘密以及专有技术等领域。该法则最早由 Alber S. Davis 于 1958 年提出，1971 年由 Robert Goldscheider 正式发表并得到了广泛应用❶。其逻辑基础是许可人和被许可人应该分享专利运营收益，而被许可人应该获得更多分成。其理论基础在于：

（1）易于受到认可，据 Degnan 和 Horton 调查约有 1/4 的许可组织采用该方案。

（2）被许可人做出了更多的实质性工作，承担了较大的经营风险，并且贡献了除该被许可专利技术之外其他的配套技术，因为除研发外，还需要进行生产、推广和销售才能实际产生效益，而研发投入一般占利润的 1/4 到 1/3，相当于一种变相的研发外包。

（3）该分成率相当于被许可人获得 3 倍的投资回报率，相对可观。

（4）鼓励了更多经营者从外部获得许可而促进新技术的推广。

其计算方法为：

$$许可费率=预期利润/预期净销售额\times25\%$$

其计算方法比较简单，争议主要在于利润如何计算。预期利润可以是总利润或运营利润，其计算方式为主要有两种：

$$总利润=总收入-产品成本-非生产性间接费用-其他收入和费用$$
$$运营利润=总收入-已售产品成本-非生产性间接费用$$

两者的主要区别在于项目资金来源。例如，甲公司使用自有资金，乙公司使用贷款，则由于乙公司的利息支出，即使甲乙的利润率相同，但甲公司的总利润大于乙公司。而如果采用总利润计算费率，甲公司的许可费率将大于乙公司，对于同样的技术支出不同，有违公平原则。反之，如果采用运营利润，不考虑资金因素，则成本及非生产性间接费用主要取决于基本同样的社会生产力水平，则计算所得的许可费率会比较接近。

该方法的优点是操作简单，可以较大地降低谈判成本。缺点是由于采取了绝对平均的做法，所以通常该数值只能作为一个谈判的起点，而难以被双方接受作为最终的结果，通常需要根据双方的博弈做出调整。各行业、各技术和各专利的情况千差万别，难以以一个统一标准涵盖所有情况。

买方和卖方达成交易协议可以被看作是一个创造价值的过程，就交易之前而言，双方都没有考虑到谁将获得未来哪一部分的收益，但是我们必须要相信，这一交易会带来一定预期的收益。否则，任何一方都不愿意签下协议，在这里我们不考虑一些非自愿行

❶ William Lee Jr.. Determining Reasonable Royalty［M］. Les Nouvelles，1992：24.

为的专利诉讼案件。

理论上讲，任何一方都希望收益越大越好，照单全收是最理想的情况。但现实中，如果一方想要独占全部收益，那么显然会被鄙视，也不会有人会签署这样的不平等协议。所以，一方能够分成的部分即在大于 0 小于 100% 的这一区间内。为了理解这背后的逻辑，需要进一步了解应用经验法中必须分析的 4 个最主要的元素。

（1）总价值。任何一个交易的最终目的，都是通过提供服务或者提供好的产品从而产生价值，以一系列的收入和现金流输出作为结束。在这里我们假设的是购买专利的人（买方），最后成为将它卖出去的人，即卖方。因为买了专利后会将这一技术应用在产品中，从而获取收益。显然，这些收益必须分配给购买专利的人，而这样的利润通常是需要经过一定长度的时间才能获取的，例如几年时间。

（2）分配。这一问题是经验法应用在估值领域的核心内容。按照惯例，我们会将 25% 的总收益分配给卖方，而大部分的 75% 的收益分配给买方。这样的分配方法至少看起来会显得有些随意，所以它带来了一个逻辑问题：我们以什么作为依据表明 25% 代表了公平的分配呢？目前来看，我们只能断言说，大多数人认为，包括买卖双方，觉得这是一个公平的办法，可以被双方接受。

（3）投资。买方投资是为了将科技转化为可以盈利的产品或模式。从这角度来说，无论是买方还是参与其中的卖方，投资不是一次性的，需要有持续不断的投资。当双方在同一时刻开始了投资，依据惯例，通常两方会按照投资得到相应的回报：谁投入的比例高，谁获得的回报也就更高，比例相对恒定，自古以来都是如此。但事实上，对于专利的投资，往往不像一个初创企业，投资是阶段性的，有的时间点是卖方在投资，有的时间点是买方在投资，二者交错，因为时间的不同所以说不能用习惯的法则来按比例分配。同时，不仅仅是时间点，投资的规模也不一样，面对的风险也就不同，所以 50 对 50 的分配法显然不适合这种体系下的估值。

（4）风险。不是所有的投资都获得相同的回报。事实上，在其他条件等同的情况下，专利的买家承担着更大的风险，因此他们也值得获得更多的回报。尽管从专利的研发到推广的任何一个过程中，都存在失败的风险，但是，相比于企业化寻找市场的风险，研发失败没有达到预期的效果的风险是更可能发生的，尤其对于技术领域。如果没能研发出专利，那么买方的投入则会完全“打了水漂”，获得 0 收益，而卖方至少得到了买方在研发投入方面的资金支持。

对于任何一个估值方法，买卖双方必须考虑的两点是，总价值回报是多少，如何分配这些回报。总的来说，如果收入超出了预计的情况，则最可能是因为节省了投入或者产生了新的价值点。节约成本是由于，新的专利可以使得很多原先必须投入的地方不再需要继续投入。而新价值可能是由于市场的热衷导致定价提升，或者相关产业发现了“金矿”导致多点开花，完成从一个产品到一类产品的延伸。

二、CAV 法

竞争利益估价法（Competitive Advantage Valuation，CAV）是由美国雪城大学（Syracuse University）技术转让中心经过一系列研究提出的，适用于评价多种知识产权（如专利、版权和商标权）的价值❶。

该方法基于以下逻辑：首先，知识产权资产的价值仅存在于与它结合的有形资产价值中；其次，既定知识产权的价值可以用该知识产权为产品、工艺或服务中所创造的竞争利益来衡量。

操作步骤为把待估知识产权和包含该知识产权的产品结合起来，先计算出该产品净现值；然后把所得产品净现值在企业有形资产、无形利益和知识产权之间进行分配，从而得出产品净现值中知识产权的贡献值。

在模型构建过程中，产品需要用竞争指标来衡量，竞争指标的选择是要能使该产品和其替代品进行比较，并且各竞争指标的权重也要考虑。同时知识产权资产要与单个的竞争指标相关，并且知识产权相对于替代知识产权和互补知识产权的竞争利益都是可计算的。

具体而言，可以通过把产品中知识产权所创造价值的份额分配到与其相关的替代知识产权和互补知识产权资产的竞争利益中，从而计算该知识产权的价值。如果待估知识产权与多种产品相关，该知识产权对每种产品价值相对竞争利益的贡献都可计算，并且可通过贡献率加总来计算该知识产权的总价值。

评估所需信息一般可从公开的主流渠道获得，计算只涉及简单的数学运算。该方法能直观体现各评估要素之间的逻辑联系。另外该方法还提供了一系列预置公式来计算产品净现值中知识产权所贡献的比例、竞争指标组的权重以及参数组内单个参数的权重等。

该方法的优势是更适合为单个专利估价；易被技术管理者理解；评估所要求的信息成本较低。存在的问题是指数评估中的参数设定存在相当的主观性。

以专利价值评估为例，该方法的具体操作模式如下。

（1）根据行业公开数据和企业数据计算产品所含各项专利的基本竞争利益指标和相对竞争利益指标。

$$基础竞争利益指标=\frac{产品所属行业平均竞争利益指标-某产品竞争利益指标}{所属行业平均竞争利益指标}$$

$$相对竞争利益指标=\frac{被评估专利基础竞争利益指标}{该产品基础竞争利益合计值}$$

（2）计算与知识产权相关的产品净现值及该净现值中企业各种资产贡献程度。

先测算相关产品的净现值；然后再测算该产品净现值中企业各种资产贡献程度。计算中假定为企业产品净现值做出贡献的企业资产与它们对企业的相对价值是成正比的。

接下来是要对产品的净现值按照企业资产类型进行分解，来判断各类资产对该净现

❶ 赵雅玲，等. CAV 估价方法在知识产权融资中的应用研究［J］. 会计之友，2012（2）：49.

值的贡献程度。假设企业资产分为有形资产、无形资产和知识产权资产 3 种类型。为了简化，用以下符号表示各项资产对产品净现值的贡献度。

TA%——有形资产百分比；IA%——无形资产百分比（用销售和一般性行政费用指标度量，S&A）；IPA%——知识产权资产百分比；TIP%——技术资产百分比（用研发费用度量，R&D）；RIP%——商誉资产百分比（用广告费用度量，AD）；OIP%——运营资产百分比（用企业对新型工艺流程投资度量，BP）。

（3）计算各项专利的基本价值。

第二步已经计算出与专利相关的技术的净价值；然后再结合各项专利的相对竞争利益指标来计算各项专利的基本价值：

专利的基本价值=该专利的相对竞争利益×技术相关的净价值

（4）考虑知识产权风险因素对专利基本价值进行风险调整。

包括专利在内的知识产权风险主要受以下因素影响：一是新型替代技术的出现可能导致专利失效；二是专利被竞争对手通过各种途径规避所带来的风险。

三、实物期权法

实物期权方法最早是由 Myers 于 1977 年提出的，他认为很多的商业投资决定可以被看成是金融学中的期权。在项目发展的每一个阶段，项目管理者都可以根据项目发展的前期结果来制定进一步进行或者放弃项目的决定。

实物期权理论认为，研发项目人在研发过程中面对不可预测的经济结果时具有相应的选择权利。实物期权法将研发活动看成是一系列可以依据研发项目的阶段性结果进行选择的过程，并赋予这种选择权价值，因此一个研发项目的总价值等于项目的 NPV 与期权价值的总和。

期权的定价最常用的主要有两种方式，分别是二项式定价模型（binomial tree）和布莱克-舒尔斯（Black-Scholes）公式模型。

二项式定价模型可以用于计算欧式期权价值，也可以在一定程度上计算美式期权的价值。一期二项式定价和两期二项式定价的期权价值模型分别为：

$$f=e^{-rT}\left[pfu+(1-p)fd\right]$$

$$f=e^{-2rt}\left[p^2fuu+2p(1-p)fud+(1-p)^2fdd\right]$$

式中，f 代表买方期权或者卖方期权的价值，T 代表期权行权期限，t 代表每期的时间长度。p 被称为假概率，在模型中的数学地位相当于标的资产价格在一期中上升的概率；相应地，$(1-p)$ 相当于标的资产价格在一期中下降的概率。p 一般不需要经过专门估计，而是可以依据其他参数计算出来，这也是它被称为假概率的原因。u、d 分别代表标的资产价值一次上升后为原来的倍数和一次下降后为原来的倍数。fu、fuu 分别代表标的资产价值一次和两次上升后期权的价值；*fd*、*fdd* 分别代表标的资产价值一次和两次下降后期权的价值。*fud* 代表标的资产价值一次上升和一次下降后期权的价值。

布莱克-舒尔斯模型，也称为布莱克-舒尔斯-默顿模型（Black-Scholes-Merton Model），针对无红利流量情况下欧式期权的价值评估，考虑了标的资产评估基准日价值（S）及其波动率（σ）、期权行权价格（X）、行权期限（T）、无风险收益率（r）五大因素以确定期权价值。模型形式为：

$$\text{买方期权价值 } C_0 = SN(d_1) - Xe^{-rT}N(d_2)$$

$$\text{卖方期权价值 } P_0 = Xe^{-rT}N(-d_2) - SN(-d_1)$$

式中，C_0 和 P_0 分别代表欧式买方期权和卖方期权的价值；e^{-rT}代表连续复利下的现值系数；$N(d_1)$ 和 $N(d_2)$ 分别表示在标准正态分布下，变量小于 d_1 和 d_2 时的累计概率。d_1 和 d_2 的取值如下：

$$d_1 = \frac{\ln(S/X) + (r + \sigma^2/2)T}{\sigma\sqrt{T}}$$

$$d_2 = \frac{\ln(S/X) + (r - \sigma^2/2)T}{\sigma\sqrt{T}} = d_1 - \sigma\sqrt{T}$$

实物期权法突出了专利的选择权价值，相比其他方法有一定优势，但其缺点是数据来源问题。

四、蒙特卡罗法

蒙特卡罗法又称统计模拟法、随机抽样技术，是一种随机模拟方法，以概率和统计理论方法为基础的一种计算方法，是使用随机数（或更常见的伪随机数）来解决很多计算问题的方法。将所求解的问题同一定的概率模型相联系，用电子计算机实现统计模拟或抽样，以获得问题的近似解。为象征性地表明这一方法的概率统计特征，故借用赌城蒙特卡罗命名。

通常蒙特卡罗法通过构造符合一定规则的随机数来解决数学上的各种问题。对于那些由于计算过于复杂而难以得到解析解或者根本没有解析解的问题，蒙特卡罗法是一种有效的求出数值解的方法。

因此，蒙特卡罗法一般结合其他评估方法共同使用，或用于检验其他评估方法所获结果的敏感性，其缺点同样是参照数据较难获取。

五、行业标准法

该方法是通过参考以往相同交易中专利费率来评价一种资产价值的方法。该方法与25%法则有相同的地方，主要是来确定费用在许可方和被许可方之间的分配。和 25%法则相比，两者的不同点在于25%法则适用于任何产业和任何技术，而产业标准法只适用于特定产业和技术。

六、分类法

该方法是把待估知识产权和可比知识产权在主观和客观尺度上进行比较，然后得出待估知识产权价值。该方法操作的难点主要是可比知识产权的选择以及比较尺度的选择。通常情况下很少单独使用，主要是和行业标准法相结合，在某行业许可费率范围内确定更加精确的许可费率。

七、代用品法

该方法不参考利润、行业标准或分类来估价专利，而主要考虑专利自身影响因素，包括公司所拥有的专利数量、专利维护费支出、优先引用频率等，这几个因素都与企业的市场价值存在相关性。公司拥有的专利数是衡量公司研发费用支出水平和产品工艺革新数量多寡的指标，专利维护费支出是公司拥有的专利组合质量高低的指标（一般情况下，专利更新越多，专利质量越高）。专利的优先引用分为前向引用和后向引用（被引用的数量越大，专利的价值重要性就越大），尤其是后向引用是企业基本科研水平的一个标志。另外还有一些基于其他因素的专利估价因素，如技术生命周期和人均研发专利的数量等。

八、分解法

分解法主要是价值分解。简单价值分解法对于展现企业无形资产价值重要性非常有用。复杂的价值分解法是依照既定的产品把其价值分为货币的、有形的、无形的品牌价值等几部分。该方法的优点是把知识产权价值评估和与特定产品结合起来；不足在于不能把单一知识产权价值和无形优势区分开，不适合评估单个和成组的知识产权价值。

九、基于统计分析的评估方法

Harhoff 等人认为专利价值应该充分考虑专利权人在两种状态下的收益，第一种状态是专利权人亲自实施专利，第二种状态是专利权人完全转让专利，自己也不能实施该专利，专利权人在这两种状态下收益的差值就为专利价值。基于这种理论假设，他们选用专利范围、引用次数、被引用次数、同族专利数、专利异议状况等指标，构建经济学模型 $\ln(V_i)=X_i\beta+\varepsilon_i$，其中 V_i 代表专利价值估计值，X_i 代表评价指标，β 代表偏回归系数，ε_i 代表误差，通过填写调查问卷、访谈等直接调查的方式获得了772件德国专利的价值估计值，通过回归计算获得了不同行业中各个指标所对应的参数[1]。

[1] Dietmar Harhoff, et al. Citations, Family size, Opposition and the value of patent rights [J]. Research Policy, 2002 (1): 21.

第四节　专利组合的价值评估初探

上述专利价值评估方法主要用于某一事项或决策中对企业拥有某一项专利或某一组专利进行评估。而随着我国专利运营的逐步发展，在专利筛选和培育策略、专利联盟、专利池构建中如何进行估值、如何确定交叉许可的许可费等的需求将逐渐凸显。本节试从高价值专利组合的角度探索专利组合的价值评估。

一、单件专利或专利组评估与专利组合评估的区别

对于单件专利、专利组的评估，由于评估对象一般归属于同一主体，因此需要从法律、技术、市场、战略等层面对其进行综合分析。而对于不同主体提供的单件专利或专利组形成的专利组合，构成一定形式的专利联盟，这种形式会消减不同主体拥有的单件专利或专利组面临的法律风险和技术风险，因此专利组合的策略性价值，是单件专利或专利组的价值无法比拟的。

在专利筛选和培育策略中，需要做大量的动态价值判断，即对筛选、培育对象进行决策的价值判断，因此是一个动态的过程，其中包含较多的假设和预期因素。而对单件专利或专利组的评估，一般是根据某一具体经济行为需求针对某一静态时点所做出的价值判断，其技术难度与专利组合的价值评估是不可同日而语的。

对专利组合进行价值评估，应将专利组合系统地进行考虑，将专利组合视为一个整体，同时考虑组合中单件专利或专利组在专利组合中的地位和贡献。专利组合的价值评估应是整体评估和部分评估的有机结合。

二、专利组合的特点

从专利组合布局来看，典型的专利组合是由一个或多个核心专利，在核心专利周围围绕大量行星专利构成的超级专利集合。专利组合中可能涉及多项核心专利，也有可能不包含任何核心专利。如果没有核心专利的专利组合，就纯粹是一种策略性的专利组合，其主要价值来源于组合产生的策略性价值。

专利组合的基础价值高度，应该是由专利组合中的核心专利或者核心专利群决定的[1]。

而专利组合的整体价值，除应考虑核心专利外，更应该重点考虑核心专利和外围专利协同作用产生的协同价值。因此专利组合在企业专利筛选、培育过程中是一个动态的过程，专利组合的价值评估也应是一个动态的过程，是随着企业科研和专利活动的发展

---

[1] 黄晋. 专利组合价值指标评价体系构建研究［D］. 镇江：江苏大学，2014.

逐渐调整、变化的过程。

三、专利组合的价值评估步骤

根据上文，专利组合的价值评估大致可分为两种类型：第一，专利联盟、专利池构建中对专利组合进行价值评估，主要是对已选定的专利的组合价值进行分摊，是一种静态的价值评估；第二，专利筛选和培育策略中的专利组合价值评估，此类评估随着企业专利筛选和培育的过程逐渐实施，是一种动态的价值评估。

对专利组合进行静态的价值评估，可采用以下步骤：

（1）首先，将专利组合视为一个整体，采用适当的评估方法对其进行价值评估，获得整体评估价值 V；

（2）识别专利组合中的核心专利或核心专利群，一般可采用专家评价法、基于专利被引频次的识别方法等具体方法；

（3）对核心专利群采用适当的评估方法进行价值评估，获得核心专利群的评估价值 V_0；

（4）对核心专利群和非核心专利分别采用层次分析法对评估价值进行分拆，即对 V_0 和 $V-V_0$ 分别进行分拆；

（5）将分拆获得的单件专利或专利组的价值针对不同专利权人进行重新组合。

主要流程如图 7-2 所示。

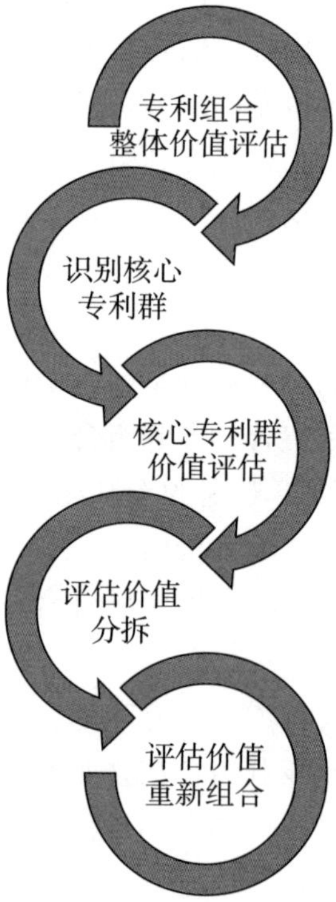

图7-2　专利组合静态价值评估流程

对专利组合进行动态的价值评估，实际是将专利组合作为一个灵活系统，其中包含大量的选择权。灵活系统的价值不但来自该系统当前所采用模式的净现金流入，还来自该系统所具备的能够从当前模式向其他模式转换的灵活性，这种能够在不同模式之间进行转换的灵活性，可以视为一种转换期权❶。因此通过评估专利组合的静态价值以及期权的价值，可以实现对专利组合的动态价值评估，以服务于专利筛选和培育策略。

对专利组合进行动态的价值评估，可采用以下步骤：

（1）首先，采用上述流程对现有专利组合进行静态的价值评估；

（2）识别各项选择权对应的状态节点，即识别专利组合通过进一步筛选、培育所可能达到的状态；

（3）评估各个状态节点所能带来的收益增量，即预估各个状态节点所能产生的预期收益和转换专利组合状态所需的成本；

（4）采用恰当的实物期权模型对各项选择权进行价值评估，判断专利筛选、培育决策的价值。

主要流程如图 7-3 所示。

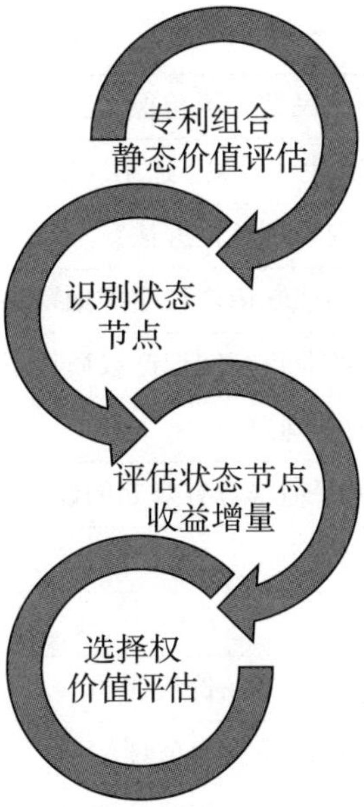

图7-3　专利组合动态价值评估流程

❶ 靳晓东，谭运嘉. 一种专利组合价值评估模型的设计［J］. 数量经济技术经济研究，2013（4）：99.

第八章　专利质押中的价值评估

本章概述

本章首先介绍了我国关于专利质押的相关法律法规政策条款，其次根据相关法律法规政策条款和专利质押的特点从评估对象和评估范围的确定、评估基准日的选取和评估报告有效期的设定、价值类型的选定、评估方法的选取等方面分析了专利质押中的价值评估要点，之后结合具体案例介绍了专利质押中专利的市场价值、质押净值和清算价值的评估，最后延续上述案例提出专利价值动态监测的操作要求。

本章知识脉络

相关法律法规政策文件	专利质押相关法律法规	《中华人民共和国担保法》
		《最高人民法院关于适用〈中华人民共和国担保法〉若干问题的解释》
	专利质押相关政策	《专利权质押登记办法》
		《关于加强知识产权质押融资与评估管理支持中小企业发展的通知》
		《关于商业银行知识产权质押贷款业务的指导意见》
专利质押中的价值评估要点	评估对象和评估范围的确定	
	评估基准日的选取和评估报告有效期的设定	
	价值类型的选定	
	评估方法的选取	
专利质押中的价值评估案例分析	案例 8-1　专利质押中的市场价值评估	
	案例 8-2　专利质押中的质押净值评估	
	案例 8-3　专利质押中质权实现时的清算价值评估	
专利价值动态监测案例分析	专利价值动态监测应关注的重点问题	
	专利价值动态监测具体方法	

第一节　我国专利质押的相关法律法规政策文件

专利权质押（简称“专利质押”）是指债务人或第三人将拥有的专利权担保其债务的履行，当债务人不履行债务的情况下，债权人有权把折价、拍卖或者变卖该专利权所得的价款优先受偿的知识产权担保行为。专利质押作为一种较新型的融资方式，在近些年得到了较大的发展，《“十三五”国家知识产权保护和运用规划》[1] 中提出，到2020 年，我国年度知识产权质押融资金额达到 1800 亿元。

我国当前专利质押相关法律法规政策文件如下。

一、专利质押相关法律法规

（1）《中华人民共和国担保法》（简称《担保法》）（1995 年 6 月 30 日第八届全国人民代表大会常务委员会第十四次会议通过，1995 年 6 月 30 日中华人民共和国主席令第五十号公布，1995 年 10 月 1 日起施行）[2]

第七十五条　下列权利可以质押：

（一）汇票、支票、本票、债券、存款单、仓单、提单；

（二）依法可以转让的股份、股票；

（三）依法可以转让的商标专用权，专利权、著作权中的财产权；

（四）依法可以质押的其他权利。

第七十九条　以依法可以转让的商标专用权，专利权、著作权中的财产权出质的，出质人与质权人应当订立书面合同，并向其管理部门办理出质登记。质押合同自登记之日起生效。

第八十条　本法第七十九条规定的权利出质后，出质人不得转让或者许可他人使用，但经出质人与质权人协商同意的可以转让或者许可他人使用。出质人所得的转让费、许可费应当向质权人提前清偿所担保的债权或者向与质权人约定的第三人提存。

（2）《最高人民法院关于适用〈中华人民共和国担保法〉若干问题的解释》（2000 年 9 月 29 日最高人民法院审判委员会第 1133 次会议通过，法释〔2000〕44 号）[3]

第一百零五条　以依法可以转让的商标专用权，专利权、著作权中的财产权出质

[1] “十三五”国家知识产权保护和运用规划（国发〔2016〕86 号）［EB/OL］. http：//www. gov. cn/zhengce/content/2017-01/13/content_ 5159483. htm.

[2] 中华人民共和国担保法（主席令第五十号）［EB/OL］. http：//www. gov. cn/banshi/2005-09/01/content_ 68752. htm.

[3] 最高人民法院关于适用《中华人民共和国担保法》若干问题的解释（法释〔2000〕44 号）［EB/OL］. http：//www. law-lib. com/law/law_ view. asp？ id=516.

的，出质人未经质权人同意而转让或者许可他人使用已出质权利的，应当认定为无效。因此给质权人或者第三人造成损失的，由出质人承担民事责任。

由此可见，关于专利质押，首先，《担保法》明确了专利权作为一种财产权可以用于质押，并规定专利用于质押时，出质人与质权人应当订立书面合同，并向其管理部门（国家知识产权局）办理出质登记，质押合同自登记之日起生效；其次，《担保法》及其司法解释对出质人的义务进行了规范，明确出质人只有经过质权人同意后才能将专利权转让或许可他人使用，并且所得的转让费、许可费应当优先用于清偿债务或者向事先约定的第三方提存，未经质权人同意的转让、许可行为，应当认定为无效。

二、专利质押相关政策

（1）《专利权质押登记办法》（国家知识产权局局令第五十六号，自 2010 年 10 月 1 日起施行）[1] 对专利质押登记的一系列详细事项做出了明确规定，具体包括：专利质押登记的管理部门（国家知识产权局）、专利质押登记的办理条件及办理方式、应提交的文件及其要求、专利质押登记的审查时限、不予登记的情形、专利质押登记注销手续的办理等等。下面列出办理专利质押登记应提交的文件和不予登记的情形。

第七条　申请专利权质押登记的，当事人应当向国家知识产权局提交下列文件：

（一）出质人和质权人共同签字或者盖章的专利权质押登记申请表；

（二）专利权质押合同；

（三）双方当事人的身份证明；

（四）委托代理的，注明委托权限的委托书；

（五）其他需要提供的材料。

专利权经过资产评估的，当事人还应当提交资产评估报告。

除身份证明外，当事人提交的其他各种文件应当使用中文。身份证明是外文的，当事人应当附送中文译文；未附送的，视为未提交。

对于本条第一款和第二款规定的文件，当事人可以提交电子扫描件。

第十二条　专利权质押登记申请经审查合格的，国家知识产权局在专利登记簿上予以登记，并向当事人发送《专利权质押登记通知书》。质权自国家知识产权局登记时设立。

经审查发现有下列情形之一的，国家知识产权局作出不予登记的决定，并向当事人发送《专利权质押不予登记通知书》：

（一）出质人与专利登记簿记载的专利权人不一致的；

（二）专利权已终止或者已被宣告无效的；

（三）专利申请尚未被授予专利权的；

---

[1] 专利权质押登记办法（国家知识产权局令第 56 号）［EB/OL］. http：//www. sipo. gov. cn/zcfg/flfg/zl/bmgz/201104/t20110427_ 601620. html.

（四）专利权处于年费缴纳滞纳期的；

（五）专利权已被启动无效宣告程序的；

（六）因专利权的归属发生纠纷或者人民法院裁定对专利权采取保全措施，专利权的质押手续被暂停办理的；

（七）债务人履行债务的期限超过专利权有效期的；

（八）质押合同约定在债务履行期届满质权人未受清偿时，专利权归质权人所有的；

（九）质押合同不符合本办法第九条规定的；

（十）以共有专利权出质但未取得全体共有人同意的；

（十一）专利权已被申请质押登记且处于质押期间的；

（十二）其他应当不予登记的情形。

（2）《关于加强知识产权质押融资与评估管理支持中小企业发展的通知》（财政部、工业和信息化部、银行业监督管理委员会、国家知识产权局、国家工商行政管理总局、国家版权局，财企〔2010〕199号）❶ 从建立促进知识产权质押融资的协同推进机制、创新知识产权质押融资的服务机制、建立完善知识产权质押融资风险管理机制、完善知识产权质押融资评估管理体系、建立有利于知识产权流转的管理机制5个方面提出了知识产权质押融资的管理要求。

其中，针对专利资产评估，该文件指出：

各有关部门要鼓励商业银行、融资性担保机构、中小企业充分利用专业评估服务，由经财政部门批准设立的具有知识产权评估专业胜任能力的资产评估机构，对需要评估的质押知识产权进行评估。要指导商业银行、融资性担保机构、中小企业等评估业务委托方，针对知识产权质押融资的评估行为，充分关注评估报告披露事项，按照约定合理使用评估报告。

针对专利质押融资的后期管理，该文件指出：

各级知识产权部门要建立动态的信息跟踪和沟通机制，及时做好知识产权质押登记，加强流程管理，强化质押后的知识产权保护，并为商业银行、融资性担保机构、质押评估委托方查询质押知识产权法律状态、知识产权质押物经营状况等信息提供必要的支持，协助商业银行逐步建立知识产权质押融资信用体系。

各有关部门要加快推进知识产权交易市场建设，充分依托各类产权交易市场，引导风险投资机构参与科技成果产业化投资，促进知识产权流转。要积极探索知识产权许可、拍卖、出资入股等多元化价值实现形式，支持商业银行、融资性担保机构质权的实现。

（3）《关于商业银行知识产权质押贷款业务的指导意见》（中国银监会、国家知识

---

❶ 关于加强知识产权质押融资与评估管理支持中小企业发展的通知（财企〔2010〕199号）［EB/OL］. http://www.sipo.gov.cn/ztzl/ywzt/zlzydjyxkba/zcfg/201403/t20140305_912388.html.

产权局、国家工商行政管理总局、国家版权局，银监发〔2013〕6号）❶ 提出了商业银行知识产权质押贷款业务的细化指导意见。

关于知识产权质押标的的调查，该文件指出：

（六）商业银行要认真按照规定进行贷前尽职调查，针对知识产权的特点确定质物调查的重点，并严格进行贷款担保审查。

（七）商业银行要明确可接受作为质物的不同种类知识产权的具体标准。整体上，用于质押的知识产权应当合法、完整、有效且权属清晰，依法可转让，且不违反国家保密法规和国有资产管理规定。

（八）用于质押的知识产权需获得权属证书的，要由国家相关机构依法正式授予知识产权权属证书；不需获得权属证书的，要提供由商业银行认可的相关权属证明材料。存在共同知识产权人的，应当已取得共同知识产权人的同意。属于被许可权人出质的，应当已取得原知识产权人或授权人的同意。

（九）用于质押的知识产权剩余有效期或保护期要长于贷款期限，专利和著作权的剩余有效期或保护期一般不少于5年。出质人要承诺按时缴纳年费等相关费用，并及时办理相关权利续展手续。

（十）商业银行还要重点关注质物对出质人的重要性，质物所属行业的发展情况、国家行业政策的发展趋势、相关市场的技术发展水平，包括与质物具有竞争性或替代性的同类产品的发展情况等外部因素，以及在不造成债权损失的前提下及时处置质物的时效性、可行性。另外，鉴于出质人的综合实力对知识产权市场价值的影响，商业银行也要重点关注借款人的管理架构、行业经验、业内声誉和生产经营业绩等整体情况。

关于知识产权质押贷款条件，该文件指出：

（十一）商业银行在选择用作知识产权质押贷款的质物时，要从该项知识产权的合法性、有效性、完整性、权属清晰性、经济价值、市场交易可行性等方面作出综合评估。必要时，可听取中介机构、外部专家等提供的专业意见。

（十二）商业银行要根据尽职调查掌握的借款人、出质人和出质知识产权的情况决定采用知识产权单一担保或组合担保。组合担保方式下，由第三人为借款人提供保证的，商业银行可优先接受与借款人所属知识产权相关的同业联盟或同业协会的成员作为保证人。

（十三）商业银行决定知识产权质押贷款期限时，要考虑各类知识产权的有效期限及其价值变动规律，以短期贷款为主。贷款期限较长的，商业银行在贷款期间要加强对出质知识产权价值变化的跟踪监测，必要时可依合同约定要求借款人提前还款或提供其他形式的补充担保。

（十四）商业银行要根据出质知识产权的经济价值、出质人的经营管理能力、知识

---

❶ 关于商业银行知识产权质押贷款业务的指导意见（银监发〔2013〕6号）[EB/OL]. http://www.sipo.gov.cn/ztzl/ywzt/zlzydjyxkba/zcfg/201403/P020140305536049138377.pdf.

产权的流通性、价值稳定性、是否组合担保等因素，并结合借款人的资信状况，审慎确定知识产权的最高质押率。对不同类型的知识产权可以采用差异化的质押率。

（十五）商业银行应当要求出质人对知识产权的转让或许可使用事项作出承诺，确保出质人遵守相关法律规定，不擅自转让或许可使用该知识产权而使质权受损或落空。

关于知识产权质押评估管理，该文件指出：

（十六）商业银行要建立和完善知识产权质押评估管理制度，审慎评估知识产权质押风险，定期或不定期地动态评估质物的质量。商业银行可以委托专业评估机构对出质知识产权进行评估，也可以自行评估。委托外部机构评估的，要建立评估价值复核认定机制。

（十七）商业银行、出质人或借款人委托的知识产权评估机构、律师事务所等中介机构要具有政府相关部门颁发的从业资格，拥有从事知识产权专业工作的丰富经验和一定数量的合格专业人员，并且与委托事项不存在利益冲突，具有良好的诚信和守法记录，主要负责人或合伙人执业声誉良好。

（十八）商业银行、出质人或借款人可以委托一家或多家知识产权评估机构完成知识产权评估工作。商业银行委托评估的，要与评估机构签订委托合同，并在委托合同中规定具体的评估事项，明确评估报告作为授信审批依据的有效期限以及虚假评估的责任承担，要求评估人对评估结果的客观真实性做出承诺。

（十九）知识产权评估要严格遵守相关的法律法规和行业准则，坚持独立、客观、公正的原则。中介机构出具的知识产权评估价值与市场交易价格之间有明显差异，或商业银行认为不合理的，商业银行应当要求中介机构说明理由，或重新聘请中介机构进行评估。

关于知识产权质押贷款贷后管理，该文件指出：

（二十六）商业银行要建立健全知识产权质押贷款贷后风险管理制度，确保借款人按约定的贷款用途使用贷款资金，严密监控借款人的经营管理状况，持续评估借款人的还款能力。

（二十七）在贷款存续期内，商业银行要对出质知识产权的权属关系、有效性、相关维护费用缴纳情况、经济价值变化等因素进行重点监控，持续了解出质知识产权的使用情况。必要时，可由认可的中介机构对影响质物价值的重要因素定期进行调查和通报，并出具动态评估报告。质物的再次评估价值已不能满足商业银行规定的质押率的，应当要求借款人追加其他担保或依合同约定要求提前还款。

（二十八）质押合同主体、质物等实质性内容需变更的，当事人要按照相关规定和合同约定尽快持变更协议及相关资料到质权登记部门办理变更登记。

（二十九）贷款需要重组的，商业银行要对质物进行重新审查，必要时重新进行评估。

（三十）贷款合同约定的还款期限届满，借款人到期未履行还款义务或者发生当事人约定的实现质权的情形，商业银行可以通过协议折价、拍卖、变卖、许可使用等方式实现质权，并依合同约定从所得价款中优先受偿。

第二节　专利质押中的价值评估要点

根据上一节所述关于专利质押的相关法律法规政策，以及专利质押的特点，本节从评估对象和评估范围的确定、评估基准日的选取和评估报告有效期的设定、价值类型的选定、评估方法的选取等方面详述专利质押中的价值评估要点。

一、评估对象和评估范围的确定

根据《专利资产评估指导意见》（中评协〔2017〕49 号，中评协关于印发修订《专利资产评估指导意见》的通知）[1]，专利资产评估业务的评估对象是指专利资产权益，包括专利所有权和专利使用权，专利使用权的具体形式包括专利权独占许可、独家许可、普通许可和其他许可形式。在我国的制度框架下，目前尚不存在专利许可使用权的质押，因此在专利质押评估目的下，评估对象均为专利的所有权。

1. 质押专利筛选的必要条件

根据上一节所述关于专利质押的相关法律法规政策，质押专利的必要条件，即办理专利质押必须具备的条件包括：

首先，质押专利必须是有效专利，即不能存在未授权、欠缴年费、已质押、正在办理转让、被无效或涉及法律诉讼等情况，另外，应确保出质人与专利登记簿记载的专利权人一致；

其次，存在对外许可的，应取得质权人同意才能办理质押；专利权共有的，应取得共有专利权人同意才能办理质押；

最后，质押专利应依法可转让，专利质押行为不违反国家保密法规和国有资产管理规定。

2. 质押专利筛选的一般条件

除上述必要条件，金融机构一般会对质押物有一些特定要求，这些要求一般包括以下几个方面：

首先，质押专利应为企业核心产品或核心服务对应的专利，且至少已实施两年以上，此处应注意，实施与专利申请和授权并不存在时间上的直接对应关系，应根据企业具体情况进行判断；

---

[1] 专利资产评估指导意见（中评协〔2017〕49 号）[EB/OL]. http://www.cas.org.cn/pgbz/pgzc/55871.htm.

其次，由于专利质押年限一般应长于贷款年限，且目前专利质押贷款多为一年期的短期贷款，多数金融机构均对质押专利的剩余法律保护期限有具体要求，例如，有些银行要求，可用于质押贷款的发明专利和实用新型专利剩余保护年限应不短于5年。

再次，质押专利应满足金融机构对专利类型的要求，目前大部分金融机构不接受外观设计专利质押，另有部分金融机构亦不接受实用新型专利质押，少数金融机构虽然接受发明专利和实用新型专利的质押，但在根据专利评估价值计算贷款额度时仅依据发明专利的评估价值，实用新型专利的评估价值仅作为辅助担保措施。

最后，应关注同一发明创造同日申请实用新型专利和发明专利的情况，这种做法是企业对发明创造的有效保护措施，但是会对相关专利的权属造成一定的影响。例如，当上述实用新型专利已授权但发明专利未授权时，实用新型专利可用于质押，但是当相应的发明专利授权或确定不予授权后，该实用新型专利的有效性会受到影响。

二、评估基准日的选取和评估报告有效期的设定

1. 评估基准日的选取

根据惯例和为了操作方便，在评估中一般选取会计报表日作为评估基准日。

具体到专利质押中的价值评估，由于在整个经济行为过程中，金融机构会事先对企业的财务状况进行核查，以考核企业的还款能力，因此价值评估一般选取经金融机构核查后的最后一期会计报表日作为评估基准日，评估中各项参数的选取均会以该评估基准日的宏观经济、行业和企业的状况为准。

2. 评估报告有效期的设定

根据惯例，评估报告有效期一般设定为自评估基准日起计一年时间，即在评估报告完成后，在评估基准日起计算一年内完成专利质押即为评估报告的有效使用，超过该日期，一般建议重新进行评估。

但是，当今前沿技术发展千变万化，行业形势也是日新月异，专利价值评估报告有效期为一年的设定，已经远远不能满足稳定的专利价值的要求，也就是说专利价值在评估报告有效期一年内很可能发生较大变化，因此设定更短的评估报告有效期限，例如半年或一季度，是对质权人利益的有效保护和对质押风险的有效控制措施。

三、价值类型的选定

专利价值评估中，根据不同的情形，可以选择的价值类型包括市场价值、投资价值、在用价值、清算价值等多种。根据《资产评估价值类型指导意见》（中评协〔2017〕47号，中评协关于印发修订《资产评估价值类型指导意见》的通知）[1]，各种

---

[1] 资产评估价值类型指导意见（中评协〔2017〕47号）［EB/OL］. http://www.cas.org.cn/pgbz/pgzc/55873.htm.

价值类型定义如下：

市场价值是指自愿买方和自愿卖方在各自理性行事且未受任何强迫的情况下，评估对象在评估基准日进行正常公平交易的价值估计数额；

投资价值是指评估对象对于具有明确投资目标的特定投资者或者某一类投资者所具有的价值估计数额，亦称特定投资者价值；

在用价值是指将评估对象作为企业组成部分或者要素资产按其正在使用方式和程度及其对所属企业的贡献的价值估计数额；

清算价值是指在评估对象处于被迫出售、快速变现等非正常市场条件下的价值估计数额。

在专利质押中，对专利设定质权的最终指向是发生债务违约情况下，质权人处置专利并依据处置获得的金额优先受偿，因此专利质押中对专利价值类型的要求至少为 3 个层次：

第一，专利在公平市场交易的交易价值，市场价值的定义满足这一要求；

第二，专利在公平市场交易后可获得的净值，即交易价扣除处置税费后的价值，姑且称之为质押净值，是独立于上述价值类型以外的另一价值类型；

第三，在债务人违约的情况下，质权人在快速处置条件下可获得的价值，即满足评估对象处于被迫出售、快速变现等非正常市场条件下的价值，清算价值的定义满足这一要求。

在质押贷款条件下，银行更关注质押专利权的变现能力，因为其体现的是非正常经营情况下银行债权的实现能力[1]，因此在未来可能清算价值更为适用。

四、评估方法的选取

专利价值评估方法主要包括成本法、市场法、收益法 3 种基本方法和实物期权法、蒙特卡罗法等高级方法。从理论上讲，这些方法并没有优劣之分，只要条件具备，上述方法都可达到殊途同归的目的，但由于评估对象具体条件和评估目的的不同，评估方法的适用性可能会存在差异。下面对这些方法在专利质押价值评估中的应用逐一进行分析。

成本法的主要测算依据是根据企业专利的研发支出、工时等的统计资料分析、调整得到的合理研发投入、合理劳动量投入等数据。在具体实施中，存在研发支出统计资料不足、难以整理的情况，即难以取得完整的研发投入统计资料，对成本法的适用造成一定的障碍。另外，对于技术类无形资产来说，即使获得了完整的研发投入统计资料，但是发明创造中蕴含着大量难以量化的研发人员智力活动，这种源自创意的科研成果的价值高低很难与研发投入对应，企业研发风险较大，存在高投入低产出或者低投入高产出的情况，因此这种弱对应性使研发成本较难衡量专利的价值。在专利质押价值评估中，

[1] 魏玮. 知识产权价值评估研究［M］. 厦门：厦门大学出版社，2015：93.

质权人关注的是债务人未来的还款能力和违约时的专利处置变现能力，而在成本法的计算过程中是无法体现这种诉求的，因此，在专利质押评估中较少使用成本法。

相比于成本法，市场法从计算思路角度讲显然能够满足质权人对专利处置变现能力的考察，但是运用市场法需要首先具备两个基础条件：第一，评估对象同类资产应有一个充分活跃的交易市场；第二，在这个交易市场中能找到与评估对象类似的可比交易案例。我国目前虽然存在若干产权交易市场特别是知识产权交易市场，但是高价值专利的交易活动并不活跃，存在一定数量交易的一般是低价值专利，购买者获取专利的目的主要是用于申请相关资质使用，在这类资质申请中，一般只关注专利的数量而不关注质量，因此可以说，高价值专利的活跃交易市场并不存在。从另一方面看，高价值专利的交易活动虽然并不活跃，可是并不是不存在，可以找到高价值专利的交易案例，但是这种交易案例很难满足可比的要求。其原因一是这类交易案例一般是不公开的，能够获取的信息有限，二是交易标的本身一般都有自身的特性，难以找到可比的因素。因此，在专利质押评估中，市场法在操作层面也存在诸多障碍。

而收益法是从未来收益折现的角度测算专利价值，那么从测算思路角度可以满足质权人考察债务人未来的还款能力的要求。无形资产评估中的收益法具体又分为收益分成法（也称“许可费节省法”）、增量收益法、超额收益法。增量收益法运用的前提条件是评估对象带来的收益增量可以被量化，具体包括成本费用节约和收入增加，一般情况下，专利与收益增量的对应存在较为复杂的关系，因此增量收益较难测算。超额收益法一般仅适用于评估对象在整体收益中做主要无形资产贡献的情况，而在专利质押评估中，评估对象专利一般为企业自用，需要结合销售网络、客户关系等其他重要无形资产共同发挥作用，专利贡献较难量化。因此在专利质押评估中，较适用的方法为收益分成法，收益分成法根据测算途径的不同又可分为销售收入分成法和净利润分成法。由于要考察企业的还款能力，那么与盈利前景有显著的对应关系的净利润分成法成为最适用的方法。

至于实物期权法、蒙特卡罗法等高级方法，由于要涉及诸如价值波动率、概率分布等需要大量数据支撑的统计指标，因此有待数据挖掘和数据分析技术的进一步发展才能有在评估实践中广泛使用的可能性。

第三节　专利质押中的价值评估案例分析

本节以具体案例的形成分析专利质押中的市场价值、质押净值和质权实现时的清算价值评估要点。

【案例8-1】专利质押中的市场价值评估

1. 项目背景

A 公司是一家机械加工企业，主要从事采选矿、建筑施工等方面的大型机械设备研发、制造和销售。公司设有内部研发平台，与行业内的专家、学者开展广泛的合作，共同致力于大型机械设备的钻研、改进、创造。公司主要产品包括凿岩机、破碎机、喷涂机等，产品销售网络覆盖全国东、中、西部各主要省份。公司现有已授权专利 52 项，其中发明专利 10 项，实用新型专利 30 项，外观设计专利 12 项；专利申请 23 项，其中发明专利申请 3 项，实用新型专利申请 18 项，外观设计专利申请 2 项。A 公司向当地 B 银行申请专利质押贷款，B 银行经初步尽职调查后委托 Z 评估公司对 A 公司专利价值进行评估。

2. 评估目的

A 公司拟以专利作为质押物向 B 银行申请短期贷款，本次评估目的是为上述经济行为提供价值参考依据。

3. 评估对象和范围

A 公司现有已授权专利 52 项，其中发明专利 10 项，实用新型专利 30 项，外观设计专利 12 项，根据 B 银行专利质押贷款产品要求，不接受外观设计专利作为质押物，因此首先扣除外观设计专利。

经现场勘查和访谈，评估人员了解到，A 公司主要产品为凿岩机、破碎机、喷涂机等，其中针对破碎机产品已申请若干专利，但尚无已授权专利，已授权专利 52 项均为凿岩机、喷涂机两种产品对应的专利，其中凿岩机产品对应的发明专利 7 项、实用新型专利 22 项已向 C 银行办理了质押贷款，截至评估基准日处于质押状态，因此只有喷涂机产品对应发明专利 3 项、实用新型专利 8 项可用于向 B 银行申请质押贷款，其中 3 项发明专利均为有效专利，8 项实用新型专利中有 1 项由于企业知识产权管理部门认为价值不高而未缴年费，剩余有效实用新型专利 7 项。

根据 B 银行专利质押贷款产品要求，用于质押的专利剩余法律保护期限应不少于 5 年，上述实用新型专利中有 2 项不符合剩余年限要求。

因此，符合 B 银行质押条件的专利共 8 项（发明专利 3 项、实用新型专利 5 项），专利具体情况如表 8-1 所示。

表8-1　评估对象和范围

序号	专利号	专利名称	专利类型	申请日	授权公告日	状态
1	略	混凝土高速喷涂机	发明	2013 年 5 月 1 日	2015 年 6 月 20 日	有效
2	略	混凝土高速喷涂机的气电联动装置	发明	2013 年 6 月 20 日	2015 年 5 月 15 日	有效
3	略	混凝土高速喷涂机的水电联动装置	发明	2014 年 1 月 20 日	2015 年 7 月 10 日	有效
4	略	混凝土高速喷涂机的可拆装装置	实用新型	2012 年 12 月 1 日	2013 年 4 月 2 日	有效
5	略	喷涂机用自动补水装置	实用新型	2012 年 12 月 1 日	2013 年 4 月 2 日	有效
6	略	喷涂机用输料轴	实用新型	2014 年 2 月 15 日	2014 年 6 月 1 日	有效
7	略	混凝土高速喷涂机的搅拌装置	实用新型	2014 年 2 月 15 日	2014 年 6 月 1 日	有效
8	略	混凝土高速喷涂机的螺杆泵调节装置	实用新型	2014 年 2 月 15 日	2014 年 6 月 1 日	有效

经评估人员核查，表 8-1 中 5 项实用新型专利中，7、8 两项已同日申请发明专利，截至评估基准日已进入实质审查阶段。

截至评估基准日，上述评估对象不存在许可他人使用、涉及诉讼等情况。

4. 价值类型及其定义

根据 A 公司向 B 银行申请专利质押贷款的具体需求，本次评估选取市场价值作为评估结论的价值类型。市场价值是指自愿买方和自愿卖方在各自理性行事且未受任何强迫的情况下，评估对象在评估基准日进行正常公平交易的价值估计数额。

5. 评估基准日

根据 B 银行尽职调查进度和 A 公司财务状况，为便于资料搜集和核实，本项目评估基准日定为 2016 年 5 月 31 日。

6. 市场分析

评估对象对应产品为混凝土喷涂机，属于工程机械。目前，我国工程机械销售量和销售额已超过美国、日本、德国，位居世界第一，其中装载机、挖掘机、汽车起重机、压路机、叉车、推土机和混凝土机械等一大批工程机械产品的产量也跃居世界首位。我国已经成为世界工程机械制造和消费大国，工程机械行业也成为我国国民经济的重要支柱产业之一。根据 A 公司提供的喷涂机产品销售统计资料，经评估人员核实，A 公司近几年混凝土喷涂机产品销售情况如表 8-2 所示。

表8-2 产品销售统计

项　　目	2013 年	2014 年	2015 年	2016 年 1~5 月
混凝土喷涂机产量（台）	480	571	665	321
混凝土喷涂机销量（台）	452	561	641	315
混凝土喷涂机销售收入（万元）	5435. 39	6679. 80	7630. 83	3678. 92
平均不含税单价（万元/台）	12. 03	11. 91	11. 90	11. 68

由上表可见，A 公司混凝土喷涂机产品销售量近几年稳中有升，平均单价呈现逐渐微弱下降趋势。

7. 评估方法

专利评估基本方法主要有成本法、市场法、收益法。针对本评估项目，由于 A 公司研发支出统计资料不完整，且基于研发成本的弱对应性等原因，不选用成本法进行评估；由于在公开市场上无法找到与评估对象类似的专利交易案例，无法采用市场法进行评估；由于评估对象已在 A 公司实施多年，其产品已形成较稳定的市场，未来收益可以预测，适宜采用收益法。本次评估采用收益法中的收益分成法，具体途径为净利润分成法。

8. 评估模型及评估参数计算

本次评估选取净利润分成模型进行测算，具体公式如下：

$$V = \sum_{t=1}^{N} F_t \cdot \alpha \cdot (1+i)^{-t}$$

式中：V——专利评估价值；

F_t——评估对象对应产品未来各年收益额（净利润）；

α——评估对象净利润分成率；

i——折现率；

N——评估对象经济年限；

t——序列年值。

评估模型中各参数取值如下：

（1）评估对象经济年限 N

根据《专利法》规定，发明专利法定保护年限为 20 年，实用新型专利法定保护年限为 10 年，自专利申请日起算。经测算，在评估基准日 2016 年 5 月 31 日，评估范围内各项专利法定剩余保护年限如表 8-3 所示。

表8-3　专利剩余保护年限表

序号	专利号	专利名称	专利类型	申请日	剩余保护年限（年）
1	略	混凝土高速喷涂机	发明	2013 年 5 月 1 日	16.92
2	略	混凝土高速喷涂机的气电联动装置	发明	2013 年 6 月 20 日	17.05
3	略	混凝土高速喷涂机的水电联动装置	发明	2014 年 1 月 20 日	17.64
4	略	混凝土高速喷涂机的可拆装装置	实用新型	2012 年 12 月 1 日	6.50
5	略	喷涂机用自动补水装置	实用新型	2012 年 12 月 1 日	6.50
6	略	喷涂机用输料轴	实用新型	2014 年 2 月 15 日	7.71
7	略	混凝土高速喷涂机的搅拌装置	实用新型	2014 年 2 月 15 日	7.71
8	略	混凝土高速喷涂机的螺杆泵调节装置	实用新型	2014 年 2 月 15 日	7.71

经评估人员分析该行业技术发展趋势后综合判断，评估范围内 8 项专利经济年限取 7.58 年（其中 0.58 年为本年度剩余期限，即 2016 年 6~12 月）。

（2）评估对象对应产品未来各年收益额（净利润）F_t

经分析 A 公司近几年混凝土喷涂机产品销售情况，混凝土喷涂机产品在 2014 年、2015 年销售量较上一年增速分别为 24.12% 和 14.26%，增速较快，但其平均销售单价呈缓慢下降趋势。A 公司混凝土喷涂机年最大生产能力为 1000 台，评估对象未许可他人使用，其实施范围仅限于 A 公司，因此以 A 公司最可能实现的混凝土喷涂机产品未来收益作为评估对象对应产品未来收益。

根据预测，A 公司 2016 年混凝土喷涂机产品销售量增长率为 14%，2017 年至 2021 年混凝土喷涂机产品销售量增长率分别为 11%、8%、5%、2%、1%，2022 年以后增速为 0，销售量与 2021 年持平；销售单价方面，2016 年 6~12 月混凝土喷涂机产品平均销售单价取 1~5 月平均值 11.68 万元/台，2017 年至 2019 年混凝土喷涂机产品平均销售单价取 11.50 万元/台，2020 年以后取 11.00 万元/台。

根据上述分析，混凝土喷涂机产品销售预测如表 8-4 所示。

表8-4　评估对象对应产品销售收入预测

项　目	2016 年 6~12 月	2017 年	2018 年	2019 年	2020 年	2021 年	2022 年	2023 年
最大生产能力（台）	583	1000	1000	1000	1000	1000	1000	1000
销售量年增长率	14%	11%	8%	5%	2%	1%		
销量（台）	416	811	876	920	938	947	947	947
平均不含税单价（万元/台）	11.68	11.50	11.50	11.50	11.00	11.00	11.00	11.00
销售收入（万元）	4859	9327	10 074	10 580	10 318	10 417	10 417	10 417

根据A公司近几年财务数据中各项成本、期间费用、税金占销售收入的比例及其走势，预测评估对象对应产品在经济年限内的未来收益（净利润）如表8-5所示。

表8-5　评估对象对应产品未来收益预测　　金额单位：万元

项　目	2016年 6~12月	2017年	2018年	2019年	2020年	2021年	2022年	2023年
销售收入	4859	9327	10 074	10 580	10 318	10 417	10 417	10 417
销售税金及附加	58	112	121	127	124	125	125	125
主营业务成本	3645	6697	7033	7261	7143	7188	7188	7188
销售费用	177	340	368	386	377	380	380	380
管理费用	210	403	435	457	446	450	450	450
财务费用	57	109	118	124	121	122	122	122
税前利润	712	1666	1999	2225	2107	2152	2152	2152
所得税	178	417	500	556	527	538	538	538
净利润	534	1249	1499	1669	1580	1614	1614	1614

（3）评估对象净利润分成率 α

净利润分成率以技术分享率统计数据为基础，分析评估对象和评估对象以外的其他技术资产贡献权重，得出评估对象净利润分成率上下限。采用综合评价法对评估对象进行打分，依据打分调整得出评估对象净利润分成率。

经查询《全国工业各分支行业技术利润分享率参考值表》[1]，普通机械制造业平均技术分享率为26.30%，本次评估以此数据为基础，上下浮动5%作为分成率计算的上下限，即分成率上限取31.30%，分成率下限取21.30%。经评估人员分析，评估对象在A公司混凝土喷涂机产品涉及的全部技术贡献权重约为65%，因此评估对象净利润分成率上下限分别为31.30%×65%=20.35%、21.30%×65%=13.85%。

综合评价法选取技术价值维度、法律价值维度、市场价值维度、战略价值维度中若干指标进行综合打分，具体指标选取如下：

技术价值维度选取技术先进性、技术成熟度、技术独立性、技术可替代性、技术应用前景与广度5个指标；

法律价值维度选取权利稳定性、保护强度、不可规避性、侵权可判定性4个指标；

市场价值维度选取市场当前应用情况、市场未来预期情况、竞争情况、政策环境4个指标；

战略价值维度选取专利进攻价值、专利防御价值、专利影响力价值3个指标。

---

[1] 郭民生，等. 技术资产评估：方法·参数·实务［M］. 北京：中国物资出版社，1996：404.

以上 16 个指标定义及评判标准如表 8-6、表 8-7、表 8-8、表 8-9 所示。

表8-6　技术价值维度指标定义及评判标准

评价指标	指标定义	评价方法
技术先进性	在当前进行评估的时间点上专利技术与本领域的其他技术相比是否处于领先地位及其领先的程度❶	可根据以下 4 个方面进行评价：（1）技术问题：评价该专利所解决的技术问题的重要程度：解决的是关键、常规还是次要问题；（2）技术原创性：评价专利技术方案在当前技术水平下的创新程度：是开创性发明、重大改进发明还是一般改进发明；（3）技术效果：评价专利技术实施带来的有益效果：有显著积极效果、一般效果还是兼具正负面效果；（4）专利引证：分析该专利的引用和被引用情况：专利的前引和后引次数均和技术先进性正相关
技术成熟度	在当前进行评估的时间点上专利技术所处的发展阶段	可按照其技术实现程度分为如下等级进行评价：报告级、方案级、功能级、仿真级、初样级、正样级、环境级、产品级、系统级、产业级
技术独立性	在当前进行评估的时间点上专利技术是否可独立、自由实施，是否依赖于他人在先专利的许可以及配套条件的成熟	可按照如下步骤进行评价：(1) 先分析该专利是否与其他专利的权利要求保护范围有所重叠，一般有 3 种情况：范围部分交叠，权利要求中出现上下位的技术特征和具有等同的技术特征；(2) 再分析专利技术的实施是否需要配套较为苛刻的基础条件，以及当前该基础条件的成熟程度
技术可替代性	在当前进行评估的时间点上是否存在与专利技术解决相同或类似问题的替代技术	（1）可通过制作技术功效矩阵图来具体评价专利技术的可替代性；（2）也可通过分析该专利的引证情况来粗略评价其技术上的可替代性
技术应用前景与广度	专利技术的发展趋势及适用范围	可根据以下 3 个方面进行评价：（1）技术生命周期：根据该专利所属技术领域的专利申请数量和申请人数量，分析专利技术处于萌芽期、发展期、成熟期、衰落期的哪个阶段；(2) 专利增量分布：分析该专利所属技术领域专利申请或授权数量增长的时间分布情况；（3）专利分类号：通过该专利文献中给出的分类号数量多少及跨度大小评价专利技术适用范围的广度

❶ 中国技术交易所. 专利价值分析与评估体系规范研究［M］. 北京：知识产权出版社，2015.

表8-7　法律价值维度指标定义及评判标准

<table>
<tr><th>评价指标</th><th colspan="2">指 标 定 义</th><th>评 价 方 法</th></tr>
<tr><td>权利稳定性</td><td colspan="2">专利在行使权利的过程中抵御无效风险的能力</td><td>可根据以下 5 个方面进行评价：（1）该专利是否经历过无效宣告请求以及经历的次数；（2）该专利是否出具过专利权评价报告以及评价报告的结论（针对实用新型和外观设计专利）；（3）该专利在确权阶段是否经历过复审；（4）是否利用该专利提起过侵权诉讼以及诉讼的结果；（5）该专利的文本撰写质量（权利要求书、说明书）</td></tr>
<tr><td rowspan="3">保护强度</td><td>权利要求保护范围</td><td>专利所涵盖的权益范围</td><td>（1）首先参考说明书评价独立权利要求的保护范围大小及合理性；（2）其次分析涉及不同主题独立权利要求的数量（产品、方法、用途等）；（3）最后评价整个权利要求书的层级布局是否严密、合理</td></tr>
<tr><td>全球同族布局情况</td><td>基于同一优先权文件，在不同国家或地区，以及地区间专利组织多次申请、多次公布或授权的内容相同或基本相同的一组专利文献</td><td>同族专利覆盖的经济体量正比于保护强度，一是分析同族专利的布局地区以及数量，二是分析同族专利的授权数量</td></tr>
<tr><td>专利剩余寿命</td><td>专利所剩余的保护期限</td><td>专利寿命正比于保护强度</td></tr>
<tr><td>不可规避性</td><td colspan="2">专利是否容易被他人进行规避设计，从而在不侵犯该专利权的情况下仍然能够达到与该专利相类似的技术效果</td><td>评价（1）该专利的独立权利要求是否包含非必要技术特征；（2）是否采用过于下位的特征或具体的参数来限定独立权利要求的范围</td></tr>
<tr><td>侵权可判定性</td><td colspan="2">专利侵权行为是否容易判定，是否容易取证从而行使诉讼的权利</td><td>可根据以下两方面进行评价：（1）技术特征属性：权利要求中涉及的技术特征属于结构特征还是功能特征；（2）权利要求主题类型：属于产品类、方法类还是用途类权利要求</td></tr>
</table>

表8-8　市场价值维度指标定义及评判标准

<table>
<tr><th>评价指标</th><th colspan="2">指 标 定 义</th><th>评 价 方 法</th></tr>
<tr><td rowspan="3">市场当前应用情况</td><td>自实施情况</td><td>专利在产品/工艺上的应用情况</td><td>参考专利权人的专利产品/方法生产与销售情况，可根据以下 3 个方面进行评价：（1）该专利应用到的产品/方法的数量；（2）该专利与产品/方法的关联度；（3）专利产品的年生产及销售量</td></tr>
<tr><td>产品市场规模</td><td>目标产品或行业的整体规模</td><td>参考第三方的市场调研数据，包括目标产品或行业在指定时间内的产量、产值等</td></tr>
<tr><td>产品市场占有率</td><td>专利产品的销售量（或销售额）在市场同类产品中所占的比重</td><td>参考第三方的市场调研数据，结合专利产品的销售情况</td></tr>
<tr><td>市场未来预期情况</td><td colspan="2">目标产品或行业的未来发展预测</td><td>可参考专利技术的同类产品的发展周期、技术迭代和性能差异</td></tr>
<tr><td>竞争情况</td><td colspan="2">在当前进行评估的时间点上专利权人在目标产品或行业市场竞争中所处的位置</td><td>可根据以下 3 个方面进行评价：（1）市场上是否存在专利所属技术领域内的竞争对手，对手数量及经营实力（营业收入、销售利润和资产负债）；（2）市场上是否存在垄断或被垄断的状况；（3）专利所属技术领域或行业内的专利纠纷频度</td></tr>
<tr><td>政策环境</td><td colspan="2">国家与地方政策对应用一项专利技术的相关规定</td><td>可从以下 3 个方面进行评价：（1）专利技术是否属于政策鼓励和扶持的技术方向，以及政策发布方的级别；（2）是否已出台相应的优惠政策，以及优惠的力度；（3）专利产品的生产是否需要某些特定行业的行政审批，以及是否已经取得相关生产资质</td></tr>
</table>

表8-9　战略价值维度指标定义及评判标准

评价指标	指 标 定 义	评 价 方 法
专利进攻价值	专利在侵权诉讼、许可谈判、纠纷调解中的价值	可从专利的可诉性（诉讼标的数量及大小）、许可潜力（许可范围及标的额）以及针对竞争对手的辖制力等几个方面进行评价
专利防御价值	专利在产品保护、市场控制中的价值	可从专利与产品的关联度以及专利帮助企业获得或维持的市场垄断地位或者相应的市场份额两个方面进行评价
专利影响力价值	专利在声誉提升、政策获取、技术合作中的价值	可从专利帮助企业获得的商业声誉、政策扶持以及为了获得他人技术而作为交换资源或技术合作协议的筹码等几个方面进行评价

上述 16 个指标均采取 100 分制，各指标在综合评价中的权重及打分如表 8-10 所示。

表8-10　指标权重及打分

一级指标	二级指标	指标权重	指标打分
技术价值维度	技术先进性	10%	85
	技术成熟度	7%	80
	技术独立性	5%	75
	技术可替代性	5%	90
	技术应用前景与广度	2%	92
法律价值维度	权利稳定性	10%	85
	保护强度	8%	80
	不可规避性	5%	70
	侵权可判定性	5%	80
市场价值维度	市场当前应用情况	8%	90
	市场未来预期情况	8%	80
	竞争情况	6%	85
	政策环境	3%	95
战略价值度	专利进攻价值	6%	85
	专利防御价值	6%	85
	专利影响力价值	6%	80
合　计		100%	83

因此，评估对象净利润分成率取值为 13.85% +（20.35% - 13.85%）×83/100 = 19.25%，并且在评估对象经济年限最后几年应在此基础上考虑分成率的衰减。

（4）折现率 i

由于评估对象收益选取的是净利润口径，评估对象为无形资产的组成部分，根据折现率与收益口径对应的原则，折现率应选取资产净利率口径，而一般情况下，资产净利率<总资产报酬率，因此本次评估中为了保守考虑，折现率采用加权平均资本成本模型计算，计算公式为：

折现率 =（WACC-营运资金报酬率×营运资金在资本结构中所占比例-有形非流动资产报酬率×有形非流动资产在资本结构中所占比例）/无形资产在资本结构中所占比例

WACC 即加权平均资本成本计算公式为：

$$WACC = \frac{E}{D+E}R_e + \frac{D}{D+E}(1-T)R_d$$

式中：E——权益资本；

D——债务资本；

R_e——权益资本回报率；

R_d——债务资本回报率；

T——企业所得税率。

权益资本回报率采用资本资产定价模型（CAPM）计算，其公式为：

$$R_e = R_f + \beta(R_m - R_f) + \alpha$$

式中：R_f——无风险报酬率；

β——贝塔因子，一个对敏感度和风险与看作一个整体的市场之间关系的统计学度量指标；

R_m——预期市场回报率；

α——企业特别风险溢价。

无风险报酬率取评估基准日剩余年限在 10 年以上的国债到期收益率平均值 3.9450%。

贝塔因子取 Wind 资讯导出的专用设备制造业行业贝塔值，标的指数为沪深 300 指数，计算时间范围为 2011 年 6 月 1 日至 2016 年 5 月 31 日，按市场价值比剔除财务杠杆，调整后 β 为 0.8480。

$R_m - R_f$为市场风险溢价，市场风险溢价=成熟股票市场的基本补偿额+国家风险补偿额，式中：成熟股票市场的基本补偿额取 1928~2011 年美国股票与国债的算术平均收益差 5.79%；国家风险补偿额取 1.05%，则市场风险溢价为 6.84%。

企业特别风险溢价经评估人员综合分析后取 4%。

则权益资本回报率为 3.9450%+0.8480×6.84%+4%=13.75%。

债务或者资本回报率在评估基准日长期银行贷款基准利率 4.90%基础上上浮 0.5%，取 5.40%。

企业所得税率取 25%。

权益资本和债务资本比例按照《企业绩效评价标准值 2015》公布的建筑工程用机械制造业平均资产负债率 60%计算，则权益资本比例为 40%，债务资本比例为 60%。

加权平均资本成本为 40%×13.75%+60%×（1−25%）×5.40%=7.93%。

营运资金、有形非流动资产、无形资产参考同行业上市公司的资本结构比例，取平均值进行确定，其计算过程从略，营运资金在资本结构中所占比例取 25.35%，有形非流动资产在资本结构中所占比例取 45.03%，无形资产在资本结构中所占比例取 29.62%。

营运资金报酬率取评估基准日一年期银行贷款利率上浮 30%，即 4.35%×（1+30%）=5.66%。

有形非流动资产报酬率取评估基准日长期银行贷款利率上浮 30%，即 4.90%×（1+30%）=6.37%。

则折现率最终取值为（7.93%－25.35%×5.66%－45.03%×6.37%）/29.62%=12.24%。

9. 评估结论计算

将上述各参数代入公式，列表计算评估结论如表 8-11 所示。

表8-11　评估价值计算表

金额单位：万元

项　目	2016 年 6~12 月	2017 年	2018 年	2019 年	2020 年	2021 年	2022 年	2023 年
净利润	534	1249	1499	1669	1580	1614	1614	1614
净利润分成率	19.25%	19.25%	19.25%	19.25%	19.25%	9.63%	4.82%	2.41%
净利润分成额	103	240	289	321	304	155	78	39
折现率	12.24%	12.24%	12.24%	12.24%	12.24%	12.24%	12.24%	12.24%
折现年期	0.58	1.58	2.58	3.58	4.58	5.58	6.58	7.58
折现系数	0.9352	0.8332	0.7424	0.6614	0.5893	0.5250	0.4678	0.4168
净利润分成额折现值	96	200	215	212	179	81	36	16
评估值合计	1035							

经评估，A 公司混凝土喷涂机产品对应的 8 项专利在评估基准日 2016 年 5 月 31 日的市场价值为 1035 万元。

10. 评估报告的应用

经过以上专利评估和 B 银行的尽职调查程序，A 公司自 B 银行以专利质押作为担保成功获得 400 万元流动资金贷款（根据 B 银行专利质押贷款产品要求，质押率不高于评估价值的 40%）。

【案例8-2】专利质押中的质押净值评估

延续上例，如果 B 银行要求评估 A 公司符合其贷款条件的 8 项专利的质押净值，则需在市场价值的基础上进一步进行测算。

参考房地产评估中抵押净值的含义，专利质押净值为以未设立法定优先受偿权的专利市场价值为基础，扣除已存在的法定优先受偿额再减去实现质权的相关税费后的价值。

经评估后，上例中 8 项专利在评估基准日 2016 年 5 月 31 日市场价值为 1035 万元。

法定优先受偿额一般包括与评估对象相关的应付但尚未支付的款项、优先偿还的债权等，由于专利一般不接受二次质押，因此质押专利一般没有需要优先偿还的债权，经评估人员核查，在混凝土喷涂机的技术研发中，截至评估基准日 A 公司尚欠合作单位研发费用 90 万元，此款项应作为法定优先受偿额扣除。

实现质权的相关税费包括拍卖佣金，以及专利交易需缴纳的所得税、增值税等，本案例中按市场价值的 10% 估算。

因此，在质押贷款目的下，A 公司混凝土喷涂机产品对应的 8 项专利的质押净值为 1035−90−1035×10% = 842（万元）。

【案例8-3】专利质押中质权实现时的清算价值评估

1. 项目背景

C 公司于 2015 年 7 月以 7 项专利做质押担保向 D 银行申请了一年期流动资金贷款 250 万元，某评估机构出具了专利质押评估报告，评估基准日为 2015 年 6 月 30 日，7 项专利市场价值为 792 万元，D 银行根据评估报告及尽职调查情况向 C 公司发放流动资金贷款 250 万元，贷款期限自 2015 年 8 月 1 日至 2016 年 7 月 31 日。2016 年 8 月，该笔贷款逾期，C 公司无法偿还，因此 D 银行委托 Z 评估公司对 7 项专利质押物的清算价值进行评估。

2. 评估情况

经评估，在评估基准日 2016 年 6 月 30 日，7 项专利质押物的市场价值为 565 万元。所谓清算价值，是指在评估对象处于被迫出售、快速变现等非正常市场条件下的价值估计数额。因此清算价值计算公式如下：

清算价值 = 市场价值×（1−强制快速变现折扣率）×（1−处置相关税费率）

经评估人员考察专利等无形资产交易惯例，强制快速变现折扣率取 60%。

处置相关税费包括拍卖佣金，以及专利交易需缴纳的所得税、增值税等，处置相关税费率取 10%。

因此，在评估基准日 2016 年 6 月 30 日，7 项专利质押物的清算价值 = 565×（1−60%）×（1−10%）= 203（万元）。

第四节　专利价值动态监测案例分析

本节以案例的形式说明专利价值动态监测应关注的重点问题和具体方法。

【案例8-4】专利价值动态监测案例分析

如果债权人接受专利作为质押物，需要在整个贷款期限内对专利进行跟踪评估，因为即使专利价值覆盖了贷款当日的金额，也不能说明在贷款期结束后能覆盖还款金额[1]。

延续前一节的专利质押市场价值评估案例，B 银行委托 Z 评估公司对 A 公司混凝土喷涂机产品对应专利价值进行动态监测（监测周期为半年）。

1. 专利价值动态监测应关注的重点问题

由于企业的研发活动在逐渐推进，只有不断的技术攻关和有效保护才能在市场竞争中立于不败之地，因此专利的价值在时间延续上会是动态的流动过程，作为质押贷款的放款银行，有必要实时监测质押物的价值走向。

在专利价值动态监测中，应重点关注以下问题：

（1）企业的研发活动进展；

（2）企业的专利申请及授权情况；

（3）企业现有专利的法律状态变化；

（4）产品市场状况的变化；

（5）影响专利价值的其他相关因素变化。

2. 专利价值动态监测具体方法

所谓专利价值动态监测，就是对专利价值进行动态的评估，也就是说将评估的周期缩短，在一定时间内定期对可以用于质押的专利进行重新筛选并重新进行评估的过程。

一般情况下，专利价值动态监测在方法和流程上与一般的市场价值评估没有区别，因此本案例仅对评估对象筛选、市场分析和评估价值测算进行简要说明，对于评估参数的取值依据等不再赘述。

1）评估对象筛选

本次专利价值动态监测的评估基准日为 2016 年 11 月 30 日，价值类型为市场价值，

---

[1] William J. Murphy, et al. Patent Valuation: Improving Decision Making through Analysis [M]. Wiley, 2012: 263.

经评估人员考察和查询，与2016年5月31日相比，A公司在混凝土喷涂机产品上的专利发生以下变化：

（1）新增发明专利申请2项；

（2）新授权发明专利1项（混凝土高速喷涂机的搅拌装置，对应1项实用新型专利放弃专利权）；

（3）1项实用新型专利（喷涂机用自动补水装置）因涉及诉讼被无效。

重新筛选后，符合B银行质押条件的专利为7项（发明专利4项，实用新型专利3项），列表如表8-12所示。

表8-12　评估对象和范围

序号	专利号	专利名称	专利类型	申请日	授权公告日	目前状态
1	略	混凝土高速喷涂机	发明	2013年5月1日	2015年6月20日	有效
2	略	混凝土高速喷涂机的气电联动装置	发明	2013年6月20日	2015年5月15日	有效
3	略	混凝土高速喷涂机的水电联动装置	发明	2014年1月20日	2015年7月10日	有效
4	略	混凝土高速喷涂机的搅拌装置	发明	2014年2月15日	2016年9月2日	有效
5	略	混凝土高速喷涂机的可拆装装置	实用新型	2012年12月1日	2013年4月2日	有效
6	略	喷涂机用输料轴	实用新型	2014年2月15日	2014年6月1日	有效
7	略	混凝土高速喷涂机的螺杆泵调节装置	实用新型	2014年2月15日	2014年6月1日	有效

经评估人员核查，上表3项实用新型专利中，第7项已同日申请发明专利，截至评估基准日已进入实质审查阶段。

截至评估基准日，上述评估对象不存在许可他人使用、涉及诉讼等情况。

2）市场分析

由于有新的竞争者进入市场，导致半年内销售量未达到预期，2016年6~11月混凝土喷涂机销售量为340台，销售收入为3905.33万元。销售情况统计如表8-13所示。

表8-13　产品销售统计

项　　目	2013年	2014年	2015年	2016年1~11月
混凝土喷涂机产量（台）	480	571	665	690
混凝土喷涂机销量（台）	452	561	641	655

续表

项　　目	2013 年	2014 年	2015 年	2016 年 1~11 月
混凝土喷涂机销售收入（万元）	5435.39	6679.80	7630.83	7584.25
平均不含税单价（万元/台）	12.03	11.91	11.90	11.58

3）评估价值测算

本次评估采用收益法中的收益分成法，具体途径为净利润分成法。

（1）评估对象经济年限 N

经测算，在评估基准日 2016 年 11 月 30 日，评估范围内各项专利法定剩余保护年限如表 8-14 所示。

表8-14　专利剩余保护年限

序号	专利号	专利名称	专利类型	申请日	剩余保护期限（年）
1	略	混凝土高速喷涂机	发明	2013 年 5 月 1 日	16.41
2	略	混凝土高速喷涂机的气电联动装置	发明	2013 年 6 月 20 日	16.55
3	略	混凝土高速喷涂机的水电联动装置	发明	2014 年 1 月 20 日	17.14
4	略	混凝土高速喷涂机的搅拌装置	发明	2014 年 2 月 15 日	17.21
5	略	混凝土高速喷涂机的可拆装装置	实用新型	2012 年 12 月 1 日	6.00
6	略	喷涂机用输料轴	实用新型	2014 年 2 月 15 日	7.21
7	略	混凝土高速喷涂机的螺杆泵调节装置	实用新型	2014 年 2 月 15 日	7.21

经评估人员分析该行业技术发展趋势后综合判断，评估范围内 7 项专利经济年限取 7.08 年（其中 0.08 年为本年度剩余期限，即 2016 年 12 月）。

（2）评估对象对应产品未来各年收益额（净利润）F_t

由于市场状况变化，评估人员对未来收益预测进行了相应调整，预计 A 公司 2016 年混凝土喷涂机产品销售量增长率为 12%，2017 年至 2021 年混凝土喷涂机产品销售量增长率分别为 10%、8%、4%、2%、1%，2022 年以后增速为 0，销售量与 2021 年持平；销售单价方面，2016 年 12 月至 2019 年混凝土喷涂机产品平均销售单价取 11.50 万元/台，2020 年以后取 11.00 万元/台。

根据上述分析，混凝土喷涂机产品销售预测如表 8-15 所示。

表8-15　评估对象对应产品销售收入预测

项　目	2016 年 12 月	2017 年	2018 年	2019 年	2020 年	2021 年	2022 年	2023 年
最大生产能力（台）	83	1000	1000	1000	1000	1000	1000	1000
销售量年增长率	12%	10%	8%	4%	2%	1%		
销量（台）	63	790	853	887	905	914	914	914
平均不含税单价（万元/台）	11.50	11.50	11.50	11.50	11.00	11.00	11.00	11.00
销售收入（万元）	725	9085	9810	10 201	9955	10 054	10 054	10 054

评估对象对应产品在经济年限内的未来收益（净利润）如表 8-16 所示。

表8-16　评估对象对应产品未来收益预测　　金额单位：万元

项　目	2016 年 12 月	2017 年	2018 年	2019 年	2020 年	2021 年	2022 年	2023 年
销售收入	725	9085	9810	10 201	9955	10 054	10 054	10 054
销售税金及附加	9	109	118	122	119	121	121	121
主营业务成本	535	6588	6915	7090	6980	7024	7024	7024
销售费用	26	332	358	372	363	367	367	367
管理费用	31	392	424	441	430	434	434	434
财务费用	8	106	115	119	116	118	118	118
税前利润	116	1558	1880	2057	1947	1990	1990	1990
所得税	29	390	470	514	487	498	498	498
净利润	87	1168	1410	1543	1460	1492	1492	1492

（3）评估对象净利润分成率 α

根据 A 公司专利情况及研发进展，对评估对象重新进行打分，具体指标取值如表 8-17 所示。

表8-17　指标权重及打分

一级指标	二级指标	指标权重	指标打分
技术价值维度	技术先进性	10%	80
	技术成熟度	7%	80
	技术独立性	5%	75
	技术可替代性	5%	90
	技术应用前景与广度	2%	90

续表

一级指标	二级指标	指标权重	指标打分
法律价值维度	权利稳定性	10%	85
	保护强度	8%	80
	不可规避性	5%	70
	侵权可判定性	5%	80
市场价值维度	市场当前应用情况	8%	82
	市场未来预期情况	8%	78
	竞争情况	6%	81
	政策环境	3%	95
战略价值度	专利进攻价值	6%	85
	专利防御价值	6%	85
	专利影响力价值	6%	77
合　　计		100%	81

因此，评估对象净利润分成率取值为 13.85% +（20.35% − 13.85%）×81/100 = 19.12%，并且在评估对象经济年限最后几年应在此基础上考虑分成率的衰减。

（4）折现率 i

折现率仍然采用加权平均资本成本模型计算，由于评估基准日不同，所依据的数据也会发生变化，其中：

无风险报酬率取评估基准日剩余年限在 10 年以上的国债到期收益率平均值 3.8583%。

贝塔因子取 Wind 资讯导出的专用设备制造业行业贝塔值，标的指数为沪深 300 指数，计算时间范围为 2011 年 12 月 1 日至 2016 年 11 月 30 日，按市场价值比剔除财务杠杆，调整后 β 为 0.8604。

市场风险溢价、企业特别风险调整取值不变，则权益资本回报率为 3.8583% + 0.8604×6.84% +4% = 13.74%。

债务资本成本、资本结构取值不变，则加权平均资本成本为 40% ×13.74% +60% ×（1−25%）×5.40% = 7.93%。

其他相关参数取值均未发生变化，折现率最终取值为（7.93% −25.35% ×5.66% − 45.03%×6.37%）/29.62% = 12.24%，因此，折现率的变化可以忽略不计。

（5）评估结论计算

将上述各参数代入公式，列表计算评估结论如表 8-18 所示。

表8-18　评估价值计算

金额单位：万元

项　目	2016 年 12 月	2017 年	2018 年	2019 年	2020 年	2021 年	2022 年	2023 年
净利润	87	1168	1410	1543	1460	1492	1492	1492
净利润分成率	19. 12%	19. 12%	19. 12%	19. 12%	19. 12%	9. 56%	4. 78%	2. 39%
净利润分成额	17	223	270	295	279	143	71	36
折现率	12. 24%	12. 24%	12. 24%	12. 24%	12. 24%	12. 24%	12. 24%	12. 24%
折现年期	0. 08	1. 08	2. 08	3. 08	4. 08	5. 08	6. 08	7. 08
折现系数	0. 9908	0. 8828	0. 7865	0. 7007	0. 6243	0. 5562	0. 4956	0. 4415
净利润分成额折现值	17	197	212	207	174	80	35	16
评估值合计	938							

经评估，A 公司混凝土喷涂机产品对应的 7 项专利在评估基准日 2016 年 11 月 30 日的市场价值为 938 万元。

4）评估报告应用

根据 B 银行专利质押贷款产品要求，质押率不高于评估价值的 40%，根据评估价值测算，A 公司可贷金额不高于 938×40% = 375 万元，无法覆盖现有贷款额 400 万元，因此 B 银行应要求 A 公司提前还款或增加其他担保措施以控制风险。

第九章　专利作价入股中的价值评估

本章概述

本章首先介绍了我国关于专利作价入股的相关法律法规政策条款，其次根据相关法律法规政策条款和专利作价入股的特点，从评估对象和评估范围的确定、评估基准日的选取和评估报告有效期的设定、价值类型的选定、评估方法的选取等方面分析了专利作价入股中的价值评估要点，之后结合具体案例介绍了专利作价入股中专利的成本法价值评估、收益法价值评估，最后延续上述收益法价值评估案例提出专利作价入股后价值评估复核的操作要求。

本章知识脉络

<table>
<tr><td rowspan="6">相关法律法规政策文件</td><td rowspan="3">专利作价入股相关法律法规</td><td>《中华人民共和国公司法》</td></tr>
<tr><td>《最高人民法院关于适用〈中华人民共和国公司法〉若干问题的规定（三）》</td></tr>
<tr><td>《中华人民共和国促进科技成果转化法》</td></tr>
<tr><td rowspan="3">专利作价入股相关政策</td><td>《公司法实施细则》</td></tr>
<tr><td>《关于个人非货币性资产投资有关个人所得税政策的通知》</td></tr>
<tr><td>《关于完善股权激励和技术入股有关所得税政策的通知》</td></tr>
<tr><td rowspan="4">专利作价入股中的价值评估要点</td><td colspan="2">评估对象和评估范围的确定</td></tr>
<tr><td colspan="2">评估基准日的选取和评估报告有效期的设定</td></tr>
<tr><td colspan="2">价值类型的选定</td></tr>
<tr><td colspan="2">评估方法的选取</td></tr>
<tr><td rowspan="2">专利作价入股中的成本法、收益法价值评估案例分析</td><td colspan="2">案例 9-1　专利作价入股中的成本法价值评估</td></tr>
<tr><td colspan="2">案例 9-2　专利作价入股中的收益法价值评估</td></tr>
<tr><td rowspan="2">专利作价入股后价值评估复核案例分析</td><td colspan="2">评估复核的概念</td></tr>
<tr><td colspan="2">专利作价入股后价值评估复核案例分析</td></tr>
</table>

第一节　我国专利作价入股的相关法律法规政策文件

专利作价入股是指企业依法设立时以专利权作价作为注册资本，或现有企业以专利权作价增资扩股。以专利作为注册资本，由于存在节约现金、体现技术成果价值等优点，得到多数企业的广泛支持。

我国当前专利作价入股相关法律法规政策文件如下。

一、专利作价入股相关法律法规

（1）《中华人民共和国公司法》（简称《公司法》）（1993年12月29日第八届全国人民代表大会常务委员会第五次会议通过，根据1999年12月25日第九届全国人民代表大会常务委员会第十三次会议《关于修改〈中华人民共和国公司法〉的决定》第一次修正，根据2004年8月28日第十届全国人民代表大会常务委员会第十一次会议《关于修改〈中华人民共和国公司法〉的决定》第二次修正，2005年10月27日第十届全国人民代表大会常务委员会第十八次会议修订，根据2013年12月28日第十二届全国人民代表大会常务委员会第六次会议《关于修改〈中华人民共和国海洋环境保护法〉等七部法律的决定》第三次修正）[1]

第二十七条　股东可以用货币出资，也可以用实物、知识产权、土地使用权等可以用货币估价并可以依法转让的非货币财产作价出资；但是，法律、行政法规规定不得作为出资的财产除外。

对作为出资的非货币财产应当评估作价，核实财产，不得高估或者低估作价。法律、行政法规对评估作价有规定的，从其规定。

第二十八条　股东应当按期足额缴纳公司章程中规定的各自所认缴的出资额。股东以货币出资的，应当将货币出资足额存入有限责任公司在银行开设的账户；以非货币财产出资的，应当依法办理其财产权的转移手续。

股东不按照前款规定缴纳出资的，除应当向公司足额缴纳外，还应当向已按期足额缴纳出资的股东承担违约责任。

第三十条　有限责任公司成立后，发现作为设立公司出资的非货币财产的实际价额显著低于公司章程所定价额的，应当由交付该出资的股东补足其差额；公司设立时的其他股东承担连带责任。

第八十三条　以发起设立方式设立股份有限公司的，发起人应当书面认足公司章程

[1] 中华人民共和国公司法［EB/OL］. http：//www. scio. gov. cn/ztk/xwfb/2014/31596/tjsj31607/Document/1450774/1450774. htm.

规定其认购的股份，并按照公司章程规定缴纳出资。以非货币财产出资的，应当依法办理其财产权的转移手续。

发起人不依照前款规定缴纳出资的，应当按照发起人协议承担违约责任。

发起人认足公司章程规定的出资后，应当选举董事会和监事会，由董事会向公司登记机关报送公司章程以及法律、行政法规规定的其他文件，申请设立登记。

第九十三条　股份有限公司成立后，发起人未按照公司章程的规定缴足出资的，应当补缴；其他发起人承担连带责任。

股份有限公司成立后，发现作为设立公司出资的非货币财产的实际价额显著低于公司章程所定价额的，应当由交付该出资的发起人补足其差额；其他发起人承担连带责任。

第一百九十九条　公司的发起人、股东虚假出资，未交付或者未按期交付作为出资的货币或者非货币财产的，由公司登记机关责令改正，处以虚假出资金额百分之五以上百分之十五以下的罚款。

（2）《最高人民法院关于适用〈中华人民共和国公司法〉若干问题的规定（三）》（2010 年 12 月 6 日由最高人民法院审判委员会第 1504 次会议通过，自 2011 年 2 月 16 日施行）❶

第九条　出资人以非货币财产出资，未依法评估作价，公司、其他股东或者公司债权人请求认定出资人未履行出资义务的，人民法院应当委托具有合法资格的评估机构对该财产评估作价。评估确定的价额显著低于公司章程所定价额的，人民法院应当认定出资人未依法全面履行出资义务。

第十条　出资人以房屋、土地使用权或者需要办理权属登记的知识产权等财产出资，已经交付公司使用但未办理权属变更手续，公司、其他股东或者公司债权人主张认定出资人未履行出资义务的，人民法院应当责令当事人在指定的合理期间内办理权属变更手续；在前述期间内办理了权属变更手续的，人民法院应当认定其已经履行了出资义务；出资人主张自其实际交付财产给公司使用时享有相应股东权利的，人民法院应予支持。

出资人以前款规定的财产出资，已经办理权属变更手续但未交付给公司使用，公司或者其他股东主张其向公司交付、并在实际交付之前不享有相应股东权利的，人民法院应予支持。

第十六条　出资人以符合法定条件的非货币财产出资后，因市场变化或者其他客观因素导致出资财产贬值，公司、其他股东或者公司债权人请求该出资人承担补足出资责任的，人民法院不予支持。但是，当事人另有约定的除外。

（3）《中华人民共和国促进科技成果转化法》（1996 年 5 月 15 日第八届全国人民代

---

❶ 最高人民法院关于适用《中华人民共和国公司法》若干问题的规定（三）[EB/OL]. http://www.court.gov.cn/shenpan-xiangqing-2500.html.

表大会常务委员会第十九次会议通过，根据2015年8月29日第十二届全国人民代表大会常务委员会第十六次会议《关于修改〈中华人民共和国促进科技成果转化法〉的决定》修正）[1]

第十六条　科技成果持有者可以采用下列方式进行科技成果转化：

（一）自行投资实施转化；

（二）向他人转让该科技成果；

（三）许可他人使用该科技成果；

（四）以该科技成果作为合作条件，与他人共同实施转化；

（五）以该科技成果作价投资，折算股份或者出资比例；

（六）其他协商确定的方式。

第十七条　国家鼓励研究开发机构、高等院校采取转让、许可或者作价投资等方式，向企业或者其他组织转移科技成果。

国家设立的研究开发机构、高等院校应当加强对科技成果转化的管理、组织和协调，促进科技成果转化队伍建设，优化科技成果转化流程，通过本单位负责技术转移工作的机构或者委托独立的科技成果转化服务机构开展技术转移。

第十八条　国家设立的研究开发机构、高等院校对其持有的科技成果，可以自主决定转让、许可或者作价投资，但应当通过协议定价、在技术交易市场挂牌交易、拍卖等方式确定价格。通过协议定价的，应当在本单位公示科技成果名称和拟交易价格。

第四十五条　科技成果完成单位未规定、也未与科技人员约定奖励和报酬的方式和数额的，按照下列标准对完成、转化职务科技成果做出重要贡献的人员给予奖励和报酬：

（一）将该项职务科技成果转让、许可给他人实施的，从该项科技成果转让净收入或者许可净收入中提取不低于百分之五十的比例；

（二）利用该项职务科技成果作价投资的，从该项科技成果形成的股份或者出资比例中提取不低于百分之五十的比例；

（三）将该项职务科技成果自行实施或者与他人合作实施的，应当在实施转化成功投产后连续三至五年，每年从实施该项科技成果的营业利润中提取不低于百分之五的比例。

国家设立的研究开发机构、高等院校规定或者与科技人员约定奖励和报酬的方式和数额应当符合前款第一项至第三项规定的标准。

国有企业、事业单位依照本法规定对完成、转化职务科技成果做出重要贡献的人员给予奖励和报酬的支出计入当年本单位工资总额，但不受当年本单位工资总额限制、不纳入本单位工资总额基数。

---

[1] 中华人民共和国促进科技成果转化法（2015年修订）［EB/OL］. http://www.most.gov.cn/fggw/fl/201512/t20151203_122619.htm.

由此可见，关于专利作价入股，首先，《公司法》规定了包括专利在内的知识产权等非货币资产可用于股东出资，且应当评估作价，核实财产，不得高估或者低估作价，因此专利作价入股的价值评估，属于我国法律规定的必须进行资产评估的情形，即属于法定评估；其次，《公司法》及其司法解释规定了股东用非货币资产出资的，必须办理财产转移手续，同时也对争议的处理方式做出了具体规定，其中应予关注的是，股东出资后，其他股东或债权人发现用于出资的专利权实际价值显著低于公司章程记载的价额时，可要求股东补足；值得一提的是，我国最新的《公司法》，已取消了非货币资产出资占注册资本比例的限制，即根据现行《公司法》规定，非货币资产出资占注册资本的比例可以达到100%；再次，《促进科技成果转化法》将包括专利在内的科技成果作价投资作为科技成果转化的具体形式加以规定，同时对相关的科技人员奖励和报酬的方式做出了详细规范。

二、专利作价入股相关政策

（1）《公司法实施细则》❶ 中对非货币资产出资的程序性要求做出了明确规定：

全民所有制、集体所有制、联营企业法人可以投资设立一人有限责任公司。其中，全民所有制企业法人投资设立一人有限责任公司，以货币出资的，不需提交国有资产监督管理部门的批准文件；以非货币财产出资的，评估报告应经国有资产监督管理部门确认。

投资人以非货币财产出资的，应由法定评估机构对非货币财产评估，评估结果还应经法定验资机构进行验证。涉及国有资产的，还应经国有资产管理部门或国家授权管理国有资产的投资机构（部门）确认。非货币出资在设立后分期缴付的，应在办理变更实收资本（金）登记时，一并办理财产转移手续。

对以技术成果评估价值在100万元以上（含）的，应要求评估机构在评估报告中附上有关专家签署的参考意见，或者政府科技主管部门或相关科研机构出具的鉴定意见，并对评估报告实施部分实质内容审查程序。

企业办理非货币财产（包括办理有法定形式权属证明的非货币财产）的转移手续，应由会计师事务所出具专项审计报告，或在验资报告中明确已经办理财产转移手续并经验证。

应予说明的是，上述规定可能已不适用于国家简政放权的政策趋势，但是对专利作价入股的具体工作实践仍然有指导意义。

（2）《关于个人非货币性资产投资有关个人所得税政策的通知》（财政部、国家税务总局，财税〔2015〕41号）❷ 对个人非货币性资产投资缴纳个人所得税的相关事项做出了具体规定：

---

❶ 公司法实施细则［EB/OL］. https://baike.baidu.com/item/公司法实施细则/2258744? fr=aladdin.

❷ 关于个人非货币性资产投资有关个人所得税政策的通知（财税〔2015〕41号）［EB/OL］. http://www.chinatax.gov.cn/n810341/n810755/c1535106/content.html.

一、个人以非货币性资产投资，属于个人转让非货币性资产和投资同时发生。对个人转让非货币性资产的所得，应按照“财产转让所得”项目，依法计算缴纳个人所得税。

二、个人以非货币性资产投资，应按评估后的公允价值确认非货币性资产转让收入。非货币性资产转让收入减除该资产原值及合理税费后的余额为应纳税所得额。

个人以非货币性资产投资，应于非货币性资产转让、取得被投资企业股权时，确认非货币性资产转让收入的实现。

三、个人应在发生上述应税行为的次月15日内向主管税务机关申报纳税。纳税人一次性缴税有困难的，可合理确定分期缴纳计划并报主管税务机关备案后，自发生上述应税行为之日起不超过5个公历年度内（含）分期缴纳个人所得税。

四、个人以非货币性资产投资交易过程中取得现金补价的，现金部分应优先用于缴税；现金不足以缴纳的部分，可分期缴纳。

个人在分期缴税期间转让其持有的上述全部或部分股权，并取得现金收入的，该现金收入应优先用于缴纳尚未缴清的税款。

五、本通知所称非货币性资产，是指现金、银行存款等货币性资产以外的资产，包括股权、不动产、技术发明成果以及其他形式的非货币性资产。

本通知所称非货币性资产投资，包括以非货币性资产出资设立新的企业，以及以非货币性资产出资参与企业增资扩股、定向增发股票、股权置换、重组改制等投资行为。

（3）《关于完善股权激励和技术入股有关所得税政策的通知》（财税〔2016〕101号）❶ 中规定了技术入股有关所得税的政策，即对技术成果投资入股实施选择性税收优惠政策：

三、对技术成果投资入股实施选择性税收优惠政策

（一）企业或个人以技术成果投资入股到境内居民企业，被投资企业支付的对价全部为股票（权）的，企业或个人可选择继续按现行有关税收政策执行，也可选择适用递延纳税优惠政策。

选择技术成果投资入股递延纳税政策的，经向主管税务机关备案，投资入股当期可暂不纳税，允许递延至转让股权时，按股权转让收入减去技术成果原值和合理税费后的差额计算缴纳所得税。

（二）企业或个人选择适用上述任一项政策，均允许被投资企业按技术成果投资入股时的评估值入账并在企业所得税前摊销扣除。

（三）技术成果是指专利技术（含国防专利）、计算机软件著作权、集成电路布图设计专有权、植物新品种权、生物医药新品种，以及科技部、财政部、国家税务总局确定的其他技术成果。

---

❶ 关于完善股权激励和技术入股有关所得税政策的通知［EB/OL］. http://www.chinatax.gov.cn/n810341/n810755/c2275136/content.html.

（四）技术成果投资入股，是指纳税人将技术成果所有权让渡给被投资企业、取得该企业股票（权）的行为。

四、相关政策

（二）个人因股权激励、技术成果投资入股取得股权后，非上市公司在境内上市的，处置递延纳税的股权时，按照现行限售股有关征税规定执行。

（三）个人转让股权时，视同享受递延纳税优惠政策的股权优先转让。递延纳税的股权成本按照加权平均法计算，不与其他方式取得的股权成本合并计算。

（四）持有递延纳税的股权期间，因该股权产生的转增股本收入，以及以该递延纳税的股权再进行非货币性资产投资的，应在当期缴纳税款。

五、配套管理措施

（一）对股权激励或技术成果投资入股选择适用递延纳税政策的，企业应在规定期限内到主管税务机关办理备案手续。未办理备案手续的，不得享受本通知规定的递延纳税优惠政策。

（二）企业实施股权激励或个人以技术成果投资入股，以实施股权激励或取得技术成果的企业为个人所得税扣缴义务人。递延纳税期间，扣缴义务人应在每个纳税年度终了后向主管税务机关报告递延纳税有关情况。

第二节　专利作价入股中的价值评估要点

根据上一节所述关于专利作价入股的相关法律法规政策，以及专利作价入股的特点，本节从评估对象和评估范围的确定、评估基准日的选取和评估报告有效期的设定、价值类型的选定、评估方法的选取等方面详述专利作价入股中的价值评估要点。

一、评估对象和评估范围的确定

根据《专利资产评估指导意见》（中评协〔2017〕49号，中评协关于印发修订《专利资产评估指导意见》的通知）[1]，专利资产评估业务的评估对象是指专利资产权益，包括专利所有权和专利使用权，专利使用权的具体形式包括专利权独占许可、独家许可、普通许可和其他许可形式。

在我国的制度框架下，目前对于专利许可使用权是否可用于作价入股尚未进行明确规定[2]，因此在专利作价入股评估目的下，评估对象基本均为专利的所有权。同时，在大部分科技成果转化案例中，作为非货币资产的科技成果事实上包括专利及其相关的技

---

[1] 专利资产评估指导意见［EB/OL］. http：//www. cas. org. cn/pgbz/pgzc/55871. htm.

[2] 周爱春. 专利使用权出资的探讨［J］. 阿坝师范高等专科学校学报，2005（6）：39.

术诀窍等商业秘密性质的内容，在这种情况下，评估对象应为专利的所有权和专有技术的所有权。

对比专利质押中的价值评估，由于专利作价入股中涉及的专利不会设定银行质权，因此不需像考虑质押专利的筛选那样设定复杂的条件，可根据需求进行具体选择，只需满足“可以用货币估价并可以依法转让”即可。因此，用于作价入股的专利亦有其必要条件，与用于质押的专利类似：

首先，用于作价入股的专利必须是有效专利，即不能存在未授权、欠缴年费、正在办理转让、被无效或涉及法律诉讼等情况，另外，应确保出资人与专利登记簿记载的专利权人一致；其次，存在对外许可、质押等情况的，需关注许可合同、质押合同中是否有对专利转让的限制条款，需排除此类限制方可用于作价入股；最后，专利作价入股行为不能违反国家保密法规和国有资产管理规定。

在满足上述条件的基础上，与用于质押的专利一样，也应关注同一发明创造同日申请实用新型专利和发明专利的情况，这种做法是企业对发明创造的有效保护措施，但是会对相关专利的权属造成一定的影响，应在作价入股时采取一定的措施尽量降低风险，例如投资协议可约定发明专利授权后应采取的具体措施。

二、评估基准日的选取和评估报告有效期的设定

1. 评估基准日的选取

在专利作价入股的评估中，评估基准日的选取较为自由，只要符合作价入股的操作要求即可。但是，为了评估计算和后续会计处理的方便，也可选取会计报表日作为评估基准日。

2. 评估报告有效期的设定

根据惯例，评估报告有效期一般设定为自评估基准日起计一年时间，即在评估报告完成后，在评估基准日起计算一年内完成专利作价入股即为评估报告的有效使用，超过该日期，一般建议重新进行评估。

同时，专利作价入股一段时期以后，企业可能面临着某些合规性审查，其中包括对专利作价入股是否存在出资不实情况的审查，此时需要对专利作价入股时的评估结论进行复核评估。

三、价值类型的选定

专利价值评估中，根据不同的情形，可以选择的价值类型包括市场价值、投资价值、在用价值、清算价值等多种。根据《资产评估价值类型指导意见》（中评协

〔2017〕47 号，中评协关于印发修订《资产评估价值类型指导意见》的通知)[1]，各种价值类型定义如下：

市场价值是指自愿买方和自愿卖方在各自理性行事且未受任何强迫的情况下，评估对象在评估基准日进行正常公平交易的价值估计数额；

投资价值是指评估对象对于具有明确投资目标的特定投资者或者某一类投资者所具有的价值估计数额，亦称特定投资者价值；

在用价值是指将评估对象作为企业组成部分或者要素资产按其正在使用方式和程度及其对所属企业的贡献的价值估计数额；

清算价值是指在评估对象处于被迫出售、快速变现等非正常市场条件下的价值估计数额。

在专利作价入股中，《公司法》规定：对作为出资的非货币财产应当评估作价，核实财产，不得高估或者低估作价。基于对其他股东甚至社会公众的公平考虑，专利作价入股中的价值类型无疑应选取市场价值。

四、评估方法的选取

专利价值评估方法主要包括成本法、市场法、收益法 3 种基本方法和实物期权法、蒙特卡罗法等高级方法，从理论上讲，这些方法并没有优劣之分，只要条件具备，上述方法可达到殊途同归的目的，但由于评估对象具体条件和评估目的的不同，评估方法的适用性可能会存在差异。下面对这些方法在专利作价入股价值评估中的应用逐一进行分析。

成本法的主要测算依据是根据企业专利的研发支出、工时等的统计资料分析、调整得到的合理研发投入、合理劳动量投入等数据。在具体实施中，存在研发支出统计资料不足、难以整理的情况，即难以取得完整的研发投入统计资料，对成本法的适用造成一定的障碍。但是，在科技成果转化项目中，科研院所、大专院校等科研单位一般有较为完善的研发支出核算体系，可以取得较完整的研发支出统计资料，成本法具有可操作性。同时，对于技术类无形资产来说，即使获得了完整的研发投入统计资料，但是发明创造中蕴含着大量难以量化的研发人员智力活动，这种源自创意的科研成果的价值高低很难与研发投入对应，企业研发风险较大，存在高投入低产出或者低投入高产出的情况，因此这种弱对应性使研发成本较难衡量专利的价值。但是，用于作价入股的专利，常常是尚未进入实施阶段的专利，对于未来收益较难进行预测，由于这种情况下收益法不具备操作条件，成本法往往也成为这种情况下的常用评估方法。

相比于成本法，市场法需要首先具备两个基础条件：第一，评估对象同类资产应有一个充分活跃的交易市场；第二，在这个交易市场中能找到与评估对象类似的可比交易案例。我国目前虽然存在若干产权交易市场特别是知识产权交易市场，但是高价值专利

---

[1] 资产评估价值类型指导意见［EB/OL］. http：//www. cas. org. cn/pgbz/pgzc/55873. htm.

的交易活动并不活跃，存在一定数量交易的一般是低价值专利，购买者获取专利的目的主要是用于申请相关资质使用。在这类资质申请中，一般只关注专利的数量而不关注质量，因此可以说，高价值专利的活跃交易市场并不存在。从另一方面看，高价值专利的交易活动虽然并不活跃，可是并不是不存在，可以找到高价值专利的交易案例，但是这种交易案例很难满足可比的要求，其原因一是这类交易案例一般是不公开的，能够获取的信息有限，二是交易标的本身一般都有自身的特性，难以找到可比的因素。因此，在专利作价入股评估中，市场法在操作层面也存在诸多障碍。

用于作价入股的专利，常常是尚未进入实施阶段的专利，对于未来收益较难进行预测，不具备收益法的应用条件。而对于那些已经实施的专利，或者有较为完善的实施计划的专利，可以形成对未来收益的预测和量化，收益法具备可操作性。收益法具体又分为收益分成法（也称“许可费节省法”）、增量收益法、超额收益法。增量收益法运用的前提条件是评估对象带来的收益增量可以被量化，具体包括成本费用节约和收入增加，一般情况下，专利与收益增量的对应存在较为复杂的关系，因此增量收益较难测算。超额收益法一般仅适用于评估对象在整体收益中做主要无形资产贡献的情况，而在专利作价入股评估中，评估对象专利一般为企业自用，需要结合销售网络、客户关系等其他重要无形资产共同发挥作用，专利贡献较难量化。因此在专利作价入股评估中，与专利质押评估同样，较适用的方法为收益分成法，收益分成法根据测算途径的不同又可分为销售收入分成法和净利润分成法，对于盈利前景存在较大不确定性的情况，较适宜采用销售收入分成法进行评估。

至于实物期权法、蒙特卡罗法等高级方法，由于要涉及诸如价值波动率、概率分布等需要大量数据支撑的统计指标，因此有待数据挖掘和数据分析技术的进一步发展才能有在评估实践中广泛使用的可能性。

第三节　专利作价入股中的成本法、收益法价值评估案例

本节以两个案例说明专利作价入股中的成本法、收益法价值评估。

【案例9-1】专利作价入股中的成本法价值评估

在大量科技成果转化案例中，由于收益法所需的原始数据较难取得，成本法成为较为直接的专利价值评估方法。本节以一个具体案例分析专利作价入股中的成本法价值评估要点。

1. 项目背景

E研究所拥有一项重大科研项目研究成果，具体为一种生物胶原材料及其在子宫内

膜修复中的应用，已对其申请了 3 项专利并获得了授权，现拟以 3 项专利对 F 公司作价出资，因此委托 Z 评估公司对其进行评估。

2. 评估目的

E 研究所拟以其拥有的生物胶原材料及其在子宫内膜修复中的应用 3 项相关专利对 F 公司作价出资，本次评估是为上述经济行为提供价值参考依据。

3. 评估对象和范围

本次评估对象和范围为 E 研究所拥有的生物胶原材料及其在子宫内膜修复中的应用 3 项相关专利，其申请日为 2014 年 12 月 5 日，授权日均在 2016 年 12 月。

4. 价值类型及其定义

根据 E 研究所拟以其拥有的生物胶原材料及其在子宫内膜修复中的应用 3 项相关专利对 F 公司作价出资的具体需求，本次评估选取市场价值作为评估结论的价值类型。市场价值是指自愿买方和自愿卖方在各自理性行事且未受任何强迫的情况下，评估对象在评估基准日进行正常公平交易的价值估计数额。

5. 评估基准日

为便于评估中资料搜集和核实以及作价入股后会计处理，本项目评估基准日定为 2017 年 4 月 30 日。

6. 评估方法

由于无法获取到与评估对象相类似的专利交易案例，本项目不适用市场法；由于评估对象尚未进入实施阶段，无法进行未来收益预测，本项目不适用收益法；E 研究所作为科研院所，有比较完善的科研经费申报和统计机制，因此可获得较完整的研发支出统计资料，且科研计划制定和科研经费规划较有效率，成本与产出的价值对应性较强，具备成本法的运用条件，本项目采用成本法进行评估。

7. 评估模型及评估参数计算

本项目采用的成本法评估模型为：

$$专利评估值=重置成本\times(1-贬值率)$$

评估模型中各参数取值如下。

1）重置成本

委估专利由 E 研究所自主研发，重置成本根据修正后的专利原始成本加上合理利润确定。

专利原始成本由研制成本和交易成本构成，确定方法为：

（1）研制成本的确定

研制成本包括直接成本和间接成本。

直接成本是指研制过程中直接投入发生的费用，包括各项活劳动和物化劳动费用，对于专利来说，一般包括下列项目：

材料费，主要包括专利技术研制过程中各种材料、能源、动力、试剂以及辅助材料的支出；

专用设备费，主要包括用于本项专利技术研究而购买并一次性计入成本的研究设备，如仪器、仪表以及专用辅助工具等费用；

资料费，主要包括为本项专利技术研究而购买图书资料、技术资料、参考文献和复印资料等开支；

外协费，主要包括在本项技术研究中，因委托、聘请其他科研服务机构从事某些研究或提供服务而发生的费用，如外加工费、制图和数据处理费、分项技术转包费等；

咨询费，主要包括为解决有关技术难题而发生的技术咨询，技术鉴定等方面的费用开支；

培训费，主要包括为完成本项专利技术研究而派人外出培训所发生的各种费用；

差旅费，主要包括同本专利技术项目有关的人员因工作需要而发生的公务出差费用；

管理费，主要包括在本专利技术项目的研究过程中，因组织、管理、协调科研工作而发生的一切开支，如科研管理人员的办公费、差旅费以及管理人员的非工资性开支；

折旧费，主要包括为研究本项专利技术而占用并分摊于本项目的机器、通用设备、专用设备、实验室等固定资产的折旧费用；

分摊费，主要包括用于多项技术研究而必须分摊于本项目上的科研工具等不构成固定资产的购买费用以及科研机构办公用水电费等项支出；

其他直接费用，如保险费、科研劳动保护费、物质运输费、存储费、专利申请手续费等。

间接成本是指与研制开发有关的费用，具体包括下列项目：

高级技术人员的劳动报酬；

中级技术人员的劳动报酬；

初级技术人员的劳动报酬；

普通工作人员的劳动报酬。

（2）交易成本的确定

交易成本是指发生在交易过程中的费用支出。具体包括：

技术服务费，指卖方为买方提供的专家指导、技术培训、设备仪器安装调试及市场开拓费；

差旅费和管理费，指谈判人员和管理人员参加洽谈会和交易过程中的食宿及交通费；

有关手续费，如法律咨询、公证、审查和注册发生的费用；

交易税金；

广告、宣传费；

其他费用[1]。

根据 E 研究所提供的数据资料，委托评估 3 项专利的原始成本如表 9-1 所示。

表9-1　专利原始成本　　金额单位：万元

序　号	项　目	投入年份			合计
		2012 年	2013 年	2014 年	
1	研制成本	216.60	258.70	288.30	763.60
1.1	直接成本	60.60	89.70	113.30	263.60
1.1.1	材料费	46.00	68.00	92.00	206.00
1.1.2	专用设备费	6.00	10.00	4.00	20.00
1.1.3	资料费	0.30	0.20	0.20	0.70
1.1.4	外协费				-
1.1.5	咨询费	0.20	1.00	5.00	6.20
1.1.6	培训费	0.50	0.50	0.70	1.70
1.1.7	差旅费	1.00	1.20	1.30	3.50
1.1.8	管理费	2.00	2.50	3.50	8.00
1.1.9	折旧费	3.50	4.70	5.00	13.20
1.1.10	分摊费	1.10	1.20	1.60	3.90
1.1.11	其他直接费用		0.40		0.40
1.2	间接成本	156.00	169.00	175.00	500.00
1.2.1	技术人员薪酬	156.00	169.00	175.00	500.00
2	交易成本	16.50	14.50	16.40	47.40
2.1	技术服务费	15.00	13.00	12.00	40.00
2.2	差旅费和管理费	0.60	0.80	1.40	2.80
2.1	有关手续费			3.00	3.00
2.2	交易税金				-
2.1	广告、宣传费				-
2.2	其他费用	0.90	0.70		1.60
3	合计	233.10	273.20	304.70	811.00

[1] 崔婕. 成本法在专利技术价值评估中的应用［J］. 中国证券期货，2011（6）：173.

取得上述原始成本的明细资料，并根据现行价格标准修正后，修正专利原始成本如表 9-2 所示。

表9-2　修正专利原始成本　　金额单位：万元

序　号	项　目	投入年份			合计
		2012 年	2013 年	2014 年	
1	研制成本	290.20	318.60	338.00	946.80
1.1	直接成本	75.20	103.60	123.00	301.80
1.1.1	材料费	59.80	81.60	101.20	242.60
1.1.2	专用设备费	6.30	10.00	4.00	20.30
1.1.3	资料费	0.30	0.20	0.20	0.70
1.1.4	外协费				-
1.1.5	咨询费	0.20	1.00	5.00	6.20
1.1.6	培训费	0.50	0.50	0.70	1.70
1.1.7	差旅费	1.00	1.20	1.30	3.50
1.1.8	管理费	2.00	2.50	3.50	8.00
1.1.9	折旧费	4.00	5.00	5.50	14.50
1.1.10	分摊费	1.10	1.20	1.60	3.90
1.1.11	其他直接费用		0.40		0.40
1.2	间接成本	215.00	215.00	215.00	645.00
1.2.1	技术人员薪酬	215.00	215.00	215.00	645.00
2	交易成本	16.50	14.50	16.40	47.40
2.1	技术服务费	15.00	13.00	12.00	40.00
2.2	差旅费和管理费	0.60	0.80	1.40	2.80
2.1	有关手续费			3.00	3.00
2.2	交易税金				-
2.1	广告、宣传费				-
2.2	其他费用	0.90	0.70		1.60
3	合计	306.70	333.10	354.40	994.20

合理利润按照企业绩效评价标准值中科研设计企业平均资本收益率 9.6%进行测算。

重置成本＝修正后原始成本×（1+合理利润率）＝994.20×（1+9.6%）＝1090（万元）。

2）贬值率

委估专利贬值率按以下公式确定：

$$贬值率 = \frac{专利已存在年限}{专利已存在年限 + 尚可使用年限} \times 100\%$$

专利已存在年限自专利申请日起算，截至评估基准日专利已存在年限为2.40年。

经评估人员分析该行业技术发展趋势、专利法定保护期限后综合判断，评估范围内3项专利尚可使用年限取8年。

则贬值率 $= \frac{2.40}{2.40 + 8} \times 100\% = 23\%$。

8. 评估结论计算

专利评估值=重置成本×（1-贬值率）= 1090×（1-23%）= 839（万元）。

经评估，E研究所拥有的3项专利在评估基准日2017年4月30日的市场价值为839万元。

9. 评估报告的应用

经过以上专利价值评估程序，E研究所对F公司出资839万元非货币资产作为实收资本。

【案例9-2】专利作价入股中的收益法价值评估

本节以一个具体案例分析专利作价入股中收益法价值评估要点。

1. 项目背景

G公司是一家致力于电力领域冷端抽真空设备、工业供汽、乏汽提质采暖等节能系统的研发、咨询、设计、销售、安装、管理、调试以及总承包等服务的初创企业。甲作为G公司法定代表人和股东，拥有自主研发的3项热压机组相关发明专利，G公司成立之初，甲拟以其拥有的3项热压机组相关发明专利对G公司作价出资，因此委托Z评估公司对其拥有的3项热压机组相关发明专利进行评估。

2. 评估目的

甲拟以其拥有的3项热压机组相关发明专利对G公司出资，本次评估是为上述经济行为提供价值参考依据。

3. 评估对象和范围

本次评估对象为甲拥有的3项热压机组相关发明专利，具体如表9-3所示。

表9-3　评估对象和范围

序号	专利号	专利名称	专利类型	申请日	授权公告日
1	略	热压机组高中压工业供汽系统和调节方法	发明	2010 年 5 月 16 日	2012 年 6 月 10 日
2	略	供热低压缸光轴冷却与小机乏汽余热回收系统	发明	2010 年 4 月 19 日	2012 年 5 月 24 日
3	略	湿冷火电机组高背压改造系统中汽动给水泵冷却系统	发明	2010 年 4 月 19 日	2012 年 5 月 25 日

截至评估基准日，上述评估对象不存在许可他人使用、涉及诉讼等情况。

4. 价值类型及其定义

根据甲拟以其拥有的 3 项热压机组相关发明专利对 G 公司出资的具体需求，本次评估选取市场价值作为评估结论的价值类型。市场价值是指自愿买方和自愿卖方在各自理性行事且未受任何强迫的情况下，评估对象在评估基准日进行正常公平交易的价值估计数额。

5. 评估基准日

为便于评估中资料搜集和核实以及作价入股后会计处理，本项目评估基准日定为 2013 年 6 月 30 日。

6. 市场分析

热压机组高中压工业供汽系统适用于有工业供汽改造需求的火电机组，在一些工业园区及产业集聚区，很多的工艺生产和工艺环节都要使用蒸汽，好多企业都采用自备燃煤锅炉进行生产，锅炉效率低，存在空气污染严重造成环境质量差的问题。发电企业进行工业供汽属于热电联产的一种，同燃煤方式供热相比，产出同样数量的热力和电力，热电联产比热电分产可以节约 30% 左右的燃煤，综合效率可由 50% 提高到 75%。我国工业化程度不断提高，市场对热蒸汽的需求不断攀升，我国的工业用热量位居世界第二位，接近第一位。目前工业供热的存量市场很大，随着环保要求进一步严格以及企业控制成本的需要，很多具备条件的地区，将会以大型发电厂集中供热来替代原有小锅炉及小机组供汽的方式。从目前的发展趋势来看，热电联产工业供汽仍存在巨大的市场发展潜力。按当前全国火电机组数量 20% 考虑潜在市场，单台机组改造合同额按 1200 万元考虑，则全国存量市场约 48 亿元。

目前，国内亚临界机组占比较大，也是供热的主力机组，大部分机组特别是老的 300MW 机组的煤耗高于 310 克/千瓦时的要求指标，部分机组将面临关停的局面。供热改造是降低煤耗、实现煤耗低于 310 克/千瓦时的有效手段。供热改造中，高背压改造光轴改造方案，是供热改造的方案之一，目前在山东华电国际的滕州电厂、章丘电厂、大唐丰润电厂等众多机组中有应用本项技术，是对供热低压缸光轴供热技术改造后，用于低压缸光轴冷却与小机乏汽余热回收，是一个非常好的节能项目。其可以有效地和低压缸改光轴供热改造技术结合起来，让供热调节方式及经济性达到最好。综合看来，本技术较现有技术有明显的技术优势和改造市场前景广阔，应该大力推广。

7. 评估方法

专利评估基本方法主要有成本法、市场法、收益法。针对本评估项目，由于专利权人甲所提供的研发支出统计资料不完整，且基于研发成本的弱对应性等原因，不选用成本法进行评估；由于在公开市场上无法找到与评估对象类似的专利交易案例，无法采用市场法进行评估；由于评估对象市场前景预期较好，未来收益可以预测，适宜采用收益法。本次评估采用收益法中的收益分成法，具体途径为销售收入分成法，该方法在国际上多采用现金流（DCF）折现模型❶。

8. 评估模型及评估参数计算

本次评估选取销售收入分成模型进行测算，具体公式如下：

$$V = \sum_{t=1}^{N} F_t \cdot \alpha \cdot (1 + i)^{-t}$$

式中：V——专利评估价值；

F_t——评估对象对应产品未来各年收益额（销售收入）；

α——评估对象销售收入分成率；

i——折现率；

N——评估对象经济年限；

t——序列年值。

评估模型中各参数取值如下：

（1）评估对象经济年限 N

根据《专利法》规定，发明专利法定保护年限为 20 年，自专利申请日起算。经测算，在评估基准日 2013 年 6 月 30 日，评估范围内各项专利法定剩余保护年限如表 9-4 所示。

❶ Richard Razgaitis. Valuation and Dealmaking of Technology-Based Intellectual Property: Principles, Methods, and Tools [M]. Wiley, 2009: 219.

表9-4　专利剩余保护年限

序号	专利号	专利名称	专利类型	申请日	剩余保护期限（年）
1	略	热压机组高中压工业供汽系统和调节方法	发明	2010年5月16日	16.87
2	略	供热低压缸光轴冷却与小机乏汽余热回收系统	发明	2010年4月19日	16.80
3	略	湿冷火电机组高背压改造系统中汽动给水泵冷却系统	发明	2010年4月19日	16.80

经咨询业内专家，委托评估专利具有较强的先进性，替代技术较少，预计未来7~10年内不会被完全替代，本次评估中保守考虑取经济年限为7.5年。

（2）评估对象对应产品未来各年收益额（销售收入）F_t

根据委托方提供的商业计划书，评估人员对其中的未来收益预测内容进行合理性判断并采取了一定的修正措施，得出评估对象对应产品未来各年收益额（销售收入）预测如表9-5所示。

表9-5　评估对象对应产品销售收入预测

项　　目	2013年7~12月	2014年	2015年	2016年	2017年	2018年	2019年	2020年
热压机系列产品销售额（不含税，万元）	3000	7800	9750	11700	13455	14801	15541	15541
销售额年增长率		30%	25%	20%	15%	10%	5%	
销售收入（万元）	3000	7800	9750	11700	13455	14801	15541	15541

（3）评估对象销售收入分成率 α

由于评估对象对应产品的预计利润率较难确定，因此本次评估直接采取销售收入分成的形式预测评估对象收益，具体地，评估人员采用了对比公司法计算评估对象销售收入分成率。对比公司法是指利用对比公司相关数据计算评估对象分成率的方法，销售收入分成率=无形资产对收益的贡献/无形资产对应产品销售收入。

本次评估选取了我国A股市场中节能环保板块20家上市公司作为样本，通过Wind资讯导出其数据，基于评估基准日2013年6月30日的财务数据和估值数据，剔除非经营性因素影响，得出对比公司资本结构如表9-6所示。

表9-6　对比公司资本结构

序号	对比公司		资本结构比例		
	证券代码	证券名称	营运资金比重	有形非流动资产比重	无形非流动资产比重
1	000967. SZ	盈峰环境	22. 74%	8. 76%	68. 51%
2	002266. SZ	浙富控股	3. 28%	14. 12%	82. 61%
3	002483. SZ	润邦股份	23. 59%	23. 29%	53. 12%
4	002499. SZ	科林环保	7. 17%	6. 11%	86. 72%
5	002573. SZ	清新环境	13. 72%	22. 81%	63. 47%
6	002645. SZ	华宏科技	9. 65%	6. 21%	84. 14%
7	002665. SZ	首航节能	6. 68%	7. 95%	85. 38%
8	300055. SZ	万邦达	26. 28%	6. 28%	67. 44%
9	300056. SZ	三维丝	12. 24%	5. 54%	82. 22%
10	300140. SZ	中环装备	18. 97%	9. 91%	71. 12%
11	300172. SZ	中电环保	13. 90%	6. 44%	79. 66%
12	300190. SZ	维尔利	29. 19%	6. 05%	64. 76%
13	300257. SZ	开山股份	11. 75%	9. 70%	78. 55%
14	300334. SZ	津膜科技	19. 21%	5. 03%	75. 76%
15	300362. SZ	天翔环境	22. 51%	6. 97%	70. 52%
16	300385. SZ	雪浪环境	9. 83%	9. 15%	81. 01%
17	300388. SZ	国祯环保	12. 48%	5. 23%	82. 28%
18	300422. SZ	博世科	9. 75%	13. 14%	77. 11%
19	300425. SZ	环能科技	11. 68%	6. 75%	81. 57%
20	300441. SZ	鲍斯股份	4. 58%	5. 19%	90. 23%

企业无形资产一般由土地使用权、技术、商标、营销网络、商誉等部分组成，企业无形资产的价值包含上述所有无形资产的价值。选取的样本企业均为上市公司，一般具有较长的经营历史和商业信誉，商标、营销网络、商誉等无形资产对企业经营业绩的贡献较大，在企业无形资产中所占比重较大；节能环保机械设备及技术服务行业是技术密集型企业，技术类无形资产所占比重较传统的机械制造业应当更高。根据上述分析，评估人员经过对委估专利法律、技术、市场、战略经济等五维度分析后，认为样本企业技术无形资产占企业无形资产的比重在25%左右。

利用技术无形资产占全部无形资产的比重和无形资产占全部资产的比重计算得出技术无形资产占全部资产的比重，再利用企业息税折旧摊销前利润占营业收入的比率计算出技术无形资产销售收入分成率，如表9-7所示。

表9-7　对比公司技术分成率　　　　金额单位：万元

序号	证券代码	证券名称	无形非流动资产比重	无形非流动资产中技术所占比重	技术在资本结构中所占比重	EBITDA	技术贡献	营业收入	技术分成率
1	000967. SZ	盈峰环境	68. 51%	25%	17. 13%	41 383. 37	7087. 94	86 535. 07	8. 19%
2	002266. SZ	浙富控股	82. 61%	25%	20. 65%	179 152. 44	36 999. 46	691 655. 55	5. 35%
3	002483. SZ	润邦股份	53. 12%	25%	13. 28%	28 612. 75	3799. 77	340 719. 84	1. 12%
4	002499. SZ	科林环保	86. 72%	25%	21. 68%	18 311. 82	3970. 00	112 214. 33	3. 54%
5	002573. SZ	清新环境	63. 47%	25%	15. 87%	28 023. 14	4446. 57	282 443. 13	1. 57%
6	002645. SZ	华宏科技	84. 14%	25%	21. 04%	1972. 93	415. 01	32 610. 14	1. 27%
7	002665. SZ	首航节能	85. 38%	25%	21. 35%	119 544. 30	25 516. 73	339 399. 03	7. 52%
8	300055. SZ	万邦达	67. 44%	25%	16. 86%	10 108. 79	1704. 34	100 552. 81	1. 69%
9	300056. SZ	三维丝	82. 22%	25%	20. 56%	11 379. 89	2339. 14	46 237. 78	5. 06%
10	300140. SZ	中环装备	71. 12%	25%	17. 78%	21 829. 14	3881. 22	99 811. 90	3. 89%
11	300172. SZ	中电环保	79. 66%	25%	19. 92%	22 626. 36	4506. 04	89 496. 46	5. 03%
12	300190. SZ	维尔利	64. 76%	25%	16. 19%	37 157. 15	6015. 74	168 466. 93	3. 57%
13	300257. SZ	开山股份	78. 55%	25%	19. 64%	18 529. 35	3638. 70	104 454. 60	3. 48%
14	300334. SZ	津膜科技	75. 76%	25%	18. 94%	209 573. 67	39 693. 25	889 228. 51	4. 46%
15	300362. SZ	天翔环境	70. 52%	25%	17. 63%	16 956. 66	2989. 46	131 576. 59	2. 27%
16	300385. SZ	雪浪环境	81. 01%	25%	20. 25%	85 116. 92	17 238. 30	312 509. 57	5. 52%
17	300388. SZ	国祯环保	82. 28%	25%	20. 57%	11 499. 88	2365. 53	64 825. 77	3. 65%
18	300422. SZ	博世科	77. 11%	25%	19. 28%	19 930. 47	3842. 10	153 594. 87	2. 50%
19	300425. SZ	环能科技	81. 57%	25%	20. 39%	14 715. 34	3000. 83	77 347. 41	3. 88%
20	300441. SZ	鲍斯股份	90. 23%	25%	22. 56%	21 455. 65	4839. 86	172 753. 64	2. 80%

取上述样本企业技术分成率剔除极大值极小值后的平均值作为本次评估的参考分成率，经计算后为3. 73%。由于评估对象利润率情况较难确定，因此采用该数据作为本次专利评估的销售收入分成率，并且在经济年限的最后两年考虑分成率的衰减。

（4）折现率 i

本次评估中折现率采用风险累加法确定：

$$折现率=无风险报酬率+风险报酬率$$

①无风险报酬率

无风险报酬率取评估基准日中长期国债到期收益率平均值4. 0119%。

②风险报酬率

风险报酬率由技术风险系数、市场风险系数、资金风险系数、管理风险系数组成，其计算公式如下：

风险报酬率=技术风险系数+市场风险系数+资金风险系数+管理风险系数

根据无形资产评估的特点和目前评估惯例，各个风险系数的取值范围在0~8%之间，而具体的数值可根据测评表求得，任何一项风险系数达到一定程度，不论该项风险在总风险中的比重多低，该项目都没有意义，即任何一项风险达到一定程度都是否定性指标。

A. 技术风险系数

技术风险系数的确定考虑技术转化风险、技术替代风险、技术权利风险和技术整合风险4个因素，见表9-8所示。

表9-8　技术风险系数

考虑因素	权重	分值					
		100	80	60	40	20	10
技术转化风险	0.3						10
技术替代风险	0.3					20	
技术权利风险	0.2			60			
技术整合风险	0.2					20	
综合调整系数	25						

技术风险系数=8%×调整系数=8%×25%=2.00%。

B. 市场风险系数

市场风险系数的确定考虑市场容量风险、市场竞争风险两个因素，其中市场竞争风险包括现有竞争风险和潜在竞争风险，见表9-9。

表9-9　市场风险系数

考虑因素	权重	分值					
		100	80	60	40	20	10
市场容量风险	0.4					20	
市场现有竞争风险	0.3				40		
市场潜在竞争风险	0.3				40		
综合调整系数	32						

市场风险系数=8%×调整系数=8%×32%=2.56%。

C. 资金风险系数

资金风险系数考虑融资风险和流动资金风险两个因素，见表 9-10。

表9-10　资金风险系数

考虑因素	权重	分　值					
		100	80	60	40	20	10
融资风险	0.5				40		
流动资金风险	0.5					20	
综合调整系数	30						

资金风险系数 = 8% × 调整系数 = 8% × 30% = 2.40%。

D. 管理风险系数

管理风险系数考虑销售服务风险、质量管理风险、技术开发风险 3 个因素，见表 9-11。

表9-11　管理风险系数

考虑因素	权重	分　值					
		100	80	60	40	20	10
销售服务风险	0.4			60			
质量管理风险	0.3			60			
技术开发风险	0.3				40		
综合调整系数	54						

管理风险系数 = 8% × 调整系数 = 8% × 54% = 4.32%。

风险报酬率 = 技术风险系数 + 市场风险系数 + 资金风险系数 + 管理风险系数

= 2.00% + 2.56% + 2.40% + 4.32% = 11.28%。

折现率 = 无风险报酬率 + 风险报酬率 = 4.0119% + 11.28% = 15.29%。

本项目折现率取 15.29%。

9. 评估结论计算

将上述各参数代入公式，列表计算评估结论如表 9-12 所示。

表9-12　评估价值计算表　　金额单位：万元

项　目	2013 年 7~12 月	2014 年	2015 年	2016 年	2017 年	2018 年	2019 年	2020 年
销售收入	3000	7800	9750	11 700	13 455	14 801	15 541	15 541
销售收入分成率	3.73%	3.73%	3.73%	3.73%	3.73%	3.73%	1.87%	0.94%
分成额	112	291	364	436	502	552	291	146

续表

项　目	2013 年 7~12 月	2014 年	2015 年	2016 年	2017 年	2018 年	2019 年	2020 年
折现率	15. 29%	15. 29%	15. 29%	15. 29%	15. 29%	15. 29%	15. 29%	15. 29%
折现年期	0. 50	1. 50	2. 50	3. 50	4. 50	5. 50	6. 50	7. 50
折现系数	0. 9313	0. 8078	0. 7007	0. 6078	0. 5272	0. 4572	0. 3966	0. 3440
分成额折现值	104	235	255	265	265	252	115	50
评估值合计	1541							

经评估，甲拥有的 3 项热压机组相关发明专利在评估基准日 2013 年 6 月 30 日的市场价值为 1541 万元。

10. 评估报告的应用

经过以上专利价值评估程序，甲对 G 公司出资 1541 万元非货币资产作为实收资本。

第四节　专利作价入股后价值评估复核案例分析

【案例9-3】专利作价入股后价值评估复核

1. 评估复核的概念

评估复核是对其他评估师所执行的评估、评估复核及评估咨询业务的全部或部分工作质量形成和发表意见的行为或过程。复核人应当根据与被复核工作相关的要求，形成关于被复核工作完整性、充分性、相关性、适当性及合理性等质量方面的意见。复核人需要遵守专业胜任能力规则，恰当采用能够形成可信评估复核意见的公认方法和技术，不得出现实质性的疏忽或错误。复核人执行评估复核业务需要编制一份单独的报告，说明所执行的工作范围和评估复核结论[1]。

执行评估复核业务时，复核人应当：

1）明确复核人的客户和预期使用者、复核人意见和结论的预期用途及业务目的。

2）明确：

（1）评估复核业务的对象；

（2）复核基准日；

（3）被复核工作中的被评估资产及其权益；

[1] 美国评估促进会评估准则委员会. 美国评估准则（USPAP）［M］. 北京：中国人民大学出版社，2009：276.

（4）被复核工作的报告日期，被复核工作中意见和结论的基准日；

（5）完成被复核工作的评估师，除非其身份无法获得；

（6）根据工作范围规则确定形成可信业务结论所需要执行的工作范围；

（7）根据复核人的工作范围，形成关于被复核资料完整性的意见；

（8）根据复核人的工作范围，形成关于数据充分性和相关性以及对数据进行调整的适当性等意见；

（9）根据复核人的工作范围，形成关于所采用评估方法和技术的适当性意见，如果有任何不同意见应当对原因进行解释分析；

（10）根据复核人的工作范围，形成关于分析、意见和结论是否适当和合理的意见，如果有任何不同意见应当对原因进行解释分析。

2. 专利作价入股后价值评估复核案例分析

企业用专利作价入股后，后期在申请上市过程中，可能会面临着对上市前几年资本运作行为的合规性审查，其中包括对专利作价入股价值评估的复核。

延续上节中甲以 3 项热压机组相关发明专利对 G 公司出资的案例，在 2017 年 7 月，G 公司向全国中小企业股份转让系统提出挂牌申请，因此委托某评估公司对前述专利作价入股评估报告进行复核。

截至 2017 年 7 月，评估对象涉及的 3 项发明专利未发生转让、许可、质押、侵权诉讼等，G 公司按期缴纳年费，依然为有效专利，经复核，原专利作价入股评估中评估对象和评估范围的选取、评估目的、评估基准日、评估方法的选取以及相应的评估程序执行情况均符合要求，收益分成法中经济年限、折现率等参数选取亦无实质性疏漏。只有对未来收益的预测和分成率的计算过程存在较大的不确定性，因此以 G 公司实际发生的数据（见表 9-13）对原评估中的预测数据进行验证。

表9-13　G 公司实际经营数据

项　　目	2013 年 7~12 月	2014 年	2015 年	2016 年	2017 年 1~6 月
热压机系列产品销售额（不含税，万元）	2462	5309	5689	6327	3304
销售额年增长率		7. 82%	7. 16%	11. 21%	4. 44%
销售收入（万元）	2462	5309	5689	6327	3304
EBITDA（万元）	504	1127	1235	1309	689
EBITDA/销售收入	20. 47%	21. 23%	21. 71%	20. 69%	20. 85%

（1）评估对象对应产品未来各年收益额（销售收入）F_t 的修正

根据上表中 G 公司实际经营业绩，可见其与原评估中预测数据差别较大，本次复核评估对评估对象对应产品未来各年收益额（销售收入）F_t 依据 G 公司实际经营业绩重新进行预测，调整后数据如表 9-14 所示。

表9-14 评估对象对应产品销售收入调整预测

项　目	2013 年 7~12 月	2014 年	2015 年	2016 年	2017 年	2018 年	2019 年	2020 年
热压机系列产品销售额（不含税，万元）	2462	5309	5689	6327	6833	7311	7677	7677
销售额年增长率		7.82%	7.16%	11.21%	8.00%	7.00%	5.00%	
销售收入（万元）	2462	5309	5689	6327	6833	7311	7677	7677

（2）评估对象销售收入分成率 α 的修正

原专利作价入股评估中取样本企业技术分成率剔除极大值极小值后的平均值作为评估的参考分成率，经计算后为 3.73%，由于评估对象利润率情况较难确定，因此直接采用该数据作为专利评估的销售收入分成率。由于当前可获取到 G 公司实际经营业绩数据，应根据实际数据对销售收入分成率进行修正。经统计分析，G 公司近几年 EBITDA/销售收入平均约为 20.99%，而原专利作价入股评估中可比样本企业平均 EBITDA/销售收入为 19.85%，因此应对上述销售收入分成率进行下调：

$$\text{销售收入分成率} = \text{样本企业参考分成率} \times \frac{\text{G 公司 EBITDA/销售收入}}{\text{样本企业平均 EBITDA/销售收入}}$$

$$= 3.73\% \times 20.99\% / 19.85\%$$

$$= 3.94\%$$

（3）修正评估结论计算

将上述各参数代入公式，列表计算评估结论如表 9-15 所示。

表9-15 评估价值计算表　　金额单位：万元

项　目	2013 年 7~12 月	2014 年	2015 年	2016 年	2017 年	2018 年	2019 年	2020 年
销售收入	2462	5309	5689	6327	6833	7311	7677	7677
销售收入分成率	3.94%	3.94%	3.94%	3.94%	3.94%	3.94%	1.97%	0.99%
分成额	97	209	224	249	269	288	151	76
折现率	15.29%	15.29%	15.29%	15.29%	15.29%	15.29%	15.29%	15.29%
折现年期	0.50	1.50	2.50	3.50	4.50	5.50	6.50	7.50
折现系数	0.9313	0.8078	0.7007	0.6078	0.5272	0.4572	0.3966	0.3440
分成额折现值	90	169	157	151	142	132	60	26
评估值合计	927							

经评估复核，甲拥有的 3 项热压机组相关发明专利在评估基准日 2013 年 6 月 30 日的市场价值应为 927 万元。

（4）评估复核报告的应用

经过以上专利价值评估复核程序，原专利作价入股评估中虚增评估值 614 万元，G 公司应履行减资程序或采取其他形式补足注册资本。

值得注意的是，上述评估复核程序并不意味着对原专利作价入股评估的全盘否定，仅是在原有条件不能满足而目前可以获取到更充分的数据前提下进行的重新测算。

第十章　专利交易中的价值评估

本章概述

本章首先介绍了我国关于专利交易的相关法律法规政策条款，其次根据相关法律法规政策条款和专利交易的特点从评估对象和评估范围的确定、评估基准日的选取和评估报告有效期的设定、价值类型的选定、评估方法的选取等方面分析了专利交易中的价值评估要点，之后结合具体案例介绍了专利交易中的市场价值评估、投资价值评估。

本章知识脉络

相关法律法规政策文件	专利交易相关法律法规	《中华人民共和国专利法》
		《中华人民共和国合同法》
		《国防专利条例》
	专利交易相关政策	《专利实施许可合同备案办法》
		《专利实施强制许可办法》
专利交易中的价值评估要点	评估对象和评估范围的确定	
	评估基准日的选取和评估报告有效期的设定	
	价值类型的选定	
	评估方法的选取	
专利交易中的价值评估案例分析	案例 10-1　专利转让中的市场价值评估	
	案例 10-2　专利许可中的市场价值评估	
	案例 10-3　专利交易中的投资价值评估	

第一节　我国专利交易的相关法律法规政策文件

专利交易是指将专利以有偿的方式在不同的经济主体间的转移，专利交易具体包括专利转让和专利许可。专利转让是指专利权人作为转让方，将其发明创造专利的所有权移转受让方，受让方支付约定价款；专利许可是指专利权人许可他人在一定期限、一定地区、以一定方式实施其所拥有的专利，并向他人收取使用费用，具体包括普通许可、排他许可和独占许可。

我国当前专利交易相关法律法规政策文件如下。

一、专利交易相关法律法规

（1）《中华人民共和国专利法》（1984 年 3 月 12 日第六届全国人民代表大会常务委员会第四次会议通过，根据 1992 年 9 月 4 日第七届全国人民代表大会常务委员会第二十七次会议《关于修改〈中华人民共和国专利法〉的决定》第一次修正，根据 2000 年 8 月 25 日第九届全国人民代表大会常务委员会第十七次会议《关于修改〈中华人民共和国专利法〉的决定》第二次修正，根据 2008 年 12 月 27 日第十一届全国人民代表大会常务委员会第六次会议《关于修改〈中华人民共和国专利法〉的决定》第三次修正）[1]

第十条 专利申请权和专利权可以转让。

中国单位或者个人向外国人、外国企业或者外国其他组织转让专利申请权或者专利权的，应当依照有关法律、行政法规的规定办理手续。

转让专利申请权或者专利权的，当事人应当订立书面合同，并向国务院专利行政部门登记，由国务院专利行政部门予以公告。专利申请权或者专利权的转让自登记之日起生效。

第十二条 任何单位或者个人实施他人专利的，应当与专利权人订立实施许可合同，向专利权人支付专利使用费。被许可人无权允许合同规定以外的任何单位或者个人实施该专利。

第十三条 发明专利申请公布后，申请人可以要求实施其发明的单位或者个人支付适当的费用。

第十四条 国有企业事业单位的发明专利，对国家利益或者公共利益具有重大意义的，国务院有关主管部门和省、自治区、直辖市人民政府报经国务院批准，可以决定在批准的范围内推广应用，允许指定的单位实施，由实施单位按照国家规定向专利权人支付使用费。

第十五条 专利申请权或者专利权的共有人对权利的行使有约定的，从其约定。没有约定的，共有人可以单独实施或者以普通许可方式许可他人实施该专利；许可他人实施该专利的，收取的使用费应当在共有人之间分配。

除前款规定的情形外，行使共有的专利申请权或者专利权应当取得全体共有人的同意。

第四十七条 宣告无效的专利权视为自始即不存在。

宣告专利权无效的决定，对在宣告专利权无效前人民法院作出并已执行的专利侵权

---

[1] 中华人民共和国专利法［EB/OL］. http://www.sipo.gov.cn/zcfg/flfg/zl/fl/201509/t20150902_1169595.html.

的判决、调解书，已经履行或者强制执行的专利侵权纠纷处理决定，以及已经履行的专利实施许可合同和专利权转让合同，不具有追溯力。但是因专利权人的恶意给他人造成的损失，应当给予赔偿。

依照前款规定不返还专利侵权赔偿金、专利使用费、专利权转让费，明显违反公平原则的，应当全部或者部分返还。

上述条款分别规定了专利转让、专利许可的具体操作要求，专利使用费的支付、分配、返还等。值得注意的是，不同于专利质押、专利作价入股，专利申请权即已申请但尚未授权的专利亦可转让、许可。同时，《专利法》对专利强制许可做出了较为详细的规定：

第四十八条　有下列情形之一的，国务院专利行政部门根据具备实施条件的单位或者个人的申请，可以给予实施发明专利或者实用新型专利的强制许可：

（一）专利权人自专利权被授予之日起满三年，且自提出专利申请之日起满四年，无正当理由未实施或者未充分实施其专利的；

（二）专利权人行使专利权的行为被依法认定为垄断行为，为消除或者减少该行为对竞争产生的不利影响的。

第四十九条　在国家出现紧急状态或者非常情况时，或者为了公共利益的目的，国务院专利行政部门可以给予实施发明专利或者实用新型专利的强制许可。

第五十条　为了公共健康目的，对取得专利权的药品，国务院专利行政部门可以给予制造并将其出口到符合中华人民共和国参加的有关国际条约规定的国家或者地区的强制许可。

第五十一条　一项取得专利权的发明或者实用新型比前已经取得专利权的发明或者实用新型具有显著经济意义的重大技术进步，其实施又有赖于前一发明或者实用新型的实施的，国务院专利行政部门根据后一专利权人的申请，可以给予实施前一发明或者实用新型的强制许可。

在依照前款规定给予实施强制许可的情形下，国务院专利行政部门根据前一专利权人的申请，也可以给予实施后一发明或者实用新型的强制许可。

第五十二条　强制许可涉及的发明创造为半导体技术的，其实施限于公共利益的目的和本法第四十八条第（二）项规定的情形。

第五十三条　除依照本法第四十八条第（二）项、第五十条规定给予的强制许可外，强制许可的实施应当主要为了供应国内市场。

第五十四条　依照本法第四十八条第（一）项、第五十一条规定申请强制许可的单位或者个人应当提供证据，证明其以合理的条件请求专利权人许可其实施专利，但未能在合理的时间内获得许可。

第五十五条　国务院专利行政部门作出的给予实施强制许可的决定，应当及时通知专利权人，并予以登记和公告。

给予实施强制许可的决定，应当根据强制许可的理由规定实施的范围和时间。强制许可的理由消除并不再发生时，国务院专利行政部门应当根据专利权人的请求，经审查后作出终止实施强制许可的决定。

第五十六条　取得实施强制许可的单位或者个人不享有独占的实施权，并且无权允许他人实施。

第五十七条　取得实施强制许可的单位或者个人应当付给专利权人合理的使用费，或者依照中华人民共和国参加的有关国际条约的规定处理使用费问题。付给使用费的，其数额由双方协商；双方不能达成协议的，由国务院专利行政部门裁决。

第五十八条　专利权人对国务院专利行政部门关于实施强制许可的决定不服的，专利权人和取得实施强制许可的单位或者个人对国务院专利行政部门关于实施强制许可的使用费的裁决不服的，可以自收到通知之日起三个月内向人民法院起诉。

(2)《中华人民共和国合同法》(1999 年 3 月 15 日第九届全国人民代表大会第二次会议通过，1999 年 3 月 15 日中华人民共和国主席令第十五号公布，自 1999 年 10 月 1 日起施行)[1]

第三百二十五条　技术合同价款、报酬或者使用费的支付方式由当事人约定，可以采取一次总算、一次总付或者一次总算、分期支付，也可以采取提成支付或者提成支付附加预付入门费的方式。

约定提成支付的，可以按照产品价格、实施专利和使用技术秘密后新增的产值、利润或者产品销售额的一定比例提成，也可以按照约定的其他方式计算。提成支付的比例可以采取固定比例、逐年递增比例或者逐年递减比例。

约定提成支付的，当事人应当在合同中约定查阅有关会计账目的办法。

第三百四十二条　技术转让合同包括专利权转让、专利申请权转让、技术秘密转让、专利实施许可合同。

第三百四十四条　专利实施许可合同只在该专利权的存续期间内有效。专利权有效期限届满或者专利权被宣布无效的，专利权人不得就该专利与他人订立专利实施许可合同。

第三百四十五条　专利实施许可合同的让与人应当按照约定许可受让人实施专利，交付实施专利有关的技术资料，提供必要的技术指导。

第三百四十六条　专利实施许可合同的受让人应当按照约定实施专利，不得许可约定以外的第三人实施该专利；并按照约定支付使用费。

《合同法》中关于技术合同的条款规定了专利转让、专利实施许可合同等必须遵守的条款。

(3)《国防专利条例》(国务院、中央军事委员会令第 418 号，自 2004 年 11 月 1 日起施行)[2]

第七条　国防专利申请权和国防专利权经批准可以向国内的中国单位和个人转让。

---

[1] 中华人民共和国合同法 [EB/OL]. http://www.law-lib.com/law/law_ view.asp? id=475.

[2] 国防专利条例 [EB/OL]. http://www.sipo.gov.cn/zcfg/flfg/zl/xzfg/201509/t20150908_ 1172425.html.

转让国防专利申请权或者国防专利权，应当确保国家秘密不被泄露，保证国防和军队建设不受影响，并向国防专利机构提出书面申请，由国防专利机构进行初步审查后依照本条例第三条第二款规定的职责分工，及时报送国务院国防科学技术工业主管部门、总装备部审批。

国务院国防科学技术工业主管部门、总装备部应当自国防专利机构受理申请之日起30日内作出批准或者不批准的决定；作出不批准决定的，应当书面通知申请人并说明理由。

经批准转让国防专利申请权或者国防专利权的，当事人应当订立书面合同，并向国防专利机构登记，由国防专利机构在《国防专利内部通报》上刊登。国防专利申请权或者国防专利权的转让自登记之日起生效。

第八条　禁止向国外的单位和个人以及在国内的外国人和外国机构转让国防专利申请权和国防专利权。

第二十四条　国防专利权人许可国外的单位或者个人实施其国防专利的，应当确保国家秘密不被泄露，保证国防和军队建设不受影响，并向国防专利机构提出书面申请，由国防专利机构进行初步审查后依照本条例第三条第二款规定的职责分工，及时报送国务院国防科学技术工业主管部门、总装备部审批。

国务院国防科学技术工业主管部门、总装备部应当自国防专利机构受理申请之日起30日内作出批准或者不批准的决定；作出不批准决定的，应当书面通知申请人并说明理由。

由此可见，为确保国家秘密不被泄露，保证国防和军队建设不受影响，《国防专利条例》对国防专利的转让、许可行为进行了限制。

二、专利交易相关政策

（1）《专利实施许可合同备案办法》（知识产权局令第62号）[1] 规定了专利实施许可合同备案的相关操作要求：

第二条　国家知识产权局负责全国专利实施许可合同的备案工作。

第九条　当事人提交的专利实施许可合同应当包括以下内容：

（一）当事人的姓名或者名称、地址；

（二）专利权项数以及每项专利权的名称、专利号、申请日、授权公告日；

（三）实施许可的种类和期限。

第十九条　经备案的专利实施许可合同的种类、期限、许可使用费计算方法或者数额等，可以作为管理专利工作的部门对侵权赔偿数额进行调解的参照。

（2）《专利实施强制许可办法》（知识产权局令第64号）[2] 规定了专利强制许可的

[1] 专利实施许可合同备案办法［EB/OL］. http：//www. sipo. gov. cn/zwgg/jl/201310/t20131023_ 837453. html.

[2] 专利实施强制许可办法［EB/OL］. http://www.sipo.gov.cn/zwgg/jl/201310/t20131023_ 837455.html.

相关具体要求：

第二条　国家知识产权局负责受理和审查强制许可请求、强制许可使用费裁决请求和终止强制许可请求并作出决定。

第五条　专利权人自专利权被授予之日起满3年，且自提出专利申请之日起满4年，无正当理由未实施或者未充分实施其专利的，具备实施条件的单位或者个人可以根据专利法第四十八条第一项的规定，请求给予强制许可。

专利权人行使专利权的行为被依法认定为垄断行为的，为消除或者减少该行为对竞争产生的不利影响，具备实施条件的单位或者个人可以根据专利法第四十八条第二项的规定，请求给予强制许可。

第六条　在国家出现紧急状态或者非常情况时，或者为了公共利益的目的，国务院有关主管部门可以根据专利法第四十九条的规定，建议国家知识产权局给予其指定的具备实施条件的单位强制许可。

第七条　为了公共健康目的，具备实施条件的单位可以根据专利法第五十条的规定，请求给予制造取得专利权的药品并将其出口到下列国家或者地区的强制许可：

（一）最不发达国家或者地区；

（二）依照有关国际条约通知世界贸易组织表明希望作为进口方的该组织的发达成员或者发展中成员。

第八条　一项取得专利权的发明或者实用新型比前已经取得专利权的发明或者实用新型具有显著经济意义的重大技术进步，其实施又有赖于前一发明或者实用新型的实施的，该专利权人可以根据专利法第五十一条的规定请求给予实施前一专利的强制许可。国家知识产权局给予实施前一专利的强制许可的，前一专利权人也可以请求给予实施后一专利的强制许可。

第二节　专利交易中的价值评估要点

根据上一节所述关于专利交易的相关法律法规政策，以及专利交易的特点，本节从评估对象和评估范围的确定、评估基准日的选取和评估报告有效期的设定、价值类型的选定、评估方法的选取等方面详述专利交易中的价值评估要点。

一、评估对象和评估范围的确定

根据《专利资产评估指导意见》（中评协〔2017〕49号，中评协关于印发修订《专利资产评估指导意见》的通知）❶，专利资产评估业务的评估对象是指专利资产权

❶ 专利资产评估指导意见［EB/OL］. http://www.cas.org.cn/pgbz/pgzc/55871.htm.

益，包括专利所有权和专利使用权，专利使用权的具体形式包括专利权独占许可、独家许可、普通许可和其他许可形式。

专利交易可分为专利转让和专利许可。在专利转让评估目的下，评估对象应为专利的所有权。同时，在大部分科技成果转移案例中，科技成果事实上包括专利及其相关的技术诀窍等商业秘密性质的内容，在这种情况下，评估对象应为专利的所有权和专有技术的所有权。在专利许可评估目的下，评估对象可以为一次性缴纳的许可费、分期缴纳的许可费或者许可费率，根据经济行为的具体需求确定。

二、评估基准日的选取和评估报告有效期的设定

1. 评估基准日的选取

在专利交易的评估中，评估基准日的选取较为自由，只要符合专利交易的操作要求即可。但是，为了评估计算和后续会计处理的方便，也可选取会计报表日作为评估基准日。

2. 评估报告有效期的设定

根据惯例，评估报告有效期一般设定为自评估基准日起计一年时间，即在评估报告完成后，在评估基准日起计算一年内完成专利交易即为评估报告的有效使用，超过该日期，一般建议重新进行评估。

三、价值类型的选定

专利价值评估中，根据不同的情形，可以选择的价值类型包括市场价值、投资价值、在用价值、清算价值等多种。根据《资产评估价值类型指导意见》（中评协〔2017〕47号，中评协关于印发修订《资产评估价值类型指导意见》的通知）[1]，各种价值类型定义如下：

市场价值是指自愿买方和自愿卖方在各自理性行事且未受任何强迫的情况下，评估对象在评估基准日进行正常公平交易的价值估计数额；

投资价值是指评估对象对于具有明确投资目标的特定投资者或者某一类投资者所具有的价值估计数额，亦称特定投资者价值；

在用价值是指将评估对象作为企业组成部分或者要素资产按其正在使用方式和程度及其对所属企业的贡献的价值估计数额；

清算价值是指在评估对象处于被迫出售、快速变现等非正常市场条件下的价值估计数额。

在专利交易中，如果是交易双方作为公平定价的参考，那么价值类型应为市场价

[1] 资产评估价值类型指导意见［EB/OL］. http：//www. cas. org. cn/pgbz/pgzc/55873. htm.

值，如果为卖方或买方单方作为价值参考，价值类型可选择市场价值，也可选择投资价值等其他价值类型，尤其是在专利许可中，可较多地选用投资价值作为价值类型。

四、评估方法的选取

专利价值评估方法主要包括成本法、市场法、收益法 3 种基本方法和实物期权法、蒙特卡罗法等高级方法。从理论上讲，这些方法并没有优劣之分，只要条件具备，上述方法可达到殊途同归的目的，但由于评估对象具体条件和评估目的的不同，评估方法的适用性可能会存在差异。下面对这些方法在专利交易价值评估中的应用逐一进行分析。

成本法的主要测算依据是根据企业专利的研发支出、工时等的统计资料分析、调整得到的合理研发投入、合理劳动量投入等数据。在具体实施中，存在研发支出统计资料不足、难以整理的情况，即难以取得完整的研发投入统计资料，对成本法的适用造成一定的障碍。但是，在科技成果转化项目中，科研院所、大专院校等科研单位一般有较为完善的研发支出核算体系，可以取得较完整的研发支出统计资料，成本法具有可操作性。同时，对于技术类无形资产来说，即使获得了完整的研发投入统计资料，但是发明创造中蕴含着大量难以量化的研发人员智力活动，这种源自创意的科研成果的价值高低很难与研发投入对应，企业研发风险较大，存在高投入低产出或者低投入高产出的情况，因此这种弱对应性使研发成本较难衡量专利的价值。但是，用于交易的专利，常常是尚未进入实施阶段的专利，对于未来收益较难进行预测，由于这种情况下收益法不具备操作条件，成本法往往也成为这种情况下的常用评估方法。

相比于成本法，市场法需要首先具备两个基础条件：第一，评估对象同类资产应有一个充分活跃的交易市场；第二，在这个交易市场中能找到与评估对象类似的可比交易案例。我国目前虽然存在若干产权交易市场特别是知识产权交易市场，但是高价值专利的交易活动并不活跃，存在一定数量交易的一般是低价值专利，购买者获取专利的目的主要是用于申请相关资质使用。在这类资质申请中，一般只关注专利的数量而不关注质量，因此可以说，高价值专利的活跃交易市场并不存在。从另一方面看，高价值专利的交易活动虽然并不活跃，可是并不是不存在，可以找到高价值专利的交易案例，但是这种交易案例很难满足可比的要求。其原因一是这类交易案例一般是不公开的，能够获取的信息有限，二是交易标的本身一般都有自身的特性，难以找到可比的因素。因此，在专利交易评估中，市场法在操作层面也存在诸多障碍。尽管市场法在寻找可比交易案例时无法绝对地或近乎绝对地搜集到与评估对象同属一类，且各方面属性基本相同的专利，但此种情况并不意味着对专利市场法评估的完全摒弃，实务操作中可利用一组可比交易案例来近似估计专利价值的大体范围[1]。

用于交易的专利，常常是尚未进入实施阶段的专利，对于未来收益较难进行预测，

[1] Richard Razgaitis. Valuation and Dealmaking of Technology-Based Intellectual Property: Principles, Methods, and Tools [M]. Wiley, 2009: 203.

不具备收益法的应用条件。而对于那些已经实施的专利，或者有较为完善的实施计划的专利，可以形成对未来收益的预测和量化，收益法具备可操作性。收益法具体又分为收益分成法（也称“许可费节省法”）、增量收益法、超额收益法。增量收益法运用的前提条件是评估对象带来的收益增量可以被量化，具体包括成本费用节约和收入增加，一般情况下，专利与收益增量的对应存在较为复杂的关系，因此增量收益较难测算。超额收益法一般仅适用于评估对象在整体收益中做主要无形资产贡献的情况，而在专利交易评估中，评估对象专利一般为企业自用，需要结合销售网络、客户关系等其他重要无形资产共同发挥作用，专利贡献较难量化。因此在专利交易评估中，与专利质押评估同样，较适用的方法为收益分成法，收益分成法根据测算途径的不同又可分为销售收入分成法和净利润分成法，对于盈利前景存在较大不确定性的情况，较适宜采用销售收入分成法进行评估。

与专利质押、专利作价入股不同的是，专利交易中一般已提前确定好交易双方的身份，在这个前提下，交易双方可能对于专利的运用有不同的规划和理解，因此常常具备从不同角度采用不同评估方法进行评估的可能性。例如，在科技成果转移评估中，对于专利卖方，可采用成本法进行专利价值评估，而对于买方，可采用收益法进行专利价值评估。

第三节　专利交易中的价值评估案例分析

【案例10-1】专利转让中的市场价值评估

本节以一个具体案例介绍专利转让中的市场价值评估，需要注意的是，本节所属案例中，专利价值评估采用约当投资分成法，其应用前提是专利转让的交易双方已经确定，并且交易双方对专利研发支出和后续实施投资均有较为准确的统计和预测。

1. 项目背景

H 研究所拟向 I 公司转让 2 项发明专利及相关的技术文档，涉及汽车用碳纤维复合材料的制造技术，2 项发明专利均于 2012 年申请，于 2015 年获得授权。H 研究所和 I 公司共同委托 Z 评估公司对转让标的进行评估。

2. 评估目的

H 研究所拟向 I 公司转让 2 项发明专利及相关的技术文档，本次评估是为上述经济行为提供价值参考依据。

3. 评估对象和范围

本次评估的对象和范围是H研究所拟向I公司转让2项发明专利及相关的技术文档的所有权，可统称为委估技术类无形资产。

4. 价值类型及其定义

根据H研究所拟向I公司转让2项发明专利及相关的技术文档的具体需求，本次评估选取市场价值作为评估结论的价值类型。市场价值是指自愿买方和自愿卖方在各自理性行事且未受任何强迫的情况下，评估对象在评估基准日进行正常公平交易的价值估计数额。

5. 评估基准日

根据H研究所和I公司的实际情况，为便于资料搜集和核实，本项目评估基准日定为2016年7月31日。

6. 市场分析

为应对日益突出的燃油供求矛盾和环境污染问题，节能与新能源汽车已成为国际汽车产业的发展方向，未来10年将迎来全球汽车产业转型升级的重要战略机遇期。目前国际汽车知名制造商纷纷加快部署，将发展新能源汽车作为国家战略，加快推进技术研发和产业化，推广应用汽车节能技术。轻量化是汽车节能技术的关键技术和重点之一，各国汽车制造商相继推出了轻量化车型和CFRP部件，这些车型上使用的轻量化CFRP部件有整体驾驶舱、座椅、轮毂等结构件，机盖、后备箱等外饰件。在此背景下，汽车用碳纤维复合材料市场前景较为广阔。

7. 评估方法

H研究所与I公司已就该技术的应用达成了一定程度的共识，由于H研究所有较为完整的研发支出统计资料，I公司已对该技术的实施有了较为完整的规划，因此可以确定委估技术类无形资产的约当投资量，并且技术实施的未来收益可以预测，本次评估采用收益分成法，其中重要参数——分成率采用约当投资分成法确定❶。

8. 评估模型及评估参数计算

由于本次评估中采用约当投资分成法确定分成率，因此选取息税折旧摊销前利润（EBITDA）分成模型进行测算，具体公式如下：

❶ 中国资产评估协会. 资产评估实务（二）[J]. 北京：中国财政经济出版社，2017：235.

$$V = \sum_{t=1}^{N} F_t \cdot \alpha \cdot (1 + i)^{-t}$$

式中：V——专利评估价值；

F_t——评估对象对应产品未来各年收益额（EBITDA）；

α——评估对象收益分成率；

i——折现率；

N——评估对象经济年限；

t——序列年值。

评估模型中各参数取值如下：

（1）评估对象经济年限 N

根据《专利法》规定，发明专利法定保护年限为 20 年，实用新型专利法定保护年限为 10 年，自专利申请日起算。评估范围内的 2 项发明专利均申请于 2012 年 11 月 10 日，经测算，在评估基准日 2016 年 7 月 31 日，评估范围内 2 项发明专利法定剩余保护年限为 16.28 年。

经评估人员分析该行业技术发展趋势后综合判断，委估技术类无形资产经济年限取 7.42 年（其中 0.42 年为本年度剩余期限，即 2016 年 8~12 月）。

（2）评估对象对应产品未来各年收益额（EBITDA）F_t

根据市场分析，评估对象对应产品市场前景较为广阔，根据 I 公司提供的商业计划书，评估人员对其中的未来收益预测内容进行合理性判断并采取了一定的修正措施，得出评估对象对应产品未来各年收益额（EBITDA）预测如表 10-1 所示。

表10-1　评估对象对应产品未来收益预测表　　金额单位：万元

项　目	2016 年 8~12 月	2017 年	2018 年	2019 年	2020 年	2021 年	2022 年	2023 年
销售收入	2500	10 000	12 500	15 000	16 000	16 000	16 000	16 000
销售税金及附加	33	130	163	195	208	208	208	208
主营业务成本	1828	6328	7828	9328	9928	9928	9928	9928
销售费用	88	350	438	525	560	560	560	560
管理费用	110	440	550	660	704	704	704	704
财务费用	30	120	150	180	192	192	192	192
税前利润	412	2632	3372	4112	4408	4408	4408	4408
折旧费与摊销费	328	328	328	328	328	328	328	328
EBITDA	740	2960	3700	4440	4736	4736	4736	4736

（3）评估对象收益分成率 α

本次评估采用约当投资分成法确定分成率。约当投资分成法是根据等量资本获得等量报酬的思想，将共同发挥作用的有形资产和无形资产换算成相应的投资额（约当投资量），再按无形资产的约当投资量占总约当投资量的权重确定无形资产收益分成率[1]。

无形资产收益分成率=无形资产约当投资量/（购买方约当投资量+无形资产约当投资量）×100%

根据H研究所提供的资料，无形资产的重置成本如表10-2所示。

表10-2　重置成本表　　金额单位：万元

序　号	项　目	投入年份			合　计
		2010年	2011年	2012年	
1	研制成本	323	426	595	1344
1.1	直接成本	235	321	436	992
1.2	间接成本	88	105	159	352
2	交易成本	6	5	4	15
3	合计	329	431	599	1359

期望利润率取50%，因此无形资产约当投资量为1359×（1+50%）=2039（万元）。

根据I公司提供的商业计划书，后续投资金额如表10-3所示。

表10-3　后续投资金额　　金额单位：万元

序　号	项　目	金　额
1	建设投资	5180
1.1	土地	1500
1.2	建筑工程	1680
1.3	机器设备	1800
1.4	其他	200
2	流动资金	3000
3	合计	8180

期望利润率取15%，因此购买方约当投资量为8180×（1+15%）=9407（万元）。

无形资产收益分成率=无形资产约当投资量/（购买方约当投资量+无形资产约当投资量）×100%=2039/（9407+2039）=17.81%。在评估对象经济年限最后几年应在此基础上考虑分成率的衰减。

[1] 约当投资分成法［EB/OL］. http：//wiki.mbalib.com/wiki/约当投资分成法.

（4）折现率 i

本次评估中折现率采用风险累加法确定：

折现率=无风险报酬率+风险报酬率

①无风险报酬率

无风险报酬率取评估基准日中长期国债到期收益率平均值4.0119%。

②风险报酬率

风险报酬率由技术风险系数、市场风险系数、资金风险系数、管理风险系数组成，其计算公式如下：

风险报酬率=技术风险系数+市场风险系数+资金风险系数+管理风险系数

根据无形资产评估的特点和目前评估惯例，各个风险系数的取值范围在0~8%之间，而具体的数值可根据测评表求得，任何一项风险系数达到一定程度，不论该项风险在总风险中的比重多低，该项目都没有意义，即任何一项风险达到一定程度都是否定性指标。

A. 技术风险系数

技术风险系数的确定考虑技术转化风险、技术替代风险、技术权利风险和技术整合风险4个因素（见表10-4）。

表10-4 技术风险系数

考虑因素	权重	分值					
		100	80	60	40	20	10
技术转化风险	0.3						10
技术替代风险	0.3					20	
技术权利风险	0.2			60			
技术整合风险	0.2					20	
综合调整系数	25						

技术风险系数=8%×调整系数=8%×25%=2.00%。

B. 市场风险系数

市场风险系数的确定考虑市场容量风险、市场竞争风险两个因素，其中市场竞争风险包括现有竞争风险和潜在竞争风险（见表10-5）。

表10-5　市场风险系数

考虑因素	权重	分值					
		100	80	60	40	20	10
市场容量风险	0.4					20	
市场现有竞争风险	0.3				40		
市场潜在竞争风险	0.3				40		
综合调整系数	32						

市场风险系数=8%×调整系数=8%×32%=2.56%。

C. 资金风险系数

资金风险系数考虑融资风险和流动资金风险两个因素（见表10-6）。

表10-6　资金风险系数

考虑因素	权重	分值					
		100	80	60	40	20	10
融资风险	0.5				40		
流动资金风险	0.5					20	
综合调整系数	30						

资金风险系数=8%×调整系数=8%×30%=2.40%。

D. 管理风险系数

管理风险系数考虑销售服务风险、质量管理风险、技术开发风险3个因素（见表10-7）。

表10-7　管理风险系数

考虑因素	权重	分值					
		100	80	60	40	20	10
销售服务风险	0.4			60			
质量管理风险	0.3			60			
技术开发风险	0.3				40		
综合调整系数	54						

管理风险系数=8%×调整系数=8%×54%=4.32%。

风险报酬率=技术风险系数+市场风险系数+资金风险系数+管理风险系数

=2.00%+2.56%+2.40%+4.32%=11.28%。

折现率=无风险报酬率+风险报酬率=4.0119%+11.28%=15.29%。

本项目折现率取15.29%。

9. 评估结论计算

将上述各参数代入公式，列表计算评估结论如表10-8所示。

表10-8 评估价值计算表

金额单位：万元

项目	2016年8~12月	2017年	2018年	2019年	2020年	2021年	2022年	2023年
EBITDA	740	2960	3700	4440	4736	4736	4736	4736
分成率	17.81%	17.81%	17.81%	17.81%	17.81%	17.81%	8.91%	4.46%
分成额	132	527	659	791	843	843	422	211
折现率	15.29%	15.29%	15.29%	15.29%	15.29%	15.29%	15.29%	15.29%
折现年期	0.42	1.42	2.42	3.42	4.42	5.42	6.42	7.42
折现系数	0.9420	0.8171	0.7087	0.6147	0.5332	0.4625	0.4011	0.3479
分成额折现值	124	431	467	486	449	390	169	73
评估值合计	2589							

经评估，H研究所拟向I公司转让的2项发明专利及相关的技术文档的所有权无形资产在评估基准日2016年7月31日的市场价值为2589万元。

10. 评估报告的应用

经过以上专利评估程序，H研究所最终与I公司签订技术转让协议，2项发明专利及相关的技术文档转让价款定为2600万元。

【案例10-2】专利许可中的市场价值评估

在确定专利许可费过程中，以市场中已有交易作为参照是目前常用的方法。本节以一个具体案例分析专利许可中的许可费市场价值评估。

1. 项目背景

J公司拥有一项气化炉相关发明专利，该专利技术由J公司自主研发，截至目前已许可10家煤化工企业应用，许可形式均为普通许可。J公司拟将该专利对K公司实施普通许可，因此委托Z评估公司对许可费进行评估。

2. 评估对象和范围

参考J公司目前已实施的对外许可，许可范围包括一项气化炉相关发明专利，以及工艺设计软件和技术服务，因此本次评估对象和范围为气化炉相关发明专利的许可使用权及工艺设计软件和技术服务的一次性收费的价值。

3. 价值类型的选取

由于上述经济行为需要确定许可费的公平合理价值，本次评估选取的价值类型为市场价值，需要指出的是，本次评估得出的结论为许可费合理定价范围，并非确定的数值。

4. 评估方法

由于J公司已将评估范围内的专利权实施若干项对外许可，因此本次评估可参照其确定未来专利许可的许可费，采用市场法的基本思路和途径。

5. 评估计算

根据J公司与被许可方签订的合同，被许可方共有10家企业，其中3家为J公司关联方，7家为J公司非关联方，同关联方签订的3份合同专利权许可实施使用费总额均为300万元，因存在关联方交易，非市场公开行为，缺乏公允性，本次评估不作为参考。

J公司在2012年12月至2013年12月共签订7份非关联方合同，本次评估在查询行业数据、进行综合分析后，认为表10-9中的7份非关联方合同具有公开市场行为特点，可以作为可比案例。

表10-9　许可合同明细

序号	签订日期	公司名称	合同总金额（万元）	日产能（Nm^3/D）	实施期限（年）	专利许可费（万元）	单价（元/m^3）
1	2012/12/6	被许可方1	880	1 440 000	15	530	0.25
2	2013/1/28	被许可方2	999	2 640 000	15	649	0.16
3	2013/12/16	被许可方3	2067	3 816 000	20	1717	0.22
4	2013/5/13	被许可方4	1098	2 880 000	15	748	0.17
5	2013/9/12	被许可方5	1242	2 880 000	15	892	0.21
6	2013/12/10	被许可方6	880	1 512 000	20	530	0.18
7	2013/12/10	被许可方7	850	1 680 000	15	500	0.20

合同总金额包含专利许可费、工艺设计软件包费和技术服务费，其中工艺设计软件包费和技术服务费采取固定价格，合计为350万元，据此计算专利许可费金额。

经综合分析，发现专利许可费和产能、实施期限呈现正相关关系，因此根据以下公式测算许可费单价：

$$许可费单价（元/m^3）=专利许可费（万元）\times 10000 \div 日产能（Nm^3/D）\div 实施期限（年）$$

得出专利许可费单价平均值为 0.20 元/m^3，最高值为 0.25 元/m^3，最低值为 0.16 元/m^3。

气化炉相关发明专利的许可使用权及工艺设计软件和技术服务的一次性收费的价值按以下公式确定：

$$\begin{aligned}整体许可费 &= 专利许可费 + 工艺设计软件包费和技术服务费 \\ &= 专利许可费单价（元/m^3）\times 日产能（Nm^3/D）\times 实施期限（年）\div 10000 + 350 万元\end{aligned}$$

如果许可合同约定 K 公司日产能为 3456000Nm³/D，许可期限为 15 年，则整体许可费最高值为 $0.25\times 3456000\times 15\div 10000+350=1646$（万元）。

最低值为 $0.16\times 3456000\times 15\div 10000+350=1179$（万元）。

因此，本次评估得出的许可费合理定价范围为 1179 万元至 1646 万元。

【案例10-3】专利交易中的投资价值评估

投资价值是指评估对象对于具有明确投资目标的特定投资者或者某一类投资者所具有的价值估计数额，亦称特定投资者价值❶。投资者受让或者有偿使用专利的目的通常是为获得未来潜在的超额收益，如扩大生产经营范围、提高产品市场占有率、战略性技术防御、获得政策支持等❷。因此，在投资价值评估中，较多地采用收益法，投资价值并非公允的市场价值，而是针对特定投资者的价值。

在专利交易中，转让方和受让方（或许可人和被许可人）在交易之前会对交易标的的价值进行初步判断，这一初步判断是进行下一步交易谈判的基础，而这一初步判断一般是由交易双方根据自身条件和需求做出的，且一般是一个价值范围，这便是投资价值这一特殊价值类型的最直接的表现形式。例如，针对某项专利，在交易之前，转让方的心理价位为不低于 150 万元（针对转让方的投资价值），受让方的心理价位为不高于 200 万元（针对受让方的投资价值），那么这一交易最终可能形成的交易价位于 150 万元到 200 万元之间；反之，如果转让方的心理价位为不低于 200 万元，受让方的心理价位为不高于 150 万元，二者的投资价值范围没有交集，那么这一交易将无法达成。交易双方的投资价值与最终形成的交易价格可用图 10-1 进行简单图示。

---

❶ 资产评估价值类型指导意见［EB/OL］. http://www.cas.org.cn/pgbz/pgzc/55873.htm.

❷ 刘玉平，王奇超. 专利资产评估参数确定研究［M］. 北京：经济科学出版社，2015：47.

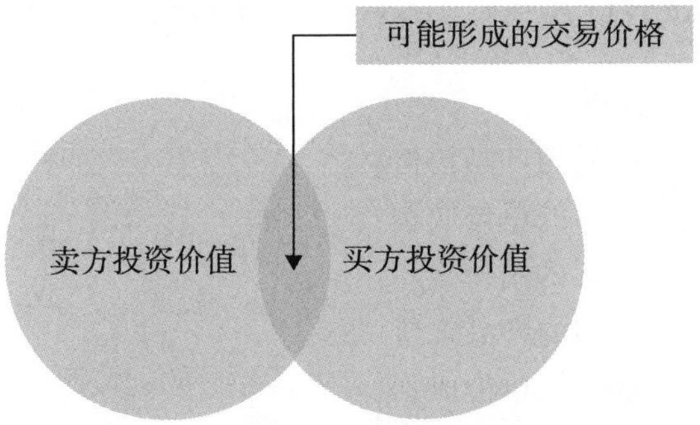

图10-1　专利交易中的投资价值图示

本节以一个具体案例介绍专利交易中的投资价值评估。

1. 项目背景

L研究所对外发出公告，拟公开打包拍卖30项传感器芯片相关专利，拍卖底价为500万元人民币。M公司收到公告后对30项专利进行了分析，决定参与拍卖，并委托Z评估公司对可接受的最高出价进行了测算。

2. 评估目的

M公司计划参与L研究所30项传感器芯片相关专利拍卖，为确定可接受的最高出价，因此委托Z评估公司对30项传感器芯片相关专利进行价值评估。

3. 价值类型

由于本次评估中，除30项专利列表及其相关的公开信息以外，无法获取L研究所掌握的其他相关资料，只能获取到M公司对30项专利未来应用前景的分析，评估目的是为M公司确定可接受的最高出价作为参考依据，因此本次评估的价值类型选择投资价值。投资价值是指评估对象对于具有明确投资目标的特定投资者或者某一类投资者所具有的价值估计数额，亦称特定投资者价值。

4. 评估方法

经过M公司的分析，如果应用评估范围内的专利，M公司一方面可节约部分成本，另一方面由于产品质量提升，可以提高售价并且可获得更大的市场份额，因此本次评估选择收益法中的增量收益法进行测算。

5. 增量收益测算

增量收益可从3个方面进行量化，成本节约、售价增加和销量增加，则增量收益测算的基本公式为：

$$\Delta R = [(P_1 - C_1)Q_1 - (P_0 - C_0)Q_0](1 - T)$$

式中：Δ——增量收益额；

P_1——应用专利后的产品售价；

C_1——应用专利后的单位成本；

Q_1——应用专利后的销售量；

P_0——应用专利前的产品售价；

C_0——应用专利前的单位成本；

Q_0——应用专利前的销售量；

T——企业所得税率。

M 公司传感器芯片产品目前年销量约为 200 万套，平均不含税单价为 20 元/套，单位成本为 10 元/套。应用专利后，预计产品售价可以提高 10%，年销量可提高 5%，单位成本节约 5%。M 公司为高新技术企业，企业所得税率为 15%。由上，增量收益额为 $\Delta R = [(20\times1.10-10\times0.95)\times200\times1.05-(20-10)\times200]\times(1-15\%) = 531$（万元）。

6. 经济年限 N 和折现率 i

根据专利剩余法律保护期限和技术发展趋势等进行综合分析，委估专利的经济年限取 6 年；M 公司本次专利拍卖的期望收益率为不低于 20%。

7. 投资价值 V

根据上述参数，得出委估专利对于 M 公司的投资价值如下：

$V = 531/20\%\times[1-(1+20\%)\hat{}(-6)] = 1766$（万元）。

则 M 公司对本次 30 项专利拍卖的最高出价为 1766 万元。

第十一章　专利侵权赔偿中的价值评估

本章概述

随着全民知识产权意识的提高，提请诉讼的专利侵权案件越来越多。目前我们国内专利侵权赔偿额普遍偏低，合理确定专利侵权赔偿额对鼓励创新、维护法律的公平正义都具有重要的意义。专利侵权赔偿额的确定一直是个难题，赔偿额评估逐渐被业内所重视。本章通过梳理国内外的专利侵权赔偿额评估的历史与现状，力争发现现存的问题、提出合理的建议，希望能为企业在维权过程中的专利侵权赔偿额的确定起到一定的参考和借鉴作用。

本章知识脉络

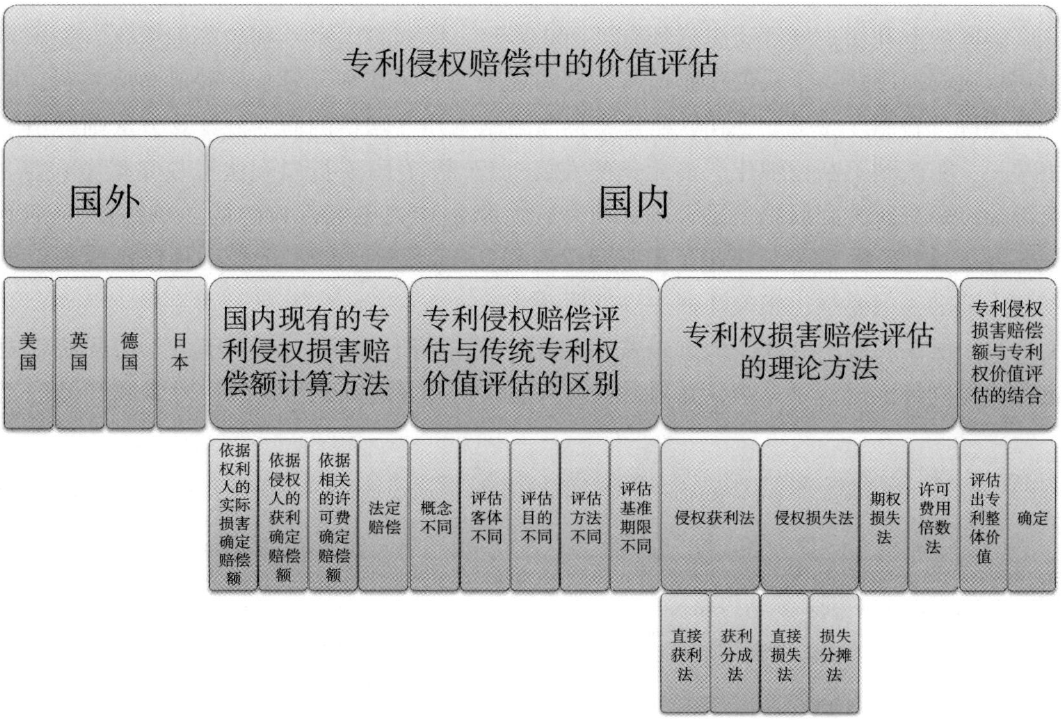

第一节　专利侵权赔偿的评估现状及评估的必要性

一、专利侵权赔偿评估的现状

随着人类社会的进步，科技创新越来越受到人们的重视，技术日新月异、科技成果层出不穷，专利制度作为保护科技创新的法律制度也逐步发展完善了起来。自 2012 年起，我国的专利申请量年年位居世界第一位，随着专利量的增多，专利侵权案件不可避免地也多了起来。在专利侵权案件中，如何确定侵权赔偿额一直是一个困扰业内的难题。近两年高价值专利的概念进入了人们的视野，对于高价值专利的侵权赔偿更需要专业的评估。

1. 目前国际上专利侵权赔偿计算方法

在国际上，美国、英国、日本、德国等发达国家，专利保护制度相对比较健全，但对于专利侵权赔偿额的计算也是难点。

（1）美国

美国的专利保护制度历史已经有了 200 多年，伴随着国家专利政策的变化，美国专利侵权赔偿制度经历了从仅仅赔偿所失利润到增加非法获利，后来又取消非法获利，增加合理许可费制度，采取惩罚性赔偿又逐渐限制惩罚性赔偿的演变，计算方法则经历了由单一、粗疏到不断精细化、多元化的发展过程。❶ 美国现行专利法侵权赔偿金包括 3 个部分：一是所失利润；二是合理许可费；三是侵权人恣意侵权时的 3 倍赔偿（treble damages）制度。❷ 此外，还包括损害赔偿的利息和诉讼费用。❸ 选择哪种赔偿规则由专利权人请求，但要举出相关证据加以证明。❹

对于所失利润的计算，美国最常用的是“潘蒂特”案例。1978 年第六巡回法院对之前的审判经验进行了总结，在潘蒂特案中建立了潘蒂特四要件（a. 对专利产品的市

❶ 张玉敏，杨晓玲. 美国专利侵权诉讼中损害赔偿金计算及对我国的借鉴意义［J］. 法律适用，2014（08）：114-120.

❷ U. S. Patents Act，35U. S. C，原文为“35U. S. C. 284 Damages. Upon finding for the claimant the court shall award the claimant damages adequate to compensate for the infringement but in no event less that a reasonable royalty for the use made of the use made of the invention by the infringer，together with interest and costs as fixed by the court. When the damages are not found by a jury，the court shall assess them. In either event the court may increase the damages up to three times the amount found or assessed. The court may receive expert testimony as an aid to the determination of damages or of what royalty would be reasonable under the circumstances.”

❸ U. S. Patents Act，35 U. S. C.，原文为“35 U. S. C. 285 Attorney fees. The court in exceptional cases may award reasonable attorney fees to the prevailing party.”

❹ 和育东. 美国专利侵权救济［M］. 北京：法律出版社，2009：148.

场需求；b. 不存在可接受的非侵权替代品；c. 专利权人具有满足需求的制造能力和市场销售能力；而且 d. 专利权人本该获得的利润数额）以此来解决专利侵权损害赔偿的问题。潘蒂特四要件实际上是证明按销售流失的方法计算专利权人遭受的利润损失与侵权行为之间有事实因果关系的必要条件。❶ 因为所失利润举证较为困难，因此按合理许可费用计算赔偿额仍是美国确定专利侵权赔偿的主要方式，合理许可使用费的计算方法包括虚拟谈判法和分析法。虚拟谈判法是假设侵权人在侵权行为发生前与专利权人达成了专利许可协议，并对许可使用费达成了一致。美国专利法第 284 条规定，专利权人有权获得足以弥补其因侵权所遭受损失的赔偿，且不得低于合理的许可费。由陪审团对损害事实加以认定，当陪审团无法确定损害时，法院进行评估后可将损害赔偿额增加至 3 倍。美国的补偿性损害赔偿原则的基本目标是将权利人的权利恢复到侵权发生以前的理想状态；对于惩罚性损害赔偿则不能超过合理许可费的 3 倍。❷

美国对于专家证人的分工里第三项是：赔偿方面的专家，负责对损害赔偿的数额问题提出计算依据，如解释营业利润、产品利润的计算。❸ 价值评估师进行赔偿价值评估已经成为知识产权诉讼审理中的重要一环，美国有专门从事知识产权损害赔偿评估的公司——CFA 财务公司等。美国评估师协会也经常对损失赔偿评估师进行出庭质询能力的培训，如评估师诉讼前的准备，与有关专业人员、律师之间的交流，作证前的调查工作以及作证时的作为和不作为等。❹

（2）英国

英国专利法第六十一条❺确定了权利人的利润损失和侵权人的非法获利两种计算侵权赔偿额的方法，许可使用费这种计算方法并没有在法律中规定，而是在判例中确定的❻。英国属于判例法系，之前很多的判例可以被法官直接引用，决定了英国专利侵权赔偿计算的灵活性。1997 年，英国上诉法院通过 Gerbeer Garment technology v. Lectra Systems 一案设立了英国在专利侵权案件中的救济法则。现在这一法则仍在指导损害赔偿的金额计算：①以补偿为其本质特征；②非惩罚性；③必须体现可预期的损失。❼

（3）德国

根据德国《专利法》第 139 条的规定，当发生专利侵权时，专利权人有权要求侵权人进行赔偿。在专利侵权损害赔偿数额的确定上，专利权人可以依据实际损失、侵权人所获利益以及类推的合理许可费❽ 3 种方法进行计量。以实际损失来确定专利侵权后应

---

❶ 海杰堃. 我国专利侵权损害赔偿金的计算问题研究［D］. 南宁：广西师范大学，2016.

❷ 牛红. 专利侵权损害赔偿数额确定的研究［D］. 北京：北京理工大学，2015.

❸ 夏雷. 证据问题和专家证人——中国知识产权法官代表团访美实录片段之三［J］. 江苏科技信息，2008（06）：24-25.

❹ 王毅. 知识产权侵权时赔偿价值评估的研究［J］. 中国资产评估，2008（02）：25-28.

❺ The U. K. Patent Act 1997，Section61（1）.

❻ 史晓静. 专利侵权损害赔偿问题研究［D］. 北京：北京工商大学，2013.

❼ Damages are to ba compensatory in nature；cannot be punitive；and must relate to a fore seceable loss.

❽ Der Schutzbereich des Patents und der Patentanmeldungwird durch die PatentansprÜche bestimmt. Die Beschreibung und die Zeich-nungen sind jedoch zur Auslegung der PatentansprÜche her-anzuziehen.

该承担的赔偿数额是最能填补专利权人损失的，但是因为实际损失很难清楚地计算，所以这种方法在实践中并不太常用。以专利侵权人获得的利益来计算专利侵权损害赔偿的数额，理论基础在于：如果侵权人使用该专利获得了利益，那么专利权人就损失了相对应的利益❶。在德国最常用的专利侵权损害赔偿数额确定的方法是以合理的许可费来计算。德国的双方当事人都有权聘请专家进行损害赔偿的评估，法官也可以指定“官方鉴定人”来负责案件的赔偿数额确定。

（4）日本

日本于1959年将非法获利写入了专利法第102条第2款中，于1998年将所失利润写入了专利法第102条第1款中，这是日本专利法在发展过程中，对其他国家判例中所确立的良好的规则作出的借鉴。时至今日，日本专利法所规定的计算专利侵权损害赔偿额的方法有4种，分别为所失利润、非法获利、许可费相当额以及法定赔偿。❷ 日本的专利侵权损害赔偿额计算方法有适用顺序要求，法定赔偿额是最后顺位，只有在前3种计算方法难以适用时方可采用法定赔偿计算，并且日本对于法定赔偿也没有限额的要求。

2. 目前我国确定专利侵权赔偿额的方法

我国关于专利侵权赔偿的法律规定，经历了从无到有、从粗略到详细的一个过程，虽然我们的现行法律还存在实际操作上的难题，但是也一直在完善中（见表11-1）。

表11-1 我国专利侵权赔偿法规发展情况

年份	名　称	涉及侵权赔偿的内容
1985年	《专利法》正式实施	没有明确规定专利侵权损害赔偿金的问题
1992年	《关于审理专利纠纷案件若干问题的解答》	专利侵权的损害赔偿，应当贯彻公正原则，使专利权人因侵权行为受到的实际损失能够得到合理的赔偿；专利侵权的损害赔偿额可以按照以下方法计算：（1）以专利权人受到的实际经济损失作为损害赔偿额；（2）以侵权人因侵权行为获得的全部利润作为损害赔偿额；（3）以不低于专利许可使用费的合理数额作为损害赔偿额；人民法院可以根据案情的不同情况选择适用上述三种计算方法，双方当事人可商定其他合理的计算方法
1998年	《关于全国部分法院知识产权审判工作座谈会纪要》	对于已查明被告构成侵权并造成原告损害，但原告损失额与被告获利额等均不能确认的案件，可以采用定额赔偿的办法来确定损害赔偿额。定额赔偿的幅度，可掌握在5000元至30万元，具体数额由人民法院根据被侵害的知识产权的类型、评估价值、侵权持续的时间、权利人因侵权所受到的商誉损害等因素在定额赔偿幅度内确定

❶ 戴哲，张芸芝. 德国专利侵权损害赔偿额的计算方法及启示［J］. 重庆理工大学学报：社会科学版，2017，31（04）：94-104.

❷ 史晓静. 专利侵权损害赔偿问题研究［D］. 北京：北京工商大学，2013.

续表

年份	名　称	涉及侵权赔偿的内容
2000 年	修改《专利法》	第 60 条规定：侵犯专利权的赔偿数额，按照权利人因被侵权所受到的损失或者侵权人因侵权所获得的利益确定；被侵权人的损失或者侵权人获得的利益难以确定的，参照该专利许可使用费的倍数合理确定
2001 年	《关于审理专利纠纷案件适用法律问题的若干规定》	第 21 条规定：被侵权人的损失或者侵权人获得的利益难以确定，有专利许可使用费可以参照的，人民法院可以根据专利权的类别、侵权人侵权的性质和情节、专利许可使用费的数额、该专利许可的性质、范围、时间等因素，参照该专利许可使用费的 1 至 3 倍合理确定赔偿数额；没有专利许可使用费可以参照或者专利许可使用费明显不合理的，人民法院可以根据专利权的类别、侵权人侵权的性质和情节等因素，一般在人民币 5000 元以上 30 万元以下确定赔偿数额，最多不得超过人民币 50 万元
2008 年	《专利法》	第 65 条规定：侵犯专利权的赔偿数额按照权利人因被侵权所受到的实际损失确定；实际损失难以确定的，可以按照侵权人因侵权所获得的利益确定。权利人的损失或者侵权人获得的利益难以确定的，参照该专利许可使用费的倍数合理确定。赔偿数额还应当包括权利人为制止侵权行为所支付的合理开支。权利人的损失、侵权人获得的利益和专利许可使用费均难以确定的，人民法院可以根据专利权的类型、侵权行为的性质和情节等因素，确定给予一万元以上一百万元以下的赔偿
2009 年	《最高人民法院关于审理侵犯专利纠纷案件应用法律若干问题的解释》	第 16 条规定：确定侵权人因侵权所获得的利益，应当限于侵权人因侵犯专利权行为所获得的利益；因其他权利所产生的利益，应当合理扣除

根据上表可以总结出我国目前专利侵权损害赔偿的计算方法包括：①双方当事人协商确定赔偿额；②依据权利人的实际损害确定赔偿额；③依据侵权人的获利确定赔偿额；④依据相关的许可费确定赔偿额；⑤在前几种方法都难以确定赔偿额时，由法官根据具体案件情节在法律规定的范围内确定赔偿额。

在我国目前的司法案例中，因为其他几种赔偿金额计算所需的证据搜集比较困难，最常用的仍是法定赔偿额。法定赔偿额的方法虽然减轻了当事人的举证责任，有一定的可操作性，但是法定赔偿额的确定也只是法官根据案件的具体情况、结合各方提供的证据综合得出的数字，并没有对专利侵权损害赔偿价值进行详细的评估工作。

在这其中，这个“评估”存在两种可以理解的含义：

（1）专利侵权损害赔偿额的价值评估

这种评估的对象是“专利侵权损害的赔偿金额”，得出的结论直接是侵权人要赔偿给专利权人的金额具体数字。这种意义上的评估，与传统的专利价值评估是有区别的，学术界对于该种评估的理论研究也比较少，至今没有完整的理论体系。但是近几年，已经有业内学者开始着手研究专利侵权损害赔偿额的评估了，相信不久就会有成果。

（2）专利侵权损害赔偿中的价值评估

这种评估的含义是：在专利侵权损害赔偿案件中进行被侵权专利的资产价值评估。得出的评估结论是被侵权专利的自身价值，这和侵权人需要赔偿的金额没有直接的关系，只能给双方当事人或者法官提供一份价值参考依据，具体需要赔偿的金额还要再综合其他各项数据另行判定。这种意义上的评估，是现行的传统专利价值评估，这种评估体系相对成熟，理论体系完备，各个有资质的评估机构日常都在做专利价值评估的业务，经验丰富、业务熟练。但是缺点是并不能直截了当地得出赔偿金额，还得结合其他相关情况综合确认。笔者认为这种评估结论只能在法定赔偿中为法官提供价值参考依据。

二、在专利侵权损害赔偿中引入价值评估的必要性

1. 目前现有的专利侵权损害赔偿金额计算方式

我国现行的专利侵权损害赔偿金额的计算方式有：①依据权利人的实际损害确定赔偿额；②依据侵权人的获利确定赔偿额；③依据相关的许可费确定赔偿额；④在前几种方法都难以确定赔偿额时，由法官根据具体案件情节在法律规定的范围内确定赔偿额。这 4 种方式的适用依照法律规定是有先后顺序的，后一种只能在前一种无法适用时才可以适用。但是由于被侵权人的损失或者侵权人获得的利益难以确定，而且有的专利没有许可使用的，许可费的合理倍数也难以确定，所以在我国现阶段，用得最多的是第四种“法定赔偿”。2013 年，中南财经政法大学知识产权研究中心完成的《知识产权侵权损害赔偿案例实证研究报告》显示，在确定侵害专利权赔偿数额时，97.25%的判决都采取了法定赔偿的方式。而且，自 2008 年以来的专利侵权案件中，法定赔偿的平均赔偿额只有 8 万元，通常只占到起诉人诉求额的 1/3，甚至更低。❶ 我国的专利侵权赔偿金数额与美国差距巨大，据统计，1995 年至 2001 年，美国专利侵权赔偿平均每笔是 500 万美元，而 2001 年至 2009 年，专利侵权赔偿每笔是 800 万美元。❷

（1）依据权利人的实际损害确定赔偿额

《最高人民法院关于审理专利纠纷案件适用法律问题的若干规定》第 20 条第 2 款规定：权利人因被侵权所受到的损失可以根据专利权人的专利产品因侵权所造成销售量减少的总数乘以每件专利产品的合理利润所得之积计算。权利人销售量减少的总数难以确定的，侵权产品在市场上销售的总数乘以每件专利产品的合理利润所得之积可以视为权利人因被侵权所受到的损失。其计算公式为：

---

❶ 97%专利侵权案判决采取法定赔偿，平均赔偿额只有 8 万元 [N]. 法制日报，2013-04-16 (6).

❷ 朱伟. 跨国时代的专利之战 [J]. 世界博览，2011 (13).

实际损失=减少的销售量×每件利润

实际损失=侵权产品的销售量×每件利润

专利权人因被侵权所遭受到的实际损失是指在没有侵权行为发生的情况下专利权人应当获得的利润与其实际所获利润之间的差值。损害可能是由几种因素组合造成的，这些因素主要有所失单元销售量、单元售价的降低、成本增加如营销成本的增加，以及通常同专利产品一同进行发售的附加产品销售量的流失。单元售价的降低所带来的损害，通常是由侵权人向客户提供专利产品的可替代来源所带来的竞争造成的。所失利润计算是以专利持有人如果没有被侵权可能从销售这些单元获得的利润为基础，即使这些单元的一些组成部分是没有获得专利的。专利持有人可以要回产品销售所失利润。例如：某个配套元件由多个部件组成，而只有其中一个部件获得专利，专利持有人可以把这个配套元件的销售列入损害赔偿计算之内。❶

专利权人的实际利润损失还需要考虑以下两个方面，其一，专利权人自己实施专利，则侵权人的侵权产品与专利权人制造的专利产品在市场上形成竞争关系，侵权产品流入到市场中，引起了专利产品的销售数量下滑，导致专利权人所获得的利润会遭受一定的损失，同时专利权人为了应对这种危机，为此也支出了一定的费用。其二，专利权人自己不利用专利，而将专利许可他人使用，侵权人的侵权行为就相当于免费获取了专利的使用权，这样的行为导致专利权人原来能获得的专利许可费没有得到，也应当属于专利权人的利润损失。❷

通过专利权人的实际损失来计算专利侵权损害赔偿金有一定的难度，权利人需要证明自己的销售量减少是由侵权人的非法侵权行为导致的，它们之间存在着因果关系，这加大了专利权人的举证责任。而要用侵权人的销售量来确定权利人的损失更难举证，侵权人会千方百计地阻挠权利人举证，侵权人的销售量也很难确定。

（2）依据侵权人的获利确定赔偿额

《最高人民法院关于审理专利纠纷案件适用法律问题的若干规定》第20条第3款规定，侵权人因侵权所获得的利益可以根据该侵权产品在市场上销售的总数乘以每件侵权产品的合理利润所得之积计算。侵权人因侵权所获得的利益一般按照侵权人的营业利润计算，对于完全以侵权为业的侵权人，可以按照销售利润计算。其公式为：

非法获利=侵权产品的销售量×每件产品利润

这种方法对于专利权人的专利产品还没有生产及投放市场、无法得知其销售量的下降以及侵权行为人的账目清晰、管理规范的案件中发挥了重要作用。相对于权利人的实际损失来说，这种计算方法在举证责任方面对权利人要求较少。《最高人民法院关于民

❶　汪品. 专利权侵权损害赔偿价值评估的应用研究［D］. 昆明：云南大学，2016.

❷　海杰堃. 我国专利侵权损害赔偿金的计算问题研究［D］. 南宁：广西师范大学，2016.

事诉讼证据的若干规定》第 75 条规定：有证据证明一方当事人持有证据无正当理由拒不提供的，如果对方当事人主张该证据的内容不利于证据持有人的可以推定该主张成立。司法审判实务中也存在很多这样的案例：在上海帅佳电子科技有限公司、慈溪市西贝乐电器有限公司与山东九阳小家电有限公司、王旭宁及济南正铭商贸有限公司发明专利侵权纠纷一案中，两被告拒绝提供侵权产品的账册，所以推定九阳公司和王旭宁要求帅佳公司和西贝乐公司赔偿经济损失 300 万元的主张成立，予以支持。❶

（3）依据相关的许可费确定赔偿额

《最高人民法院关于审理专利纠纷案件适用法律问题的若干规定》第 21 条规定：被侵权人的损失或者侵权人获得的利益难以确定，有专利许可使用费可以参照的，人民法院可以根据专利权的类别、侵权人侵权的性质和情节、专利许可使用费的数额、该专利许可的性质、范围、时间等因素，参照该专利许可使用费的 1 至 3 倍的惩罚。这种计算方式只能在实际损失、非法获利两种方式均无法适用的前提下才能适用。而且如果专利权人在被侵权之前根本没有许可其他人使用该项专利，权利人就很难通过这种方式来确定侵权赔偿的数额。如果专利权人在被侵权之前已经许可其他人使用该项专利了，人民法院在参照以前的专利许可合同时，往往会要求权利人提供相关的证据以此证明专利许可合同的存在以及实际履行，这些证据通常包括纳税凭证、发票或者收据，这又加重了权利人的举证责任。例如：在原告叶仲伦诉被告利仁科技有限公司、廊坊开发区利仁电器有限公司侵犯“食物搅碎机”外观设计专利权纠纷一案中，法院即认定：原告提交的专利实施许可合同中虽然约定了专利许可费用，但并没有证据证明该合同约定的费用合理并且已经实际履行，故不能据此确定赔偿额。❷

（4）法定赔偿

《专利法》第 65 条第 2 款规定：权利人的损失、侵权人获得的利益和专利许可使用费均难以确定的，人民法院可以根据专利权的类型、侵权行为的性质和情节等因素，确定给予一万元以上一百万元以下的赔偿。因为《专利法》对损害赔偿额的 4 种计算方法在适用顺序上做了严格的规定，从中我们可以看出在我国的立法中，是将法定赔偿放在一个补充辅助其他计算方法的位置上。❸ 但是在司法实务中因为权利人的实际损失、侵权人的非法获利和许可费的倍数这 3 种方法都存在着举证难、计算难的问题，法院在审理专利侵权损害赔偿的案件时使用法定赔偿的案件占了很大一部分比例。我国的专利法并没有详细规定法定赔偿的计算依据，未形成统一的标准，侵权情节类似、侵权类型相同的案件，如果审理的法院不同，他们作出的判决裁定可能就差别非常大，这对当事人也是很不公平的。

法定赔偿使用过多，造成的不利后果也是很多的，比如加大了法官的自由裁量权，破坏了司法的公正及案件的客观性；降低了人民群众对司法机关的信任，导致我国法院

❶❷ 史晓静. 专利侵权损害赔偿问题研究［D］. 北京：北京工商大学，2013.

❸ 蒋志培. 专利商标新型疑难案件审判实务［M］. 北京：法律出版社，2007：227-228.

的权威性下降；法官对专利各方面不了解，遇上复杂的系列因素时，法官也会束手无策，只能通过自由心证与经验评估；赔偿金额偏低，打击人们发明创造的积极性，影响科学技术的发展。❶

2. 专利的价值在计算赔偿金额时并没有得到体现

我国目前采用的4种专利侵权损害赔偿金额的计算方式，并没有一种能体现出被侵权专利的价值，虽然并不是专利价值越高赔偿金额也应该越高，但是赔偿金额的多少和专利的价值一点关系也没有，显然并不科学。

专利价值的评估在我国也属于比较新兴的事务，但是随着近20年来的发展，专利的价值评估理论体系在我国初步地建立了起来。随着法律制度的完善，专利出资、专利质押贷款等均需用到专利价值的评估，专利的整体价值越来越受各界认识。我国目前用得最多的专利侵权赔偿金的计算方式是法定赔偿，而按照我国的法律规定，专利侵权损害法定赔偿金最高只能赔偿100万元，对于技术适用领域广泛、新产品销售收入日益创新高的当今社会，100万的赔偿限额显然有点过低了。价值高的专利如果被侵权，专利权人的损失或侵权人的非法获利往往都远远高于100万的限额，但是由于其他3种赔偿金的计算方式存在着各种各样的问题，司法实务中还是要采用法定赔偿，而最多100万的赔偿对于专利权人来说一点吸引力都没有，可能维权成本都要高于这些，降低了专利权人维权的积极性，进而影响人们发明创造的动力，长此以往对我国的科技发展是非常不利的。

我国的专利类型有3种，发明专利、实用新型和外观设计，虽然专利类型并不直接决定专利价值，但是不同的专利、不同人实施的专利，价值还是有高低之分的。价值高的专利有的都过亿元，而被侵权后即使维权也只能获得百万的赔偿，这对于高价值专利来说很有讽刺的意味。怎样在专利损害赔偿金中体现出专利的价值，这是值得各界一起探讨和研究的课题。

3. 在司法实务中专利侵权赔偿金额越来越高

2009年，正泰集团股份有限公司诉施耐德电器低压（天津）公司实用新型专利侵权案，法院一审判决赔偿3.3亿元，最后调解协议补偿1.5亿元❷；2015年10月，搜狗以专利侵权为由起诉百度输入法，共涉及17项专利，索赔金额共计2.6亿元，这被称为互联网史上专利第一案，轰动一时；2016年10月，百度向北京知识产权法院起诉搜狗侵权，诉称搜狗旗下“搜狗拼音输入法”“搜狗手机输入法”侵犯了百度输入法多达10项专利技术，要求搜狗赔偿金额共计1亿元；❸ 2016年12月，北京知识产权法院针对恒宝公司诉握奇公司U盾专利侵权案作出判决，判令握奇公司向恒宝公司赔偿

❶ 海杰堃. 我国专利侵权损害赔偿金的计算问题研究［D］. 南京：广西师范大学，2016.
❷ 傅文彬. 知产赔偿案进入“亿元时代”［J］. 上海企业，2011（01）：106-108.
❸ 马爱平. 输入法侵权“罗生门”百度搜狗意欲何为［N］. 科技日报，2016-11-14（006）.

5000万元❶，2017年11月1日国家专利局复审委员会宣布该涉案专利权部分无效，握奇公司又提起了行政诉讼。这些案件有的虽然还没有审理结束，但是专利侵权赔偿额的金额确实是越来越高，这证明了高价值专利已经引起了人们足够的重视，并得到了市场的充分认可。

第二节　专利侵权赔偿评估与专利权价值评估

一、专利权侵权损害赔偿价值的评估与专利资产价值评估的区别

1. 概念不同

专利的资产评估是将专利作为一种无形资产进行评估，其本质上是评估的专利实施所可能带来的经济利益。

专利权损害赔偿评估是关于专利权的损害价值确定的经济与法律行为的总和，是知识产权损害评估专业机构和人员，按照国家法律法规和知识产权损害评估准则，遵循评估原则，依照相关法律与评估程序，选择适当的价值类型，运用科学方法，对专利权价值进行评定和估算的行为。❷

2. 评估客体不同

专利资产价值评估主要的对象为特定的专利技术的获利能力，而在对获利能力评估时需要根据专利的技术特点，结合宏观微观的经济因素来分析，且因采取评估方法的不同所考虑的因素也不同。例如，使用市场法评估专利资产价值时，需要考虑：专利技术法律状态上是否稳定、专利技术在行业内所处的领先优势、市场资料的时效性、市场资料的偏差度等。但评估的重点仍然在专利技术本身，并无太多的额外限制。也就是说只需要评估在正常商业环境下的专利价值的大小。❸

专利权侵权损害赔偿价值的评估对象是因侵权行为发生而导致的权利人收益变化的数额。评估人员不仅要评估出在未受到侵权时的原告的收益，同时要评估出在侵权事实发生之后原告利润受损后的数额。❹

---

❶ 邵勋．判赔额为何越来越高？［N］．中国知识产权报，2017-07-12（008）．
❷ 王景，高燕梅．知识产权损害赔偿评估［M］．北京：知识产权出版社，2016：150．
❸ 舒梦凡．论专利侵权损害赔偿评估［D］．重庆：西南政法大学，2013．
❹ 汪品．专利权侵权损害赔偿价值评估的应用研究［D］．昆明：云南大学，2016．

3. 评估目的不同

专利资产价值评估的一般目的只能是专利资产在评估时点的公允价值。专利资产价值评估的特定目的有：资产转让、企业兼并、企业出售、企业联营、股份经营、中外合资合作、企业清算、担保、企业租赁、债务重组及引起资产评估的其他合法经济行为。❶

专利权侵权损害赔偿价值评估就是评估人员利用自身专业知识与技能将非法侵权所导致的对权益人经济利益的损害进行量化，使得专利权人所受到的侵权损害能够得到恰当的经济补偿，从而维护司法的公平与正义。❷

4. 评估方法不同

国内外资产评估界对专利资产的评估方法都是借鉴了较为成熟的有形资产评估方法而发展而来的，主要有3种方法，即成本法、市场法和收益法。❸

专利侵权损害赔偿价值评估的方法并没有形成通法，同时专利侵权又存在具体方式复杂多变的特点，所以想要在评估过程中探究掌握全部方法也是不现实的。❹ 但是学术界已经有学者开始研究专利权损害赔偿价值的评估方法了，截至目前总结的专利权损害赔偿价值的评估方法包括：侵权损失法、损失获利法、许可倍数法、完全损失法、惩罚法等。❺

5. 评估基准期间不同

专利权价值评估是以基准日为时点，对专利权有效期内的剩余价值进行折现，而已经使用或已经自然消耗的价值，不属于专利权的评估价值。而对于专利权损害价值的评估主要是针对这种已经产生的或实现的价值，以及已经影响到的未来损失价值进行估算，专利权损害赔偿评估更多的是过去、现在和对未来收益损失价值的评估，专利权价值评估的完全是未来的价值。

专利权侵权损害赔偿评估应该包含于专利权价值评估体系里，但是因为其特殊性，不同的地方也很多，除上述几个不同点外，还有法律效力不同、评估前提不同、评估的内涵和表现形式不同等。

二、发展专利侵权损害赔偿评估的意义

2006年4月19日，财政部和国家知识产权局联合发布的《关于加强知识产权评估

---

❶ 刘伍堂．专利资产评估［M］．北京：知识产权出版社，2011：41-42．
❷ 汪品．专利权侵权损害赔偿价值评估的应用研究［D］．昆明：云南大学，2016．
❸ 刘伍堂．专利资产评估［M］．北京：知识产权出版社，2011：65．
❹ 汪品．专利权侵权损害赔偿价值评估的应用研究［D］．昆明：云南大学，2016．
❺ 王景，高燕梅．知识产权损害赔偿评估［M］．北京：知识产权出版社，2016：107．

管理工作若干问题的通知》中第 1 项第 8 款指出：确定涉及知识产权诉讼价值，人民法院、仲裁机关或当事人要求评估的应当进行资产评估。2014 年 11 月 5 日国务院常务会议上李克强总理提到："建立国家科技重大专项和科技计划知识产权目标评估制度，促进创新成果转移转化。针对重大产业规划、政府重大投资活动等开展评议，规避知识产权风险。"发展专利侵权损害赔偿评估，对于保护权利人、促进科技创新、维护司法正义等都有重要的作用。

通过专利侵权损害赔偿评估，可以提高侵权损害赔偿的额度。美国的专利侵权案件中，损害赔偿额平均是 550 万美元，远高于我国的最高法定赔偿额 100 万。通过专利侵权损害赔偿评估，得出合理的赔偿额，能给法官和当事人提供公平合理的参考依据，改善赔偿额普遍偏低的情况，增加犯罪成本、威慑犯罪，鼓励科技创新。将资产评估的理论规范应用于专利权侵权赔偿计算，通过科学的资产评估方式，对权利人的各项损失进行量化，不但能够更好地维护权利人的合法权益，而且还可以为司法机关制裁专利侵权行为人、打击专利侵权行为提供科学的理论支持，可以使权利人获得充分的赔偿，从而有利于实现司法公正。[1]

第三节　专利权损害赔偿评估的方法

高价值专利的价值基础是技术，核心是市场，价值体现是经济价值，专利诉讼侵权赔偿属于经济价值，专利诉讼侵权赔偿金额应该能够体现出专利的价值。但是目前我国国内的专利权损害赔偿金额的评估方法还没有形成完整的理论体系，法律界和评估界的专家学者们都在积极地做着更深一步的尝试和研究。在美国学者帕特里克·沙利文 2002 年的著作《价值驱动的智力资本》一书中，曾经对多种评估方法进行过总结，从总结中可以看出专利资产评估目前常用的市场法、收益法、成本法这三种评估方法都可以在专利侵权损害赔偿评估中得到运用，但是具体的运用在我们国内还不普遍也存在着一定的操作难题。

有专家学者已经研究出了专用于专利损害赔偿金额计算的特定评估方法，这些评估方法在使用时有很多基本前提限制，这些基本前提限制在目前还无法顺利突破，比如侵害专利的程度很难得到准确地判断、专利的未来损失很难被准确的预测和计量等，所以现仅将几种容易操作的评估计算方法介绍一下。

一、侵权获利法

侵权获利法又分为直接获利法和获利分成法。

[1] 牛红. 专利侵权损害赔偿数额确定的研究［D］. 北京：北京理工大学，2015.

1. 直接获利法

直接获利法是将侵权人非法使用侵权专利技术，将其原有产品的价格或销售数量提高而获得的超额收益作为专利权损害价值的方法，即通过计算侵权人非法利用他人专利后相关产品较之前所增加的净收益，从而获得专利权的损害价值。

直接获利法专利权损害价值评估模型为：

$$P_{zi1}=\sum_{t=1}^{n}I_{zt}=\sum_{t=1}^{n}(i'_{zt}-i_{z})=\sum_{t=1}^{n}[(p'_{zt}-c'_{zt})q'_{zt}-(p_{zt}-c_{zt})q_{zt}]$$

式中：P_{zi1}——直接获利法专利权损害价值；

I_{zt}——侵权人非法利用他人专利后相关产品第 t 年增加的净收益；

i_{z}——侵权人未利用他人专利前最后年度相关产品创造的净收益；

i'_{zt}——侵权人非法利用他人专利后第 t 年度相关产品创造的净收益；

p_{zt}——侵权人非法利用他人专利前最后年度相关产品的单位价格；

p'_{zt}——侵权人非法利用他人专利后第 t 年度相关产品的单位价格；

c_{zt}——侵权人非法利用他人专利前最后年度相关产品的单位成本；

c'_{zt}——侵权人非法利用他人专利后第 t 年度相关产品的单位成本；

q_{zt}——侵权人非法利用他人专利前最后年度相关产品的产销数量；

q'_{zt}——侵权人非法利用他人专利后第 t 年度相关产品的产销数量；

t——侵害他人专利权的年限，$t=1$，2，…，n。

直接获利法是以侵权人利用他人专利技术改善其产品的性能和质量、提高其产品的售价或销量、降低其产品的成本，从而增加的直接受益，作为专利权损害赔偿价值。该方法适用于在实施侵权行为前侵权人已经生产相关产品，通过侵权使用他人专利使得其产品价格和销量提高或成本降低而非法获利，且能够取得侵权人非法利用他人专利前后相关产品的销售、收入和成本数据的情形。[1]

2. 获利分成法

获利分成法是在估算侵权人非法利用他人专利权向市场提供新的商品所获得收益的基础上，通过分析测算侵权专利权对整体收益的贡献率（分成率），继而对侵权人利用他人专利而获得的非法收益进行分成，从而获得专利权损害价值的方法。其评估模型为：

$$P_{zi2}=\sum_{t=1}^{n}E_{zt}k_{z}=\sum_{t=1}^{n}(I_{zt}-C_{zt})k_{z}=\sum_{t=1}^{n}(p'_{zt}-c'_{zt})q'_{zt}k_{z}$$

[1] 王景，高燕梅. 知识产权损害赔偿评估［M］. 北京：知识产权出版社，2016：154-155.

式中：P_{zi2}——获利分成法专利权损害价值；

E_{zt}——侵权人实施侵权行为期间非法利用他人专利所获得的净收益；

I_{zt}——侵权人实施侵权行为期间非法利用他人专利第 t 年所获得的收入；

C_{zt}——侵权人实施侵权行为期间非法利用他人专利第 t 年所支出的成本；

P'_{zt}——侵权人非法利用他人专利后第 t 年度相关产品的单位价格；

C'_{zt}——侵权人非法利用他人专利后第 t 年度相关产品的单位成本；

q'_{zt}——侵权人非法利用他人专利后第 t 年度相关产品的产销数量；

k_z——被侵害专利权的收益分成率；

t——侵害专利权的年限，$t=1, 2, \cdots, n$。

当侵权人之前并未生产销售相关专利产品，而利用他人专利生产销售全新的产品获得侵权收益时，该侵权收益中不仅包括被侵害专利所做出的贡献，还包括侵权人所投入的资金、原材料、固定资产等其他资产组合的贡献。此时，可以使用该方法对侵权人所获整体侵权收益进行分割，从而间接获得专利权的损害赔偿价值。[1]

【案例11-1】获利分成法计算专利侵权赔偿价值

甲企业是一家家畜饲料生产厂家，产品属于普通饲料，市场销售并不是很好。为了企业更好地发展，在未获得对方同意许可的情况下，甲企业使用了邻省乙科技公司的一项无抗生素饲料制作方法的专利技术，生产出来的侵权产品取得了很好的销售业绩。乙科技公司在甲企业的产品在市场上热销后，才发现了本企业专利技术被侵权的事，为了维护自身的合法权益，乙科技公司向人民法院提起了诉讼，诉求法院依法判决甲企业停止侵权行为并赔偿损失。经过法庭审理，认定甲企业侵权事实成立，为了确定侵权损害赔偿数额，遂委托评估公司进行了损害赔偿价值评估。

评估公司接受人民法院的委托后，调查取得了甲企业侵权期间的资料，对相关财务数据进行了核实，认为甲企业侵权期间的生产经营资料、财务资料完整、财务管理制度健全规范，能够真实、客观地反映甲企业实施侵权行为期间的生产经营情况。但是甲企业在侵权期间为了该侵权产品生产销售，还投入了大量的资金对生产线进行了技术升级，而且还改善了生产流程和管理制度，对实际的工人进行了培训，并设计了新的营销策略，企业所获得的利润并不全是侵权所得，所以应该采用获利分摊法对侵权损害价值进行评估。

根据甲企业侵权期间的生产和财务资料，甲企业在过去几年的侵权时间内，利用乙科技公司的专利技术生产销售侵权产品共获得销售收入 5810 万元，生产经营成本 4067 万元（含增值税），经评估人员认真调查研究，得到该专利对产品收益的贡献率为 17%，采用获利分成模型计算得到侵权损害赔偿价值为 169. 94 万元，即知识产权侵权损害赔偿价值：

---

[1] 王景，高燕梅. 知识产权损害赔偿评估［M］. 北京：知识产权出版社，2016：155.

$P_{zi2}=(5810-4067)\times(1-25\%)\times 17\%=169.94$（万元）。

二、侵权损失法

侵权损失法是以权利人在其专利受到侵害期间因受侵权影响而导致其正常的生产经营净收益的减少额作为专利损害赔偿价值的方法。侵权损失法又分为直接损失法、损失分摊法、损失现值法和单位损失法 4 种。[1]

1. 直接损失法

直接损失法是从专利权人因其专利被侵权而导致相关产品价格或销量下降产生的收益减少而形成损失的角度，通过对比权利人在其专利被侵权前后相关产品的收益差额，从而直接反映专利权的损害赔偿价值的方法。

直接损失法专利权损害价值评估模型为：

$$P_{zl1}=\sum_{t=1}^{n}W_{zt}=\sum_{t=1}^{n}\left[(p_{zt}-c_{zt})q_{zt}-(p'_{zt}-c'_{zt})q'_{zt}\right]$$

式中，P_{zl1}——直接损失法专利权损害价值；

W_{zt}——因被侵权而导致权利人第 t 年减少的相关产品净收益中由专利权直接创造的净收益；

p_{zt}——权利人未被侵权的正常状况下第 t 年其相关产品的单位价格；

p'_{zt}——权利人被侵权后第 t 年其相关产品的单位价格；

c_{zt}——权利人未被侵权的正常状况下第 t 年其相关产品的单位成本；

c'_{zt}——权利人被侵权后第 t 年其相关产品的单位成本；

q_{zt}——权利人未被侵权的正常状况下第 t 年其相关产品的产销数量；

q'_{zt}——权利人被侵权后第 t 年其相关产品的产销数量；

t——专利权被侵害的年限，$t=1，2，\cdots，n$。

该方法是以专利权被侵权前后专利权利人运用专利权所获得净收益的减少额来反映其损害赔偿价值的。当侵权行为直接给专利权利人原有的生产经营活动造成影响，导致其相关产品的价格、产销量下降时，专利权贡献率的下降直接表现为专利权价值遭受到的损失。[2]

【案例11-2】直接损失法计算专利侵权赔偿价值

甲企业是以我国名贵药材三七的深加工和综合利用为产业方向，十年磨一剑，已形成集科研、生产、销售为一体的药业公司，经过多年研究和临床试验，该企业获得了一

[1] 王景，高燕梅．知识产权损害赔偿评估［M］．北京：知识产权出版社，2016：113.

[2] 王景，高燕梅．知识产权损害赔偿评估［M］．北京：知识产权出版社，2016：156.

项利用三七为主要原料的治疗心血管疾病的药物专利，并被国家食品药品监督管理总局批准为Ⅱ类新药。甲企业利用该专利生产出的产品，自投放市场以后就被大量患者所认可，取得了巨大的经济效益。与甲企业同一城市的乙企业，也是一个制药企业，利用该地特产的三七生产一些普通药品，经济效益一直不太好，为了提高自己公司的效益，乙公司在未取得甲企业授权许可的情况下，使用甲企业的专利生产治疗心血管疾病药物，并贴上自己的商标销售，获取了大量非法利润。因为乙企业同类药品的上市，挤占了市场，导致甲企业的产品销售收入减少、经济效益受损。甲企业向当地法院提起了诉讼，请求法院判决乙企业停止侵权行为并赔偿经济损失。经法庭审理，法院认定乙企业侵犯甲企业专利侵权行为成立，并委托了评估公司对专利权损害赔偿价值进行评估。

被委托的评估师对双方当事人的生产经营活动进行了调查，因为乙企业不承认侵权拒不配合评估工作，评估人员无法取得乙企业的生产销售侵权产品的财务资料，而甲企业的生产经营管理很规范，财务资料齐备，所以，评估人员决定采用直接损失法对该专利权的侵权损害价值进行评估。

评估人员对甲企业被侵权前后专利产品的生产经营成本和销售收入进行了审查，发现被侵权的专利心血管药品产销量每年 200 万盒，产品单位净收益 40 元/盒（其中该专利直接创造的净收益为 10 元/盒）；被侵权后该产品销量降低为每年 120 万盒，产品的单位净收益不变，侵权期间为 3 年。评估师据此对侵权损害价值进行了评估：

$P_{zl1} = (200 - 120) \times 10 \times 3 = 2400$(万元)

2. 损失分摊法

损失分摊法是在估算专利权权利人相关产品收益减少额的基础上，通过分析测算专利权的收益分成率，继而利用收益分成率分割出专利权直接创造价值的减少额，从而间接估算出专利权损害价值的方法。此评估模型为：

$$P_{zl2} = \sum_{t=1}^{n} L_{zt} k_z = \sum_{t=1}^{n} (l_{zt} - l'_{zt}) k_z = \sum_{t=1}^{n} [(p_{zt} - c_{zt}) q_{zt} - (p'_{zt} - c'_{zt}) q'_{zt}] k_z$$

式中：P_{zl2}——损失分摊法专利权损害价值；

L_{zt}——权利人被侵权期间第 t 年专利权相关产品净收益的减少额；

l_{zt}——权利人未被侵权的正常状况下第 t 年专利权相关产品可以创造的净收益；

l'_{zt}——权利人被侵权后第 t 年专利权相关产品创造的净收益；

p_{zt}——权利人未被侵权的正常状态下第 t 年的专利权相关产品单位价格；

p'_{zt}——权利人被侵权后第 t 年专利权相关产品单位价格；

q_{zt}——权利人未被侵权的正常状态下第 t 年专利权相关产品的产销数量；

q'_{zt}——权利人被侵权后第 t 年专利权相关产品的产销数量；

c_{zt}——权利人未被侵权的正常状况下第 t 年专利权相关产品的成本；

c'_{zt}——权利人被侵权后第 t 年专利权相关产品的成本；

k_z——专利权的收益分成率或贡献率；

t——专利权被侵害的年限，$t=1, 2, \cdots, n$。

在实际评估活动中，往往不能直接得到权利人因被侵权而导致的专利权直接创造收益能力的差额，因此，往往需要使用该方法，通过估算权利人利用其专利权所创造的整体收益的减少额，继而利用收益分成率对其进行分成，间接地获得专利权的损害赔偿价值。❶

【案例11-3】损失分摊法计算专利侵权赔偿价值

甲企业是一家生产冷链运输冷藏车的知名企业，采用的大都是自主研发的专利技术，该企业所生产的产品因冷藏效果好，自投产以来一直深受客户信赖，近几年因为电商业务的发展，物流需求大增，该企业的产品销量也节节攀升。乙企业是一家生产冷藏产品的企业，由于想进军冷藏车市场又没有自有的独特技术，就在没有得到甲企业许可的情况下使用了甲企业的专利技术，生产侵权产品来营利。甲企业发现了乙企业的侵权行为后，向人民法院提起了诉讼，请求法院判决乙企业停止侵权行为并赔偿甲企业的损失。经过法庭的审理，认定乙企业侵权事实成立，法院委托评估机构对涉及的侵权损害赔偿价值进行了评估。

评估机构接受法院的委托后，按规定程序对当事人双方的生产经营状况和财务情况进行了调查取证，发现甲企业的生产经营和财务资料完整齐备，能够真实、客观地反映该企业的生产经营状况，但是乙企业在侵权期间的财务资料不齐全，因此采用损失分摊法对侵权损害价值进行了评估。

根据相关证据，甲企业在被侵权之前每年利用被侵权专利技术生产的专利产品销售收入稳定在15 531万元，生产经营成本为13 018万元（含增值税）；被侵权期间，因为乙企业产品的冲击，每年销售收入减少为13 625万元，生产经营成本为11 425万元（含增值税）。经过评估人员的认真调查分析，得到该专利对产品收益的贡献率为22%，采用利润分成模型计算得到侵权损害赔偿价值，即：

$$P_{zl2}=[(15531-13018)-(13625-11425)]\times(1-25\%)\times 22\%=51.65\text{（万元）}$$

《最高人民法院关于审理专利纠纷案件适用法律问题的若干规定》第 20 条规定：《专利法》第 65 条规定的权利人因被侵权所受到的实际损失可以根据专利权人的专利产品因侵权所造成销售量减少的总数乘以每件专利产品的合理利润所得之积计算。权利人销售量减少的总数难以确定的，侵权产品在市场上销售的总数乘以每件专利产品的合理利润所得之积可以视为权利人因被侵权所受到的实际损失。《专利法》第 65 条规定的侵

❶ 王景，高燕梅．知识产权损害赔偿评估［M］．北京：知识产权出版社，2016：156.

权人因侵权所获得的利益可以根据该侵权产品在市场上销售的总数乘以每件侵权产品的合理利润所得之积计算。侵权人因侵权所获得的利益一般按照侵权人的营业利润计算，对于完全以侵权为业的侵权人，可以按照销售利润计算。

因此侵权使用专利技术，并不是价格和销量增加的那部分才侵权，而是全部侵权产品都侵权，计算侵权所获得的利益，应按侵权产品数量×合理利润确定，上述直接获利法、获利分成法、损失分摊法，都严重低估了侵权损害，只有直接损失法较为合理。

三、期权损失法

期权损失法是在对侵权人或被侵权人使用专利权所得收益或损失进行审计和核算的基础上，通过综合考虑专利权的类型、技术特征、法律状态，以及相关产品行业与市场状况、宏观经济环境等因素，以侵权行为给权利人造成的现实损失和侵权停止后仍然延续的未来收益损失之和，作为其损害赔偿价值的技术方法。

期权损失法除考虑侵权行为给权利人直接造成的现实损失外，还同时考虑侵权行为对市场的不良影响而给权利人造成的未来收益损失，但不包括对知识产权权利人的精神损害和那些隐含的、衍生的、不被直接反映的损害而导致的隐形损失。期权损失法仍然是以“填平”或“弥补”的方式来度量权利人的专利权因被侵犯所遭受的损失价值，但在考虑的“程度”或“范围”上较直接损失法更为充分和全面。

期权损失法的经济学基础是收益价值理论，即资产的价值由其能够创造收益的能力所决定，包括资产创造现实收益的能力和未来创造收益的能力；其法律原则仍然是全部赔偿原则，但该方法得到的评估结果实际上还是一种不十分完全的全部赔偿价值，因为它没有包括精神损害和那些隐含的、衍生的、难以度量的、不被直接反映的损失价值。期权损失法又包括期权直接损失法、分摊期权损失法、现值期权损失法、单位期权损失法和期权损失预测法等。

专利权损害价值的期权损失法模型为：

$$P_{zf1} = P_{zi2} + P_{zdf} = \sum_{t_1=1}^{n_1} E_{zt2} k_z i = \sum_{t=1}^{n} (i_{zt1} - c_{zt1}) k_z + \sum_{t_2=1}^{n_2} (l_{zt2} - l'_{zt2}) k_z i$$

或者：

$$P_{zf1} = P_{zl2} + P_{zdf} = \sum_{t_1=1}^{n_1} L_{zt1} k_z + \sum_{t_2=1}^{n_2} L_{zt2} k_z i = \sum_{t_2=1}^{n_1} (l_{zt1} - l'_{zt2}) k_z + \sum_{t_2=1}^{n_2} (l_{zt2} - l'_{zt2}) k_z i$$

式中：P_{zfl}——考虑期权损失的专利权损害赔偿价值；

P_{zl2}——权利人因被侵权而损失的专利权直接创造的净收益，即采用损失分摊法计算的专利权损害价值；

P_{zi2}——侵权人因侵权而非法获得的专利权直接创造的净收益，即采用获利分摊法计算的专利权损害价值；

P_{zdf}——权利人被侵权后未来年度的专利权直接损害价值；

E_{zt1}——侵权人实施侵权行为期间非法利用被侵权专利所获得的净收益；

L_{zt1}——权利人被侵权后第 t_1 年其专利相关产品创造净收益的减少额；

L_{zt2}——权利人被侵权后第 t_2 年其专利相关产品可以创造净收益的减少额；

i_{zt1}——侵权人实施侵权行为期间非法利用权利人专利第 t_1 年所获得的收入；

c_{zt1}——侵权人实施侵权行为期间非法利用权利人专利第 t_1 所支出的成本。

l_{zt1}——权利人未被侵权的正常状况下其专利相关产品第 t_1 年可以创造的净收益；

l'_{zt1}——权利人被侵权后第 t_1 年专利相关产品创造的净收益；

l_{zt2}——权利人未被侵权的正常状况下其专利相关产品第 t_2 年可以创造的净收益；

l'_{zt2}——权利人被侵权后第 t_2 年专利相关产品创造的净收益；

k_z——专利权的收益分成率或贡献率；

t_1——专利被侵权年份，$t_1=1，2，\cdots，n_1$；

t_2——侵权停止后收侵权因素持续影响的年份，$t_2=1，2，\cdots，n_2$；

i——折现系数。

该方法在获利分成法或损失分摊法的基础上，进一步追加侵权停止后由于期权的负面影响而导致的未来一定期间内的损失，其难点是合理预测和确定未来损失期和收益减少额。❶

【案例11-4】期权损失法计算专利侵权赔偿价值

在案例5-2中，乙企业对甲企业治疗心血管疾病药物专利的侵权行为，不仅在3年的侵权期内挤占了甲药企该专利药品的市场，导致其销量和收益下降，而且明显导致了市场对甲企业专利药品的负面反应，使得甲企业的专利药品的生产销售情况在乙企业停止侵权后的一定时期内才能逐步恢复。

评估人员对乙企业的侵权行为给甲企业造成的影响进行了充分的调查分析，发现这种影响并不只是发生在侵权期间，而且可以预见到至少还会在侵权停止后的3年内延续。评估人员进一步预测了甲企业未来3年的专利药品销售量呈逐年恢复态势，分别为150万盒、170万盒、190万盒，于第四年恢复被侵权前的正常销量。

评估人员选择采用期权直接损失法对该专利权的损害赔偿价值进行评估。根据当时的宏观经济和行业利润状况，取折现率 $i=10\%$，计算该专利权损害赔偿价值如下：

---

❶ 王景，高燕梅. 知识产权损害赔偿评估［M］. 北京：知识产权出版社，2016：157.

$P_{zf1} = 2400 + [(200-150)\times 10]\div(1+10\%)^3 + [(200-170)\times 10]\div(1+10\%)^2 + [(200-190)\times 10]\div(1+10\%) = 3114.5$（万元）

四、许可费用倍数法

许可费用倍数法是以侵权行为导致专利权许可费用的损失额的合理倍数作为其损害赔偿价值的估算方法，即以专利权被侵犯前的许可使用合同（或市场上类似专利权许可交易案例）的许可费用金额为依据，通过对技术内容、时间因素、使用状况、法律状态等差异因素的调整或修正，得到被侵害专利权合理许可费用；并根据被侵害专利权的使用状况、产品市场情况、侵权行为所造成影响等因素，分析确定合理的倍率系数 k_z；再将两者的乘积作为专利权的损害赔偿价值。

许可费用倍数法专利权损害赔偿价值估算模型为：

$$P_{zpm} = k_z P_{zl}$$

式中，P_{zpm}——许可费用倍数法专利权损害赔偿价值；

P_{zl}——专利权许可费用；

k_z——专利权许可费损失倍率系数，$k_z = 1 \sim 3$。

许可费用倍数法的难点是合理的“倍数” k_z 的具体范围。鉴于侵权案件和专利技术具体情况的多样性，许可费损失倍率系数 k_z 应在遵循损害“填平原则”的基础上，充分考察被侵权专利权的技术内容、相关产品市场状况、前期许可使用情况、类似专利的许可情况、所处行业前景和技术竞争状况等因素，综合分析确定。❶

【案例11-5】许可费倍数法计算专利侵权赔偿价值

某科研机构经过多年的研究与开发工作，获得一项金属粉体材料制备专利技术，特别适用于生产环保绿色涂料达克罗液、富锌涂料等其他防腐涂料。工艺过程包括配料、研磨、分级、包装工序：将金属粉末和研磨介质按比例混合、加入助磨剂及表面活性剂，在密闭研磨机内研磨；通过调节研磨机水冷夹套的水量，控制恰当的研磨温度；通入惰性气体、防止氧气进入气氛中，避免金属氧化；调节研磨机转速，并控制不同的研磨机转速分段研磨。该方法不仅可用于生产鳞片状锌粉、铝粉，还可以用于生产铜粉、铜锌粉和银粉等金属粉或合金粉。因其可以替代国外同类先进技术，自取得专利权后，该研究所将这项专利技术许可给多家企业使用，其中主要的许可情况如表 11-2 所示。

---

❶ 王景，高燕梅. 知识产权损害赔偿评估［M］. 北京：知识产权出版社，2016：158.

表11-2 许可情况表

被许可企业	许可时间	许可方式	生产规模（万吨/年）	许可金额（万元）	物价指数
A 企业	3 年前	普通	20	100	1.1
B 企业	2 年前	普通	30	130	1.15
C 企业	1 年前	普通	30	150	1.3
D 企业	1 年前	普通	30	150	1.3

两年前，该科研机构发现E企业未经许可而非法使用其专利技术，并采取不正当手段倾销侵权产品，严重扰乱了同类产品的正常市场秩序，给专利权利人和被合法许可使用该专利的企业造成了严重的经济损失。该科研机构在协商无果的情况下将E企业告上法院，要求其停止侵权行为并赔偿经济损失。在庭审过程中，E企业态度蛮横、拒不配合法庭调查，也不承认和停止侵权行为。经法院调查和取证，认定E企业侵权行为成立，并决定采用惩罚赔偿原则要求侵权人承担惩罚性赔偿责任。

经评估机构调查查明，E企业每年侵权使用该专利技术生产销售侵权产品规模为50万吨，据此该专利已有许可案例进行修正，得到该专利的合理许可费用为：

$P_{z1}=[(50\div20)\times100\times(1.3\div1.1)+(50\div30)\times130\times(1.3\div1.15)+(50\div30)\times150+(50\div30)\times150]\div4=260.10$（万元）

由于E企业拒不配合法院的调查，不提供侵权期间的真实财务资料，评估机构决定采用许可费用倍数法估算该专利权的损害赔偿价值。根据该侵权案件的性质和实际情况，经与法庭研讨决定，取许可费损失倍率系数 $k_1=1.2$。据此，采用许可费用倍数法可以得到该专利的损害赔偿价值为：

$P_{zam}=k_1P_{zl}=1.2\times260.10=312.12$（万元）❶

五、专利侵权损害赔偿额与专利权价值评估的结合

目前在我国司法案例中，委托资产评估机构进行专利侵权损害赔偿价值评估尚未普及，而在西方发达国家，评估师进行赔偿价值评估已经逐渐成为专利诉讼审理中的常态。怎样加快我国专利侵权损害赔偿价值评估理论体系的研究，需要司法界和评估界的共同努力。

2002年，我国首次在立法上提出了专家辅助人的概念，创设了与鉴定人制度并存的专家辅助人制度。具体就侵害专利损害赔偿问题而言，专家辅助人可以是资产评估、会计、审计、金融等专业领域的专业人员，通过出庭参加诉讼，对损害赔偿计算所涉及的专门性问题，例如销售数额、行业利润率、同类产品单价及财务报表等进行充分的说

❶ 王景，高燕梅．知识产权损害赔偿评估［M］．北京：知识产权出版社，2016：128.

明，便于法官最终做出公正合理的判赔决定。[1]

对于现阶段来说，也能找到一些能够结合的途径。2007 年，重庆市高级人民法院《关于确定知识产权侵权损失赔偿数额若干问题的指导意见》第 4 条规定："可得利益损失通常可以依据以下方法计算：（1）权利人的知识产权在侵权行为发生前后价值的差额。但权利人应当证明价值的减少与侵权行为之间的因果关系……（4）侵权人侵权导致权利人许可使用合同或转让合同不能履行或难以正常履行产生的利润损失。"根据这个规定，可以由评估机构分别评估出专利权在被侵权前的价值和侵权后的专利价值，得出差额让法官和双方当事人判断决定赔偿额；也可以由评估机构评估出在正常许可使用时的专利价值，然后判断赔偿额。

目前在确定专利权侵权损害赔偿额的时候，存在的难题太多，并不能在现阶段很快速的解决所有问题，"罗马不是一年建成的"。

专利权侵权价值评估是专业性非常强的工作，需要司法界和评估界共同努力、跨界合作。怎样更好地将专利权价值评估与专利侵权损害赔偿额更好地结合起来，不但需要深化对国外相关经验及理论的研究，还需要相关学者专家跨界合作，结合目前我国的国情、兼收并蓄，结合理论研究和具体实践，找到更适合我国实际情况的办法。

《专利法》第 65 条规定：侵犯专利权的赔偿数额按照权利人因被侵权所受到的实际损失确定；实际损失难以确定的，可以按照侵权人因侵权所获得的利益确定。权利人的损失或者侵权人获得的利益难以确定的，参照该专利许可使用费的倍数合理确定。赔偿数额还应当包括权利人为制止侵权行为所支付的合理开支。权利人的损失、侵权人获得的利益和专利许可使用费均难以确定的，人民法院可以根据专利权的类型、侵权行为的性质和情节等因素，确定给予一万元以上一百万元以下的赔偿。

《最高人民法院关于审理专利纠纷案件适用法律问题的若干规定》第 20 条规定：专利法第六十五条规定的权利人因被侵权所受到的实际损失可以根据专利权人的专利产品因侵权所造成销售量减少的总数乘以每件专利产品的合理利润所得之积计算。权利人销售量减少的总数难以确定的，侵权产品在市场上销售的总数乘以每件专利产品的合理利润所得之积可以视为权利人因被侵权所受到的实际损失。专利法第六十五条规定的侵权人因侵权所获得的利益可以根据该侵权产品在市场上销售的总数乘以每件侵权产品的合理利润所得之积计算。侵权人因侵权所获得的利益一般按照侵权人的营业利润计算，对于完全以侵权为业的侵权人，可以按照销售利润计算。

本节以一个具体案例分析权利人因被侵权所受到的实际损失价值评估。

---

[1] 朱玛. 侵害知识产权损害赔偿问题研究［D］. 重庆：西南政法大学，2015.

【案例11-6】权利人因被侵权所受到的实际损失价值评估

1. 项目背景

甲公司是某专利产品生产企业，其部分产品在某网络平台进行销售，2011 年至 2015 年销售情况较为稳定。2016 年 1 月，该网络平台收到乙公司的投诉，乙公司称甲公司在网络平台销售的产品侵犯其商标权，要求平台将该产品下架，平台收到投诉后即对产品进行下架处理。随后乙公司在该网络平台上架与甲公司专利产品同类型的产品进行销售。甲公司发现乙公司在该平台销售的产品侵犯其专利权，且其产品并不侵犯乙公司商标权，因此将乙公司和该网络平台诉至法院，法院经审理后认定甲公司产品不侵犯乙公司商标权，乙公司产品侵犯甲公司专利权，判定该网络平台将甲公司产品恢复上架并公告消除不良影响，乙公司赔偿甲公司侵权损害。法院委托 Z 评估公司对侵权损害进行评估。

2. 评估基准日

2017 年 2 月，该网络平台以对甲公司该专利产品恢复上架并公告消除不良影响，销售情况恢复正常。评估基准日选取为 2017 年 2 月 28 日。

3. 评估对象和范围

由上可见，该侵权行为对甲公司的不利影响时间为 2016 年 1 月至 2017 年 2 月，甲公司在此前销售情况稳定，在该网络平台以对甲公司该专利产品恢复上架并公告消除不良影响后，销售情况恢复正常。2016 年 1 月和 2017 年 2 月甲公司专利产品在该平台有少量收入，2016 年 2 月至 2017 年 1 月为零收入。因此甲公司因侵权遭受的损失是可以量化的，本次评估选取权利人因被侵权所受到的实际损失价值作为侵权损害赔偿判断依据。

4. 评估计算

根据甲公司提供的统计资料，2011 年至 2015 年专利产品在该平台销售情况如表 11-3 所示。

表11-3　专利产品销售情况表

年　份	2011 年	2012 年	2013 年	2014 年	2015 年
专利产品销量（件）	2450	2673	2758	2826	2837
专利产品销售收入（万元）	263	294	315	327	328
平均销售单价（元/件）	1073	1100	1142	1157	1156

续表

年　份	2011 年	2012 年	2013 年	2014 年	2015 年
销量年增长率		9. 10%	3. 18%	2. 47%	0. 39%
销售收入年增长率		11. 79%	7. 14%	3. 81%	0. 31%

由上表可见，2011 年至 2015 年专利产品销售逐渐趋于稳定，增长率逐渐减小，专利产品价格亦较为稳定。根据分月度统计数据可见，该产品销售无季节性，各月份销售情况较为均衡。因此以 2015 年数据为基准，预测 2016 年 1 月至 2017 年 2 月在假定未被侵权情况下的收入情况，月均收入为 27 万元，月均销量为 236 件，因此 2016 年 1 月至 2017 年 2 月共计 13 个月在假定未被侵权情况下的预计收入为 27×13=355 万元，而 2016 年 1 月和 2017 年 2 月专利产品实际销售收入为 11 万元和 9 万元。

根据甲公司 2011 年至 2015 年财务状况，专利产品平均营业利润率约为 11. 5%，因此权利人因被侵权所受到的实际损失价值可按下列公式计算：

权利人因被侵权所受到的实际损失价值=专利产品销售收入减少额×专利产品平均利润率=（355−11−9）×11. 5%=39（万元）。

但是，事实情况是，甲公司虽然因侵权专利产品收入减少，而其日常生产经营所需的固定费用并未因此减少，实际损失应大于上述数字。因此，在固定支出为减少的情况下，权利人因被侵权所受到的实际损失价值应按以下公式计算更为准确：

权利人因被侵权所受到的实际损失价值=（专利产品销售收入减少额−专利产品对应可变成本减少额）×（1−企业所得税率）=专利产品销量减少额×（专利产品平均售价−专利产品单位可变成本）×（1−企业所得税率）

专利产品销量减少额为 3073 件，2015 年专利产品平均售价为 1156 元/件，根据 2011 年至 2015 年甲公司统计数据，专利产品平均单位可变成本为 625 元/件，则权利人因被侵权所受到的实际损失价值=3073×（1156−625）×（1−25%）=122（万元）。

根据填平原则，应参考权利人因被侵权所受到的实际损失价值 122 万元确定侵权损害赔偿金额。

主要参考文献

[1] Andy Gibbs. Patent portfolio quality management - Practical Application of Statistical Patent Quality Analysis of Patent Portfolios for Decision Support in Intellectual Property Management [EB/OL]. http://integrityip.com/Patent_ Library/Community/Other/Patent_ Portfolio_ Quality_ Management.pdf.

[2] Bader, Martin A. Strategic Management Of Patent Portfolios [N]. les Nouvelles, 2007-12-01.

[3] Bessen J. Patent Thickets: Strategic Patenting of Complex Technologies [J]. Ssrn Electronic Journal, 2002.

[4] bjpaa. org. 25.4 亿美元判赔额具有哪些警示意义? [EB/OL]. (2016-12-29) [2017-12-25]. http://www.capitalip.org/news_ detail_ 10369.html.

[5] Dietmar Harhoff, et al. Citations, Family size, Opposition and the value of patent rights [J]. Research Policy, 2002 (1): 21.

[6] Holmes C, Ferrill M. The application of Operation and Technology Roadmapping to aid Singaporean SMEs identify and select emerging technologies [J]. Technological Forecasting & Social Change, 2005, 72 (3): 349-357.

[7] IPWatchdog. 2016 Patent Market Report: Patent Prices and Key Diligence Data [EB/OL]. http://www.ipwatchdog.com/2017/04/18/2016-patent-prices-key-diligence-data/id=81708/.

[8] Lin P, Saggi K. Product differentiation, process R&D, and the nature of market competition [J]. European Economic Review, 2002, 46 (1): 201-211.

[9] Lombardi, Anthony J. Strategies for Developing Patent Portfolios [J]. BNA's Patent, Trademark & Copyright, 2013-05-03.

[10] Lou Y, Zhang S, Huang L, et al. Identification of Alternative Technology Based on Patent Analysis [J]. Journal of Intelligence, 2014.

[11] M Mariani, B Verspagen, A Gambardella. Study on Evaluating the Knowledge Economy-What are Patents Actually Worth? [R]. The Value of Patents for Today's Economy and Society Tender N° Markt/2004/09/E, Final Report for Lot 1, 2005-05-09.

[12] Nairo. 一张图教你发现用户的痛点 [EB/OL]. (2015-08-19) [2018-01-25]. http://www.woshipm.com/pmd/191214.html.

[13] Polk W R, Gideon P. patent portfolios [J]. University of Pennsylvania Law Review, 2004, 1 (154): 1-77.

[14] Richard Razgaitis. Valuation and Dealmaking of Technology-Based Intellectual Property: Principles, Methods, and Tools [M]. Wiley, 2009.

[15] Shang-Jyh Liu, Anna Hoi Yan Fong, Tony Yuhong Lan. Patent Portfolio Deployment: Bridging the R&D, Patent and Product Markets [M]. World Scientific Publishing Co Pte Ltd, 2017.

[16] Shyh-Jen Wang. Patent portfolios for biotech inventions [J]. Nature Biotechnology, 2013 (6).

[17] Stanford. Research facts [EB/OL]. (2017-02-28) [2018-01-25]. http://facts.stanford.edu/research/innovation.

[18] Tao Zhang, Dian Fu, Wenyu Zhou. Building a high-quality patent portfolio in China and the United States [J]. Intellectual Asset Management, 68.

[19] Tzu-Chang CHEN. A TRIZ-based evaluation process for patents and patent portfolio [EB/OL]. www.aitriz.org/document.

[20] wangjingang. 逼上梁山摘草莓 [EB/OL]. (2016-09-30) [2017-12-25]. http://blog.sina.com.cn/s/blog_700ed2510102wtbm.html; 王晋刚. 专利疯 创新狂——美国专利大运营 (微信).

[21] William J. Murphy, et al. Patent Valuation: Improving Decision Making through Analysis [M]. Wiley, 2012.

[22] William Lee Jr.. Determining Reasonable Royalty [M]. Les Nouvelles, 1992.

[23] WIPO. WIPO Intellectual Property Handbook: Policy Law and Use [EB/OL]. WIPO Publication. No. 489 (E): 173.

[24] 白光清, 于立彪, 马秋娟. 医药高价值专利培育实务 [M]. 北京: 知识产权出版社, 2017.

[25] 白峻. 朗科开创全新专利赢利模式 [J]. 数码世界, 2008 (05): 17.

[26] 曹伟. 专利无效制度研究 [D]. 上海: 华东政法大学, 2006.

[27] 曹勇, 蒋振宇, 孙合林. 专利组合策略及其对技术创新绩效的影响研究 [J]. 情报杂志, 2015 (11).

[28] 陈婕. 牛气! 同济大学凭借6件专利赚得3800万元的技术转让金! [EB/OL]. (2017-08-10) [2017-12-25]. 中国知识产权报 (微信公众号).

[29] 陈志兴. 如何才能实现专利侵权的高额赔偿? [EB/OL]. (2017-10-12) [2017-12-25]. 知识产权家 (微信公众号).

[30] 崔婕. 成本法在专利技术价值评估中的应用 [J]. 中国证券期货, 2011 (6): 173.

[31] 戴哲, 张芸芝. 德国专利侵权损害赔偿额的计算方法及启示 [J]. 重庆理工大学学报: 社会科学版, 2017, 31 (04): 94-104.

[32] 丁锦希. 美国知识产权许可收益质押融资模式分析 [J]. 知识产权, 2012 (12): 99-103.

[33] 丁志新, 等. 促进专利权出资服务机制研究报告 [R].

[34] 董莎, 陈汉君. 科技型中小企业知识产权信息管理平台构建研究 [J]. 电子知识产权, 2017 (05): 69-74.

[35] 段丽斌. 从审查员角度谈“如何确保审查质量” [G] //中华全国专利代理人协会. 2013年中华全国专利代理人协会年会暨第四届知识产权论坛论文汇编第二部分. 北京: 知识产权出版社, 2013: 7.

[36] 法治周末. 正泰与施耐德的十年恩怨 [EB/OL]. (2009-05-04) [2017-12-25]. http://blog.sina.com.cn/s/blog_5fc81f420100cxse.html.

[37] 冯晓青. 企业防御型专利战略研究 [J]. 河南大学学报: 社会科学版, 2007 (05): 33-39.

[38] 冯晓青. 企业知识产权管理制度与激励机制建构 [J]. 南都学坛, 2016, 36 (05): 65-72.

[39] 傅文彬. 知产赔偿案进入“亿元时代” [J]. 上海企业, 2011 (01): 106-108.

[40] 郭民生, 等. 技术资产评估: 方法·参数·实务 [M]. 北京: 中国物资出版社, 1996.

[41] 国家知识产权局. 福田汽车: 专利运营为汽车产业升级导航 [EB/OL]. (2016-11-23) [2017-12-24]. http://www.sipo.gov.cn/ztzl/ndcs/zgzlznew/qqzl/201611/t20161123_1302934.html.

[42] 国家知识产权局. 专利运营的“前世今生” [EB/OL]. (2016-11-23) [2017-12-25]. http://www.sipo.gov.cn/ztzl/ndcs/zgzlznew/yypy/201611/t20161123_1302930.html.

[43] 海杰堃. 我国专利侵权损害赔偿金的计算问题研究 [D]. 南京：广西师范大学，2016.
[44] 韩福桂，佟振霞. 高质量专利的成长之路——源于发明人、专利代理人和审查部门的多方合力 [J]. 中国发明与专利，2016 (03)：59-62.
[45] 韩秀成. 如何培育高价值专利 [N]. 中国知识产权报，2017-06-16 (001).
[46] 何春晖. 专利唯有组合才有价值 [N]. 经济日报，2014-06-11.
[47] 何炼红. 多维度看待高价值专利 [EB/OL]. (2017-06-02) [2018-01-23]. http://www.sipo.gov.cn/ztzl/zxhd/jjgjzzl/gjzzldjt/201706/t20170602_1311269.html.
[48] 和育东. 美国专利侵权救济 [M]. 北京：法律出版社，2009.
[49] 贺化. 评议护航——经济科技活动知识产权分析评议案例启示录 [M]. 北京：知识产权出版社，2014.
[50] 湖北省知识产权局. 格林美：39 项专利换回 3 亿贷款 [EB/OL]. (2017-01-05) [2017-12-25]. http://www.hubei.gov.cn/zhuanti/2017zt/zscqsdyjzl/jctjz/201701/t20170105_936021.shtml.
[51] 黄德海，蓝文贞. 专利组合：团结就是力量 [N]. 中国知识产权报，2014-04-02.
[52] 黄晋. 专利组合价值指标评价体系构建研究 [D]. 镇江：江苏大学，2014.
[53] 蒋亚飞. 发明人独自申请专利如何提高专利质量的对策 [J]. 中国发明与专利，2017 (04)：49-53.
[54] 蒋志培. 专利商标新型疑难案件审判实务 [M]. 北京：法律出版社，2007.
[55] 靳晓东，谭运嘉. 一种专利组合价值评估模型的设计 [J]. 数量经济技术经济研究，2013 (4)：99.
[56] 拉希德·卡恩. 技术转移改变世界：知识产权的许可与商业化 [M]. 北京：经济科学出版社，2014.
[57] 李海燕. 浅议专利价值分析指标体系的构成因素 [N]. 中国知识产权报，2013-09-11 (007).
[58] 李洪江. 标准起草人如何将自己拥有的专利纳入标准 [EB/OL]. (2016-07-07) [2017-10-07]. http://blog.sina.com.cn/s/blog_542ce8570102wdbp.html.
[59] 李辉，等. 基于 Triz 的专利组合设计理论研究 [J]. 科学技术与工程，2014 (36).
[60] 李辉，等. 基于预期失效分析的伞型专利组合规避设计 [J]. 机械工程学报，2015 (5).
[61] 李慧，吴孟秋. 浅谈知识产权服务机构如何协助企业做好专利布局 [J]. 中国发明与专利，2014 (11)：57-60.
[62] 李顺德. 努力培育高价值专利正当时 [N]. 中国知识产权报，2017-06-30 (001).
[63] 李兆阳. 公司知识产权的保护与管理 [M]. 北京：清华大学出版社，2002.
[64] 李志鹏. 专利无效制度研究 [D]. 北京：北京航空航天大学，2008.
[65] 连骏. 中国 3G 技术标准 TD-SCDMA 的知识产权战略 [D]. 重庆：西南政法大学，2008.
[66] 林晓言，王红梅. 技术经济学教程 [M]. 北京：经济管理出版社，2005.
[67] 刘畅，刘亚妮. 关于申请文件撰写中隐藏技术秘密的探讨 [G] //实施国家知识产权战略，促进专利代理行业发展：2010 年中华全国专利代理人协会年会暨首届知识产权论坛论文集. 北京：知识产权出版社，2010.
[68] 刘杰. 企业对专利权的维护和放弃 [J]. 家电科技，2011 (3)：48-49.
[69] 刘林青，谭力文，赵浩兴. 专利丛林、专利组合和专利联盟——从专利战略到专利群战略 [J]. 研究与发展管理，2006 (4)：83，89.
[70] 刘伍堂. 专利资产评估 [M]. 北京：知识产权出版社，2011.

［71］刘玉平，王奇超. 专利资产评估参数确定研究［M］. 北京：经济科学出版社，2015.
［72］卢杉. 一个在研药卖了 10 多亿美元：百济神州将与美国新基开发免疫抗癌新药［EB/OL］.（2017-07-21）［2017-12-25］. CPhI 制药在线.
［73］马爱平. 输入法侵权“罗生门”百度搜狗意欲何为［N］. 科技日报，2016-11-14（006）.
［74］马俊荣，吴红. 专利保护与充分公开［J］. 科技信息，1996（5）：26-27.
［75］马克·第亚尼. 非物质社会［M］. 滕守尧，译. 成都：四川人民出版社，1999.
［76］马天旗. 专利布局［M］. 北京：知识产权出版社，2016.
［77］马天旗. 专利分析——方法、图表解读与情报挖掘［M］. 北京：知识产权出版社，2015.
［78］马艳珍. 技术专利对技术标准创立的作用机制研究［D］. 大连：大连理工大学，2010.
［79］美国评估促进会评估准则委员会. 美国评估准则（USPAP）［M］. 北京：中国人民大学出版社，2009.
［80］牟月. 山东泉林公司利用知识产权质押融资换来 79 亿元［EB/OL］.（2014-05-27）［2017-12-25］. http://sd.ifeng.com/caijing/yaowenzonghe/detail_ 2014_ 05/27/2337174_ 1.shtml.
［81］穆向鹏. 从一件无效案例看专利申请文件的撰写［G］//中华全国专利代理人协会. 如何撰写有价值的专利申请文件. 北京：知识产权出版社，2013.
［82］那英，闻雷. 日本的知识产权战略——对我国知识产权战略的启示（上）［J］. 知识产权，2004（03）：60-63.
［83］牛红. 专利侵权损害赔偿数额确定的研究［D］. 北京：北京理工大学，2015.
［84］山西新闻网. 中细软：解读中外专利运作成功案例［EB/OL］.（2015-10-26）［2017-10-07］. http://news.sina.com.cn/o/2015-10-26/doc-ifxizwti7188198.shtml.
［85］上海盛知华. 6000 万美元的背后——上海生科院技术转移机制揭秘［EB/OL］.（2013-03-29）［2017-12-25］. http://www.sinoipro.com.cn/cases.aspx?id=416&cid=121&index=0.
［86］邵勋. 判赔额为何越来越高？［N］. 中国知识产权报，2017-07-12（008）.
［87］申文英，王习红. 企业技术创新的标准化工作研究［C］. 第四届中国标准化论坛论文集，2006.
［88］深圳嘉权专利商标. 谈谈专利运营：以“朗科”为例［EB/OL］.（2017-09-05）［2017-10-07］. http://www.sohu.com/a/169675192_ 561966.
［89］史晓静. 专利侵权损害赔偿问题研究［D］. 北京：北京工商大学，2013.
［90］舒梦凡. 论专利侵权损害赔偿评估［D］. 重庆：西南政法大学，2013.
［91］铁流：5G 是对产业政策之争的最好回应［EB/OL］.（2016-12-13）［2018-01-25］. http://www.guancha.cn/tieliu/2016_ 12_ 13_ 384027_ s.shtml.
［92］万小丽. 专利价值的分类与评估思路［J］. 知识产权，2015（06）：78-83.
［93］汪品. 专利权侵权损害赔偿价值评估的应用研究［D］. 昆明：云南大学，2016.
［94］王景，高燕梅. 知识产权损害赔偿评估［M］. 北京：知识产权出版社，2016.
［95］王玮. 技术标准中必要专利的认定［D］. 武汉：华中科技大学，2012.
［96］王孝明. 选择合适的答复策略提高审查意见通知书答复意见的质量［G］//中华全国专利代理人协会. 2015 年中华全国专利代理人协会年会第六届知识产权论坛论文集. 北京：知识产权出版社，2015.
［97］王岩. 专利的价值及其运营［J］. 知识产权，2016（04）：89-95.
［98］王艳，黄熊. 发明人与专利代理人的思维差异及融合之道［J］. 电子知识产权，2014（01）：95-96.

[99] 王毅. 知识产权侵权时赔偿价值评估的研究［J］. 中国资产评估，2008（02）：25-28.
[100] 魏玮. 知识产权价值评估研究［M］. 厦门：厦门大学出版社，2015.
[101] 魏先林，周小金. 试论企业知识产权制度在创新中的作用［J］. 特区经济，2006（12）：296-298.
[102] 夏雷. 证据问题和专家证人——中国知识产权法官代表团访美实录片段之三［J］. 江苏科技信息，2008（06）：24-25.
[103] 徐棣枫. 你可能并不拥有自以为拥有的权利［J］. 南京大学法律评论，2006.
[104] 许晓冰. 基于延迟期权的专利价值评估方法研究［D］. 上海：同济大学，2008.
[105] 杨芳，等. 大型企业集团专利组合构建［J］. 中国电力企业管理，2016（9）.
[106] 杨铁军. 产业专利分析报告——高性能纤维［M］. 北京：知识产权出版社，2012.
[107] 杨铁军. 产业专利分析报告——切削加工刀具［M］. 北京：知识产权出版社，2012.
[108] 杨铁军. 企业专利工作实务手册［M］. 北京：知识产权出版社，2013.
[109] 姚李英. 如何撰写高质量发明专利申请文件［G］//中华全国专利代理人协会. 高质量的专利申请文件. 北京：知识产权出版社，2013.
[110] 姚玉凤. 标准必要专利的产生流程及实践中的若干问题［J］. 电信科学，2016，32（06）：163-166.
[111] 叶建华. 品贤文谈知识产权［M］. 北京：知识产权出版社，2008.
[112] 叶苏浔. 逆袭还是重生：联想如何医治被“肢解”的摩托罗拉［EB/OL］.（2014-08-22）［2017-12-25］. 中国知识产权报（微信公众号）.
[113] 殷星. TD-SCDMA 核心专利格局曝光 大唐未占绝对优势［EB/OL］.（2007-10-17）［2017-10-07］. http://it.sohu.com/20061017/n245837575.shtml.
[114] 优智博. 从技术发展、防御、攻击三方面进行专利布局规划［EB/OL］. Wenku. baidu. com.
[115] 岳贤平. 国外企业专利组合策略模式及其启示［J］. 情报科学，2014（12）.
[116] 岳贤平. 基于价值和成本的专利组合的形成机制研究［J］. 情报杂志，2012（12）.
[117] 张亦婧. 适应中小型企业发展的产品设计策略研究［D］. 南京：南京航空航天大学，2010.
[118] 张玉敏，杨晓玲. 美国专利侵权诉讼中损害赔偿金计算及对我国的借鉴意义［J］. 法律适用，2014，（08）：114-120.
[119] 张忠营. 从属权利要求的作用［J］. 中国专利与商标，2002（4）：25-29.
[120] 章乐. 国内外主要专利价值指标及其发展历程［EB/OL］.（2013-12-23）［2018-01-23］. https://wenku.baidu.com/view/315297df856a561252d36fae.html.
[121] 章艺枫，李树恒. 百济神州：牛人搭档——王晓东和欧雷强［EB/OL］.（2016-10-18）［2017-12-25］. http://www.biodiscover.com/news/company/338010.html.
[122] 赵大勇. 论专利制度的本质［J］. 苏州教育学院学报，2014，31（03）：77-79.
[123] 赵建国. 广东：高价值专利激活创新“一池春水”［N］. 中国知识产权报，2017-08-09（004）.
[124] 赵建国. 培育高价值专利：助推产业转型的新探索［N］. 中国知识产权报，2016-06-24（002）.
[125] 赵雅玲，等. CAV 估价方法在知识产权融资中的应用研究［J］. 会计之友，2012（2）：49.
[126] 中国技术交易所. 专利价值分析与评估体系规范研究［M］. 北京：知识产权出版社，2015.
[127] 中国资产评估协会. 资产评估基础［M］. 北京：中国财政经济出版社，2017.
[128] 中国资产评估协会. 资产评估实务（二）［M］. 北京：中国财政经济出版社，2017.

[129] 周爱春. 专利使用权出资的探讨 [J]. 阿坝师范高等专科学校学报, 2005 (6): 39.

[130] 周胜生, 高可, 等. 专利运营之道 [M]. 北京: 知识产权出版社, 2016.

[131] 朱镜羲, 曲凯, 范东升, 等. 谈生物医药领域技术秘密与专利保护模式的选择 [J]. 中国医药生物技术, 2014, 9 (3): 238-240.

[132] 朱玛. 侵害知识产权损害赔偿问题研究 [D]. 重庆: 西南政法大学, 2015.

[133] 朱伟. 跨国时代的专利之战 [J]. 世界博览, 2011 (13).

[134] Increase the ROI of your Patent Portfolio [EB/OL]. http://www.i-runway.com/images/pdf/Increase%20ROI%20of%20Your%20Patent%20Portfolio.pdf.

[135] Technology Benchmarking [EB/OL]. http://www.urenio.org/newventuretools/cba/methodology3.html.

[136] The Need For Building A High Quality Patent Portfolio [EB/OL]. [2017-12-25]. https://www.greyb.com/need-building-high-quality-patent-portfolio/?from=timeline.

[137] 百度百科, http://baike.baidu.com/item/石墨烯/4458070.

[138] 百度百科, http://baike.baidu.com/view/10350458.htm.

[139] 对复审通知书的答复 [EB/OL]. [2017-10-07]. http://resource.ciptc.org.cn/pri/courses/zhuanlidaili/part02/neir0404_1_t.html.

[140] 国内外新能源汽车补贴政策一览 [EB/OL]. (2017-07-25) [2018-01-25]. http://nev.ofweek.com/2017-07/ART-71011-8500-30157538.html.

[141] 华为专利质量要求 [EB/OL]. [2017-10-07]. https://wenku.baidu.com/view/e8ec52d83169a4517623a3a2.html.

[142] 天价抗癌药专利被无效? [EB/OL]. (2016-12-13) [2018-01-25]. http://www.sohu.com/a/121392543_372144.

[143] 无人机的专利江湖 (大疆篇·一) [EB/OL]. http://www.81uav.cn/tech/201606/16/92_3.html.

[144] 无人机的专利江湖 (大疆篇·二) [EB/OL]. http://www.81uav.cn/tech/201606/16/92_3.html.

[145] 无人驾驶车产业专利布局现状与未来发展 [EB/OL]. https://wenku.baidu.com/view/504d0724da38376bae1fae13.html.

[146] 专利布局之专利组合的作用 [EB/OL]. [2017-07-21]. https://wenku.baidu.com/view/aac76c54360cba1aa911da32.html.

[147] 专利申请中"一案两请"策略的运用浅析 [G] //中华全国专利代理人协会. 高质量的专利申请文件. 北京: 知识产权出版社, 2013.

推荐书目

1.《专利估值——通过分析改进决策》
2.《高价值专利筛选》
3.《高价值专利培育与评估》
4.《专利分析——方法、图表解读与情报挖掘》
5.《专利布局》
6.《专利挖掘》
7.《专利预警——从管控风险到决胜创新》
8.《海外专利实务手册·美国卷》
9.《专利运营论》
10.《专利运营之道》
11.《专利信息利用导引》
12.《专利信息利用技能》
13.《专利信息利用实践》
14.《企业创新与专利信息利用实务》
15.《专利检索策略及应用》
16.《利用搜索引擎检索现有技术》
17.《化学领域文献实用检索策略》
18.《生物技术领域文献实用检索策略》
19.《电子器件领域文献实用检索策略》